经时济世

继往开来

贺教育部

重大攻关项目

成果出版

季羡林

时年九十有八

教育部哲学社會科学研究重大課題攻關項目

“十四五”时期国家重点出版物出版专项规划项目

网络空间全球治理体系的建构

THE CONSTRUCTION OF GLOBAL GOVERNANCE SYSTEM FOR CYBERSPACE

崔保国
等著

中国财经出版传媒集团
经济科学出版社
Economic Science Press
·北京·

图书在版编目（CIP）数据

网络空间全球治理体系的建构/崔保国等著. --北京：经济科学出版社，2022.11

教育部哲学社会科学研究重大课题攻关项目 “十四五”时期国家重点出版物出版专项规划项目

ISBN 978-7-5218-4348-4

Ⅰ.①网… Ⅱ.①崔… Ⅲ.①互联网络-治理-研究 Ⅳ.①TP393.4

中国版本图书馆CIP数据核字（2022）第221937号

责任编辑：孙丽丽　戴婷婷
责任校对：郑淑艳
责任印制：范　艳

网络空间全球治理体系的建构
崔保国　等著
经济科学出版社出版、发行　新华书店经销
社址：北京市海淀区阜成路甲28号　邮编：100142
总编部电话：010-88191217　发行部电话：010-88191522
网址：www.esp.com.cn
电子邮箱：esp@esp.com.cn
天猫网店：经济科学出版社旗舰店
网址：http://jjkxcbs.tmall.com
北京季蜂印刷有限公司印装
787×1092　16开　24.75印张　490000字
2022年11月第1版　2022年11月第1次印刷
ISBN 978-7-5218-4348-4　定价：99.00元

课题组主要成员

首席专家 崔保国

主要成员（按拼音排序）

邓小院	方兴东	韩　博	杭　敏
金文恺	郎　平	李晓东	李　艳
刘金河	鲁传颖	邵　鹏	徐　佳
徐培喜	王竟达	杨　乐	张　伟

总 序

哲学社会科学是人们认识世界、改造世界的重要工具，是推动历史发展和社会进步的重要力量，其发展水平反映了一个民族的思维能力、精神品格、文明素质，体现了一个国家的综合国力和国际竞争力。一个国家的发展水平，既取决于自然科学发展水平，也取决于哲学社会科学发展水平。

党和国家高度重视哲学社会科学。党的十八大提出要建设哲学社会科学创新体系，推进马克思主义中国化、时代化、大众化，坚持不懈用中国特色社会主义理论体系武装全党、教育人民。2016 年 5 月 17 日，习近平总书记亲自主持召开哲学社会科学工作座谈会并发表重要讲话。讲话从坚持和发展中国特色社会主义事业全局的高度，深刻阐释了哲学社会科学的战略地位，全面分析了哲学社会科学面临的新形势，明确了加快构建中国特色哲学社会科学的新目标，对哲学社会科学工作者提出了新期待，体现了我们党对哲学社会科学发展规律的认识达到了一个新高度，是一篇新形势下繁荣发展我国哲学社会科学事业的纲领性文献，为哲学社会科学事业提供了强大精神动力，指明了前进方向。

高校是我国哲学社会科学事业的主力军。贯彻落实习近平总书记哲学社会科学座谈会重要讲话精神，加快构建中国特色哲学社会科学，高校应发挥重要作用：要坚持和巩固马克思主义的指导地位，用中国化的马克思主义指导哲学社会科学；要实施以育人育才为中心的哲学社会科学整体发展战略，构筑学生、学术、学科一体的综合发展体系；要以人为本，从人抓起，积极实施人才工程，构建种类齐全、梯队衔接的高校哲学社会科学人才体系；要深化科研管理体制改革，发挥高校人才、智力和学科优势，提升学术原创能力，激发创新创造活力，建设中国特色新型高校智库；要加强组织领导、做好统筹规划、营造良好学术生态，形成统筹推进高校哲学社会科学发展新格局。

哲学社会科学研究重大课题攻关项目计划是教育部贯彻落实党中央决策部署的一项重大举措，是实施“高校哲学社会科学繁荣计划”的重要内容。重大攻关项目采取招投标的组织方式，按照“公平竞争，择优立项，严格管理，铸造精品”的要求进行，每年评审立项约40个项目。项目研究实行首席专家负责制，鼓励跨学科、跨学校、跨地区的联合研究，协同创新。重大攻关项目以解决国家现代化建设过程中重大理论和实际问题为主攻方向，以提升为党和政府咨询决策服务能力和推动哲学社会科学发展为战略目标，集合优秀研究团队和顶尖人才联合攻关。自2003年以来，项目开展取得了丰硕成果，形成了特色品牌。一大批标志性成果纷纷涌现，一大批科研名家脱颖而出，高校哲学社会科学整体实力和社会影响力快速提升。国务院副总理刘延东同志做出重要批示，指出重大攻关项目有效调动各方面的积极性，产生了一批重要成果，影响广泛，成效显著；要总结经验，再接再厉，紧密服务国家需求，更好地优化资源，突出重点，多出精品，多出人才，为经济社会发展做出新的贡献。

作为教育部社科研究项目中的拳头产品，我们始终秉持以管理创新服务学术创新的理念，坚持科学管理、民主管理、依法管理，切实增强服务意识，不断创新管理模式，健全管理制度，加强对重大攻关项目的选题遴选、评审立项、组织开题、中期检查到最终成果鉴定的全过程管理，逐渐探索并形成一套成熟有效、符合学术研究规律的管理办法，努力将重大攻关项目打造成学术精品工程。我们将项目最终成果汇编成“教育部哲学社会科学研究重大课题攻关项目成果文库”统一组织出版。经济科学出版社倾全社之力，精心组织编辑力量，努力铸造出版精品。国学大师季羡林先生为本文库题词：“经时济世　继往开来——贺教育部重大攻关项目成果出版”；欧阳中石先生题写了“教育部哲学社会科学研究重大课题攻关项目”的书名，充分体现了他们对繁荣发展高校哲学社会科学的深切勉励和由衷期望。

伟大的时代呼唤伟大的理论，伟大的理论推动伟大的实践。高校哲学社会科学将不忘初心，继续前进。深入贯彻落实习近平总书记系列重要讲话精神，坚持道路自信、理论自信、制度自信、文化自信，立足中国、借鉴国外，挖掘历史、把握当代，关怀人类、面向未来，立时代之潮头、发思想之先声，为加快构建中国特色哲学社会科学，实现中华民族伟大复兴的中国梦做出新的更大贡献！

教育部社会科学司

摘　要

本书研究的核心问题是网络空间全球治理体系如何建构的问题。第一章为本书的整体研究确立了研究方向并建构了网络空间全球治理体系的整体框架。我们认为网络空间治理不仅需要具有全局性和前瞻性的视野，更需要融入中国经验和东方智慧。由于治理主体的多元性和治理体系的复杂性，我们提出一个以“多维认知、多元主体、分层治理、议题导向”的体系建构原则作为基本思路，以期形成一个以解决现实问题为目标的兼容并包的网络空间全球治理体系构建，同时确立了构成全球化网络空间治理体系的“四梁八柱”，力图营造起网络空间全球治理体系大厦的理论基础。我们认为当前网络空间全球治理的议题主要有以下八大类：基础设施、关键资源、平台治理、网络安全、数字贸易、数据治理、算法治理、内容规制。这些议题核心围绕地缘政治、治理模式、网络安全、权利保护四大主题展开。同时，我们创新提出网络空间治理的四层架构，即基础设施层、逻辑协议层、平台层、内容层。平台层治理是网络空间治理的新挑战，基于权力制衡的原则，我们主张平台层应该形成一种私营企业与政府等其他主体间的制度化的“制衡和竞争”关系。

第二章回顾了互联网发展的关键进程。互联网既是冷战的产物，更是全球化的产物，一部互联网史就是一部人类扩展互联的文明史。本章总结了互联网发展50年的史论演进与转向，以国际互联网发展50年和国内互联网发展25年为年代划分标准，从技术创新、商业创新、制度创新三个维度入手，总结各个阶段演进的基本规律与内在逻辑，能够为正在到来的智能物联时代全球面临的机遇与挑战提供启示和警示。

第三章描述了当前网络空间全球治理主体力量新态势。从战略高度审视网络空间全球治理发展态势，从国际社会对网络空间的认知、网络空间力量格局的调整、网络空间秩序建构的前景以及网络空间制度性鸿沟的弥合程度判断当前网络空间治理态势。结合当下百年未有之大变局的国际局势，重点从网络空间全球治理主体和力量格局两方面的变化讨论了网络空间未来的发展方向和秩序建设。

第四章首先介绍了联合国主导下的网络空间治理体系，包括联合国网络空间治理的主要平台机构、主要治理进程以及联合国在网络空间治理中发挥的重要作用。其次以 ICANN、IETF、IAB 和 ISOC 为例介绍典型的互联网技术社群运作模式，以及总结当前技术社群参与网络空间治理的突出问题。最后将总结联合国体系与社群体系间的竞争性关系，阐述当前两大治理体系面临的困境。

第五章重点阐述了网络空间的国家主权。网络空间与现实空间高度融合，主权原则适用于网络空间成为国际社会的共识。然而，由于国情不同，不同国家对主权原则在网络空间的实践各有侧重。本章对网络空间国家主权的适用性从治理和管辖两方面进行了分析，并且总结了发达国家和新兴国家对国家主权原则的实践，以及在实践过程中主权原则在网络空间面临的挑战，最后从国际合作视角提出了网络主权实践探索的未来方向。

第六章主要描述了网络空间的大国博弈。互联网的到来改变了世界经济与政治格局，改变了传统大国竞争的模式。本章从国际关系涉及网络发展战略、数字经济、信息通信技术、网络安全等方面的竞争与合作中，发现网络空间已经成为大国博弈的主战场和重要工具，大国围绕网络空间国际规则制定和国际秩序建立的竞争与冲突日趋白热化。网络空间的大国关系在很大程度上体现为现实空间地缘政治博弈的延续。

第七章主要分析了网络空间的大国安全困境。研究认为网络空间安全陷入困境，国际治理机制面临失灵，呈现“大国战略博弈态势加重、国际机制构建对抗性突出、低烈度冲突呈现常态化”三重困境相互作用的总体态势。网络空间具有安全复杂性、不确定性和脆弱性，这些因素给各国关系带来不确定性。

第八章主要研究了数字时代下平台经济创新与社交媒体治理。本章研究聚焦从传媒领域的传媒经济到平台经济的承接性发展过程，市场价值已经流向平台型媒体，平台已经作为产业研究的创新前沿，并且从内容产品、传播渠道以及用户关系三个角度考察国外新闻媒体运用社交媒体传播的商业模式创新问题，整体上形成了一个以“媒体与人相联结”为特征的商业模式。在经济议题方面，社交媒体为其传播开辟了新的国际化场域，然而面对复杂多变的国际环境，经济议题的传播也面临着新的挑战。在社交媒体发展的过程中，网络用户的隐私问题引起了各界关注。

第九章主要研究了网络空间的信息内容治理。当前信息内容治理面临着信息渠道、分发技术、利益分配和文化碰撞等不同的挑战。在实际的网络空间信息内容治理层面，各国对责任、隐私保护有着截然不同的看法，因此难以形成有效的国际协调机制，各国对信息内容的管控和网络平台的社区自治规则成为当前全球信息内容治理的主要抓手。通过对主要国家的信息内容治理经验的探索试图总结出一套有效的普遍适用的内容治理模式。

第十章重点关注网络空间治理中的数据跨境流动问题。从现实政治的角度来说，数据本地化本质上是数据防御主义的一种体现，在防御主义的视野下，中国在“有限理性”下对于数据安全和数据本地化进行了优先考量和选择。从整体逻辑上来说，中国数据跨境流动规制的建立既有技术观和安全观的顶层意识形态指导，又有相当长的立法过程和机构设置，同时也考虑了现实意义、经济意义和技术发展，并参与了国际规则的制定。在未来，中国需要从总体哲学高度提炼数据治理的意涵，赋予跨境数据流动治理中国智慧；从消极被动转为积极主动，为数据跨境流动国际治理提供公共产品；更具智慧地设计国内制度，提供更为立体灵活的机制安排，从而更好地促进国内数据的治理和国际的规则完善。

第十一章主要以人工智能技术为例介绍了网络空间新兴技术带来的治理新议题。本章首先回顾了人工智能技术飞跃性发展的三个阶段，阐述从网络空间治理到人工智能治理的客观联系。其次剖析人工智能对经济、政治、军事和社会带来的变革与影响，特别是人工智能对道德伦理、算法歧视和数据安全带来的风险与挑战。最后从加强风险防范、提升风险识别、增强风险预防和优化风险化解等方面提出了对人工智能治理的能力建设与应对。

第十二章提出了网络空间全球治理的中国智慧。研究认为治网如治水，遵从自然规律的中国方案乃是上善之策，需要明确的分层治理思维，要具有道法自然的东方智慧。面对百年大变局下的网络空间治理体系改革机遇，中国方案应该推进以联合国框架体系和互联网社群体系为基础形成的网络空间治理包容性体系建设，不做单体系的二选一选择题，以实现网络空间正义为使命，担当起国际道义，积极做出全球贡献，融入全球社群，务实地捍卫网络主权，实质性地推进网络空间命运共同体建构。

作为结语，第十三章对全书主要观点进行了总结。网络空间新秩序的形成是一个漫长的过程，网络空间全球治理体系的建构也需要世界各国和多方的共同协同努力。网络空间治理为国家治理现代化提供了改革创新的试验田和思想发生地，也为全球治理提供了一种试验性的动力，汇入人类自我治理的历史潮流中。中国作为最大的发展中国家，也是世界上网民人口数量最大的国家，对网络空间治理的实践具有深远的全球意义，是一股具有影响秩序建构的重要力量。我们也期待在各方的努力下，一个公正合理、有效运转的网络空间全球治理体系得以建立。

Abstract

The core issue of this book is how to construct the global governance system in cyberspace. Chapter 1 establishes the research direction of the book and builds the overall framework of the global governance system in cyberspace. We believe that cyberspace governance requires an overarching and forward-looking vision and China's experience and Oriental wisdom. Due to the diversity of governance subjects and the complexity of the governance system, we propose a system construction principle of "multi-dimensional cognition, multi-subjects, hierarchical governance and issue-oriented" as the basic idea to form an inclusive global governance system in cyberspace aimed at solving practical problems. At the same time, it has established the "four beams and eight pillars" that constitute the global Internet governance system, trying to build the theoretical foundation of the global governance system in cyberspace. We believe that cyberspace's current global governance issues mainly fall into the following eight categories: infrastructure, critical resources, platform governance, cyber security, digital trade, data governance, algorithmic governance, and content regulation. These topics revolve around four major themes: geopolitics, governance model, cyber security, and rights protection. At the same time, we have proposed a four-tier architecture for cyberspace governance, namely, infrastructure, logical protocol, platform, and content. Platform-level governance is a new challenge of cyberspace governance. Based on the principle of power balance, we advocate that platform-level governance should form an institutionalized relationship of "balance and competition" between private enterprises and the government and other entities.

Chapter 2 reviews the critical process of Internet development. The Internet is a product of the Cold War and a product of globalization. The history of the Internet is a history of the expanding interconnection of human civilization. This chapter summarizes the evolution and direction of the history of the Internet in the past 50 years. It divides the development of the International Internet development in the past 50 years and the China domestic Internet development in the past 25 years. Starting from the three dimensions of technological innovation, commercial innovation, and institutional innovation, it summarizes the fundamental laws and internal logic of the evolution of each stage. It can provide enlightenment and warning for the opportunities and challenges the world facing in the coming era of intelligent IoT.

Chapter 3 describes the new situation of the main body of cyberspace governance. It examines the development trend of cyberspace governance from a strategic perspective. It judges the current status of cyberspace governance from the perspective of the international community's cognition of cyberspace, the adjustment of the pattern of cyberspace power, the prospect of the construction of cyberspace order, and the degree of bridging the institutional gap in cyberspace. In light of the unprecedented changes in the international situation, the paper discusses the future development direction and order construction of cyberspace from the perspective of the changes in governance bodies and power structure of cyberspace.

Chapter 4 introduces the UN-led System including the leading platforms and institutions of UN Internet governance, the primary governance process, and the vital role of the UN in cyberspace governance. Secondly, take ICANN, IETF, IAB, and ISOC as examples to introduce the typical operation mode of the Internet technical community and summarize the main issues of current technical community participation in Internet governance. Finally, it outlines the competitive relationship between the UN-led System and Community-based System.

Chapter 5 focuses on the state sovereignty of cyberspace. Cyberspace is highly integrated with the real world, and the application of the principle of sovereignty in cyberspace has become the consensus of the international community. However, due to different national conditions, other countries have different emphases on the principle of sovereignty in cyberspace. This chapter on the applicability of cyberspace sovereignty are analyzed from two aspects of governance and jurisdiction and summarizes the developed countries and emerging countries the practice of the principle of national sovereignty, as well as the principle of sovereignty in the process of practice in cyberspace challenges, finally to put forward from the perspective of international cooperation network sovereignty practice exploration direction in the future.

Chapter 6 describes the great power game in cyberspace. The advent of the Internet has changed the world's economic and political pattern and changed the traditional mode of great power competition. It is found that cyberspace has become the main battlefield and an essential tool for major powers to play games. To a large extent, the relationship between great powers in cyberspace is reflected in the continuation of geopolitical games in real space.

Chapter 7 analyzes the security dilemma of great powers in cyberspace. The study concludes that cyberspace security is in a dilemma, and the international governance mechanism is facing failure. There is an overall situation of the interaction of three dilemmas: the aggravation of the strategic game situation of great powers, the prominent antagonism of international mechanism construction, and the normalization of low-intensity conflicts.

Chapter 8 studies platform economy innovation and social media governance in the digital era. This chapter focuses on the continuous development process from media economy to platform economy in the media field. Market value has been flowing to platform media, and the platform has become the innovation frontier of industrial research. In addition, from the three perspectives of content products, communication channels, and user relations, the innovation of the business model of foreign news media using social media to communicate is investigated, and a business model characterized by "media and human connection" is formed as a whole. In terms of economic issues, social media has opened up a new international field to disseminate economic issues. However, in the face of the complex and changeable international environment, the dissemination of economic issues also faces new challenges. In the development of social media, the privacy of network users has attracted attention from all walks of life.

Chapter 9 studies information content governance in cyberspace. At present, information content governance is faced with different challenges such as information channels, distribution technology, benefit distribution, and cultural collision. At the actual level of cyberspace information content governance, countries have entirely different views on freedom of speech, responsibility, and privacy protection, so it isn't easy to form an effective international coordination mechanism. Through exploring the experience of information content governance in major countries, this paper tries to sum up a set of practical and universally applicable content governance models.

Chapter 10 focuses on cross-border data flows in cyberspace governance. From the realpolitik perspective, data localization is essentially a manifestation of data defensive. From the defensive standpoint, China prioritizes data security and data localization under the "bounded rationality" and makes the concept of "data sovereignty" land. On the whole, the establishment of regulations on cross-border data flow in China is guided by the top-level ideology of technology and security. It involves a long legislative process and an institutional setting. It also considers the practical significance, economic significance, and technological development and participates in forming international rules. In the future, China needs to refine the meaning of data governance from the overall philosophy and endue Chinese wisdom to cross-border data flow governance. From passive to proactive, to provide public goods for international governance of cross-border data flow; More intelligent design of domestic institutions, to provide more and flexible institutional arrangements, to better promote the governance of domestic data and the improvement of international rules.

Chapter 11 mainly introduces the new governance issues emerging technologies in cyberspace, taking artificial intelligence technology as an example. This chapter first reviews the three stages of the rapid development of artificial intelligence technology and expounds on the objective connection from cyberspace governance to artificial intelligence governance. Secondly, it analyzes the changes and influences of artificial intelligence on the economy, politics, military, and society, especially the risks and challenges of artificial intelligence on ethics, algorithmic discrimination, and data security. Finally, the paper puts forward the capacity building and countermeasures of artificial intelligence governance from strengthening risk prevention, enhancing risk identification, enhancing risk prevention, and optimizing risk mitigation.

Chapter 12 puts forward the Chinese wisdom of global governance in cyberspace. According to the research, the Chinese scheme of governing the network is as good as governing water and following the laws of nature, which requires clear hierarchical governance thinking and Oriental wisdom of following the rules of nature. Faced with the opportunity of reforming the governance system of cyberspace in a century of profound changes, China's plan should promote the UN framework system and the Internet community system. In order to realize the mission of justice in cyberspace, China should actively contribute to the world and integrate into the global community with international morality, pragmatically defend cyber sovereignty and substantively promote the construction of a community with a shared future in cyberspace.

As a conclusion, Chapter 13 summarizes the main points of the book. The formation of a new order in cyberspace is a long process, and the construction of a global governance system in cyberspace also requires the joint efforts of countries and multiple parties around the world. Cyberspace governance provides a testing ground for reform and innovation in modernizing national governance, as well as an experimental driving force for global governance, merging into the historical trend of human self-governance. As the largest developing country and also the country with the largest population of internet users in the world, China's practice of cyberspace governance has profound global significance and is an important force that influences the construction of order in cyberspace. We also look forward to the establishment of a fair, reasonable, and effective global governance system in cyberspace with the efforts of all parties involved.

目录

Contents

Contents

总　论

网络空间全球治理体系的建构事关数字时代全球发展与治理的基础，事关人类命运共同体的构建，是世界各国及非国家力量共同在合作与博弈中推动的进程，各网络大国无疑起到举足轻重的主导作用，而作为网络大国的中国在这一治理体系中迄今还没有能占据与其网络实力相匹配的地位。这一领域的工作任重而道远。

自教育部哲学社会科学研究重大课题攻关项目“构建全球化互联网治理体系研究”立项以来，课题组成员凝聚一起，按照研究计划有序推进课题进展，发表了十几篇论文，取得了丰富的研究成果和较好的社会影响力。本书是在该项目结项报告基础上重新整理集体合作完成的。为了与时俱进和更加与国际接轨，我们将书名改为《网络空间全球治理体系的建构》。

一、网络空间全球治理研究的重大意义

互联网虽然从诞生到今天只有 50 多年，但已经渗透到人类生活的方方面面，无所不在、无时不在、无处不在。互联网给人类社会生活带来前所未有的创新发展，也带来许多安全隐患，同时，基于数据资源使用、信息科技竞争、网络空间国际规则制定等而引发的利益冲突、大国博弈也在影响现存世界秩序，并给世界各国带来严峻挑战。互联网发展的前 25 年还比较井然有序，后 25 年越来越混乱无序，从有序走向无序是互联网发展的必然，如果没有治理的跟进，互联网就会越发展越混乱。

今天的互联网已经不仅仅是一个网络、一个工具、一个媒介或一个社会的信息基础设施，几乎所有的事情都会与互联网有关，互联网已经成为人类生活的方方面面，最好的表述就是称之为“网络空间”。网络空间和全世界所有的空间都

可以瞬间连接，有研究者直接将其比喻为“另一个地球”[①]。同时，互联网治理也已经不是一国一地的事务，而应该在“网络空间命运共同体”[②] 的框架下展开。

网络空间（Cyberspace）一词最早来自科幻小说《神经漫游者》（*Neuromancer*），2010 年以后比较多地出现在国际社会正式文件中。网络空间是互联网发展到高级阶段后出现的人类社会现象，网络空间中互联网已经不仅仅是信息传输的工具，而是把全球范围的信息传输系统、数据、内容、政府、企业、个人等多元主体都关联起来，连接着地球上绝大部分的媒介和信息终端，形成一个全球实时互动的信息流与物流联动的大系统。网络空间是一个与现实空间并行的概念，网络空间包含了互联网、数据、内容、平台、通讯基础设施等多种概念。我们可以把网络空间的基本要素归结为五个方面：（1）网络基础设施；（2）软件、协议；（3）信息、数据；（4）网络行为主体；（5）网络行为。网络空间与领土、领海、领空、太空这四个空间并列，是人类的第五空间，其他四个空间是客观物理存在的，网络空间是人类创造出来的。

本书研究的核心问题是网络空间全球治理体系如何建构的问题。网络空间治理体系是全球治理体系与国家治理体系同构的过程，良好秩序的形成是可以通过全球治理和国家治理的体系建构、规则制定以及制度安排来实现的。如何构筑网络空间命运共同体，如何构建网络空间全球治理体系，是亟须被回答的理论和现实问题。在既有的中外文献中，互联网治理的丰富经验和价值并没有被充分挖掘，理论建构尚未取得重大突破。互联网治理理论长期以来被欧美等西方学者所把持，中国学者创建的具有世界影响力的理论匮乏，学术话语权微弱，与互联网大国的实际地位不相匹配。

关于“体系”与“秩序”的关系，阎学通教授曾给出形象的比喻，即体系问题是使用机械表还是电子表的问题，[③] 秩序问题是走得准不准的问题以及采用 12 时辰还是 24 小时制式的问题。这两个概念相互依赖，又相互影响。有鉴于此，本课题采取一个“纵横交错”的研究框架，一方面从纵向的时间维度上考察互联网治理的发展进程、与之相关的网络空间秩序的演变过程、人类为其改善所做出的努力进程等；另一方面则从横向的空间维度上考察现有网络空间秩序的客观状态、中国在其中所处的地位与角色等；最终在纵横研究的基础上对本课题总体问

---

① Graham, Mark, and William H. Dutton, eds. *Society and the Internet: How Networks of Information and Communication are Changing Our Lives.* Oxford University Press, 2019；［美］马克·格雷厄姆、［美］威廉·H. 达顿：《另一个地球：互联网 + 社会》，胡泳等译，电子工业出版社 2015 年版。

② 习近平总书记在 2015 年出席第二届世界互联网大会开幕式上发表主旨演讲时提出“网络空间命运共同体”这一概念。

③ 阎学通：《大国领导力》，中信出版社 2020 年版。

题做出科学的解答。

二、从互联网治理到网络空间治理

网络空间无远弗届，其治理既是国家治理也是全球治理，关联要素多样繁杂且具有动态性。网络空间治理体系需要一个总体建构与研究框架，这个治理体系和框架需要一个多维的能够包容多个主体和多个要素的复杂体系建构。我们在前人研究的基础上，经过长期探索形成了一个网络空间治理体系的基本研究框架。这个框架的基础是首先要区分和理解两组关键词：互联网治理与网络空间治理，国家治理与全球治理。前者对理解治理议题焦点的变迁至关重要，后者是廓清治理矛盾的前提，这四个关键词相互关联又相互区别，从横纵维度上构筑起网络空间治理体系的四根支柱。

互联网是冷战时代的产物，起源于美国国防部于1969年的一个名为“阿帕网”（ARPANET）的军事研究项目，此项目的主要目的是协助美国抵御核袭击而提供通信系统。在众多科学家的努力和推动下，互联网率先在美国和欧洲形成。冷战结束之后，国际环境缓和，互联网随之进入商业化运营，并开启了至今仍在不断创新的全球普及发展之路。经过多年的发展，可将如今的互联网分为三层：一是物理实体的基础设施层，包括海底光缆、服务器、电讯网、个人计算机、移动设备等互联网硬件设施；二是逻辑层，即由域名、IP地址等唯一识别符和技术标准所构成的逻辑层；三是各种服务、应用、数据构成的应用层。互联网用户的活动从网络向政治、经济和社会多个领域扩展，由此构成了更加立体、多维度的网络空间。

对于究竟什么是网络空间，目前并没有统一的界定，视角不同，定义也各有侧重。区别于海、陆、空等空间域，网络空间因其虚拟属性和社会属性，所以具有一些特殊的特征：首先，互联网具有分布式特点，个人、机构或国家都不能够单独控制互联网，传统的政府控制权被分散，网络空间治理只能依靠各利益相关方之间的协商和合作才得以实现；其次，网络空间不具有边界性，传播方式、手段、内容跨越地理限制，且传播具有隐蔽性、及时性、范围广等特点；最后，以网络作为工具，对另一方进行打击的门槛很低，且打击目标很广，包括个人、国家在内的任何个体、组织都可能会受到威胁。由于网络空间安全问题的模糊性、隐蔽性和不对称性，传统维护国家安全的手段很难有效应对。[①]

---

① 郎平：《网络空间国际秩序的形成机制》，载于《国际政治科学》2018年第1期。

目前，对于网络空间的探索和研究方兴未艾，除了技术的创新与拓展，学界对于网络空间的研究的另外一个方向就是治理的模式选择和路径。目前，国际上大部分学者对网络空间治理的思路更多偏向于“去政府化”的跨国治理，[①] 其代表人物是美国学者弥尔顿·穆勒（Milton Mueller），他从政治、公共政策和国际关系等方面集中探讨了互联网被民族国家管制而出现的“碎片化”[②]，提出了从国家主权转向大众主权（popular sovereignty）的网络空间框架。[③] 随着网络空间逐渐成为国际关系和外交层面的核心议题，研究者开始将目光聚焦于信息技术和网络空间对国际关系的影响。约瑟夫·奈（Joseph Nye）便是其中之一，他特别论述了信息技术发展所导致的传统权力的分散化，结合对全球网络治理活动的观察，提出了一个由深度、宽度、组合体和履约度四个维度构成的规范性分析框架——机制复合体理论。美国外交关系委员会亚当·西格尔（Adam Segal）是为数不多的从世界秩序的视角来关注网络空间治理的学者，他认为，在数字时代，传统上国家主导的世界秩序已然发生了改变，而网络空间的世界秩序已然被黑客掌控，[④] 其观点在很大程度上体现出其捍卫开放、全球、安全、弹性互联网的价值观。

从目前的研究现状来看，对互联网治理与网络空间治理的研究存在交叉，但互联网治理与网络空间治理是存在显著差别的。20 世纪 60 年代互联网诞生后开启的互联网治理聚焦于互联网技术层面，重点关注如何维护互联网的有效运转以及互联网关键资源的分配，如互联网关键资源的管理、互联网域名资源的分配、互联网技术规则和标准的制定。这一时期的治理主体主要是以互联网工程任务组（IETF）和互联网名称与数字地址分配机构（ICANN）为主的技术社群。[⑤] 随着 20 世纪 90 年代互联网技术的普及，以及互联网对社会和经济的影响愈发明显，互联网治理的领域从技术领域逐渐拓展至法律、经济等。进入 21 世纪后，互联网已经成为覆盖全球的科技金融复合体，与美国主导的全球金融体系深度捆绑。深入嵌入人类的政治、经济和生活中，对社会发展和世界秩序产生重大影响。此时的互联网治理逐渐进入网络空间治理的语境，网络空间治理包含着更大的内涵和外延，不仅仅包括技术治理，还涉及政治、经济、文化各个领域，以及牵扯到全球性的网络安全问题、网络数据问题，特别是数据

---

① 郎平：《网络空间国际秩序的形成机制》，载于《国际政治科学》2018 年第 1 期。

② Nye，Joseph. Deterrence and Dissuasion in Cyberspace. *International Security*，2017，1，pp. 44－71.

③ ［美］弥尔顿·穆勒：《网络与国家：互联网治理的全球政治学》，上海交通大学出版社 2018 年版，第 45～49 页。

④ Adam Segal. *He Hacked World Order*：*How Nations Fight*，*Trade*，*Maneuver*，*and Manipulate in the Digital Age*（*2nd. ed.*）. Perseus Books，USA，2017.

⑤ 郑文明：《互联网治理的进程、模式争议与未来走向》，载于《新闻与传播评论》2020 年第 2 期。

跨境流动的问题以及网络空间的秩序问题，这些问题都是人类需要共同面对的重大议题。

随着网络空间与现实空间的深度融合，网络空间不仅面临着现实空间针对虚拟空间的各种威胁，而且虚拟空间对现实空间原有国际秩序具有一定的冲击。基于网络空间现实发展状况，建立网络空间的国际秩序已经成为当务之急，而其目标应包含两个层面：一是确保互联网本身的安全、有效运行，实现全球网络空间的互联互通；二是制定国际规范来抑制与网络有关的冲突升级，维持现实空间的和平与稳定。①

三、网络空间的国家治理与全球治理

互联网治理主要是指逻辑层的技术治理，是狭义的，而网络空间治理包括了互联网多个层级的全部治理活动，特别是越来越重要的政治和经济议题。网络空间里的治理可分成两大部分，一个部分是国家治理，另一个部分是全球治理，前者是在一个国家疆域范围对互联网相关事务的公共治理，在其国家治理体系内运行，后者指超出主权国家管辖范围的具有全球性的治理活动，既包括国家间的也包括国家与非国家行为体之间乃至非国家行为间的治理。因此，国家治理要素和超国家治理要素需要被准确理解，并在不同层级上清楚地被界定。从出现时间前后来看，互联网治理在前，网络空间治理在后；国家治理在前，全球治理在后。从范围来看，互联网治理包含在网络空间治理之中，是网络空间治理的一个层级，国家治理包含全球治理之中，相互又各有独立性。国家治理与全球治理是网络空间治理和互联网治理的两个层次，总体上，互联网治理落在全球治理层面，而网络空间治理可以在国家治理和全球治理两个层面上有不同的议题和表现。

2013 年，爱德华·斯诺登（Edward Snowden）揭露了包括棱镜计划在内的多个美国政府的监控项目。② 棱镜门事件主要引发两个全球关注的重要问题：一是对于用户隐私的关注，在美国，主要是美国国内的私营部门、市民社会和政府之间的博弈，主要关注点是对于人民的隐私，政府是不是有权肆意践踏的问题；二是对于国家信息安全的关注，事件引起了全世界各国的高度重视，它揭露了各个国家在网络空间时代面临的各种威胁和危机。美国通过入侵其他国家的网络服务

① 郎平：《网络空间国际秩序的形成机制》，载于《国际政治科学》2018 年第 1 期。

② 《斯诺登：旅居俄罗斯已两年》，澎湃新闻，https://www.thepaper.cn/newsDetail_forward_1535470。

器大肆攫取其他国家的网络空间中的数据资源，同时美国跨国企业将当地用户数据从它所在国传回了美国。棱镜门事件爆发以后，面对危机，各国都开始感到自危，将把互联网安全放在第一，把互联网的发展、信息化的推进放到了次要位置。

棱镜门事件爆发以后，国际社会召开了巴西圣保罗会议，商讨网络空间全球治理的改革，但是全球治理在互联网网络空间方面并没有非常实质性的突破和进展，包括在监控和安全方面。第一是没有全球治理的有效手段，美国政府采用分类应对的战略，把全世界各个国家、人群区别对待，分化了国际社会统一的立场；第二是威慑和对抗能力不对等，网络空间中美国的技术力量雄厚，目前其他国家的技术能力还远远不足以与其对抗，从而导致博弈、对话出现不对等情况，且大规模网络监控依托于网络空间先进的技术手段，使得监控难以被觉察；第三是现行的国际法和全球治理的机制针对性不够、效用具有延迟性。从全球范围来看，安全已然是各个国家互联网治理的首要议题。基于以上现状，网络空间的全球治理被提上重要日程。

四、全球化、全球治理与国际体系

20 世纪 70 年代米都斯（Meadows）发表的《增长的极限》、80 年代布伦特兰（Brundtland）发布的《我们共同的未来》以及全球治理委员会发布的报告，都强调了全球化世界已然来临。全球化浪潮已然成为当今世界秩序最主要的转变之一，在构建世界新秩序的过程中，全球化是不可不被考虑的关键因素。全球化的重要体现首先是经济全球化，在全球范围内已经形成了一个世界规模的市场，但其实自由贸易和自由汇率只是全球化的一个方向，全球一体化还在更多的领域发展。全球化致使我们对传统社会经济发展、国际政治博弈、国际性事件应对等都需要新的认知和解决方式。

对于形成全球秩序的国际舞台，全球化带来了一系列的认知挑战。首先是权力与一体化之间的矛盾。权力在传统国际秩序中发挥着基石性作用，全球化的到来加大了权力之间的相互作用和相互依赖，但这种相互依赖和相互作用并不直接形成一体化，如何调整权力分配和推进一体化成为一大挑战。其次，权力和无力之间存在悖论。全球化提供了一个权力的新来源，权力掌控者似乎已经察觉到了全球化带给他们的新型统治工具，但同时在全球化下单方面地拥有权力也并不意味着拥有至高无上的实力，对于全球性的问题，并非拥有权力的一方可以凭一己之力解决，很多时候感到更多的是无力。最后，全球化下共存和相互依赖之间也存在巨大张力，相互依赖是全球秩序的主要原则，而共存则基于传统秩序中的主权观，看似相近的生存理念之间有着不同的行事逻辑。

面对全球化浪潮，我们需要形成立足于全球的对增长的共同态度，需要考虑到共同的目标，以及需要在形成世界秩序的实践中加大与公共行为体和私人行为体的合作。这三个认知极为重要，从根本上改变了国家间竞争这一传统观念。正如我们上文所述，全球化已经部分实现，但国家权力却面临着日益流散的威胁。

在全球化的背景下，要形成新的全球秩序则需要全球治理的理念和方式。对于治理的定义，联合国全球治理委员会在《我们的全球之家》报告中给予的定义较为权威，被随后的研究广泛接受采纳。报告认为治理是各种公共的或私人的个人和机构管理其共同事务的诸多方式的总和，① 这一过程使相互冲突的或利益不同的行为主体得以调和并采取联合行动。治理既包括有权迫使人们服从的正式制度和规则，也包括各种人们同意或以为符合其利益的非正式的制度安排。② 治理具有显著的四项特征：第一，治理是一个过程而非单一活动；第二，治理的基础是协调而非控制；第三，治理涉及公共部门和私营部门；第四，治理是一种持续的互动而非正式的制度。③

研究全球治理的学者安东尼·麦克格鲁（Anthony McGrew）说："全球治理不仅意味着正式的制度和组织（国家机构、政府间合作等）制定（或不制定）和维持管理世界秩序的规则和规范，而且意味着所有其他组织和压力团体都追求对跨国规则和权威体系产生影响和作用。"④ 我们认同这一说法，全球治理是国家与非国家行为体共同协调解决全球性事务的过程，在全球化推动典型领域中，互联网的治理依然是在这一程序性治理进程中进行，是主权国家和非国家行为体对互联网治理的相关事宜开展建章立制的过程。

然而对于如何进行全球治理仍然面临四个层面的问题。第一，治理的机制层面，如何将治理机制化。传统观念中国际机制是建立在民族—国家并存共处这一观念基础之上，而在全球化背景下主权基石受到相互依存和一体化两大挑战，难以在超越主权的限制下形成国际性的治理机制。第二，治理的主体层面，如何将私营行为体纳入。跨国集团的产生是全球化形成的主要动力之一，以跨国集团为代表的大型私营企业也是侵蚀主权国家权力的重要主体。国家间的合作与竞争是国际关系的主要治理主体，但私营企业的崛起，全球性议题的

① *Our Global Neighborhood: The Report of the Commission on Global Governance*, Oxford University Press, 1995.

② 俞可平：《全球化：全球治理》，社会科学文献出版社 2003 年版，第 8 页。

③ *Commission on Global Governance. Our Global Neighborhood.* Oxford University Press, 1995.

④ ［英］戴维·赫尔德：《全球大变革：全球化时代的政治、经济与文化》，社会科学文献出版社 2001 年版，第 70 页。

复杂性使得私营企业成为全球治理不可或缺的行为体，如何在传统国家主导的治理进程中纳入非国家行为体，特别是私营行为体成为全球治理的一大挑战。第三，社会治理层面，如何推动社会的发展。和平与发展仍是当今世界的主旋律，但全球化带来的不平衡发展日益严峻。如何以人为本，在国际合作中把人本位纳入社会发展中成为全球治理善治的关键。第四，全球化带来的非法行为与日俱增，走私、洗钱、贩毒和网络犯罪等行为严重危害了国家和个人安全，但在应对这些全球性的议题中，主权国家、国际组织或是社会团体并未形成行之有效的治理手段。同时，对于全球秩序，则需要一个“良性领导者”去稳固、指导和管理全球秩序，采取领导性的行动维护全球一体化进程。而这个具有实际治理权、肩负责任、具有实力的“良性领导者”的选择和确立也是一直以来网络空间全球治理中的难点。

本书研究的网络空间治理是全球治理中的一大重要领域，一方面，互联网技术的发明推进了全球化进程，形成了信息上互联互通的地球村；另一方面，互联网应用的普及带来的治理问题日趋全球化，网络攻击、网络犯罪、数据跨境流动、隐私保护、数字鸿沟等问题并非一国之力可以解决，需要主权国家、私营部门和社会团体之间形成合作，从而达到互联网善治。我们将互联网治理体系置于全球治理的大背景中，深入全球互联网治理的治理主体、治理模式、治理机制和各方博弈等领域，形成整体性的互联网治理体系研究。

在对国际体系的研究中，一个共识性的前提是无政府性是国际体系的主要性质，没有一个凌驾于各国之上的强制性权威机构来管理国家与国家之间的交往。在如此没有外部约束的情况下，国家间交往的自然状态必然处于无秩序的状态。等级性依然是国际体系的基本社会属性，决定社会等级的主要准则是实力。与国际体系相近的概念为世界体系。美国社会学家沃勒斯坦（Immanuel Wallerstein）提出的著名的“世界体系”理论将世界看作一个整体，通过对政治、经济和文明三个层次的分析，深刻揭示了世界体系中从“中心—半边缘—边缘”结构的发展变迁和运作机制。自冷战结束后，对国际体系的描述有不同的视角，以美国为全球实力第一大国的“一超多强”国际格局基本形成，20 世纪 80 年代“亚洲四小龙”在经济上的崛起一定程度上缩小了东西方的巨大差距，进入 21 世纪后，中国的迅速崛起再次动摇了美国霸权国的地位，学术界有学者以 G2 模式（由美国经济学者提出，意即“两国集团”，就是中美两国合作，共同主导世界事务）形容当前的国际体系。[①] 我们认为比较现实主义的国际格局研判，是美、中、欧三足鼎立的格局，美国的实力和优势明显领先，中、欧都有一定实力但也还有一

① 阎学通：《对中美关系不稳定性的分析》，载于《世界政治与经济》2010 年第 12 期。

些差距。

在国际体系中权力的实施方式是多样化的，但随着二战后联合国的组建，国际规则和国际规范成为支撑国际体系的内生性支柱之一，国家间的博弈愈发聚焦于国际规则和国际规范的建章立制。在规则制定中有主导权的国家能够将自身利益更多地纳入其中，通过规则的建立和规范理念的塑造，框定各个行为体的国际行为，从而让各国国际行为体做他们想让他们做的事，对其他行为体实施权力。

依托互联网技术发展而来的网络空间与当前的国际体系相互交融与影响，随着网络空间愈发渗入现实的政治、经济和社会中，对网络空间治理的理解需要置于国际体系的视野之下，当前国际体系的分析也必须纳入网络空间的互联网治理体系。将国际体系的分析视野与互联网治理体系相结合是本书研究的重要出发点，国家在现实世界的权力博弈一部分将直接折射到互联网全球治理博弈中，同样互联网治理中各方的博弈也将影响现实世界中的国际体系。

五、学科交叉的研究方法创新

建构网络空间全球治理体系是一个异常复杂和极其宏观的研究课题，涉及多个学术领域，需要多学科交叉的方法解决这一宏观复杂性问题。这需要我们有研究方法的突破与创新，需要以整体思维方式和系统论的方法来设计这个课题的研究方法。从研究方法来说，网络空间治理涉及国际政治学、信息科学、计算机科学、传播学和公共管理学等多个学科的研究，本书采用多学科交叉的方法，从现实存在的网络空间全球治理矛盾出发，对治理本身进行解构，提出一套理论方法，探讨如何建构一个具有现实可行性和公正合理的网络空间全球治理体系。我们认为应该在互联网的体系结构之上，在国际关系与世界格局变化的背景之下，在全球治理与国家治理的互动探讨之中，多维度、分层次地来考量网络空间全球治理体系的建构。对这种跨学科交叉研究应有一个整体的思维体系，中国古圣先哲强调的“观想”系统思维和东方智慧也成为我们开展这项研究的基本思维方式。跨学科研究的方法路径是依据本研究议题本身的复杂性所设计的，在于能全面分析问题，从而合理解决问题，这也正是本研究区别于以往研究的重要特点。本研究力图形成具有实践指导意义又兼具理论探索意义的研究成果，课题运用学科交叉研究所涉及的学科关系如图 0－1 所示。

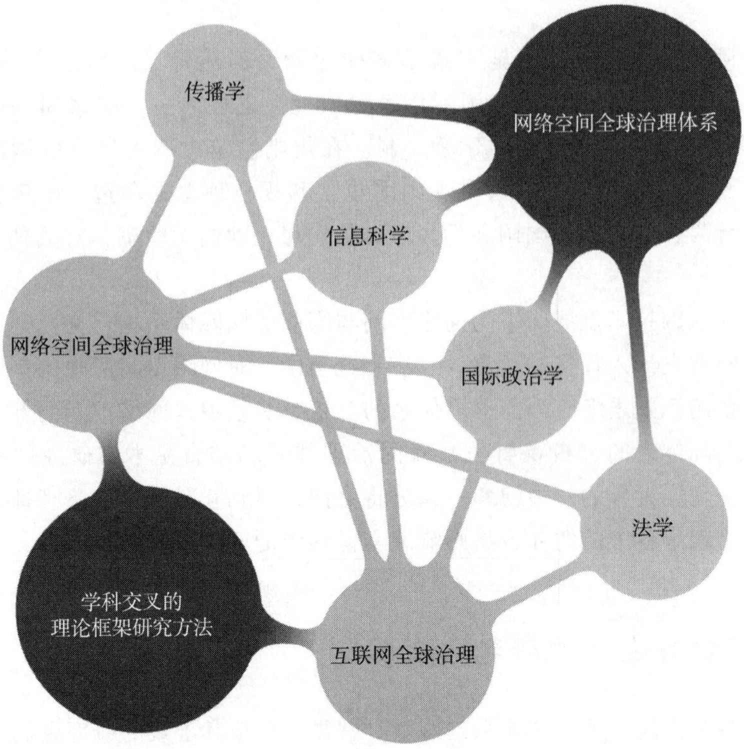

图 0－1　本研究学科交叉研究方法示意

在此研究方法设计框架下，我们展开了对全球互联网治理机构和重点专家的深度考察和访谈，我们派遣课题组成员到国际电信联盟（ITU）实习长达半年以上进行实践性调研；派遣课题组多名成员参加 ICANN 组织的多次培训，并多次参加 ICANN 年会；课题组首席专家和多名成员多次参加联合国的互联网治理论坛（IGF），并在 IGF 大会期间组织举办分论坛。课题组成员分头访谈了全球互联网治理领域的大部分重量级专家，包括互联网之父罗伯特·卡恩（Robert Kahn）和温顿·瑟夫（Vint Cerf），ITU 时任秘书长赵厚麟，ICANN 时任总裁法迪·切哈德（Fadi Chehade），以及中国互联网领域顶级专家如胡启恒院士、吴建平院士等。在这几年间，课题组组织了多次专家研讨会，邀请国际著名信息社会学家曼纽尔·卡斯特（Manuel Castells）、互联网治理资深学者弥尔顿·穆勒教授（Milton Mueller）以及联合国数字合作高级别小组秘书长约万·库尔巴里贾（Jovan Kurbalija）等到访清华大学并就研究课题内容开展学术交流讨论，同时聚集了一批国内重量级学者就此议题开设讲座和展开讨论，胡启恒院士、吴建平院士等著名专家都参与本课题的讨论并给予了指导。首席专家崔保国教授邀请课题组主要成员连续三年在清华大学开设研究生课程“互联网产业与网络空间全球治理”和学术工作坊。

六、本书成果基础及任务分工

本书议题宏大，意义重大，属于国际前沿研究课题，也是一个国际难题，但是课题组能够迎难而上，充分发挥既有的学术积累，积极拓展学术资源，在国际舞台上深度交往了几十位全球著名的研究网络空间治理的重量级专家，联络了一批深耕网络空间治理的专家学者，从学理研究到实践参与，形成深度的网络空间治理研究体系，得出了一些富有创新性的研究发现，提出了建构网络空间全球治理的相关架构和中国参与网络空间全球治理体系路径方法等。

经过课题组全体成员共同的努力和探索，课题取得了一系列研究成果，包括学术论文 15 篇（其中 SSCI 1 篇、CSSCI 8 篇、CSSCI 扩展 4 篇），出版相关著作 2 部（译著 1 部），形成内参报告 2 份，以及最终课题报告 1 份。其中，具有代表性的学术论文有：在新闻传播领域主流刊物《全球传媒学刊》组织专栏“网络空间全球治理”发表了《大变局下网络空间治理的大国博弈》《论网络空间中的平台治理》《论联合国信息安全政府专家组在网络空间规范制定进程中的运作机制》《欧洲在全球网络治理制度建设的角色、作用和意义》四篇论文，从多个维度系统透视网络空间全球治理问题。在国际关系领域主流刊物《现代国际关系》上发表了《网络空间安全困境及治理机制构建》和《主权原则在网络空间面临的挑战》，分别提出网络安全困境和网络空间主权原则研究的新视角。在数据跨境流动政策成为各方谈判焦点背景下，刊发于国际英文 SSCI 期刊 *Chinese Journal of Communication* 的 *China's Data Localization* 提出理论框架分析中国数据本地化政策的动因；刊发于《国际展望》的《数据本地化和数据防御主义的合理性与趋势》指出数据本地化是其要害，并提出“数据防御主义”的理论体系等。课题组还策划和参与了两个系列图书的出版：一是由清华大学出版社出版的“网络空间全球治理书系”，目前已出版《互联网治理》（第七版）（约万·库尔巴里贾著，鲁传颖等译）和《全球传播政策：从传统媒介到互联网》（徐培喜著）两本著作；二是由电子工业出版社出版、课题组成员方兴东教授主编的“光荣与梦想：互联网口述史丛书（OHI）”，出版了《钱华林篇》《胡启恒篇》《张朝阳篇》《张树新篇》等八部口述史书籍。两个丛书系列都是聚焦互联网治理的重要议题，一是互联网治理的基本理论体系建构，二是互联网治理的重要人物史，无论是对学术研究还是政策制定以及社会知识传播都具有积极且重要的意义。课题组还将研究的成果及时报送相关政府部门，为政府决策提供智力支撑。课题组通过紧密合作，充分梳理这几年的研究成果，最后形成了现在这本书稿。

网络空间全球治理是一个多维空间的复杂体系建构。互联网治理与网络空间治理，国家治理与全球治理，这四个概念是网络空间全球治理体系的四大基本支柱。从“互联网”到“网络空间”，并不仅仅是简单的措辞变化；网络空间从国家治理到全球治理，也不仅仅是治理范畴的扩大。网络空间是一个时代现象，互联网治理是一个持续的进程，网络空间治理理论体系需要不断深化。总之，我们需要建构起一个更加包容的，更便于共同探讨问题的网络空间全球治理的体系框架。基于以上考虑，本书的主要框架和负责分工如下：

总论	崔保国
第一章　网络空间全球治理的整体架构	崔保国
第二章　互联网发展关键进程	方兴东
第三章　网络空间全球治理的力量变局	李　艳
第四章　网络空间全球治理的两大体系	杨　乐
第五章　网络空间中的国家主权	郎　平
第六章　网络空间的大国博弈	郎　平
第七章　网络空间的大国安全困境	鲁传颖
第八章　平台经济创新与社交媒体治理	杭　敏
第九章　网络信息内容治理	徐培喜
第十章　数据跨境流动治理	刘金河
第十一章　人工智能与新兴治理	鲁传颖
第十二章　网络空间全球治理的中国智慧	崔保国
第十三章　结语：关于网络空间全球新秩序的展望	崔保国

第一章

网络空间全球治理的整体架构

本书研究的核心问题是网络空间全球治理体系如何建构的问题。互联网的发展进程是一个从有序走向无序的过程，如果没有有效的治理和完善的治理体系，后果不堪设想。互联网治理不是一国一地的事务，应该在网络空间命运共同体的框架下展开，网络空间治理体系是一个全球治理体系与国家治理体系同构的过程。由于治理主体的多元性和治理体系的复杂性，我们提出一个以“多维认知、多元主体、分层治理、议题导向”的体系建构原则作为基本思路，以期形成一个以解决现实问题为目标的兼容并包的网络空间全球治理体系构建，同时确立了构成全球化互联网治理体系的“四梁八柱”，力图营造起网络空间全球治理体系大厦的理论基础。

第一节　对网络空间全球治理的战略认知

世界秩序正在发生百年未有之大变局，一个能够良好地反映世界各国普遍诉求和共同利益的世界新秩序和全球治理体系正在形成中，而网络空间秩序正是整个全球治理体系的重要组成部分和主要动因之一。但目前的网络空间处于庞杂无序、野蛮生长、大国博弈、冲突不断的状态，甚至会走向一个分裂的碎片化的互联网状态。网络空间成为一个亟须全球治理与国家治理协同共治的领域。面对治理困境，习近平总书记提出要研究制定全球互联网治理规则，使全球互联网治理体系更加公正合理，携手世界人民共建网络空间命运共同体。①

无论从50年的互联网发展史还是从世界范围内正在发生的变局来看，网络空间及其治理的现实意义和理论价值怎么认识其重要性都不为过。网络空间不只是一个关键的新概念，也是一种新的研究范式。在既有的中外文献中，网络空间治理的丰富经验和价值并没有在理论层面被充分挖掘，理论建构需要进一步突破。② 网络空间治理理论长期以来被欧美西方学者所主导，中国学者提出的具有国际影响力的理论和观点匮乏，学术话语权不足，与网络大国的实际地位严重不匹配。网络空间正在形成的秩序也影响和改变着未来的全球治理体系，网络空间治理需要全局性和前瞻性视野，更需要融入中国经验和东方智慧。

一、重新认识互联网发展的“熵增定律”

互联网的发展进程是一个从有序到无序的过程，这很适合用“熵增定律”来解释，熵增定律的提出来源于19世纪中叶一位叫克劳修斯（Clausius Theorem）的德国人，他认为在一个封闭的系统内，热量总是从高温物体流向低温物体，从有序走向无序。③ 如果没有外界向这个系统输入能量的话，那么熵增的过程是不可逆的，最终会达到熵最大的状态，系统陷入混乱无序。熵的增加就意味着正常、有效能量的减少。每当自然界发生任何事情，一定的能量就被转化成了不能再做功的无效能量。思量我们的网络空间，伴随着依托于互联网技术的全方位生产，各种无效能量、各种“污染”也逐渐产生且充斥于整个“空间”中。

如果说互联网发展是一个“熵增”的过程，那么，网络空间治理（cyberspace governance）对于一个社会大系统来说就是一个“熵减”的过程，有治理才有秩序，治理的过程就是让治理对象“熵减”的过程。就像工业革命和工业社会发展带来全球贸易关税壁垒问题、地球温暖化、气候变化等问题需要全球治理一

---

① 习近平：《在第二届世界互联网大会开幕式上的讲话》，新华网，http：//www.xinhuanet.com/politics/2015－12/16/c_1117481089.htm，2015年12月16日。

② 较为典型的是美国资深互联网治理学者劳拉·德拉迪斯（Laura DeNardis）主编的四卷本互联网治理文集《互联网全球治理》，收录了从20世纪90年代开始至2015年的关于互联网治理的重要学术文章和治理文献，集中体现了互联网治理研究的原创性和基础性成果，形成一批具有西方色彩的互联网治理理论，比如代码之治、互联网私有化治理、多利益攸关方治理、机制复合体、去国家化治理等，一些重要概念，比如技术社群、私营部门、互联网关键资源、互联网层级架构、互联网分裂等。而2015年之后至今的约7年间，互联网治理研究主要集中在对具体议题和新兴话题的分析讨论，比如数据跨境、内容信息治理、大国地缘政治博弈、数据治理等焦点性和应用性问题，但是互联网治理基础理论相对来说没有重大进展。德拉迪斯主编的文集见：Laura DeNardis eds. *Global Internet Governance*：*Critical Concepts in Sociology*，Routledge，2018.

③ 于伟佳、许志晋：《熵理论的跨学科功能》，载于《自然辩证法》1994年第7期。

样，互联网的发展比工业社会更快速更迅猛，而人类社会的全球治理体系和应对措施还很不完善，尚在建构之中。国家治理、全球治理兼容并包才能构成有效的网络空间全球治理体系，形成公正合理的网络空间秩序。这是人类社会发展所面临的关乎命运未来的重要课题。

在社会网络化（networked society）[①] 的逻辑下，网络空间成为了新的人类社会形态，是一个多方利益交汇的地方，一个由互联网应用、各种媒体内容和数据、全球舆论场以及人类消费生活方方面面组成的大集合体，网络空间命运共同体的理念最能恰当地描述这种社会形态。网络空间秩序的现实也正是当前世界秩序的一个映照，而“当前的世界秩序就是主权国家合作与美国霸权治理的混合体”[②]。在全球层面上，围绕如何治理互联网的这一议题，不断有新的冲突和变数出现，各国基于其互联网发展现状及利益，在网络空间治理模式、治理平台及治理路径上存在重大分歧，网络空间全球治理面临着困境，呈现出现有网络空间全球治理体系的结构性矛盾和治理失灵。这种困境根本原因在于，不同国家间对于网络空间如何治理持有不同主张和认识，背后更是映射出从产业到政治、文化的冲突。

二、网络空间全球治理体系及治理困境

当下的网络空间全球治理如果说有体系的话，也是由20世纪90年代形成的互联网治理体系演化而来的，这个体系并不是一体化的，是由ICANN为核心的互联网社群体系和以ITU为核心的联合国框架体系组成，联合国体系以主权国家以及政府间的多边合作原则为基础，而互联网社群体系以非政府组织的多利益攸关方模式为基础。这两大体系平行运行，互不交集，都存在很大缺陷。互联网社群体系缺乏公正性，联合国体系缺乏有效性，都存在着不完善、不周全、不兼容的问题，再加上各国网络空间之间的矛盾冲突和大国博弈，导致网络空间全球治理基本处于治理失灵的状态。

虽然已经存在以ICANN为核心的互联网社群体系和以ITU为核心的联合国框架体系这两大治理体系，但是现有的治理体系是松散且内部充满了各种矛盾和冲突的组合体，充满了不稳定性，无法达成公平有效的治理目标。联合国框架体系由于受美国长期以来的抵制，故而没有成为网络空间国际规则制定的有效平

① 曼纽尔·卡斯特称之为“网络社会”（network society），并成为过去20年全球流行的概念。参见曼纽尔·卡斯特：《网络社会的崛起》，夏铸九译，社会科学文献出版社2006年版，第19页。

② 陈志敏：《国家治理、全球治理与世界秩序建构》，载于《中国社会科学》2016年第6期。

台，但是由于中俄等发展中国家的坚定支持一直保持着形式上的合法性治理平台地位，不过至今为止并没有制定出具有实质性影响的治理规则和实施成果。同时，互联网社群体系由于特定的历史，加之其主要机构ICANN、国际互联网协会（internet society，ISOC）在美国建立，因此处于实际的规则制定和运作的地位，但却因为美国主导而缺乏足够的公平性。总体来看，网络空间治理中的联合国框架体系缺乏有效性，互联网社群体系缺乏公正性。更为重要的是，两个体系是相互竞争的，试图以单一体系主导甚至排除另一个体系。

两种体系博弈过程导致了网络空间治理体系内部的不可弥合性和不稳定性，形成了整体治理体系的不公正后果。归根到底，互联网社群体系和联合国框架体系背后实质上是两种路线，也是两种治理模式运作的结果。这两种治理模式根植于两种国家治理模式，前者以美国主张的多利益攸关方模式为代表，后者以中俄倡导的网络主权模式为代表，也导致了两种模式的矛盾，在网络空间中交汇和冲突。

这种不可弥合的冲突性表现在治理层次和治理模式上。一方面，网络空间国家治理一直与全球治理存在张力，现有全球治理体系无法很好地包容形态各异的国家治理体系；另一方面，网络空间中的两种治理理念和模式存在深刻的冲突，甚至呈现“阵营化”[①] 对抗趋势。治理面临着深刻的困境，成为全球治理中的一个重要社会难题。

网络空间全球治理正处于重构的十字路口，东西方关于网络空间治理模式的争论在今天已经转化成各自的行动，技术治理的意识形态化和阵营化成为一个令人不安的趋势。[②] 互联网碎片化（internet fragmentation）已经不是一个警告，是一个正在发生的事实。[③] 因此，现有的网络空间全球治理体系在面对越来越深刻的政治文化冲突问题显得脆弱和无力，推进网络空间全球治理体系变革迫在眉睫。

---

① 黄志雄：《国际法在网络空间的适用：秩序构建中的规则博弈》，载于《环球法律评论》2016年第3期。

② Jared Cohen and Richard Fontaine. Uniting the Techno – Democracies, November/December 2020.

③ Milton Mueller. *Will the Internet Fragment*? . Polity, 2018; William J. Drake, Vinton G. Cerf, Wolfgang Kleinwachter. *Internet Fragmentation: An Overview*, World Economic Forum, 2015; Jonah Force Hill. Internet Fragmentation: Highlighting the Major Technical, Governance and Diplomatic Challenges for US Policy Makers. *Berkman Center Research Paper*, *Harvard Belfer Center for Science and International Affairs Working Paper* (2012). Kieron O'Hara, Wendy Hall. *Four Internets: The Geopolitics of Digital Governance*, CIGI Papers Series No. 206, December 2018.

第二节　网络空间全球治理体系的建构思路

既然现有的网络空间治理体系无法满足公正合理的治理秩序的追求，网络空间治理存在认知偏差和治理失衡的情况，那么，就需要用新的思维方式重新认识网络空间治理体系，并用新的理论模型提出网络空间治理体系建构方案。基于这种考虑，本书主张把网络空间全球治理体系的构建视为国家治理体系与全球治理体系同构的过程，以公平正义作为秩序构建的价值起点，推动构建一个合理有效的“机制复合体”的网络空间全球治理体系。

网络空间治理既是国家治理也是全球治理，关联要素特别多样复杂且具有动态性。网络空间治理体系需要从多维认知以形成一个总体框架，建立一个兼容并包多个主体和多个要素的复杂体系。多维认知最重要的就是对互联网与网络空间演变关系的发展认识、对多方模式与多边模式的本质思考以及对国家治理与全球治理辩证关系的深刻认知。

一、网络空间治理：无数个力的平行四边形

互联网（Internet）经典的定义是网络的网络（network of networks），是指以TCP/IP协议为核心的全球信息通信技术设施，而基于互联网技术设施所形成的人类行为空间被称为网络空间（Cyberspace）。互联网长期以来，人们往往直觉地认为互联网是一张平滑的大网，但是无论从技术还是社会应用的角度看，互联网远非“点线面”的二维结构，而是一个具有层级的立体结构。互联网的体系结构在技术上往往从下而上被分为物理层、数据链路层、网络层、运输层、应用层五个层级，[①] 在社会治理中往往被简化为物理层、逻辑层、应用层三个层级，三层结构为ICANN采用并推广而被人文社科领域广泛采用。

当代的互联网概念已经转向更为复杂的社会想象，用网络空间的概念更能便于描述现实的状态。从技术属性来说，互联网具有全球性和无边界的特性，但是网络空间作为行为空间，具有可比拟现实领土的管辖范围和国家属性，也就是具

① 国际标准化组织（ISO）曾在1983年发布了互联网架构的国际标准开放系统互连基本参考模型OSI/RM，是一个七层协议的体系结构，但后来基于TCP/IP的五层协议模式得到了广泛采纳。参见：谢希仁：《计算机网络》（第七版），电子工业出版社2017年版，第30～32页；王达：《深入理解计算机网络》，机械工业出版社2017年版，第71页。

有主权的基本属性。①

最初互联网治理主要为解决技术层面的相关争议问题，涉及域名系统、IP 地址和根服务器等网络基础设施等，但是随着互联网在社会生产各领域的应用，自 2003 年信息社会世界峰会（WSIS）之后，国际社会更将经济、文化、公共政策、社会发展等领域的相关问题也纳入互联网治理的范畴，互联网治理的概念也逐渐转向了网络空间治理。随着数字经济的发展和社会数字化转型的深入，“互联网治理”一词所指涉的内涵更适合用“网络空间治理”所指代。但互联网治理已经形成了一些特定的模式、理念，是网络空间治理的底层特性和历史基础。互联网治理主要是指逻辑层的技术治理，是狭义的，而网络空间治理包括了互联网多个层级的全部治理活动，特别是越来越重要的政治经济和社会伦理议题。如何正确地界定互联网治理与网络空间治理之间的关系，有助于网络空间治理在理论和实践层面取得突破。②

根据联合国全球治理委员会的定义，治理是各种公共的或私人的个人和机构管理其共同事务的诸多方式的总和。③ 网络空间治理处于动态发展之中，需要有一个简明的定义能够抓住其本质。各国专家对网络空间治理有过各种定义，但是能达成广泛共识的不多，其中 2005 年互联网治理工作组（WGIG）受联合国秘书长委托形成全球范围内普遍接受的“互联网治理”工作定义：互联网治理是指政府、私营部门和民间社会根据各自的作用制定和实施旨在规范互联网发展和使用的共同原则、准则、规则、决策程序和方案。④ 我们抽取了其最重要的精神，但是考虑从互联网治理到网络空间治理的转变，强调了社会与政治属性，侧重于对规则的博弈和合作，由此形成了更明确的治理视角。我们主张，网络空间治理是公私等多元主体围绕互联网发展和使用问题，为各自的利益就规则制定展开博弈和合作的过程。治理的公私主体相对稳定，包括政府、私营企业、技术社群、国际组织以及公民社会等几大利益相关方，治理的议题与主体的利益相关，处于不断变化之中，需要动态把握。

体系指若干有关事物互相联系而构成的整体，格局则是其中主要力量的分布状态和相互关系，秩序是体系运行的结果和状态。所谓治理体系，我们理解为在一定的制度架构下，若干治理主体，制定一系列规则和做出一系列制度安排。网

① 方兴东、钟祥铭、彭筱军：《草根的力量：“互联网”（Internet）概念演进历程及其中国命运——互联网思想史的梳理》，载于《新闻与传播研究》2019 年第 8 期。

② 鲁传颖：《网络空间治理与多利益攸关方理论》，时事出版社 2017 年版，第 58 页。

③ *Our Global Neighborhood: The Report of the Commission on Global Governance*, Oxford University Press, 1995.

④ WGIG, Report of the Working Group on Internet Governance, United Nations, Geneva, 2005. See http://www.wgig.org/docs/WGIGREPORT.pdf.

络空间全球治理体系是由多个国家的治理、多种力量和利益共同体、多个维度组成的复杂体系，是一个全球范畴的动态开放运作体系。约瑟夫·奈曾经预测，在可见的未来，网络空间中不太可能出现单一的总体性机制，因此将其统称为一种机制复合体（the regime complex）。[①] 网络空间治理体系的最大特点在于其多元性和复杂性。恩格斯曾描述人类创造历史的活动“如同无数个力的平行四边形形成的一种总的合力”[②]，网络空间治理体系也恰如“无数个力的平行四边形”，其运作形成了线上和线下融合的人类社会秩序。从本质上说，良好的治理体系是充分保障公平合理竞争合作的一整套程序和总体环境。

二、网络空间治理体系构建的基本原则

像营造一座宫殿一样，首先需要确定的是整个建筑物的基础和四梁八柱，网络空间全球治理的四梁八柱可以理解为力图营造起网络空间全球治理体系大厦的理论基础。由于治理主体的多元性和治理体系的复杂性，我们提出一个以“多维认知、多元主体、分层治理、议题导向”的体系建构原则作为基本思路，以期形成一个以解决现实问题为目标的兼容并包的网络空间全球治理体系构建。

构思网络空间全球治理体系这个无数个力的平行四边形首先需要用多维认知，从互联网到网络空间、从国家治理到全球治理、从多边模式到多方模式等多个维度的考量。一个合理的网络空间全球治理体系需要正视网络空间除技术之外的社会属性，不回避经济、政治、文化的复杂性；而且需要统合好国家治理与全球治理的同构关系，明确全球治理体系是由国家治理体系的有机组成，并在全球意义上具有独立性。在治理主体和议题上，需要充分肯定政府、企业、科研、社会各主体的不可替代的作用，在不同议题上尊重不同主体的主导地位，坚持多元主体和议题导向原则，灵活运用多边和多方的治理模式。基于互联网分层技术结构的现实，网络空间全球治理体系的实际运行必须建立在互联网的层级架构基础上，遵循分层治理原则使主体和治理模式之间相互匹配。

治理主体的确立是网络空间治理体系的前提性问题。治理的本质在于权力分配，而谁有资格参与权力分配是治理首要问题。互联网作为一种人类有史以来涉及面最广的一种传播媒介，几乎与地球上每一个人有直接或者间接的关联，因此

① Joseph Nye, The Regime Complex for Managing Global Cyber Activities, *Global Commission on Internet Governance Paper Series*, 1, 2014.

② 中央编译局：《马克思恩格斯选集》（第4卷），人民出版社2012年版，第478～479页。

从每一个个人用户到每一个政府和国际组织都与互联网存在利益相关性，理论上，都具有治理主体的资格和可能性。在实践中，真正参与网络空间治理的主体包括政府组织、国际组织、企业、行业协会、技术组织、学术机构、社会团体、公民个人等等不一而足。[①] 根据其不同属性，我们将治理主体分为四大类：政府组织（主权国家）、国际组织、企业（企业与行业）、技术社群。需要特别是指出的是，政府组织作为公共事务的代理人，以维护各自国家利益为宗旨行使公权力，体现的是国家政府的集体意志。在网络空间中起主要作用的政府组织主要以美国、中国、欧盟、俄罗斯等为主，其各自的立场和行为方式有很大不同。另外，以制定技术标准和运维互联网的技术社群组织，典型如 ICANN、IETF、互联网架构委员会（IAB），[②] 以及一些学术机构和有影响力的著名人物，在此分类中被并为技术社群一类。在政府组织、国际组织、企业、技术社群的四分视野下，网络空间治理主体间的权责关系构成了治理机制的基本内涵。

网络空间全球治理具有极强的实践性，核心特征在于议题导向，围绕议题形成公共产品，议题在很大程度上决定了治理的其他要素的形态。治理议题是一个具有历史性的问题，最开始互联网治理起源于对互联网关键资源的争夺，域名系统（DNS）是最初的治理对象和主要议题，而随着互联网商业化之后，议题从技术层面迅速向社会、经济、政治乃至文化层面扩散。最典型的是 2003 ~ 2005 年联合国召开的信息社会世界峰会，互联网治理的议题囊括了方方面面，互联网治理转入了网络空间治理的范畴。

治理议题设置体现了不同治理理念下对治理活动的优先性排序和判断。网络空间治理的议题既有主要的分类来自西方，但是整体上已经较为陈旧。[③] 依据治

---

① 中央网信办发布的《携手共建网络空间命运共同体》中分为政府、国际组织、互联网企业、技术社群、社会组织（民间机构）、公民个人等 6 个主体；在 ICANN 的分类中分为政府及政府间组织、商业界、学术界、技术界、域名产业界、公民社会、互联网用户等 7 个主体，在联合国 IGF 分类中分为政府、国际组织、技术社群、私营部门、公民社会等 5 个主体。

② 这一类组织名称因为往往以“Internet”开头，故而被称为 iStar（星组织）。

③ 国际上不同学者对互联网治理的核心议题给出不同的看法，劳拉·德拉迪斯（2013）的层级理论框架下分为五大领域：互联网关键资源控制、网络接入、网络安全治理、信息流动、知识产权保护等。约瑟夫·奈（2014）主张分为七类：DNS、网络犯罪、网络战争、间谍行为、隐私、内容控制以及人权保护。弥尔顿·穆勒（2010）认为来自知识产权保护、网络安全、内容监管及关键互联网资源四个领域的驱动力将推动国际互联网治理的变革。另外，约翰·萨维奇和布鲁斯·麦康纳（2015）也归纳出五类：网络架构、内容控制、人权保护、网络犯罪以及网络攻击等。参见：DeNardis, L., & Raymond, M. Thinking Clearly about Multistakeholder Internet Governance, 2013. Retrieved from the Social Science Research Network, SSRN 2354377: http://ssrn.com/abstract=2354377; DeNardis, L. *The Global War for Internet Governance*, Yale University Press, 2014; Joseph Nye, J. The Regime Complex for Managing Cyber Activities, The Global Commission on Internet Governance, 2014; Mueller, Milton. *Networks and States: The Global Politics of Internet Governance. Cambridge*, The MIT Press, 2010; John E. Savage, Bruce W. McConnell. Exploring Multi-Stakeholder Internet Governance, East West Institute, 2015.

理的历史演变和发展趋势，我们认为当前网络空间全球治理的议题主要有以下八大类：基础设施、关键资源、平台治理、网络安全、数字贸易、数据治理、算法治理、内容规制。这些议题不仅典型地代表正在进行的治理活动，而且放在网络空间层级架构中较为科学地归类出主要议题的定位。在此前的网络空间全球治理体系中和议题设置中，都往往是重视技术治理，忽视应用领域治理、内容治理、数据治理、平台治理等领域。关于网络空间治理体系和议题设置争论不休和相持不下，主要是认识维度不同或者是思考维度过于偏颇造成的。同时这些议题核心围绕四大主题：地缘政治、治理模式、网络安全、权利保护展开。再结合我们上文中提到的以 ICANN 为核心的互联网社群体系和以 ITU 为核心的联合国框架体系这两大平行运行的网络空间全球治理体系，我们在综合考量诸多影响因素的基础上，提出了一个多维度、多主体、复合机制联合体的网络空间全球治理架构，如图 1－1 所示。

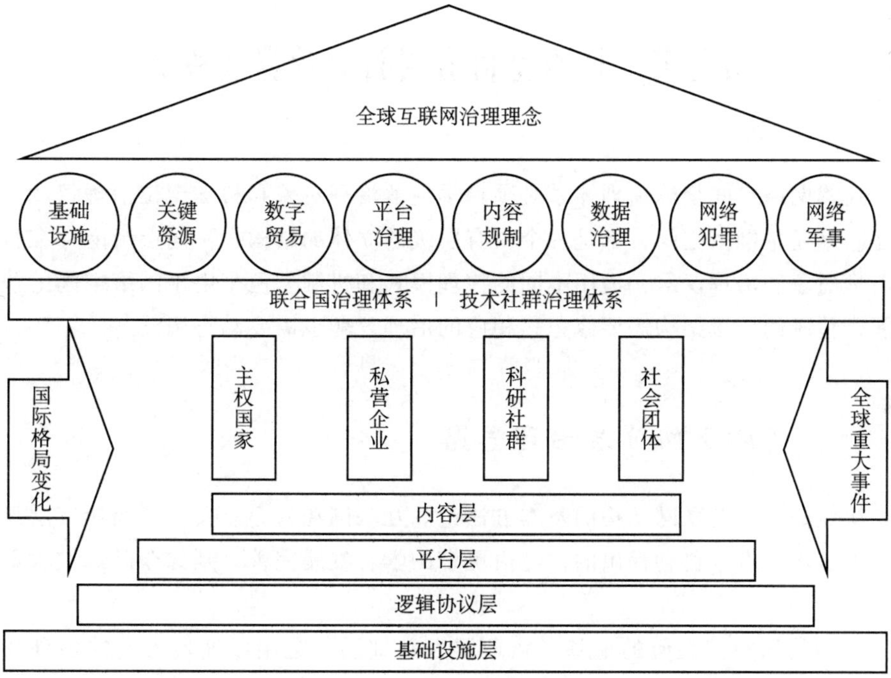

图 1－1　多维度、多主体、复合机制联合体的网络空间全球治理架构

由此，思考维度、治理主体、治理对象、主要议题、分层治理、外部要素等构成了全球化互联网治理体系的“四梁八柱”。支撑这四梁八柱的是治理平台体系。

“四梁八柱”来源于中国古建筑营造结构的一种制式，四根梁、八根柱子作为主体结构支撑着整个房屋，我们这里用“四梁八柱”这样一个结构来建构起网络空间全球治理的框架。这一治理架构是整体治理体系的基础。全球网络空间治理不是任何一个独木就可以支撑的，而是需要在稳定、韧性且具有抗冲击力的整体架构基础上进行制度完善、体系扩充、规范制定、发展促进等。这个结构的稳定、科学对于今后全球治理体系大厦的建造具有重要作用。

当然，在纷繁复杂的网络空间治理中，规则博弈的背后绕不开网络与国家、网络与公司、国家治理与全球治理这几个核心议题，国家治理的行政化问题、网络平台资本运作形成的治理私有化以及国家治理与全球治理之间的张力产生的治理冲突问题在各个时期以各种方式呈现。这些问题既是不断完善网络空间治理体系构架的考量点，也是当前建构全球化互联网治理体系面临的主要挑战。

第三节　网络空间分层治理的路径设计

建构网络空间全球治理体系必须科学理解治理对象和科学定位治理议题。无论互联网还是网络空间，都是一个具有层级的立体的结构，不同层级上存在特定的治理对象和治理议题，适用不同的治理模式和机制。但是由于网络空间的快速发展，传统的层级架构需要修正，相应的治理议题也需要动态调整。

一、网络空间分层治理思路

层级是理解互联网结构的基本方法论。互联网在社会意义上的经典三层架构最早由美国学者本科勒提出的，经由更多的学者发展完善，到如今已经被大部分人所接受。①

作为网络空间大厦的地基，物理层为基础层，是用以连接人们的各种物质材料，是互联网的基础设施。物理层是由现实中可见的各类硬件构成的网络，

① 关于互联网三层架构理论参考：Yochai Benkler. *The Wealth of Networks: How Social Production Transfroms Marktets and Freedom*, New Haven, Yale University Press, 2006, P. 392; Jovan Kurbalija. *An Introduction to Internet governance (6th edition)*, DiploFoundation, 2014, P. 35; Joanna Kulesza. *International Internet Law*, Routledge, 2012, pp. 125 - 126; Jonathan Zittrain. The Future of the Internet, Yale University Press, 2008, pp. 67 - 68; Robert J. Domanski. *Who Governs the Internet? A Political Architecture*. London: Lexington Books, 2015.

主要有计算机、服务器、电缆光纤以及各类基站等。逻辑层是机器之间的通讯语言，包括算法、标准以及通讯路径等，表现为以 TCP/IP 协议为典型的通讯协议、域名解析系统（DNS）以及包括应用软件在内的操作系统等。应用层是人对网络技术的应用，通过网络传递有意义的信息。这一层也是大众接触互联网的最直接也是最主要的通道，体现在可视化操作界面、门户网站、应用软件（App）等。内容层的大量信息交互，自由的连接和海量的数据，最终产生了独立于现实社会的虚拟空间。实现互联网善治的前提是，认识互联网中不同行为体之间的关系，这种关系厘清首要的出发点是在不同层级上定位出不同的行为体。

从物理实体到逻辑代码，再到商业应用和社会效益，每一层对应的是互联网的不同方面，且由于互联网治理议题的异质性，每一层都有其独特的问题、相应的解决方案和治理安排。① 因此在网络空间治理必须遵循“分层原则”②，而且只有把所有层级都放在一起考虑才能形成一个关于互联网及发生在其中的各项活动的完整观点③。

二、网络空间体系结构的创新发展

互联网已经从技术工具属性完成了商业和社会属性的转变，互联网三层架构太过于简化不再满足当下的认知和政策制定的需要。基于互联网技术特征，回归网络空间的社会意义，平台有必要被当作一个层级，也就是从原来应用层中分离出，称为平台层。由于互联网平台的崛起及其在治理中举足轻重的特殊性，本研究提出有必要将平台作为单独的一个治理层级，由此形成网络空间治理的四层架构模型（见图 1-2）。④ 平台治理的特殊性在于主要由私营企业承担，在治理体系中处于相对空白，经典的三层架构模型中缺少对互联网平台的强调。大型互联网平台企业已经成为网络空间行为体中起到关键作用的力量，其经济体量甚至超过很多中小国家，任何治理规则的制定和落地都绕不过平台企业。互联网平台是数字经济发展的引擎，平台在重塑社会生活形态。

---

① 李艳：《网络空间治理机制探索》，时事出版社 2018 年版，第 112～118 页。

② Lawrence B. Solum & Minn Chung. The Layers Principle: Internet Architecture and the Law, *Notre Dame L. Rev.* 2003, 79, P. 815.

③ ［美］罗伯特·多曼斯基：《谁治理互联网》，华信研究院信息化与信息安全研究所译，电子工业出版社 2018 年版，第 49 页。

④ 崔保国、刘金河：《论网络空间中的平台治理》，载于《全球传媒学刊》2020 年第 1 期。

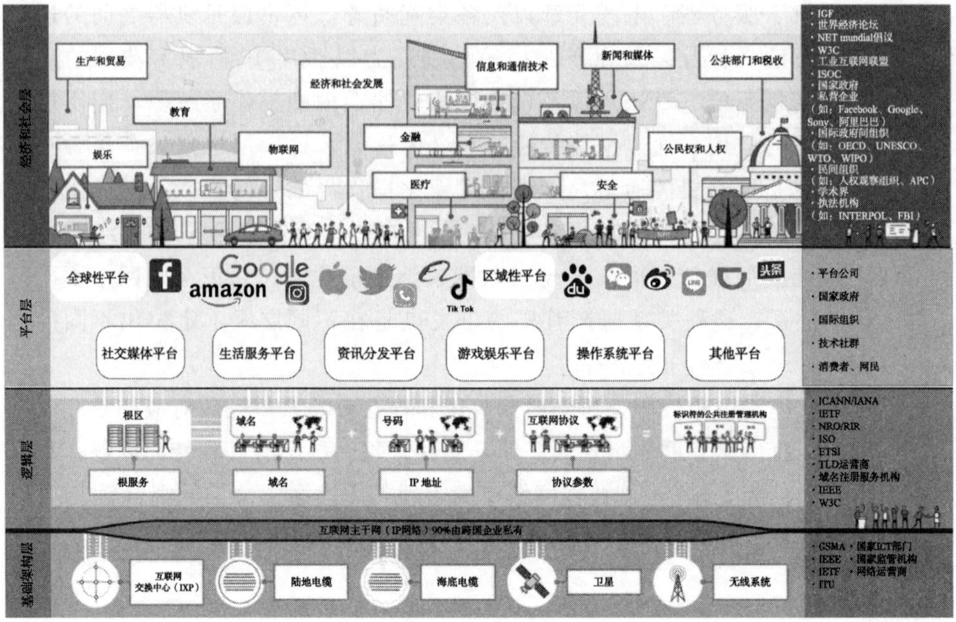

图 1－2　网络空间治理的四层架构

注：本图是作者基于 ICANN 发布的官方图示修改制作而成，在 2020 年的文章已经首次正式提出，本图为进一步修正版。参见 ICANN 2015 年 9 月发布的“Three Layers of Digital Governance”。

这种单独层级的提出具有认识论上的革新意义，有益于对平台社会的深入理解。平台层和平台社会相互呼应，因为平台社会所面临的挑战都与平台紧紧相连。这些挑战主要是：平台行为规则制定，如言论规则、竞价规则、侵权认定规则等；数据治理，如数据收集、开发、保护以及个人隐私保护等，这是当前争议最大的议题之一；平台竞争，如平台垄断、平台生态建构等（见表 1－1）。因此，这些挑战也构成了平台层的主要议题，同时这些议题最重要的利益相关方之一是平台拥有者和运营者，也就是平台公司，特别是大型跨国平台公司。①

表 1－1　网络空间治理的四层结构

架构层级	治理领域与对象
内容层	即时通讯、新闻服务、娱乐传媒、互联网金融、在线教育、医疗
平台层	算法规制、数据治理、平台竞争
逻辑协议层	根服务器、域名、IP 地址、协议参数
基础设施层	无线系统、卫星通讯、电缆、互联网交换中心

① 刘金河：《论社交媒体的平台权力及其治理》，清华大学博士学位论文，2019 年。

在网络空间四层架构中，最上面的内容应用层和最底下的物理基础设施层都有强烈的属地属性，充分体现了网络主权的管辖原理，因此，政府作为国家治理的主要主体应该发挥其应有的主导监管作用，其他主体需要在国家治理框架积极参与。而中间的逻辑协议层和平台层是互联网最具有特殊性的两个治理层级，需要仔细辨别。

基础设施治理以互联网接入技术为核心，如5G、卫星互联网、海底电缆等。逻辑协议层是互联网治理的生发地，经过几十年的演进已经形成了较为稳定的多利益攸关方治理模式、分布式分级授权技术系统和市场化开放竞争产业生态特点。[①] 事实证明当前以ICANN为核心的技术社群治理模式对限制美国政府的单边控制互联网关键资源是有效的，也为其他国家和治理主体参与逻辑层治理提供了开放途径，整体上逻辑层保持了稳定和开放。因此，逻辑层的治理应该尊重以技术治理为底色的多利益攸关方模式，进一步优化技术社群为主导、私营企业为运营主体、政府为监督机构、民间社会积极参与的格局。

平台层因其天然的无边界性和跨国性，与逻辑层一样，具有去政府化的治理特性，但是因为平台承载着大量具有国家和地区特性的内容又必须遵守各国法律制度、合规运营，在网络空间治理体系中处于政府化管理和去政府化管理之间的特殊地带。平台层面目前的规则供给主要来自大型平台企业。私营平台企业通过自由的市场竞争而获得了事实性的权力中心地位，但是在应对社会公共问题时却有心无力，平台层的权力逐渐失衡。[②] 平台层治理是网络空间治理的新挑战，基于权力制衡的原则，我们主张平台层应该形成一种私营企业与政府等其他主体间的制度化的“制衡和竞争”关系。[③] 一种可能的方式是由政府牵头发起一种规则协商机制，将主要国家政府、大型平台企业、民间社会等利益相关方拉到一个决策实体中，就平台全球治理的核心问题做出有执行效力的决策。

三、全球治理与国家治理的冲突管控

理解网络空间全球治理体系一个不可或缺的维度是理解国家治理与全球治理的关系。网络空间国家治理对应的是一国疆域范围，而全球治理顾名思义对应着全球范围。在网络空间里，国家治理体系无法像传统的方式被限制在一国的领土边界内，便在全球治理体系中溢出，造成了某种张力。因此，国家治理要素和超

---

① 李晓东、刘金河、付伟：《互联网发展新阶段与关键资源治理体系改革》，载于《汕头大学学报（人文社会科学版）》2021年第8期。

② 刘金河：《权力流散：平台崛起与社会权力结构变迁》，载于《探索与争鸣》2022年第2期。

③ 崔保国、刘金河：《论网络空间中的平台治理》，载于《全球传媒学刊》2020年第1期。

国家治理要素需要被准确理解，并在不同层级上清楚地被界定。

互联网天然的跨国性，让网络空间治理往往默认在一种全球的语境中，互联网治理的学术研究也是非常典型的全球语境和视野。① 与国家内部存在一个最高主权者不同的是，网络空间全球治理的最大特征在于治理对象的全球性。在没有一个最高主权者的情况下，网络空间全球治理不存在一个具有统一权威的中央政府。

网络空间中不同国家治理体系的不兼容表现为国家与国家之间的博弈，阵营化是其突出的特征。网络空间治理阵营化不是一个新现象，在美国单边治理时期开始，美国与欧盟的矛盾、美国与发展中国家的矛盾进一步演化到东西方的争执，到如今的形成中美欧三足鼎立之势的数字经济的数据法域（realms）。国家与国家博弈之外的另一个重要主题是国家与公司的博弈。国际层面的治理不存在一个国内意义上的中央政府，因此政府、市场、社会三者之间的对话与协调更加复杂、多样，且具有不确定性。全球治理阶段，市场与社会既是治理的客体，又是治理的主体。②

全球治理是在众多国家治理基础上的一个全球协调机制，国家治理与全球治理本质上是一种同构的演进关系。从整体看，全球治理与国家治理互动已日益呈现出统一性，二者互动互融，日益形成一种“整体性治理”。③ 全球治理强调国家和非国家行为体通过谈判协商，为解决各种全球性问题而建立的自我实施性质的国际规则或机制。④ 国家治理与全球治理的协调能力建设是一个新课题。国家治理并非只是国家内部事务的治理，国家治理是在全球化和全球治理的大背景下进行的，它受到全球治理影响的同时又制约着全球治理。⑤

网络空间的国家治理与全球治理存在两对矛盾：国家与全球、国家与非国家行为体。全球治理阶段，市场与社会既是治理的客体，又是治理的主体。⑥ 以民族国家和私营企业为单位，在全球层面形成了矛盾。除了大国网络空间地缘博弈之外，互联网巨头对网络空间的主张同样开始成为治理体系中的体系。以微软提出的《数字日内瓦公约》倡议、西门子的《数字宪章》原则、脸书（Facebook）的《全球社群》构想、阿里巴巴的 eW20 平台等为代表，私营跨国企业正在成为

① Laura DeNardis eds. *Global Internet Governance*: *Critical Concepts in Sociology*, Routledge, 2019, P. 2.

②⑥ 蔡拓：《全球治理与国家治理：当代中国两大战略考量》，载于《中国社会科学》2016 年第 6 期。

③ 刘贞晔：《全球治理与国家治理的互动：思想渊源与现实反思》，载于《中国社会科学》2016 年第 6 期。

④ 张宇燕：《全球治理的中国视角》，载于《世界经济与政治》2016 年第 9 期。

⑤ 蔡拓：《全球主义观照下的国家主义——全球化时代的理论与价值选择》，载于《世界经济与政治》2020 年第 10 期。

治理规则的倡导者，在多利益攸关方治理模式和理念的加持下，来自私营的非政府行为体正在建构一种与民族国家对国家安全追求不一样的治理体系。从治理活动中国家主权的协商化以及欧盟、印度对科技企业的管制诉求亦能清楚地看出这种趋势。正是这种跨国性和技术性，网络空间治理全球治理中与传统的国际关系不同的是，治理主体不仅仅只有民族国家，非国家行为体是重要的组成部分，而且发挥着不可替代的作用。

第四节　相关研究的文献综述

互联网治理与网络空间治理研究是国内外学术研究的一个热点，早在互联网诞生之初，互联网治理就提上了议事日程，当时的互联网治理被称作是“没有政府治理”的一种全球治理的实践。① 早期关于“互联网全球治理”的研究集中于技术层面，主要是为了保证互联网的架构稳定与正常的互通互联。20 世纪 90 年代末，互联网的普及率迅速提高，其商业运营也逐渐成熟，“互联网治理”的研究也开始与社会学科相结合，互联网治理的内涵和外延也不断延展，对于如何认知互联网，自 20 世纪 90 年代起国内外来自法学、国际关系、传播学、社会学等多学科领域的学者已经开始了探索。通过对不同领域对互联网治理概念、互联网治理理论、互联网治理议题等相关的学术梳理，打下坚实的学术基础。

一、互联网治理与规制的相关研究

1998 年 ITU 正式提出了“互联网治理”一词，并且得到较为广泛的接纳。根据联合国互联网治理工作组的定义，互联网治理（Internet Governance）是政府、私营部门和民间社会根据各自的作用制定和实施旨在规范互联网发展和使用的共同原则、准则、规则、决策程序和方案。② 互联网治理研究是随着互联网治理议题的推进而逐步成熟的，特别是以 2003 年和 2005 年的世界信息峰会为标志，联合国对互联网治理下了“工作定义”，由此互联网治理成为全球的焦点，也成为学术研究的热门对象。

---

① Joe Waz, Phil Weiser. *Internet Governance*: *The Role of Multistakeholder Organizations*. Telecomm. & High Tech, 2012.

② WGIG, Report of the Working Group on Internet Governance, United Nations, Geneva, 2005. See http: //www. wgig. org/docs/WGIGREPORT. pdf.

虽然互联网治理工作组给出了工作定义，但是互联网治理的内涵并未就此达成共识。早在2004年在纽约召开的“互联网治理全球论坛”上几位发言代表讲述了不同版本的“盲人与大象”的故事，不同专家从不同角度给出定义。互联网治理中的“治理”一词在世界信息峰会召开期间同样也引起很大的争议，主要源于“治理”（governance）一词被用作了“政府”（government）的同义词，特别是发展中国家将它与政府概念联系在一起，认为互联网治理主要是政府的事务，而其他主体则有限参与。[①] 互联网治理的很多争论其实都是由于跨界所导致的，很多的争论是不同社群之间产生的争论，比如，政府所关心的问题可能如国家安全、网络安全是技术社群所不关心的。[②]

早在1992年詹姆斯·罗西瑙（James N. Rosenau）提出了“无政府的治理”[③]，1995年联合国全球治理委员会发表著名报告《天涯若比邻——全球治理委员会报告》[④] 提出了非国家行为体在全球治理中的重要作用，1996年约翰·巴罗（John P. Barlow）发表了著名的《网络空间独立宣言》，高举网络空间的自治旗帜，[⑤] 这种网络空间的自治思潮深刻地影响了早期的、以技术社群为主导的互联网治理。劳伦斯·莱斯格（Lawrence Lessig）进一步提出网络空间的治理机制已经发生变化，代码是其中的法律，对代码的控制就是权力。[⑥] 网络自由主义思潮下形成了“多利益攸关方”（Multistakeholder）的治理模式，否定了主权国家的绝对控制，强调开放的自下而上的参与机制。[⑦]

但是随着互联网商业化、网络安全问题等力量的推动，政府强势介入互联网，网络空间的“去国家化”并没有实现，“再主权化”“巴尔干化”趋势明显。[⑧] 弥尔顿·穆勒认为政府和网络是控制与反控制的动态关系，处于不断演进

---

① Jovan Kurbalija and Eduardo Gelbstein. *Internet Governance: Issues, Actors and Divides*, DiploFoundation and Global Knowledge Partnership, 2005, pp. 10 - 11.

② 李晓东：《互联网全球治理的趋势和挑战》，载于《全球传媒学刊》2017年第2期。

③ James N. Rosenau and Emest - Otto Czempeil eds. *Governancec without Government: Order and Change in World Politics*, Cambridge University, 1992.

④ Commission on Global Governance, *Our Global Neighborhood: the Report of the Commission on Global Governanc*, 1995.

⑤ John Perry Barlow. A Declaration of the Independence of Cyberspace, February 8, 1996.

⑥ Lawrence Lessig. *Code and Other Laws of Cyberspace*, New York: Basic Books, 1999.

⑦ Internet Society, *Internet Governance: Why the Multistakeholder Approach Works*, April, 2016; John E. Savage and Bruce W. McConnell. Exploring Multi - Stakeholder Internet Governance, EastWest Institute, January 2015.

⑧ Jack Goldsmith and Tim Wu. *Who Controls the Internet*, Oxford Press, 2006; 刘建伟：《国家“归来”：自治失灵、安全化于互联网治理》，载于《世界经济与政治》2015年第7期；Marshall Van Alstyne and Erik Brynjolfsson. Global Village or Cyber - Balkans? Modeling and Measuring the Integration of Electronic Communities, *Management Science*, 2005, 51 (6), pp. 851 - 868；梁翠红：《国家—市场—社会互动中网络空间的全球治理》，载于《世界经济与政治》2013年第9期。

和变革之中，必须建立一系列的机制来规范政府参与互联网治理。[①] 约瑟夫·奈（Joseph Nye）从制度自由主义出发，提出机制复合体理论（regime complex），尝试全面构筑新的网络空间治理机制体系。[②]

关于互联网架构的分层理论已经被大部分人所接受，可以分为物理层、逻辑层和内容层，甚至社会层。[③] 互联网治理的议题和理论依然处于构建之中，国际上不同学者对互联网治理的核心议题给出不同的主张，较为典型的有劳拉·德拉迪斯（Laura DeNardis）层级理论框架下的六大领域：互联网关键资源控制、网络接入、网络安全治理、信息流动、知识产权保护等。[④] 约瑟夫·奈列出的七类：DNS、网络犯罪、网络战争、间谍行为、隐私、内容控制以及人权保护。[⑤] 另外，约翰·萨维奇（John E. Savage）和布鲁斯·麦康奈尔（Bruce W. McConnell）也归纳出五类：网络架构、内容控制、人权保护、网络犯罪以及网络攻击等。[⑥] 弥尔·顿穆勒认为来自知识产权保护、网络安全、内容监管及关键互联网资源四个领域的驱动力将推动国际互联网治理的变革。[⑦]

牛津大学互联网研究院的威廉·达顿（William H. Dutton）认为互联网治理是“从多元的规则体系中抽象出来，互联网治理由社会科学和人文科学发展到计算机科学和工程学，转而在理论层面研究互联网、网站及相关媒体，信息及相关技术不断升级革新，以及多元应用产生的社会影响。”[⑧] 我国研究互联网治理的典型学者也对其进行了定义，如张权认为网络空间治理指的是公共权威为实现公共利益，针对互联网虚拟空间中公民的各种活动所进行的疏导与管理，是中国特色国家治理体系的有机组成部分。[⑨] 约万·库尔巴里贾在《互联网治理》（第七版）一书中从互联网的定义和互联网治理的发展历程开始，分析了互联网治理的主要议题和行为者，主要从技术角度、安全角度、法律角度、发展角度、社会文

---

①⑦ Milton Mueller. *Networks and States*: *The Global Politics of Internet Governance*, The MIT Press, 2010.

② Joseph Nye. The Regime Complex for Managing Global Cyber Activities, *Global Commission on Internet Governance Paper Series*, 1, 2014.

③ Yochai Benkler. *The Wealth of Networks*: *How Social Production Transfroms Marktets and Freedom*, New Haven, Yale University Press, 2006, P. 392; Eduardo Gelbstein and Jovan Kurbalija. *Internet Governance*: *Issues, Actors and Divides*, Diplo Foundation and Global Knowledge Partnership, 2014, P. 35; Joanna Kulesza. *International Internet Law*, Routledge, 2012, pp. 125 – 126.

④ Laura DeNardis and Mark Raymond. Thinking Clearly about Multistakeholder Internet Governance. *GigaNet*: *Global Internet Governance Academic Network*, *Annual Symposium*, 2013.

⑤ Joseph S. Nye. The Regime Complex for Managing Global Cyber Activities, *Paper*, *Belfer Center for Science and International Affairs*, *Harvard Kennedy School*, November 2014.

⑥ John E. Savage and Bruce W. McConnell. Exploring Multi – Stakeholder Internet Governance, EastWest Institute, January 2015.

⑧ William H. Dutton. *The Oxford Handbook of Internet Studies*. Oxford University Press, 2013.

⑨ 张权：《网络空间治理的困境及其出路》，载于《中国发展观察》2016 年第 17 期。

化角度以及人权角度集中剖析了互联网治理。[①] 劳拉·德拉迪斯的《互联网治理全球博弈》一书是首部深度阐释互联网治理博弈的图书，基于对全球互联网治理前沿发展现状的剖析，以分析互联网时代国际话语权和规则制定权。议题涉及互联网资源的控制、互联网的标准化、互联网安全治理、互联网核心网的治理、互联网接入和网络中立性、信息中介在公共政策中的角色、互联网治理架构及知识产权、互联网治理中的黑色艺术、互联网治理和互联网自由等。[②]

在国际政治研究领域较多适用网络空间治理一词，2003 年美国政府首次出台《保障网络空间安全国家战略》报告，首次对网络空间进行了界定："网络空间由成千上万彼此连接的计算机、服务器、路由器、交换机和光缆构成，它使得（我们的）关键基础设施得以正常运行。"同时作为国家级的战略报告也首次强调了网络空间的重要性。

马骏等在《中国的互联网治理》一书中介绍了互联网是人类 20 世纪以来最伟大的发明，正渗透到人类政治、社会、经济和文化的每个角落。[③] 互联网承载着网络社区、电子商务和电子政务，促进了经济社会发展和政治民主化进程，但也存在网络不安全、不良信息泛滥和网络犯罪的风险。

从国内研究现状看，早期国内学者多用"互联网规制"一词，对"互联网治理"的概念并不十分清晰。"棱镜门"事件使中国的学术界更加关注互联网全球治理问题，研究也更加宽泛和交叉。譬如，杨剑从国际政治经济学角度分析了网络空间的性质[④]；唐子才、梁雄健认为，"国际互联网治理的模式最终会通过合作和联盟的方式来达成"[⑤]；北京邮电大学唐守廉教授较早地研究了信息社会世界峰会、互联网治理论坛等国际互联网治理的机制[⑥]；中国科学院信息工程研究所的刘峰、林东岱将国内对美国网络空间战略的研究从理论和战略层面推向了政策层面和操作层面。[⑦]

由于互联网有较强的媒体属性，很多传播领域的学者和专家运用媒体规制的理论对互联网治理进行分析。如柳学信的《信息非对称下中国网络型产业规制问题研究》，宫承波等著的《新媒体失范与规制论》，张志的《数字时代的广播电

---

① ［瑞士］约万·库尔巴里贾：《互联网治理》（第七版），鲁传颖等译，清华大学出版社 2019 年版，第 120～127 页。

② ［美］劳拉·德拉迪斯：《互联网治理全球博弈》，覃庆玲、陈慧慧等译，中国人民大学出版社 2017 年版，第 200～237 页。

③ 马骏、殷秦、李海英：《中国的互联网治理》，中国发展出版社 2011 年版，第 258 页。

④ 杨剑：《数字边疆的权力与财富》，上海人民出版社 2012 年版，第 109～121 页。

⑤ 唐子才、梁雄健：《互联网规制理论与实践》，北京邮电大学出版社 2008 年版，第 112～114 页。

⑥ 唐守廉：《互联网及其治理》，北京邮电大学出版社 2008 年版，第 103～109 页。

⑦ 刘峰、林东岱：《美国网络空间安全体系》，科学出版社 2015 年版，第 137 页。

视规制与媒介》，孙永兴的《新媒体事件：机制、功能与法律规制》，以及对国内外政府监管进行的比较研究，如陈昌凤的《美国传媒规制体系》，吴飞、林敏的《政府的节制与媒体的自律——英国传媒管制特色初探》，肖赞军的《西方传媒业的融合、竞争及规制》等。

还有学者提出了不少互联网监管方面的具体建议，认为规制的重点应该放在对互联网准入以及不同媒体间的良好有序的竞争上，喻国明提出，中国的媒介规制具有极大的随意性，缺乏规范性、权威性和连续性，改革方向要从制度设计、评价体系、法治体系、区域特色等方面入手①。当然，还要借鉴西方发达国家先进的媒体管理经验，比如建立“科学的传媒安全预警系统和保护性屏障”②，以及“将规制工作重心由‘经济性规制’逐步向‘社会性规制’转换”③。此外，还有学者提出了其他方面的具体建议。如胡正荣、李继东在《中国媒介规制变迁的制度困境及其意识形态根源》中从意识形态角度分析了中国媒体制度的变迁；郑保卫提出建立相互制衡的传媒产业规制体系的基础是要有能够包容多种媒体的法律。另外，在法律法规研究方面，薛虹对于网络空间中的知识产权保护做了深入研究，并发表了《网络时代的知识产权法》《知识产权与电子商务》《数字技术的知识产权保护》；何其生出版了《互联网环境下的争议解决机制：变革与发展》《电子商务的国际私法问题》；王孔祥出版了《互联网治理中的国际法》等。

二、互联网治理具体议题的相关研究

从学术共同体的历史发展来看，威廉·达顿是最早一批研究互联网治理学者中，较早从互联网涉及的多领域将其进行治理议题划分的学者，其划分的方式和囊括的议题至今仍有重要的参考意义。④ 他将互联网治理的议题分为三类，第一种是以互联网本身为中心（Internet centric），关键议题包括发展互联网基础设施相关的核心技术，网页标准和协议。保持互联网的效率、可靠。对于影响互联网发展的技术能尽快地做出适应和调整。例如，分配域名、管理接收双方的路由、维持互联网核心系统和服务的流畅稳定和安全。治理的主体是国家政府和

---

① 喻国明、苏林森：《中国媒介规制的发展、问题与未来方向》，载于《新闻与写作》2010 年第 1 期。

② 姚德权、曹海毅：《外资进入中国传媒业态势与政府规制创新》，载于《吉林大学社会科学学报》2007 年第 2 期。

③ 石长顺、王琰：《广播电视媒体的政府规制与监管》，载于《中国广播电视学刊》2008 年第 1 期。

④ Dutton W H, Peltu M. *The Emerging Internet Governance Mosaic: Connecting the Pieces*. Information polity12 (1-2), 2007, pp. 63-81.

其他行为体，限制或开放互联网资源，比如根服务器；获取、售卖或者收集域名等、识别域名、用户；建立和传送互联网标准。博弈的领域为跨国家司法管辖、域名、标准等。第二种是互联网用户中心（Internet-user centric），关键议题涉及界定和管理个人、团体或组织是如何使用和误用互联网。在司法管辖中通过国际沟通和协商出台一些地方、区域和国家层面的政策。各方博弈主要聚焦在用户保护、隐私和数据保护等。第三种是非互联网中心（Non – Internet centric），涉及的主要议题有一些机构和司法中的政策和实践，不是首要关注互联网相关的议题。

"数字鸿沟"导致的全球信息资源的不平等让新兴国家更加关注国家安全和网络主权等话题。像巴西科技与社会研究所主任莱昂纳多·拉莫斯（Ronaldo Lemos）倡导国际互联网治理中的数据本地化（data localization）①；印度政府积极举办网络安全大会，并在国际论坛上发表自己的立场。印度观察者基金会、互联网与社会研究中心开始讨论政府在互联网治理中的责任；俄罗斯政府加强与中国合作，两次向联大提交《信息安全国际行为准则》。莫斯科大学信息安全研究院院长弗拉基米尔·索科洛夫（Vladimir Sokolov）提出国际社会（主要是国家和政府间组织）应当加强在政治和法律领域的合作，以应对大规模数据监控对国家安全造成的影响等。

互联网治理中存在着不同领域的平衡关系，只有处理好这些关系之间的平衡性才能达到互联网的有效运作和治理。在利益攸关方领域存在着公共部门和私营部门之间的博弈平衡，在政治路径选择中存在着严厉管控和灵活主动，技术创新领域存在追求稳定性还是实践性，在网络设计方面存在中央化和去中央化，程序性中有自上而下和自下而上之分，过程可以是正式渠道和非正式渠道，规则制定中有法律法规强制性规则和不强制性干涉的规则等。对于互联网治理中的这些众多关系，充满着各行为体之间的博弈与平衡。参与互联网治理的行为体也有着不同的利益诉求，以主权国家为首的各国政府首要诉求是国家利益，国际组织反映着国家间组织和秘书长的观念，非政府组织由各个非政府组织和个人组织组成，学术团体是学者个人的发声渠道。在互联网治理的研究中有一些共性假设。主要有参与互联网治理的平台和机制依然是国家主导的；全球治理是通过不同的机制平台（institutional venues）共同协同参与的，是一种集体行动，互联网治理也不例外。穆勒认为在互联网治理的辩论中，有点趋近于二元论。一端是网络自由主义，一端是网络保守主义。网络自由主义可以看作是一种技术决定论的理想化世

① Ronaldo Lemos. Brazilian Internet Needs Civil Regulatory Framework, UNIVERSO ONLINE (May 22, 2007).

界，网络保守主义是将国家主权模式也就是以传统的国家控制互联网的逻辑来服务公共利益。

从现有的研究分析看，国外对互联网治理的研究起步较早，理论体系较为成熟。随着互联网的崛起和冲击，原有的世界信息传播秩序开始从内部瓦解，控制世界传播重要资源的跨国传媒集团在衰落，旧的传播秩序在崩溃，互联网全球治理的体系也已经不符合世界发展的主流趋势。因此，本课题的研究将在已有研究的基础上，运用更加多元化的视角和理论分析，寻求新方法、新思路、新突破，提出建构互联网全球治理体系的路线图和日程表。

治理，首先是一个公共管理术语，还涉及法律体系的大量研究。从 1994 年全功能接入国际互联网开始，我国陆续制定并颁布了数十部互联网行政法规、司法解释与部门规章。据不完全统计，到目前为止中国已出台涉及网络问题的法律、法规 800 余部，[①] 初步形成了涉及网络信息安全、电子商务、未成年人保护、隐私保护等多领域的网络法律体系。然而，我国网络立法具有“先零散立法、后统一立法”特点，尚未形成成熟的网络法律体系，主要以行政法规、部门规章和地方性法规为主，行政管理色彩浓厚，突出临时性和实用性，缺少稳定性和长远性。从法律位阶上看，高效力位阶上的法律数量较少，专门针对网络问题的法律仅有 4 部，包括 2000 年《全国人大常委会关于维护互联网安全的决定》、2004 年《中华人民共和国电子签名法》（2015 年修订）、2012 年《全国人大常委会关于加强网络信息保护的决定》以及 2016 年《中华人民共和国网络安全法》，其他与互联网相关的法律条文散落在各部门法中。从立法内容上看，网络立法大致上包括网络安全和网络内容治理，其中网络安全包括网络基础设施安全和内容安全，但法律制度的滞后与互联网技术快速迭代之间的矛盾依然明显，因此有不少人开始呼吁制定如《大数据产业法》等新兴信息产业方面的法律。由此可见，对于“互联网治理”的研究需要高远的视角，学科交叉的理论支撑。因而，本书也将把法律体系的构建融入互联网治理的研究框架当中，并作为一个重要的组成部分，为互联网相关法律法规体系建设提供战略思路与决策支持。

关于互联网治理的模式，基于劳伦斯·莱斯格（Lawrence Lessig）、尤查·本科勒（Yochai Benkler）、劳伦斯·索罗姆（Lawrence Solum）、弥尔顿·穆勒（Milton Mueller）、劳拉·德娜蒂丝、杰克·巴尔金（Jack Balkin）等的理论发展，再结合互联网架构的技术演化以及互联网治理所面临的具体问题，到现在为

---

① 陈纯柱、王露：《我国网络立法的发展、特点与政策建议》，载于《重庆邮电大学学报（社会科学版）》2014 年第 1 期。

止有5种具有代表性的治理模型。一是“自我演化秩序模型”。该模型的核心思想是互联网治理脱离主权国家的监管——因为法律是不相干的，民族国家是不相干的，所以互联网是无法监管的。这个模型受到技术开发者以及技术社群的广泛支持。二是“编码模型”。与自我演化秩序模型相同，编码模型赞同互联网治理与主权国家无关。劳伦斯·莱斯格认为，编码就是法律。[①] 网络空间中，编码就是决策形式。坚持自我演化秩序模型的学者也赞同编码模型，甚至将编码类比为“商事习惯法”。三是“跨国机构和国际组织模型”。该模型主张，互联网治理应该交给脱离主权国家控制的跨国机构和国际组织负责。跨国机构包括ICANN和IETF，国际组织包括ITU、世界知识产权组织和世界贸易组织等。赞同这个模型的学者甚至将互联网治理等同于联合国互联网治理论坛。四是“国家管制模型”。该模型认为，鉴于互联网的重要性，互联网治理必须受制于具有共识的国家管制。五是“市场激励模型”。该模型认为，上述互联网治理模型之所以不能满足人们对治理的期待，是因为市场没有充分发挥作用。互联网治理必须依赖市场机制。[②]

网络社群的代表人物中也存在一些多利益攸关方和网络自治理论的反对者。“议题驱动型互联网治理”（issues driven）的代表人物弥尔顿·穆勒认为，“网络自治”的理念过于幼稚和不现实，没有国家的参与根本无法解决互联网治理中出现的种种问题。劳拉·迪娜蒂斯和马克·雷蒙德则是“分解型互联网治理”（disaggregate Internet governance）的倡导者，他们认为互联网治理不是一个单一性问题，应按照互联网传输的TCP/IP协议的层级，构建网络空间层级式的治理模式。[③] 他们认为，互联网治理应该是多层级的。劳拉和马克非常详细地列出了在不同的层级中会涉及什么问题，并且有哪些行为体应该参与到问题的治理当中。

在互联网治理模式方面，还有相关研究者总结出以下几种主要的模式：第一，自发治理模式，强调通过市场力量建立互联网运行的规则和秩序；第二，自治和共治模式，强调参与主体要自律，政府可以将某些事务授权私营部门负责；第三，分散治理模式，主张治理结构应该分层，在不同层次的治理单位之间分权；第四，公共导向的政府干预模式，该模式强调政府在互联网治理中应该扮演主导角色；第五，技术治理模式，该模式是互联网早期一批技术领域的引导者主导的治理模式；第六，网格化治理模式，指治理组织的网络形式，包括松散的附属组织和个体，依靠规律性互动追求合作性目标网格化治理模式，以全球公民社

---

① ［美］劳伦斯·莱斯格：《代码2.0》，李旭、沈伟伟译，清华大学出版社2018年版，第290页。
② 孙宇：《互联网治理的模型、话语及其争论》，载于《中国行政治理》2017年第5期。
③ 鲁传颖：《网络空间治理的力量博弈、理念演变与中国战略》，载于《国际展望》2016年第1期。

会为主体，并常常与“多利益攸关方治理模式”互换使用；[①] 第七，联合国治理模式，即以联合国为治理平台开展的一系列主权国家主导，多方参与的互联网治理模式。

针对多利益攸关方治理模式，我们需要做一定的解释。互联网社群对“多利益攸关方”的定义是：一种组织治理或者政策制定的组织架构，目标在于让所有受到治理和政策制定影响的利益攸关方共同合作，参与对特定问题和目标的对话、决策和执行。[②] 这一定义产生的背景是工程师、科学家、非政府组织、IT 企业等互联网社群在互联网创造和发展过程中所做出的杰出贡献。互联网社群成员一方面是互联网的创造者，另一方面也是很多国际组织、信息与通信技术（information and communications technology，ICT）企业的负责人，在目前的国际互联网治理格局中拥有重要的发言权。除此之外，还在国际互联网治理研究领域处于领先地位。在“多利益攸关方治理模式”下，IETF、ICANN 等互联网社群组织承担了互联网运行所依赖的技术标准制定、域名解析服务和根服务器管理等核心任务。

由于提倡所有的利益相关方共同参与网络空间全球治理而具有道德上的合法性，并且符合网络空间中权力扩散的趋势，多利益攸关方治理模式成为被认可程度最高的治理模式，但在一开始的时候，西方国家提出的多利益攸关方模式受到了发展中国家的强烈抵制，原因是当时并没有给出明确的定义，很多发展中国家的政府认为如果按照 ICANN 关于多利益攸关方模式的定义，自己将被排除在网络空间全球治理进程之外了。因此，发展中国家提出了多边治理的概念，强调政府和联合国在网络空间全球治理中的领导地位。实际情况是，不根据实际情况的需要，过度强调多利益攸关方治理模式或认为多边治理模式适用于所有的网络空间全球治理领域，都不能准确地反映出网络空间全球治理的客观实际。因此，发展中国家的代表强调，并不反对多利益攸关方模式，互联网治理的“利益攸关方模式应设定治理的边界，限定于特定的技术性议题”，而是反对把政府排除在外的治理模式，排除了政府的参与，绝大多数的网络空间全球治理议题都无法得到解决，这种观点慢慢也被西方国家所认可。发展到现在，利益攸关方治理模式逐渐成为网络空间全球治理中的共识，其内涵也演变为政府、企业、市民社会共同参与网络空间治理，并由不同行为体在不同的议题中，根据不同的功能发挥主导作用。[③]

---

① 汪玉凯：《建立安全有序、共同参与的互联网治理体系，是世界各国面临的共同议题》，载于《中国信息安全》2015 年第 12 期。

② Multistakeholder Model, ICANN WIKI, https://icannwiki.org/index.php/Multistakeholder_Model.

③ 蔡翠红：《国家—市场—社会互动中网络空间的全球治理》，载于《世界经济与政治》2013 年第 9 期。

郎平在《网络空间国际治理机制的比较与应对》一文中将互联网治理机制分为技术社群主导（如IETF）、私营部门主导的治理机制（如ICANN）、主导权缺位的治理机制（如IGF）、国家主导权的传统治理机制（如UN）。技术社群主导的治理领域主要是互联网技术标准，以多利益攸关方治理模式为主，治理主体是技术社群，治理实践的有效性较高；私营社群主导的治理领域为域名和地址分配，治理模式为多利益攸关方，治理主体为互联网社群，治理实践的有效性较高；主导权缺位的治理领域为社会公共政策，治理模式为多利益攸关方，治理主体为多元化主体，但治理实践的有效性较低；政府主导的治理领域多为经济和安全领域，以政府间多边主义治理模式为主，治理主体为国家行为体，治理实践的有效性较高。

李艳在2018年出版的《网络空间治理机制探索与路径选择》一书中系统地梳理了互联网治理向网络空间治理发展的研究脉络与实践进程，从学术研究与政策分析的视角阐述了对“网络空间治理”的理解，并在此基础上，提出了一个全新的机制分析框架，通过设立“时间轴”“分层轴”与“特定节点”等分析维度，提供了一套厘清网络空间治理现状、特点与发展趋势的分析方法，并对如何提升治理策略的有效性，切实参与国际治理进程的路径进行了探讨。[①]张影强在《全球网络空间治理体系与中国方案》一书提出了网络空间内涵、全球网络空间治理的框架体系，剖析了网络空间治理的理论基础，从理论上回答了全球网络空间“为什么需要治理”这一命题。同时，为中国推动建立全球网络空间治理的政策提出建议，包括核心关键资源、外交战略、核心技术、信息安全、数字经济、法律法规和中美关系等方面，建议我国亟须做好全球网络空间战略的顶层设计。[②]

王明国在《全球互联网治理的模式变迁、制度逻辑与重构路径》一文中通过梳理互联网领域的模式变迁与制度动力，梳理了治理行为的基本逻辑。同时，重新审视和辨析“棱镜门”事件后美国在全球互联网治理中制度战略的转变。在此基础上提出全球互联网治理制度重构的可能路径，即互联网全球治理制度的重构应该从观念层、法律层和具体组织层进行综合性的整体治理。[③]

余丽在《互联网国际政治学》一书中探究了互联网影响国际政治的路径，提出互联网通过个人、国家与国际体系三个层次来影响国际政治。同时，揭示互联网对国际结构变迁起到的催化、同步和建构作用。作为科技革命的产物，互联网

---

① 李艳：《网络空间治理机制探索与路径选择》，时事出版社2018年版，第128页。

② 张影强：《全球网络空间治理体系与中国方案》，中国经济出版社2017版，第259页。

③ 王明国：《全球互联网治理的模式变迁、制度逻辑与重构路径》，载于《世界经济与政治》2015年第3期。

的技术工具身份使它和任何一项技术发明一样，具有工具的中性特征。但是，互联网一旦被国家行为体使用，它就不仅仅是技术工具，也成为一种国际政治工具，即追求国家权力和国家利益的工具，也就具有了非中性作用。这种非中性作用既可以使现有霸权国家通过信息技术和网络空间战略先行提升自身的综合实力从而维持既有的权力地位，也可以作为其对外行为的重要手段，对他国进行政治渗透，最终实现政治重塑的战略意图，还可以是新兴国家凭借信息技术的突破和技术人才优势，逐步实现权力的转移。①

全球数字治理是国际互联网治理的扩展和延续，国际互联网规则是全球数字治理的核心内核，是治理理念倡导、议题框定、机制构建和具体措施的凝聚和表达。治理一词来源于拉丁语的"gubernare"，意指船向引领的一种动作。将治理定义为一种掌控船前行方向的行为，而非为船前进而亲自划桨的行为。规则包含了原则、规范和决策的程序性。

互联网技术发展带来全球数字空间扩容，治理议题和治理主体多样化发展特征显著，将国际互联网规则治理进程和主导模式相结合，可将国际互联网规则演进大致分为三阶段。第一阶段，20 世纪 60～90 年代，以自下而上的技术社群主导互联网规则的制定，互联网技术社群占据着当时全球数字治理的主导地位。第二阶段，20 世纪 90 年代至 2015 年，以自上而下的主权国家主导互联网规则制定的态势开始显现。1998 年 ICANN 的成立是主权国家参与互联网关键资源规则治理博弈的结果，2005 年的全球信息社会峰会召开、2010 年联合国信息安全政府专家组（UNGGE）第一份实质性报告发出、中俄等国向联合国大会提交"信息安全国际行为准则"、2012 年《塔林手册 1.0 版》的发布、2015 年联合国信息安全政府专家组报告明确指出国家在网络空间具有主权和管辖权。第三阶段，2015 年至今，以上下结合国家与非国家行为体在国际互联网规则制定中的交织互动成为新常态。国际格局重建、新一轮科技革命、互联网产业蓬勃发展等新形势带来全球互联网规则建构新需求，主权国家、私营部门、技术社群等多元主体以自上而下和自下而上相结合的治理主导模式竞相在互联网规则制定中争夺主导权，规则制定呈现出竞争、互斥、交融的局势。联合国框架下的规则进程包括联合国信息安全政府专家组、开放式工作组（OEWG）、数字合作高级别小组；主权国家发起的规则进程有《巴黎网络空间信任和安全倡议》《基督城倡议》《推进网络空间负责任国家行为联合声明》和世界互联网大会等；研究机构和专家发起的规则进程有《全球网络空间稳定》（GCSC）、《互联网与司法管辖权政策平台》（I&J）和《互联网契约》等；私营部门发起的规则进程包括微软的《数字日内

① 余丽：《互联网国际政治学》，中国社会科学出版社 2017 年版，第 123 页。

瓦公约》和《网络安全技术协议》、西门子的《信任宪章》、华为的《数字包容倡议》等。将国际互联网规则自下而上、自上而下和上下结合三种模式匹配时间维度的划分，较为全面地展现了全球数字治理进程中互联网规则的发展脉络和特点，也反映了其发展的动态性。

互联网规则的议题和原则研究秉持了对互联网关键资源的重视，同时强化了互联网对政治、经济、社会多方面的深度影响。代表成果有威廉·达顿等对互联网规则议题的三分法，涵盖了互联网物理层、逻辑层、应用层的治理规则，并提出了互联网设计和善治的六项原则。互联网国际规则治理自下而上主导时期，研究者们较多以互联网关键基础设施为出发点，提出相应的规则和原则。威廉·达顿将互联网规则治理聚焦到关键互联网资源、互联网协议设计、知识产权和沟通权等。社会学家曼纽尔·卡斯特在其《信息社会三部曲》和《传播力》著作中阐释了互联网规则对资本主义兴起、政治权力斗争和社会发展的重要影响。罗伯特·基欧汉（Robert Keohane）与约瑟夫·奈在《权力与相互依赖》中提出信息技术对国家间实力对比的影响和对国际体系的冲击。基辛格在《世界秩序》中强调了新兴技术对国际秩序的重大影响。国际关系学界分析国际互联网规则治理中的大国博弈和对国际格局的影响，法学界在现有法律框架的约束下发展适合互联网的法律硬性规则约束。

对互联网规则来源的研究强调国际互联网规则是现实世界规则的映射和拓展。代表成果有威廉·德雷克（William J. Drake）认为互联网规则治理的架构主要有三个支柱，分别是强国的国家政策和法律；私营部门集体形成的正式规则、进程和相关项目；政府间协调机制下的相关项目规则产出。[①] 劳伦斯·莱斯格认为现存世界的四种规制手段法律、社会规范、市场和架构同样适用于网络世界，并且强调了网络空间中代码是架构的表达，决定网络空间的软件和硬件，对人的行为产生一系列约束，通过代码编写实现了约束网络空间人们行为的权力。[②] 玛莎·芬尼莫尔（Martha Finnemore）和邓肯·霍利斯（Duncan Hollis）以规则中规范的视角出发，从规范的身份、行为体、适当行为和集体期待四项基本要素拓展到网络安全领域，将主权国家之间的双边、多边协议、国际和区域组织达成的协议，以及对互联网服务供应商硬件制造、软件开发的要求等都纳入网络规范当中。尼科尔·德特尔霍夫（Nicole Deitelhoff）和克劳斯·迪特尔·沃尔夫（Klaus Dieter Wolf）认为企业参与“后国家治理”总体上是强有力的，网络空间领域就

---

① William J. Drake. *Reframing Internet Governance Discourse: Fifteen Baseline Propositions.* Internet Governance: Toward a Grand Collaboration 1, 2008.

② Lessig, L. *The Law of the Horse: What Cyberlaw Might Teach.* Harvard Law Review, 1999, 113 (2), pp. 501 – 549.

是这一背景的象征。企业规则倡导通常主要是由“关于重新定义基本商业利益的理性主义计算”推动的，当公司“积极参与规则制定”时，它们的主要指导目标是将不遵守规则的竞争者纳入其中，从而将损失降至最低——“创造公平的竞争环境”。

对国际互联网规则治理的有效性研究中，规则的实际落地推进是研究的重点。既有学者客观看待互联网规则难以落实的现实，如蒂穆·毛尔（Tim Maurer）认为阻碍互联网规则发挥作用的原因主要是互联网技术使用的门槛发展速度快、国家行为缺乏透明性、大国在应对全球公共政策挑战时缺乏合作以及规则缺乏明确的奖惩制度，①② 认为应当将碎片化视为互联网规则治理的基本特征而非其缺陷，因为不同的规则进程涉及处理不同利益攸关方的事物，不同的规则进程发挥着不同的功能、网络空间规则是一套“松散耦合的制度”，各规则进程之间可以互补并非零和博弈，并且还列举了不同规则进程已经出现相互借鉴的趋势。弥尔顿·穆勒以2016年俄罗斯利用互联网干预美国大选，违反其2015年向联合国提出的《信息安全国际行为准则》，以及2017年第四届联合国信息安全政府专家组未能达成最终报告为例，得出网络空间规范已死的判定。③

国际互联网规则制定策略和规则扩散效果研究主要围绕具体的规则议题和规则制定主体展开。代表学术成果有玛莎·芬尼摩尔和邓肯·霍利斯以一种过程主导的分析视角阐释了规范发展中的催化、激励、说服和社会化的机制，构建了一套推动网络空间网络安全规范形成的战略性实践指导。

三、全球治理的理论与相关研究

全球治理理论形成于20世纪90年代初期，最早由詹姆斯·罗西瑙倡导。到目前为止，全球治理理论并没有形成一个严谨、统一的理论体系，而是由各国学者们围绕这一个课题的研究形成一个相对独立的理论研究领域，一个充满争论的领域。④

经过多年的研究，全球治理从一个新颖的概念正走向现实议程讨论的核心。随着全球化的深入，人类的政治生活正在发生重大的变革，其中最引人注目的变

① Martha Finnemore，Duncan B. Hollis. *Constructing Norms for Global Cybersecurity*，American Journal of International Law. November 4，2016.

② Christian Ruhl，Duncan Hollis，Wyatt Hoffman，Tim Maurer. *Cyberspace and Geopolitics*：*Assessing Global Cybersecurity Norm Processes at a Crossroads.* February 26，2020.

③ Milton Mueller. *A Farewell to Norms*，*September*，Internet Governance Project，September 4，2018.

④ ［日］星野昭吉：《全球治理的结构与向度》，载于《南开学报（哲学社会科学版）》2011年第3期。

化之一，便是人类政治过程的重心正在从统治（govern）走向治理（governance），从善政（good government）走向善治（good governance），从政府的统治走向没有政府的治理（governance without government），从民族国家的政府统治走向全球治理（global governance）。① 全球性议题的推进方式正从传统的以国家谈判为主的国际关系走向以多方协商为核心的全球治理。

全球治理理论先驱罗西瑙提出“没有政府的治理”，认为政府权威的衰减和功能的减退，使得人类社会生活的治理转向多层次的治理。② 在这种转变中，跨国行为体的参与带来了机制的变革和力量均衡的变化尤为突出。在全球互相依存的世界中，国际政治议题更加广泛，而且每个人似乎都想介入。③ 另外，罗西瑙从理论上构建起世界政治的两个层面，即国内政治和全球政治，这是两个重叠的相互关联系统。从两个系统的行为来说，他认为政府并不是适应一切条件的治理形态，而自下而上的个人、社会运动以及非政府组织起到越来越重要的作用。特别是全球治理层面，政府与非政府行为体是一种不分主次的并列关系。④

奥兰·扬（Oran Young）提出了新自由主义国际机制论的全球治理观念。他认为所谓的“全球治理”实际上只是各种国际机制，包括政府间机制以及非政府组织参与的国际机制的总和，而全球治理与国际机制不过是一种异名同质关系而已。奥兰·扬把以国家为中心的政府间合作以及政府间国际组织作为国际机制的主导力量。⑤ 从价值取向上看，他与罗西瑙殊途同归，最终回到了以维护国家为中心的立场。

1992 年联合国全球治理委员会给全球治理下过一个定义，即全球治理是通过社会和私人的组织形式对一系列共同问题采取管理措施的多种方式的总和。在其发布的报告中指出，在国家不能解决的各种问题上，应采取国家主体与非国家主体共同建立管理机制和规范的方式，强调通过民主的方式吸引全球众多行为者参与的广泛市民性。⑥

同时，我们也看到，全球市民社会理论在解释国家权力与社会权利的关系上

---

① 俞可平：《全球治理引论》，载于《马克思主义与现实》2002 年第 1 期。

② ［美］詹姆斯·罗西瑙：《没有政府的治理》，张胜军、刘小林等译，江西人民出版社 2001 年版，第 3～13 页。

③ ［美］小约瑟夫·奈、［加］戴维·韦尔奇：《理解全球冲突与合作：理论与历史》（第九版），张小明译，上海人民出版社 2012 年版，第 342 页。

④ James N. Rosenau and Emest – Otto Czempeil eds., *Governancec without Government: Order and Change in World Politics*, Cambridge University, 1992, P. 7.

⑤ Oran R. Young, ed. *Global Governance: Drawing Insights from the Environmental Experiece*, The MIT Press, 1997, pp. 283 – 284.

⑥ Commission on Global Governance, *Our Global Neighborhood: the Report of the Commission on Global Governance*, 1995.

逐渐成熟。[①] 20世纪90年代以来，多种形态的民间社会团体、社会组织脱颖于众多的社会运动和社会思潮，由此产生了大量非政府组织，这些组织的组织方式、活动方式、价值追求与理念明显地具有超越国家的性质，他们以和平、正义、共存为目标，以超越国家以及政府的组织的形态构成了一种新的全球社会政治关系的网络。由此，许多反映国际非政府组织要求、愿望的理念、观念也应运而出，如英国学派的国际社会理论与建构主义的理论主张以及关于全球市民社会组织形态、文化特征的理论诠释。[②]

不过全球治理的理念发展之路非一帆风顺，其间也受到传统国际关系理论的反驳，以克拉斯纳为代表的现实主义看来，“全球化并没有改变国家权力属性”，国家主权的三个基本属性即对内主权、威斯特伐利亚主权以及国际法的主权丝毫没有任何变化。[③] 同时，国际政治中的权力分配、国家利益等基本规则也没有任何变化，现实中的国际机制与全球治理仍然是以国家利益为基础，在协调各国利益基础之上而达成的国家间一种协议。

① 周俊：《全球公民社会：理论模式与研究框架》，载于《现代哲学》2006年第2期；朱虹：《全球公民社会理论与全球治理》，载于《理论视野》2012年第8期。

② ［英］赫德利·布尔：《无政府社会：世界政治中的秩序研究（第四版）》，张小明译，上海人民出版社2015年版，第234页。

③ ［美］斯蒂芬·克拉斯纳：《国际机制》，北京大学出版社2005年版，第111~113页。

第二章

互联网发展关键进程

互联网既是冷战的产物，更是全球化的产物，一部互联网史就是一部人类扩展互联的文明史。在技术、商业、政府和社会的互动与博弈中，互联网发展之路，既是时代的必然，也充满了偶然。过去欧美互联网的先发优势，正在被亚非拉的后发优势所取代，互联网全球化浪潮已经走出美国中心。本章以年代为划分标准，从技术创新、商业创新、制度创新三个维度入手，总结各个阶段演进的基本规律与内在逻辑，能够为正在到来的智能物联时代全球面临的机遇与挑战提供启示和警示。

第一节　互联网史论的演进与转向

一、互联网史研究的背景与存在的问题

对于处于快速发展和全球化进程中的互联网来说，不仅仅“一切历史都是当代史”，而且一切互联网的当代史，都是过去时。诞生于1969年的互联网已经走过了半个多世纪，但是真正意义的全球史视野下的互联网史研究，其实才刚刚开启。真正的历史性拐点和范式转变正在发生之中。

互联网历史涵盖了广泛构想的互联网历史领域内的经验以及理论和方法论研

究，从早期的计算机网络、新闻组网络（Usenet）、公告板系统，到互联网与网络的日常使用，手机和平板电脑、社交媒体以及物联网等新形式互联网的出现。在过去的十年里，许多批评学者更多强调的是嵌入互联网中的西方的“自由技术”（technology of freedom）。除了在技术、经济和政治层面的影响，值得注意的是，这种深刻的变化还作用于“话语”层面，包括历史的书写。当前诸多文献表明，互联网历史的研究呈现出从美国中心主义向多元的全球互联网历史，以及从互联网技术史维度到思想史维度两个趋势的转向。

尽管如此，与其他领域的历史书写相类似，马丁·坎贝尔·凯利（Martin Campbell-Kelly）和丹尼尔·加西亚·斯沃茨（Daniel Garcia Swartz）在他们关于互联网历史缺失叙述的文章中认为，目前互联网史都倾向于“目的论”或“辉格史”。[①] 全球互联网史论，要真正走出过去的“美国中心”和“西方中心”，既要借助于互联网全球化浪潮下“东进西退”的格局变化，更要有赖于亚洲和中国等非西方学术界的自觉与努力。到2021年1月，全球网民达到46.6亿人，普及率接近60%，格局之变愈发凸显。[②] 亚洲网民数量全球占比正式超过一半，发展中国家的影响日益扩互联网的全球化新格局无疑是互联网史论真正形成全球史视野的基础性的底层驱动力。

二、互联网史研究成果与基本格局

在互联网历史论述方面，早期的互联网历史论述更倾向于一种英雄传记。凯蒂·哈夫纳（Katie Hafner）和马修·里昂（Matthew Lyon）的《术士们熬夜的地方：互联网的起源》（*Where Wizards Stay up Late: The Origins of the Internet*）与彼得·H. 萨鲁斯（Peter H. Salus）的《铸造网络：从阿帕网到互联网及其他》（*Casting the Net: From ARPANET to Internet and Beyond*）等第一批关于互联网历史的著作都是基于美国模式，这些作品描述了一条非常线性（并且具有内在革命性）的互联网路径。尽管英国科学家唐纳德·戴维斯（Donald Davies）、法国的路易斯·普赞（Louis Pouzin）以及英国的蒂姆·伯纳斯·李（Tim Berners-Lee）经常也被人们所提及，但是丝毫未影响美国互联网先驱的“圣人”地位。

互联网的诞生、启发、发展和传播在很长一段时间内都被视为美国的产物。美国模式的延续性在珍妮特·阿巴特（Janet Abbate）的《发明互联网》（*Inven-*

① Martin Campbell-Kelly, Daniel D. Garcia-Swartz. From Mainframes to Smartphones: A History of the International Computer Industry. Cambridge, *Harvard University Press*, 2015.

② We Are Social & Hootsuite. Digital 2021, *Global Overview Report*, 2021.

ting the Internet）等一系列互联网历史领域极具影响力的著作中呈现。“重复”作为对某种论述的强化和巩固，成为论述再生产的有利条件。有学者提出，这种“再生产”在互联网历史的论述中是通过追溯互联网起源与20世纪90年代“新经济神话”两个主要过程实现的。[①]

对全球互联网演进的阶段划分成为互联网历史研究的必要坐标。如前所述，从由美国国家研究委员会编著的《资助革命：政府对计算研究的支持》（1999）、罗伊·罗森茨韦格（Roy Rosenzweig）的《巫师、官僚、勇士和黑客：书写互联网的历史》（1998）到珍妮特·阿巴特的《发明互联网》（1999），2000年前后的著作研究的是对互联网历史的“规范性”划分。

随着学者们开始以比较的（comparative）、批判性的方式书写互联网历史，互联网似乎被分解为一系列的经验、技术、规范和动机。不可否认，多学科、多视角的介入的确为互联网历史的考察扩展了疆域，然而，理论化议程的“混乱”却使得互联网史的研究从科学精神转向意识形态、商业竞争与权力分析。一些理论将新旧媒体之间的关系当作是持续的“权力抗争”，或如曼纽尔·卡斯特（Manuel Castells）的网络权力理论中的“抵抗”。对于新媒体（互联网）的理论化努力见于斯蒂格·雅华德（Stig Hjarvard）的媒介化理论、布鲁诺·拉图尔（Bruno Latour）等的行动者网络理论（ANT）等研究进程。作为媒体研究中的一个重要概念，有人认为，有必要找出互联网发展中的思想或意识形态竞争的结构性制约因素，而不仅仅关注开放的市场。作为一种社会技术现象，互联网是由一系列关于信息和通信能力在一个社会中如何分配的叙述和信念组合在一起的。[②]时代发展下的范式更替使得原先占据主导地位的技术，成为当前互联网历史论述中的一个分支。在技术革新、社会、文化、政治和国际关系的剧变，学者们对互联网考古学的志趣逐渐减弱，他们更向往现代主义式的“战后”时光，期盼一种“进步的”互联网的未来学。然而，在当前状态下，互联网作为一种“神话”，构成了我们对未来的强烈期望。此外，技术决定论（technological determinism）对互联网史论的影响始终伴随着新技术的发展持续被关注。[③]

除此之外，在数字化的影响下，关于历史资料与研究方法、作为研究工具的互联网与作为研究对象的互联网，以及网页与网站档案、口述历史等互联网历史研究方法的讨论被学者所重视。

---

① Bory P. *The Internet Myth: From the Internet Imaginary to Network Ideologies*. University of Westminster Press, 2020, P. 9.

② Flichy P. *The Internet Imaginaire*. MIT Press, 2007, pp. 89 – 98.

③ Marx L., Smith M. In *Does Technology Drive History? The Dilemma of Technological Determinism*, edited by L. Marx and M. Roe Smith. MIT Press, 1994, P. 233.

多年来，互联网的许多历史都使用传统的非计算方法，如珍妮特·阿巴特的《发明互联网》[①]、迈克尔·班克斯（Michael Banks）的《网络之路：互联网及其创始人的秘密历史》（*On the Way to the Web*：*The Secret History of the Internet and Its Founders*）[②]、杰拉德·戈金（Gerard Goggin）和马克·麦克利兰（Mark McLelland）编著的《劳特利奇全球互联网史》（*The Routledge Companion to Global Internet Histories*）[③]、希拉里·普尔（Hilary Poole）编著的《互联网：历史百科全书》（*The Internet*：*A Historical Encyclopedia*）[④] 以及弗雷德·特纳（Fred Turner）的《从反文化到网络文化：斯图尔特·布兰德、全球网络与数字乌托邦主义的兴起》（*From Counterculture to Cyberculture*：*Stewart Brand*，*the Whole Earth Network*，*and the Rise of Digital Utopianism*）[⑤] 等大都采用文档分析和访谈的方法。

日益充裕的数字资源、互联网历史的网站以及数据库，为互联网历史研究增添了新的方法与路径。近几年，尼斯·布格（Niels Brügger）等通过对新闻组网络和存档网站的研究成功地使用计算的方法（computational methods）探索互联网的过去。[⑥] 然而，传播学范式的转变之于互联网史研究的重要性却迟迟没有被提上议程。值得注意的是，从技术人员到多元学者，从英语中心到全球论述，互联网历史研究的研究本身构成了一部技术、商业、文明、思想、政治的“景观”。关于互联网历史研究“元叙事”的研究还尚未成器。

纵观全球互联网历史研究的发展，在美国，互联网历史研究的学者聚焦于是“互联网的历史”（histories of the internet）还是“互联网历史”（internet histories）的辩论；欧洲则更倾向于采用“网络”（net）视角书写网络历史（nethistories）。如凯文·德里斯科尔（Kevin Driscoll）和卡米尔·帕洛基·贝格斯（Camille Paloque Berges）认为，网络视角使人们注意到当前互联网历史上的两个缺点：一个是空间的，关乎边界和领土；另一个是时间的，涉及历时性。

除此之外，使用者经验也是网络历史关注的重点。不应忽视的是，尽管欧洲

---

① Abbate J. *Inventing the Internet.* MIT Press，1999，pp. 1 - 220.

② Banks M. A. *On the Way to the Web*：*The Secret History of the Internet and its Founders.* Apress，2008，pp. 1 - 175.

③ Goggin G. & McLelland M.（Eds.）. *The Routledge Companion to Global Internet Histories.* Routledge，2017，pp. 1 - 528.

④ Hilary Poole（Ed.）. *The Internet*：*A Historical Encyclopedia.* ABC/Clio，2005，pp. 1 - 266.

⑤ Turner F. *From Counterculture to Cyberculture*：*Stewart Brand*，*the Whole Earth Network*，*and the Rise of Digital.* The University of Chicago Press，2006，pp. 1 - 9.

⑥ Brügger N. and Schroeder R.（Eds.）. *The Web as History*：*Using Web Archives to Understand the Past and the Present.* London：UCL Press，2017，pp. 25 - 28；Brügger N.：*Web 25*：*Histories from the First 25 Years of the World Wide Web.* Peter Lang，2017，P. 140，145；Brügger N. and Milligan I.（Eds.）. *The SAGE Handbook of Web History.* Sage，2019，pp. 153 - 163.

对互联网关照的重心转向网络治理领域，但是，欧洲学者对互联网历史研究的国际话语权则是以“网络”为起点开始其去中心化实践的。在亚洲，韩国互联网之父全吉男（Kilnam Chon）在其“亚洲互联网历史项目”（Asia Internet History Project）中，将亚洲互联网发展进程划分为四个阶段（10 年一个阶段），对亚洲各国互联网历史进行了全面的梳理与叙述。①

在中国，从中国互联网历史研究、全球视野的互联网历史研究，到网络民族主义、网络文学、网络与社会，以及中国网络媒体历史研究，在闵大洪、胡泳、彭兰、邱林川、杨国斌等学者的共同努力下，中国对互联网历史研究的议程一直都在逐步推进。部分学者采取批判与反思的进路对中国互联网历史进行分析。如吴世文等通过探究中国网民发展演变的历史，反思“创新扩散理论”之于互联网扩散的解释性，补充基于创新扩散理论视角的互联网历史。② 在最近的研究中，吴世文在其论文《互联网历史学的理路及其中国进路》中对互联网历史研究进行了梳理和总结。③ 可以发现，作者所选择的是一种欧洲互联网历史研究视角——网络历史（net histories）的延续。2019 年是中国正式接入国际互联网的第 25 年，超越技术和产业层面，方兴东等系统回顾了中国互联网 25 年历史，从互联网促进社会互联程度的角度，以“互联”为核心，将中国互联网发展历程划分为弱联结、强联结和超联结等三大阶段，以此总结过去 25 年的经验和特征。④ 同时，互联网历史分支子领域的历史也逐渐被关注。如结合互联网监管表征和历史背景，王融详细梳理了中国互联网监管二十余年来的发展演进，总结了中国互联网监管的重要特征。⑤

目前国内对互联网历史的研究往往有意将“技术”划分出历史的讨论，缺乏互联网与新媒体概念的历史性考察，即对概念演进历程的关照，以及对互联网发展背后价值观的分析。全球视野和国家、地区间比较研究不足。不该忽视的是，在关于中国互联网历史的研究中，以外文（主要是英文）写作的国际期刊逐年增加，除了他国学者对中国互联网历史的研究，也不乏许多国内学者的论文，从中可以看出学者们构建全球互联网史学术共同体的积极实践精神。

---

① Chon K. *Asia Internet History Projects*, https://sites.google.com/site/internethistoryasia/. 2013 - 2019.

② 吴世文、章姚莉：《中国网名“群像”及其变迁——基于创新扩散理论的互联网历史》，载于《新闻记者》2019 年第 10 期。

③ 吴世文：《互联网历史学的理路及其中国进路》，载于《新闻记者》2020 年第 6 期。

④ 方兴东、陈帅：《中国互联网 25 年》，载于《现代传播》2019 年第 4 期。

⑤ 王融：《中国互联网监管的历史发展、特征和重点趋势》，载于《信息安全与通信保密》2017 年第 1 期。

三、全球互联网史研究50年基本进程与特点

互联网史有着多层次的维度，除了技术史、商业史外，更有传媒史、文化史、政治史和治理史。除了互联网本身的历史之外，以互联网为中心的国家史、区域史和新的全球史，也越来越成为学术领域的热点。我们有必要梳理一下过去几十年互联网历史研究的基本进程。

（一）1990年代之前：计算机史的延续和拓展

第一台电子计算机在1946年问世，这一年也成为新政治视野的奠基年。在这一阶段，互联网历史的研究也主要局限在科学共同体的范畴之内，他们基本上是计算机和通信领域的科学家和工程师，还没有进入大众和大众媒体关注的视野。在这个阶段，互联网作为计算机历史和通信历史的一部分①，已经开始进入学术研究的视野，零散地出现在一些重要的学术期刊，如《计算史年刊轶事部》（*Anecdotes Department of the Annals of the History of Computing*，1979 – 1991）、《IEEE计算史年鉴》（*IEEE Annals of the History of Computing*）和《信息和文化：历史期刊》（*Information & Culture：A Journal of History*）等。迄今这些回忆和口述纪录依然是我们研究互联网早期历史的重要文献来源。

同时期，作为最久远最受尊敬的计算机出版物之一的ACM通讯杂志（Communications of the ACM，1958）发行，它被公认为当今计算机专业人员最值得信赖的行业信息来源。1978年，明尼苏达大学查尔斯·巴贝奇研究所（Charles Babbage Institute）创立。研究所一直致力于信息技术的历史研究，尤其是数字计算、编程/软件和计算机网络的历史。1987年，互联网先驱乔纳森·波斯特尔（Jonathan B. Postel）博士创办波斯特尔中心（The Postel Center）。

除了美国计算机和通信领域的科学家和工程师对计算机网络的论述，早期欧洲一直尝试着建立"信息网络"构想的实践。科学与技术的信息和文献委员会（Committee on Information and Documentation for Scienceand Technology，CIDST）认为，对于经济、科学和技术进步而言，重要的是，必须以最新方法向所有要求使用的人提供科学、技术、经济和社会的文献和数据。② 在当时，不少学者已经对

① Metropolis C. N.，Metropolis N.，Howlett J.，Gian – Carlo Rota C. G.（Eds.）. *A History of Computing in the Twentieth Century*. Academic Press，1980，pp. 84 – 89；Greenberger M. *The Computers of Tomorrow*. Atlantic Monthly（July），1964，pp. 63 – 67.

② Giles C. & Gray J. C.，The European Information Network for Science and Technology：The First Stages，*Aslib Proceedings*，1975，27（9），pp. 366 – 375.

欧洲计算机网（EURONET）建立背景和历史进行了追溯。[①] 同时，对计算机网络（如研究网络、公司网络、合作网络）[②] 和包交换技术[③]发展的讨论也被学者们关注。

（二）1990 年代：商业化热潮下的美国“神话”

1990 年代互联网革命的文献以“技术崇高”的言论为特征[④]，互联网史的研究也是以美国为中心。事实上，欧洲也是互联网缘起与发展的关键力量，但是，在美国强大的影响力和耀眼的光芒下，欧洲在互联网领域的作用被严重淡化和忽视。一系列描述美国互联网发展史的专著在 20 世纪 90 年代掀起的互联网浪潮中纷纷诞生，包括许多早期计算机领域内的英雄式传记[⑤]，《纽约时报》记者凯蒂·哈芙纳（Katie Hafner）和马修·利昂（Matthew Lyon）合著的《术士们熬夜的地方》[⑥] 及珍妮特·阿巴特的《发明互联网》[⑦] 等是其中优秀的代表，甚至迄今依然主导了互联网历史的基本叙事。一些有影响力的互联网研究机构也开始成立。

1992 年 12 月 11 日，以促进使用互联网为目的的非营利性国际组织互联网协会（Internet Society）成立。1996 年，由乔纳森·齐特林（Jonathan Zittrain）和查尔斯·奈森（Charles Nesson）教授共同创立了全球互联网相关研究重镇之一的哈佛大学伯克曼互联网与社会研究中心。1997 年，伯克曼家族承担了该中心的职责，劳伦斯·莱斯格作为第一位伯克曼教授加入。1998 年，该中心更名为“哈佛法学院伯克曼互联网与社会中心”。从那以后，它从哈佛大学法学院的一个

---

① Dunning A. J. The Origins, Development and Future of Euronet. *Program*, 1977, 11 (4), pp. 145 - 155; Pirlot J. Euronet: Europe's Living Memory. *Euroforum*, 1977, 2 (35), P. 3.

② Quarterman J. and Hoskins J. Notable Computer Networks. *Communications of the ACM*, 1986, 29 (10), pp. 932 - 971; Flamm K. *Targeting the Computer: Government Support and International Competition*. Brookings Institution Press, 1987; Hughes T. P. The Evolution of Large Technological Systems. In W. E. Bijker T. P. Hughes, & T. Pinch (Eds.). *The Social Construction of Technological Systems*. MIT Press, 1987, pp. 51 - 82; Computer Economics, IBM's System Network Architecture in the 1990s. *Computer Economics*, 1989, 11 (5), pp. 1 - 4.

③ Kelly P. Public Packet Switched Data Networks, International Plans and Standards. *Proceedings of the IEEE*, 1978, 66 (11), pp. 1539 - 1549; Roberts L. The Evolution of Packet Switching. *Proceedings of the IEEE*, 1978, 66 (11), pp. 1307 - 1313; Deasington R. X. 25: *Explained: Protocols for Packet Switching Networks*. Ellis Horwood, 1985.

④ Carey J. W. Historical Pragmatism and the Internet. *New Media & Society*, 2005, 7 (4), pp. 443 - 455.

⑤ Yates D. *Turing's Legacy: A History of Computing at the National Physical Laboratory* 1945 - 1995. Science Museum, 1997, P. 285; Zachary G. P. *Endless Frontier: Vannevar Bush, Engineer of the American Century*. Free Press, 1997, pp. 15 - 76.

⑥ Hafner K. and Lyon M. *Where Wizards Stay Up Late*. Simon & Schuster, 1996, pp. 1 - 167.

⑦ Abbate J. *Inventing the Internet*. MIT Press, 2003, pp. 1 - 220.

小项目发展而成为哈佛大学的一个主要跨学科中心。此外，1996 年，负责管理世界领先的馆藏和档案，记载计算机和技术创新对人类体验历史和影响的计算机历史博物馆（Computer History Museum）成立。它的口述历史项目记录含超过一千次的深度访谈和演示，是计算、技术创新、网络、企业家精神和网络方面最全面的内容之一。

除了研究机构和国际组织对互联网历史所做的研究，该时期还出现了由互联网先驱们所书写的互联网历史。如温顿·瑟夫的《互联网及相关网络简史》（*A Brief History of the Internet & Related Networks*）和《IETF 的历史》（*History of the IETF*），以及本·西格尔（Ben Segal）的《CERN 的互联网协议简史》（*A Short History of Internet Protocols at CERN*）和伯纳斯·李（Berners - Lee）的《编织网络》（*Weaving the Web: The Past, Present and Future of the World Wide Web by Its Inventor*）等。

尽管互联网的简史在许多地方都存在，但是，主流的互联网历史叙事没有充分地扎根于技术的历史发展，它孤立地看待互联网，没有考虑更广泛的技术环境等因素。除了对技术演进历程的论述，技术与文化之间的关系也受到关注，技术成为政治、医学和日常生活中的主要论述。技术科学和网络文化中解决的问题涉及技术与科学之间的相互联系以及组织、定位和影响当代文化的景观和居民的方式。[①] 记录互联网设计历史的 RFC（Request For Comments，请求评论）的技术文档受到学者的关注。网络信息系统中心（Network Information Systems Center）的洛托（M. Lottor）在其 RFC 文档《互联网发展》（*Internet Growth*）（1981 - 1991 年）中通过检查 10 年期间的互联网主机和域数量，提供了互联网增长的统计信息。[②] 这些统计数据无疑从一个“叙事边缘”支撑起互联网历史的发展轨迹。

这一阶段还出现了针对“网民”的著作。作为最早详细介绍互联网的书籍之一，迈克尔·豪本（Michael Hauben）等的《网民：论新闻组网和互联网的历史和影响》着眼于一种参与性全球计算机网络的创建和发展。[③] 该书详细描述了网络的结构，并逐步介绍互联网，新闻组网和万维网的过去、现在和将来。然而，从媒介的角度对互联网发展的系统性论述还十分缺乏。

---

① Aronowitz S., Martinsons B., Menser M., Rich J. (Eds.). *Technoscience and Cyberculture*. Routledge, 1996, pp. 7 - 30.

② Lottor M. *Internet Growth* (1981 - 1991), Network Working Group RFC 1296, http://tools.ietf.org/rfc/rfc1296.txt. 1992.

③ Hauben M. & Hauben R. *Netizens: On the History and Impact of Usenet and the Internet*. Wiley - IEEE Computer Press, 1997, pp. 1 - 344.

（三）2000 年代：后泡沫时代的互联网全球化

随着国际网络崛起，互联网历史研究从美国中心走向欧美主导的西方中心。2000 年互联网泡沫破灭，纳斯达克崩盘，世界主要新经济体遭遇重创，加上“9·11”事件的冲击和政治转向，美国在互联网领域的势头明显受挫。与此同时，欧洲对于美国独家掌控互联网核心资源也深感不满，在国际舞台上与亚非拉等国家形成了一定的合力。尤其是美国反对联合国介入网络治理的背景下，欧洲成为推动联合国介入互联网的决定性力量。信息社会世界峰会两个阶段会议的召开以及 IGF 的成立，使得国际网络治理成为国际博弈的重要话题。欧洲在互联网研究方面逐渐崛起，其中一些机构的重要作用也开始凸显。

2001 年 5 月，英国牛津大学宣布将建立世界上第一所专门研究互联网的机构——牛津互联网研究院（Oxford Internet Institute）。该机构自成立以来，尤其在威廉·达顿担任院长期间，汇聚了全球很多优秀学者，使得该学院成为欧洲和全球互联网文化研究的要地。同年，伊隆大学的想象互联网中心（The Imagining the Internet Center）成立。它是基于网页资源的有关互联网发展的在线文档资料库，其中包含 6 500 页以上的数据。由美国国会图书馆网络档案馆存档，被认为是描述通讯发展的主要来源。[①] 欧洲学者在网络治理方面逐渐脱颖而出，并活跃于联合国等国际组织中。然而，由于欧洲互联网市场本身的碎片化，这一阶段欧洲没有诞生新一代的互联网领军企业，欧洲在互联网发展历史上的角色逐渐开始转向网络治理的制度建设。

学术界开始关注互联网治理的制度问题。弥尔顿·穆勒（Milton Mueller）通过其著作《从根上治理互联网》（*Ruling the Root*：*Internet Governance and the Taming of Cyberspace*）[②]，从制度经济学的理论框架分析由互联网域名和地址的分配所引起的全球政策和治理问题。劳拉·德纳尔迪则从“协议”的政治性角度完成其著作《协议政治：互联网治理的全球化》（*Protocol Politics*：*The Globalization of Internet Governance*）。[③] 此后，一系列与网络治理相关的著作相继问世。

随着互联网对社会的影响不断增强，信息/网络社会的论述在此阶段爆发。

---

① Gillies J. & Cailliau R. *How the Web Was Born.* Oxford University Press，2000，P. 220；Frana P. Before the Web There Was Gopher. *IEEE Annals of the History of Computing*，2004，26（1），pp. 20 – 41；Michael A. Banks：*On the Way to the Web*：*The Secret History of the Internet and its Founders.* Apress，2008，pp. 158 – 175.

② Mueller M. L. *Ruling the Root*：*Internet Governance and the Taming of Cyberspace.* MIT Press，2002，pp. 7 – 9.

③ DeNardis L. *Protocol Politics*：*The Globalization of Internet Governance.* MIT Press，2009，pp. 13 – 19.

从早期信息社会的发展①、互联网技术带来的影响②、网络空间与网络文化批判③到网络治理的历史，政治、社会与文化等多学科、多元方法④开始进入互联网历史的研究领域。在从美国中心走向欧美主导的西方中心的历史论述中，一些区域性互联网历史出现，比如在苏联⑤、日本⑥、黎巴嫩⑦、中国⑧，以及中东地区⑨出现。

（四）2010 年代：移动互联网时代的全球史意识觉醒

随着中国互联网的崛起和亚非拉互联网比重加大，互联网全球史意识开始觉醒，一系列事件和进程共同促成了这一新视野的产生。2013 年夏天，首期伊丽莎白女王工程奖（Queen Elizabeth Prize for Engineering）颁给了五位互联网先驱，分别是互联网之父温顿·瑟夫（Vint Cerf）和鲍勃·卡恩（Bob Kahn）、万维网之父蒂姆-伯纳斯-李（Tim Berners Lee）、浏览器发明者马克·安德森（Marc Andreessen）以及法国互联网之父路易斯·普赞（Louis Pouzin）⑩。三位美国先驱和两位欧洲先驱，就互联网早期贡献来说，这个比例是很恰当的，是对长期被忽略的欧洲贡献的一次追认。

除此之外，在此阶段，学者对于互联网的史前史、阿帕网历史以及主流叙事中"缺席"之历史的研究与反思涌现。例如，一系列由互联网开发者撰写和编辑，讲述创建通用协议和全球数据传输网络的历史，以及提供了其他地方无法获得的大量内幕知识的《国际网络研究史：谁让这一切发生》（*A History of International*

---

① Darnton R. An Early Information Society: News and the Media in Eighteenth Century Paris. *The American Historical Review*, 1, 2000, 105 (1), pp. 1 – 35.

② Anderson J. Producers and Middle East Internet Technology: Getting Beyond "Impacts". *The Middle East Journal. The Information Revolution*, 2000, 54 (3), pp. 419 – 431.

③ Bell D. & Kennedy B. M. *The Cybercultures Reader*. Routledge, 2000, P. 255.

④ Miller D. *The Internet: An Ethnographic Approach*. Bloomsbury Academic, 2000, pp. 9 – 20.

⑤ Gerovitch S. *From Newspeak to Cyberspeak: A History of Soviet Cybernetics*. MIT Press, 2002, pp. 199 – 252; Gerovitch S. Internet: Why the Soviet Union did Not Build a Nationwide Computer Network, *History and Technology*, 2008, 24 (8), pp. 335 – 350.

⑥ Gottlieb N. & McLelland M. *Japanese Cybercultures*. Routledge, 2003, pp. 1 – 5.

⑦ Antaki G. Internet Development in Lebanon. *Journal Electronic Markets*, 2000, 10 (2), P. 147.

⑧ Qiu J. L. Working Class Network Society: Communication Technology and the Information Have-less in Urban China. MIT Press, 2009, P. 11.

⑨ Eickelman D. & Anderson J. *New Media in the Muslim World*. Indiana University Press, 2003, pp. 45 – 60; Abdullah R. *The Internet in the Arab World, Egypt and Beyond*. Peter Lang, 2008, P. 92, 100.

⑩ Russell A. & Schafer V. In the Shadow of ARPANET and Internet: Louis Pouzin and the Cyclades Network in the 1970s. *Technology and Culture*, 2014, 55 (4), pp. 880 – 907.

Research Networking：*The People Who Made it Happen*)①、《为什么建立阿帕网》(*Why the Arpanet Was Built*)②、《欧洲网络研究的"隐藏"史前史》(*The "Hidden" Prehistory of European Research Networking*)③ 等。

同时，"数字化"对互联网历史带来了深刻的影响。数字化的过程对整个史学，特别是对历史传播研究构成了双重挑战。④ 乔尼·赖安（Johnny Ryan）在其著作《离心力：互联网历史和数字未来》（*A History of the Internet and Digital Future*）中通过讲述20世纪50年代到现在互联网发展的故事，对互联网如何改变政治运动，互联网的发展如何使一群充满自信的利基消费者组成的在线新群体获得特许权，以及互联网泡沫破灭如何教会更聪明的公司利用数字工匠的力量等作出解释。⑤

通过借鉴涉及政治、经济、文化、心理和其他社会因素的多个学科，以及计算机研究、信息科学和工程学，"互联网研究"（internetstudies）形态逐渐成形。该领域的出现将重点放在有关互联网、网络以及相关信息和通信技术（ICT）的广泛传播和多样化使用的社会和文化影响问题的理论和研究上。它提供了一个框架，来自许多相关学科的学者与跨学科学者一起组成了不断发展的研究者社区。在这种氛围的影响下，互联网历史由以往侧重技术史的研究逐渐扩展至思想史、媒介史、社会文化史等。

2013年，非营利性组织数据与社会研究中心（Data & Society Research Institute）成立。2016年，丹麦学者尼尔斯·布鲁格尔（Niels Brügger）主导的《互联网历史：数字技术、文化与社会》（*Internet Histories*：*Digital Technology*，*Culture and Society*）杂志创刊，汇聚了全球互联网历史研究的核心人物，成为全球互联网历史研究开始形成学术共同体的标志性事件，并且推出了重量级的互联网历史文集和专著。

2017年3月，计算与信息社会特殊兴趣小组（SIG－CIS）在计算机历史博物馆举行"命令行—软件，电源和性能"历史会议。当年，两本重要的编著《作为历史的网络：利用网络档案了解过去和现在》（*The Web as History*：*Using Web Archives to Understand the Past and the Present*）与《劳特利奇全球互联网史》

① Davies H. *A History of International Research Networking*：*The People Who Made it Happen*. Wiley－VCH－Verl，2010，P. 249.

② Lukasik S. Why the Arpanet Was Built. *IEEE Annals of the History of Computing*，2011，33（3），pp. 4－21.

③ Martin O. *The "Hidden" Prehistory of European Research Networking*. Trafford，2012，pp. 7－113.

④ Classen C. Kinnebrock S.，Loblich M.，Towards Web History：Sources，Methods and Challenges in the Digital Age，*An Introduction. Historical Social Research*，2012，37（4），pp. 97－101.

⑤ Ryan J. *A History of the Internet and the Digital Future*. Reaktion Books，2010，pp. 7－10.

(*The Routledge Companion to Global Internet Histories*) 出版。可以看出，除了更多区域的互联网历史被发掘，知识共同体的全球史意识进一步凸显。同时，对于互联网历史研究中的一些争论也相继产生[①]，这也造就了新一轮的对互联网各个层面的系统性反思。[②]

在这个年代，更重要的还是中国和亚洲在互联网领域的崛起。2008 年，中国网民规模第一次超过美国，从此站稳全球最大网民市场的地位。[③] 以 BAT（百度、阿里巴巴和腾讯）为代表的中国互联网企业也强势崛起，跻身全球高科技第一阵营。非洲、拉美和中东等区域的互联网也开始在这一阶段崛起。新的格局正在改变全球产业和经济，也在影响全球政治格局，而且包括非洲在内的各大区域除了对自身历史的研究，也开始站在全球史的视野上思考互联网的发展历程。

四、转折点：走出西方中心的全球互联网史图景与中国使命

随着印度和东南亚互联网的崛起，欧洲成为数据治理制度高地，非洲互联网商业价值开始凸显，拉美互联网普及率向欧美靠近，互联网全球化的进展和格局逐渐与现实世界相同步，尤其是中国与亚洲的互联网史研究的崛起相一致。随着亚洲和中国研究力量的崛起，全球互联网史研究可以真正摆脱长期的路径依赖，奠定基本格局，形成更加成熟的理论框架和认知体系。

结合上述对全球互联网史研究基本进程的梳理，中国互联网史研究要后来居上，形成全球性影响力，必须因势利导，完成以下一系列的突破。[④]

（一）扬长避短与取长补短

正在全面呈现的互联网发展的后发优势是我们研究的基础和底蕴。随着中国在 5G 和移动支付等数字基础设施的全球引领，中国作为全球第一个提供十亿级用户大规模同时在线的应用场景的国家，将推动中国从过去的互联网应用大国走向创新大国。新兴技术与应用，以及数字生活与数字化改革的先导性推进，都为

---

① Russell A. L. Histories of Networking Vs. the History of the Internet. Paper presented at the SIGCIS 2012 Workshop, Copenhagen, 2012; Russell A. L., The Internet that Wasn't. *IEEE Spectrum*, 2013, 50 (8), pp. 39 – 43.

② Campbell – Kelly M. & Garcia – Swartz D. D. The History of the Internet: The Missing Narratives. *Journal of Information Technology*, 2013, 28 (1), pp. 18 – 33; Haigh T., Russell A. L. & Dutton W. H. Histories of the Internet: Introducing a Special Issue of Information & Culture. *Information & Culture*, 2015, 50 (2), pp. 143 – 159; Mailland J. & Driscoll K. *Minitel: Welcome to the Internet*. MIT Press, 2017, pp. 381 – 393.

③ 方兴东：《中国互联网反垄断的产业竞争力逻辑》，载于《人民论坛·学术前沿》2022 年第 8 期。

④ ［美］曼纽尔·卡斯特：《网络社会的崛起》，夏铸九等译，社会科学文献出版社 2006 年版。

我们的学术和理论突破创造了前所未有的机遇。尽管互联网史的研究需要面向过去，但是，历史理论研究依然需要面向未来，面向潮流与趋势。预测未来、引领未来，本身就是历史研究的重要使命之一。

（二）依然需要全球视野，积极拥抱和吸纳欧美研究成果

在互联网史研究方面，无论是研究成果的积累，还是研究方法专业性的精进，以及研究队伍的规模和多学科的参与和交叉，欧美依然是互联网史学术研究的优势高地。中国互联网史研究才刚刚起步，我们需要更大规模地引入欧美的研究成果与作品，需要与欧美学术界展开更全面的交流与合作。重温互联网历史全程，我们还需要不断补课，重构更加纵深的历史感。积极走出去依然是中国互联网史研究的长期任务。

（三）走出功利性的商业史绝对主导的局限性，倡导更独立、更理性、更严谨的学术研究

正如曼纽尔·卡斯特在《信息时代三部曲》中文版序言中所言："中国人许多有关新信息社会的观点，大都取自美国的意识形态专家——未来学家。这些人是商业作家，他们的观点多半是没有学术研究根据的臆测，以一种新版的文化殖民主义，将美国所发生的经验推延至世界各地。"长期以来，商业话语和政策话语主导了中国互联网研究的话语体系。构建中国互联网研究的学术话语体系，是一项重要而关键的基础工作，而传播学在其中至关重要。

（四）跨学科、跨平台，积极构建全球互联网史学术共同体

中国互联网史研究力量的爆发，有赖于真正与全球接轨的全国性学术共同体的形成，而今天，这一共同体依然处于酝酿的初级阶段，需要更多有识之士积极地带领、引导与建设。期待互联网史学术年会、学术期刊和学术组织的推出，基于此学术共同体才能形成更强的号召力和凝聚力，并且从中能够有一批具有国际影响力的学者和学术成果脱颖而出，中国互联网史研究才真正呼应了时代进程与历史使命。

（五）提炼全球视野的互联网史真正的价值观，为互联网开启全新多元文化的历史和现实

全球互联网史研究的转向与范式转变，根本上需要超越欧美旧有的价值观。包容亚非拉等发展中国家，覆盖全球每一个人的互联网时代与文化视野，才是真

正的多元文化的时代价值观。数字时代孕育的新的文明形态，始终是全球互联网史的精神内核。2003 年，信息社会世界峰会通过的《日内瓦原则宣言》提出的“建设以人为本，包容全纳，促进发展的信息社会”的愿景，迄今还远未实现。2020 年 6 月 11 日，联合国秘书长古特雷斯发布《数字合作路线图》，推动数字技术以平等和安全的方式惠及所有人。古特雷斯强调，路线图的首要目标是“连接、尊重和保护数字时代的人们”。而这一目标，正是中国互联网史研究的使命与价值观的最好体现。

第二节　全球互联网50年

一、全球互联网50年的阶段划分：以年代为界

互联网是一个一直在快速发展演变的复杂综合体，从不同历史时期和不同层面，可以有不同的阶段划分。互联网史包含技术史、商业史和社会史，还有治理史和新媒体史等，几乎每一位学者都有自己的研究和划分方法，迄今难以统一。

由美国国家研究委员会编著的《资助革命：政府对计算研究的支持》一书，将互联网的发展划分为 4 个阶段：早期阶段（1960 ~ 1970 年）、阿帕网扩展阶段（1970 ~ 1980 年）、国家科学基金网（NSFNET）阶段（1980 ~ 1990 年），以及万维网（Web）的兴起阶段（1990 年至今）。① 维基百科的互联网历史年表则将互联网史分为三个阶段：（1）早期研究和发展（1965 ~ 1981 年）；（2）合并网络，创建互联网（1981 ~ 1994 年）；（3）商业化、私有化和更广泛的接入，形成现代互联网（1995 年至今），该阶段又可分为 Web1.0、Web2.0、移动互联网三部分。

威廉・斯普瑞（William Aspray）和保罗・E. 塞鲁齐（Paul E. Ceruzzi）从商业维度描述了互联网的历史发展，以及它对美国商业的影响。在他们看来，这段历史始于 1992 年，即从美国国会首次允许学术、政府或军事用户之外的人使用互联网开始。② 约翰尼・赖恩（Johnny Ryan）将互联网的历史（截至 2010 年）

---

① Council N. *Funding a Revolution*: *Government Support for Computing Research*. National Academy Press, 1999.

② Aspray W. & Ceruzzi P. E. *The Internet and American Business*. MIT Press, 2010.

粗略分为分布式网络观念、扩散、新兴的环境三个阶段：第一阶段考察了网络出现的概念和背景；第二阶段追溯了网络技术和文化是如何成熟的，包括网络社区的形成、万维网的发明和互联网商业化的繁荣与萧条；第三阶段展示了 Web2.0 以来互联网如何改变了文化、商业和政治。①

拉斐尔·科恩-阿尔马戈尔（Raphael Cohen-Almagor）将互联网发展史上的"里程碑"作为分界依据，具体分析了从互联网是如何由 1957 年的高级研究计划局（ARPA）发展而来，以及早期的互联网（1957~1984 年）是由美国的研究机构、大学和电信公司设计和实施的，这些公司对尖端研究有远见和兴趣；到互联网随后进入商业阶段（1984~1989 年），这得益于主干网络的升级、新软件程序的编写和日益增多的互联国际网络；20 世纪 90 年代，当具有不同操作系统的企业和个人计算机加入通用网络时，互联网大规模扩展到全球网络中；社交网络的即时性和日益成功，使网络用户能够共享信息、照片、私人期刊、业余爱好。②

此外，哈佛大学帕尔弗里（John Palfrey）教授则将互联网监管按照年代划成 4 个阶段：开放互联网阶段（1960~2000 年）；拒绝访问阶段（2000~2005 年）；访问受控阶段（2005~2010 年）；访问争议阶段（2010 年至今）。③

对于一般意义而言的互联网史，究竟如何划分才较为科学、恰当，是值得思考的问题。一段迄今为止 50 年的历史，完全可以站在一定历史高度，相对开阔地进行考察。经过比较分析，本书最终选定以年代划分全球互联网的发展阶段，主要原因在于：第一，阶段划分能够保持基本的稳定性，不会随时间变化而出现重大波动和改变；第二，能够基本契合技术和产业的发展和演变周期；第三，能够概括和突出产业发展不同阶段的主要矛盾和主要特点；第四，能够恰当合理地分析问题和解释基本现象；第五，在中国与全球互联网之间，具备一定的通用性，能够基本对标，方便比较；第六，能够在未来更长的时间之内，灵活延展，经得起时间考验；第七，能够充分吸收和继承历史上诸多认可度比较高的划分方法和约定俗成的名称，比如 Web1.0、Web2.0、移动互联网等。

综上所述，本书将 50 年全球互联网发展史加上史前 10 年和 21 世纪 20 年代开始的 10 年，每 10 年一期，划分为七个阶段：

第一阶段，20 世纪 60 年代的基础技术阶段，以计算机广域网和数字通信技术的成熟为标志，尤其是包交换技术的突破，为互联网前身——阿帕网的诞生奠

① Ryan J. *A History of the Internet and the Digital Future*. Reaktion Books, 2010.

② Cohen-Almagor R. Internet history. *International Journal of Technoethics*, 2010, 2 (2), pp. 45-64.

③ Palfrey J. Limiting knowledge in a democracy: Four phases of internet regulation. *Social Research*, 2010, 77 (3), pp. 981-996.

定了基础。

第二阶段，20 世纪 70 年代的基础协议阶段，最大的突破就是 TCP/IP 的诞生，使得不同计算机和不同网络之间互联成为大势所趋。

第三阶段，20 世纪 80 年代是基础应用阶段，全球各种网络如雨后春笋一般冒出，并且通过电子邮件、网络论坛（BBS）新闻组网等应用的普及，促成了互联网在全球学术界的联网，TCP/IP 和 NSFNET 成为协议大战和网络大战的胜出者。

上述三个阶段，包含史前阶段，是互联网商业化之前孕育、积累和完善的 30 年。没有风险投资，没有一夜暴富，互联网故事大多平淡乏味，缺乏轰动效应。然而正是这长达 30 年的“寂寞期”，积蓄了互联网厚积薄发的巨大能量。

第四阶段，20 世纪 90 年代的 Web1.0 阶段，主要是万维网（WWW）的诞生和商业化浪潮，推动着互联网走向大众，以浏览器、门户和电子商务等应用开启了互联网发展的第一次投资热潮。

第五阶段，21 世纪头 10 年的 Web2.0 阶段，主要是博客、社交媒体等兴起，网民成为内容的生产主体。

第六阶段，21 世纪 10 年代的移动互联阶段，随着智能手机全面崛起，移动互联网成为全球互联网新一轮扩散的主力军，更加深入地改变着人们的日常生活。

第七阶段，21 世纪 20 年代开启的智能物联阶段，随着 5G 应用的展开，全球将进入万物互联新阶段。

显然，以 10 年为一个阶段进行年代划分也不尽准确，肯定会出现某些错位，甚而有固化和武断之嫌。比如作为 Web2.0 代表的博客在 2001 年“9·11”事件中已开始崭露头角，但真正体现大众公认的内涵则要到 2004 年，从 2000 年开始计算显然过早。再如智能物联时代，其实从 2016 年李世石大战阿尔法狗事件开始，人工智能就已成为全球热点；虽然人们将 2019 年称为 5G 商用元年，但真正奠定智能物联时代基础的 5G 要形成大规模商用，还需要一些时间去发展。不过，上述偏差并不影响对全球互联网 50 年历史整体的分析和研判，这种新的阶段划分将使得整个互联网历史更具概括性和条理性，具有比较清晰的体系。

二、全球互联网发展各个阶段：关键事件及特点

整个互联网发展历程，前 30 年主要由技术创新引领，后 30 年商业创新转变为绝对的主角，最近 10 年，制度创新的重要性日渐凸显，成为最大的能动性。

（一）计算机网络史前阶段，20 世纪 60 年代之前

在网络诞生之前，很多富有远见的思想家和先驱已经做出了探索与努力。美国作家马克·吐温（Mark Twain）1898 年就已在其短篇小说《起源于 1904 伦敦时间》中描绘出了如今人们认知的“互联网”雏形。故事中一位叫 Clayton 的军官被法院指控为谋杀嫌疑犯，而他谋杀的人，就是发明了“电传照相机”的 Szczepanik。[①] 电传照相机会与电话系统关联起来，使身处世界不同角落的人相互看得见、听得到。在世界范围内，每个人发布的共享信息可以被所有人同步获取。

图书馆学创始人之一、比利时人保罗·奥特勒（Paul Otlet），是最容易被美国网络历史学家所忽视的先驱人物，他在 1934 年就已经勾画了一个全球计算机网络的草图（称之为“电子望远镜”），允许人们浏览和搜索数百万链接起来的文档、图像、音频和视频文件。[②] 另一位提出类似网络概念的是英国小说家赫伯特·乔治·威尔斯（H. G. Wells）：“任何一个学生，不论他在地球的哪一个角落，都能够随时坐在他书房里的投影仪边，阅读所有的书和文件，这些投影和原件一模一样，毫无二致。”[③]

美国互联网先驱们更愿意将致敬献给范内瓦·布什（Vannevar Bush）。1945 年，布什在 7 月号《大西洋月刊》（*Atlantic Monthly*）发表论文《诚如所思》（As We May Think），提出了微缩摄影技术和麦克斯储存器（Memex）的“个人图书馆”概念，开创了数字计算机和搜索引擎时代的新理念，启发了很多计算机和网络领域的先驱们，后来的网络、鼠标、超文本、超链接等计算机技术的创造，均受到这篇具有时代意义的论文启发，因此他被尊为“互联网先知”。

1947 年贝尔实验室制造出第一个晶体管。1958 ~ 1959 年，杰克·基尔比（Jack Kilby）和罗伯特·诺伊斯（Robert Noyce）分别发明了锗集成电路和硅集成电路。1969 年，最早由肯·汤普森（Ken Thompson）、丹尼斯·里奇（Dennis Ritchie）和道格拉斯·麦克罗伊（Douglas Mcllroy）在美国电话电报公司（AT&T）的贝尔实验室开发的 UNIX 分时操作系统诞生。而促成互联网诞生的最大事件，要数 1957 年苏联发射了人类第一颗人造地球卫星斯普特尼克一号（Sputnik - 1），这是给美国上下带来巨大危机感的“卫星时刻”。作为响应，美

---

① Crow J. Mark Twain Predicts the Internet in 1898：Read His Sci - Fi Crime Story，From The “London Times” in 1904，Open Culture，http：//www. openculture. com/2014/11/mark - twain - predicts - the - internet - in - 1898 - read - his - sci - fi - crime - story - from - the - london - times - in - 1904. html.

② Wright A. The Web Time Forgot. The New York Times，https：//www. nytimes. com/2008/06/17/science/17mund. html？searchResultPosition = 2.

③ Stevenson R. L. *The Armchair Tour of Global Media*. Longman，1994.

国国防部（DoD）组建了高级研究计划局（ARPA），开始筹集充足的资金，面向大学和科研体系为军事领域孵化前沿的科学技术应用，这是互联网得以诞生的根源。

（二）第一阶段，基础技术阶段（20 世纪 60 年代）：包交换是第一基石，联网成功

互联网集诸多技术之大成，围绕互联网诞生的时间说法不一，即便是几位核心的互联网之父，观点也不尽相同。世界上普遍认同 1969 年 10 月 29 日是互联网（阿帕网）的诞生日。如果说美国是互联网的诞生地，那么欧洲在互联网诞生过程中的作用也不能忽视，因为奠定互联网最关键的两大核心技术——包交换技术和 TCP/IP 协议，都极大地受益于欧洲学者的前期研究成果。

电子计算机技术发源于二战，而计算机更早的溯源则来自欧洲。无论是计算机的始祖——19 世纪设计差分机和分析机的英国人查尔斯·巴贝奇（Charles Babbage），还是被称为计算机程序之母的传奇数学家阿达·洛芙莱斯（Ada Lovelace），以及被称为计算机科学之父和人工智能之父的英国数学家、逻辑学家艾伦·图灵（Alan Turing），都是欧洲人。20 世纪 60 年代开发计算机网络实现数字通信的先驱们，除了美国之外，英国、德国、法国等都并不落后。

在 20 世纪 50 年代末和 60 年代初，两条独立的研究线程被编织起来，其中一个就是最终影响当今互联网的关键技术突破，即包交换技术。[①] 在包交换网络上，信息被分解成一系列单独发送的离散“包”，并在接收端重新组合成完整的信息。[②] 提出这个名词的是英国国家物理实验室（NPL）的唐纳德·戴维斯（Donald Davies）。1965 年，他被任命为 NPL 的负责人，第二年就提出了一种基于“分组交换”（即包交换）的全国性数据网络。无独有偶，1964 年兰德公司的保罗·巴兰（Paul Baran）也提出了类似理论，并提议开发一种用于在线数据处理的国家通信服务。这种快速的信息交换服务，通过自动将长消息分割成块并分别发送它们来实现，这种技术构成了当今计算机通信网络的基础。[③]

法国互联网之父路易斯·普赞（Louis Pouzin）从 1971 年开始建造的网络

---

① Kleinrock L. An Early History of the Internet [history of communications]. *IEEE Communications Magazine*, 2010, 48 (8), pp. 26 – 36.

② Mowery D. C. Is the Internet A Us Invention? -An Economic and Technological History of Computer Networking. *Research Policy*, 2002, P. 31.

③ Baran P. On Distributed Communications, Vol. V, History, Alternative Approaches, and Comparisons, RM – 3097 – PR, The RAND Corp., Santa Monica, CA, 1964.

CYCLADES 是一个连接法国政府不同部分的多个数据库的网络工程。[①] 虽然它比阿帕网晚一点，但其关键想法却比阿帕网先进很多：主机只负责数据的传输而不是网络本身。同样是包交换技术，阿帕网如同火车，数据必须运行在固定的轨道上，只能满足几十个节点的联网，而普赞的 CYCLADES 却通过软件的协议，实现了更灵活的数据传输，就像汽车一样，无须通过固定的线路传输，一下子可以满足百万级以上的节点。

欧洲对互联网最大的贡献当然还有在日内瓦欧洲物理粒子中心（CERN）工作的蒂姆·伯纳斯·李（Tim Berners - Lee），1989 年 3 月，他提出了万维网（WWW）第一版规划书。1990 年 12 月 25 日，他和罗伯特·卡里奥（Robert Cailliau）一起成功通过 Internet 实现了 HTTP 代理与服务器的第一次通信。

只有技术显然是不够的，欧洲人唐纳德·戴维斯和路易斯·普赞都因为资金捉襟见肘，而止步于开启更大的可能性。[②] 美国国防部高级研究计划局（ARPA）的财大气粗，成为美国人在互联网开创性工作中独领风骚的重要因素之一。美国重金投入研究的分时系统成为孕育互联网的重要力量。全球互联网公认的开山领袖之一，首先是麻省理工学院（MIT）的心理学、人工智能专家和分时系统先驱人物约瑟夫·利克莱德（J. C. R. Licklider）。1960 年，利克莱德发表了题为“人—机共生”（Man - Computer Symbiosis）的文章，他在这篇文章中设想了一个可以使人们和计算机在做出决定和控制复杂情况时能够相互合作，而不会对预先确定的程序产生不灵活的依赖的系统。[③] 1962 年 8 月利克莱德撰写了一系列讨论“银河网络”概念的备忘录，构想了一套由世界各地相互连接的计算机组成的系统。1962 年 10 月，利克莱德受邀进入 ARPA 担任信息技术处首任处长。在他支持下，1965 年，MIT 林肯实验室的两台计算机使用分组交换技术进行通信，项目负责人就是后来的互联网之父拉里·罗伯茨（Larry Roberts）。1966 年，信息处理技术处（IPTO）新处长罗伯特·泰勒（Robert Taylor）完成了阿帕网的立项，并软硬兼施将拉里·罗伯茨拉到 IPTO 负责项目实施。

1967 年 10 月，在田纳西州加特林堡召开国际计算机协会（ACM）操作原则专题研讨会，拉里·罗伯茨发表了第一篇关于阿帕网设计的论文，[④] 来自英国唐纳德·戴维斯团队的罗杰·斯坎特伯里（Roger Scantlebury）也宣读了有关数据

---

① Russell A. L. & Schafer V. In the Shadow of Arpanet and Internet: Louis Pouzin and the Cyclades Network in the 1970s. *Technology & Culture*, 2014, 55 (4), pp. 880 - 907.

② Kirstein P. T. *The Early History of Packet Switching in the UK*. IEEE Press, 2009.

③ Licklider J. C. R. Man - Computer Symbio-sis, IRE Trans. *Human Factors in Electronics*, Vol. HFE - 1, Mar, 1960, pp. 4 - 11.

④ Roberts L. Multiple Computer Networks and Intercomputer Communication, ACM Symp. Operating System Principles, Gatlinburg, TN, 1967.

包网络概念的论文，直接启发了罗伯茨采纳包交换技术。[①] 1968 年，位于波士顿的 BBN 公司成功拿下了接口信息处理机（IMP）的合同。加州大学洛杉矶分校（UCLA）克兰罗克（L. Kleinrock）获得建立网络测量中心的合同，以克兰罗克学生史蒂夫·克洛克（Steve Crocker）为首的松散组织，形成网络工作组（NWG），开始开发用于阿帕网通信的主机一级的协议。1969 年 10 月 29 日 UCLA 与斯坦福研究所（SRI）之间成功发出了第一个信号。随后的 1969 年 11 月，第三台 IMP 抵达阿帕网第三节点——加州大学圣巴巴拉分校（UCSB）；1969 年 12 月，最后一台 IMP 在犹他大学（The University of Utah）安装成功，具有 4 个节点的阿帕网正式启用，人类社会从此跨进了网络时代。

（三）第二阶段，基础协议阶段（20 世纪 70 年代）：TCP 为第二基石，应用开始萌芽

计算机与计算机之间联网通信成功，标志着互联网完成了从 0 到 1 的进程，但要成为能够汇聚全球力量的网络，显然远远不够，还需在协议上取得重大的突破，TCP/IP 正是这一时期的关键突破。1970 年 12 月，史蒂夫·克洛克（S. Crocker）领导的国际网络工作小组（International Network Working Group，INWG）完成了最初的名为网络控制协议（NCP）——阿帕网主机到主机协议。1971～1972 年，随着阿帕网站点之间完成 NCP 的实施，网络用户终于可以开发应用程序了。

阿帕网立项之初的构想，仅仅是希望连接并共享宝贵的计算机资源。但是，项目一旦启动，新技术就不断会有新的创新应用，而电子邮件（Email）不经意间成为互联网第一个杀手级应用。1971 年 9 月，BBN 开始使用更便宜的 Honeywell316 来构造接口信息处理机。受限于接口信息处理机只能连接 4 台主机，BBN 开始研究能支持 64 台主机的终端型接口信息处理机（TIP）。BBN 公司的雷·汤姆林森（Ray Tomlinson）发明了通过分布式网络发送消息的电子邮件程序。最初的程序由两部分构成：同一机器内部的电子邮件程序（SENDMSG）和一个实验性的文件传输程序（CPYNET）。1972 年 3 月，汤姆林森为阿帕网修改了电子邮件程序，这个程序开始变得非常热门。1971～1975 年间担任美国国防部高级研究计划局（ARPA）主任的斯蒂芬·卢卡西克（Stephen Lukasik）本人就是电子邮件的忠实用户，自然放任了电子邮件的发展。

1972 年 10 月，由拉里·罗伯茨领导，鲍勃·卡恩具体操办的计算机通信国际会议（ICCC）在华盛顿特区召开，这是阿帕网第一次公开演示，会上演示了

---

① Davies, D. W., et al. A Digital Communication Network for Computers Giving Rapid Response at Remote Terminals, ACM Symp. Op. Sys. Principles, Gatlinburg, TN, 1967.

由 40 台计算机和终端接口处理机（TIP）组成的网络，生动直观地证明了网络的巨大潜力。1973 年 6 月，阿帕网在美国之外接通了第一个节点挪威——由华盛顿连接到“挪威地震台阵”（NORSAR）。该机构以地震监控为名义，实质上主要职能是监控苏联的核试验情况。9 月，伦敦大学学院（英国）也连接到阿帕网。同年，“互联网”这个专有名词诞生了。

1973 年底，温顿·瑟夫和卡恩完成了他们的论文，题目定为《关于包网络相互通信的一个规范程序》，论文对传输控制协议（TCP）的设计作了详细的描述，后来发展为今天的 TCP/IP 协议。TCP/IP 意味着 TCP 和 IP 在一起协同工作，TCP 负责应用软件（如浏览器）和网络软件之间的通信，IP 负责计算机之间的通信，[①] 这为实现真正的互联网插上了腾飞的翅膀。1975 年，两个网络之间的 TCP/IP 通信在斯坦福大学和伦敦大学学院之间进行了测试。1977 年 11 月，三个网络之间的 TCP/IP 测试在美国、英国和挪威之间进行。1978 年，TCP 分解成 TCP 和 IP 两个协议。

1976 年，在欧洲互联网之父彼得·科尔斯坦（Peter Kirstein）策划下，英国女王伊丽莎白二世为她的第一封电子邮件中点击了“发送”按钮。1978 年 2 月 16 日，沃德·克里斯坦森（Ward Christensen）和兰迪·瑟斯（Randy Suess）在美国芝加哥发布了历史上第一个 BBS 系统（Computerized Bulletin Board System/Chicago）。

1979 年，来自威斯康星大学、美国国防高级研究计划局（DARPA）、美国国家科学基金会（NSF）以及许多其他大学的计算机科学家召开会议，计划建立一个连接各学校计算机系的网络。同年，汤姆·特拉斯科特（Tom Truscott）和史蒂夫·贝劳文（Steve Bellovin）使用 UUCP 协议建立了连接杜克大学和北科罗拉多大学（UNC）的 USENET，建立了主持新闻和讨论小组。英国埃塞克斯大学的理查德·巴图（Richard Bartle）和罗伊·特鲁伯肖（Roy Trubshaw）开发了第一个多人参与的游戏 MUD（被称作 MUD1）。网络扩大了，网络的管理需要更正式的组织，当时身为国防高级研究计划局（DARPA）项目经理的温顿·瑟夫创建了第一个比较正式的网络治理机构——互联网结构控制委员会（Internet Configuration Control Board，ICCB）。

（四）第三阶段，基础应用阶段（20 世纪 80 年代）：协议大战 TCP/IP 胜出，NSFNET 网络全球

互联网发展的黄金时代，是在商业化之前的 20 世纪 80 年代。那时全球网络

① Comer D. E. & Stevens D. L. *Internetworking with TCP/IP: Volume II: Design, Implementation, and Internals*. Prentice Hall, 1991.

还没有统一到互联网（Internet）。这个时期，美国、欧洲以及随后的亚洲等各国高校，计算机网络的研究和开放如雨后春笋，无论是协议、规范还是网络，均呈现出百花齐放、百家争鸣的热闹景象。1982 年，TCP/IP 协议成为刚刚起步的互联网的重要协议，第一次明确了互联网（Internet）的定义，即将互联网定义为通过 TCP/IP 协议连接起来的一组网络。1983 年 1 月 1 日，阿帕网完全转换到 TCP/IP，且分成阿帕网和军用网络（MILNET）两部分，后者并入 1982 年建立的美国国防数据网，现存 113 个节点中的 68 个进入 MILNET。① 1984 年，美国国防部也将 TCP/IP 作为所有计算机网络的标准。在漫长的协议大战中，TCP/IP 因其开放性和简单性脱颖而出，一统天下。

1981 年，美国国家科学基金会提供资助建立计算机科学网络（CSNET），为大学计算机科学家提供网络服务。1982 年，欧洲 UNIX 用户群组（EUUG，European UNIX Users Group）建立欧洲 Unix 网（EUnet），提供电子邮件和 USENET 服务，最初连接的国家有荷兰、丹麦、瑞典和英国。1983 年，汤姆·詹宁斯（Tom Jennings）建立的惠多网（Fidonet）是一个很简易的 BBS，称得上现代互联网论坛的鼻祖，可通过电子邮件访问，影响了包括中国马化腾、张朝阳、求伯君等在内的很多早期互联网爱好者。1984 年，使用 UUCP 协议的日本 Unix 网 JUNET 建成。英国使用 Coloured Book 协议建成联合学术网（JANET），即以前的 SERCnet。

1983 年，域名系统（DNS）出现，产生了如 . edu、. gov、. com、. mil、. org、. net 和 . int 等一系列域名，这比网站使用 IP 地址（如 123. 456. 789. 10）更容易记住，网络空间终于有了人性化的地址名称。1984 年，威廉·吉布森（William Gibson）在其科幻小说《神经漫游者》一书中创造了“网络空间”（cyberspace）这个词，给互联网创造的这个世界命了名。1985 年，马萨诸塞州新柏利克斯公司（Symbolics）的网站面世，注册了第一个域名（http：//Symbolics. com）。

1985 年，全球电子连接网站（Whole Earth Electronic Link，WELL）开始提供服务，汇聚了大批网络文化先驱和黑客人物，成为早期网络文化的大本营。尽管 Well 从来没有成为一个访问量很高的网站，但它却在 1997 年被美国知名《连线》杂志评为“全球最有影响力的在线社区”。1986 年 10 月 16 日，立法者们历经 7 年研讨，《计算机欺诈和滥用法》终由罗纳得·里根签署成为法律，规定“禁止任何人在未获得授权的情况下侵入他人计算机”。1986 年，NSFNET 的主干网建成，网速达到 56Kbps。美国国家科学基金会在美国建立了五个超级计算中

① Paloque - Bergès C. & Schafer, V. ARPANET (1969 - 2019). *Internet Histories*, DOI: 10. 1080/24701475. 2018. 1560921.

心，为所有用户提供强大的计算能力。美国国家科学基金会资助的 SDSCNET、JVNCNET、SURANET、NYSERNET 也开始运营，美国高校开始掀起联网的高潮。[①]

1987 年，在美国高等计算机系统协会（Usenix）基金的支持下建立了 UUNET 电信服务公司，提供商业的 UUCP 服务和 USENET 服务。互联网商业化的萌芽开始出现。同年，在德国和中国间采用 CSNET 协议建立了电子邮件连接，9 月 20 日从中国发出了第一封信。1987 年，连接互联网上的主机数量超过了 2 万台，思科出产了第一台路由器。以前的阿帕网协议受限于互连 1 000 台主机，采用了 TCP/IP 标准后，互连更多的主机变成了现实，联网带来的商机开始浮出水面。

1988 年，互联网中继聊天（IRC）首次被部署，为今天的实时聊天和即时消息程序开了先河。11 月 2 日，互联网第一场大规模的安全事故——莫里斯蠕虫（Morris Worm）事件暴发，互联网上全部 6 万个节点中的大约 6 000 个节点受到影响。该事件促使 DARPA 建立了计算机应急中心（CERT）以应付此类事件。[②]不过，当年的网络安全问题并未引起人们太大关注。

1988 年，NSFNET 主干网速率升级到 T1（1.544Mbps）。加拿大的地区网络第一次连入 NSFNET，到年底，连入 NSFNET 的国家包括加拿大、丹麦、芬兰、法国、冰岛、挪威和瑞典。1989 年，澳大利亚、德国、以色列、意大利、日本、墨西哥、荷兰、新西兰、波多黎各和英国等接入 NSFNET。全球联网格局基本形成。

1989 年，美国在线（AOL）诞生，其之后 20 年的跌宕起伏，成为互联网商业化进程最好的见证者。

（五）第四阶段，Web1.0 阶段（20 世纪 90 年代）：WWW 启动商业化浪潮，泡沫时代来临

从 20 世纪 90 年代开始，互联网真正进入大众视野。1990 年，阿帕网完成历史使命，停止使用。第一个商业性质的互联网拨号服务供应商——The World 诞生。90 年代，万维网和浏览器的出现、克林顿政府战略性的政策引导，以及风险投资的疯狂加持，在这三级火箭的强力助推下，谱写了迄今为止最富有想象力、近乎魔幻的一段传奇历程。

1989 年夏，欧洲核研究组织（CERN）科学家蒂姆·伯纳斯·李（Tim Bern-

① Wikipedia：National Science Foundation Network，https：//en.wikipedia.org/wiki National_Science_Foundation_Network.

② Orman H. The Morris Worm：A Fifteen-year Perspective. *IEEE Security & Privacy*，2003，99（5），pp. 35－43.

ers－Lee）成功开发出世界上第一个 Web 服务器和第一个 Web 客户机。12 月，蒂姆将其发明正式定名为万维网（World Wide Web），即公众熟悉的 WWW。1990 年万维网完成超文本标记语言（HTML）的开发，1991 年 8 月 6 日推出。

1991 年 12 月 1 日，由戈尔起草的《高性能计算与通讯法案》（即史上闻名的《戈尔法案》）在美国国会通过。该法案拨款 6 亿美元，推动美国互联网的发展。[1] 1992 年 11 月 3 日，比尔·克林顿当选美国总统，戈尔成为副总统，戈尔对于互联网的梦想显然打动了年轻的克林顿。1993 年 9 月，克林顿和戈尔发布报告，号召加快国家信息高速路的建设。在政策拉动下，北美、欧洲和东亚地区都迎来了网络建设的高潮，1994 年被称为“国际网络年”。

1993 年，浏览器问世被许多人认为是开启互联网辉煌年代的里程碑。面对越来越强烈的商业化需求和机会，美国国家科学基金会没有加以阻挠，而是引导了一个新的互联网架构，以支持新兴网络的商业使用。1994 年，互联网商业化浪潮中最具标志性的网景公司（Netscape）诞生了。同年，微软为 Windows95 创建了一个 Web 浏览器。斯坦福大学两名电气工程系研究生杨致远（Jerry Yang）和大卫·费罗（David Filo）创建了雅虎（Yahoo!），并于 1995 年 3 月组建了公司，很快获得了风险投资的青睐，全球第一门户由此起步。1995 年，Compuserve、America Online 和 Prodigy 开始提供互联网访问。亚马逊（Amazon. com）、Craigslist 和 eBay 上线。第一个在线约会网站（Match. com）发布。随着互联网向商业企业转型，原始的 NSFNET 骨干网已经退役。

人们一般以 1995 年 8 月 9 日网景公司首次公开募股（IPO）为标志，作为互联网商业化热潮的起点。网景公司的股票开盘价是 28 美元，开盘仅一分钟，股价就冲到了 70 美元，当天最高价达 75 美元，收盘价为 56 美元。[2]《华尔街日报》评论说，通用公司花了 43 年才使市值达到 27 亿美元，而网景公司只花了 1 分钟。[3] 互联网创业和投资的大热潮由此开启。

1996 年 2 月 1 日，美国国会颁布 1996 年电信法案，该法案的主要目的是刺激电信服务的竞争。该法案还包括之前的通信规范法，指明在网络上传播容易被儿童获得的淫秽产品是违法行为。为了回应法案，于 1990 年成立的旨在保护互联网公民自由的电子前线基金会（Electronic Frontier Foundation，EFF）创始人约翰·佩里·巴洛（John Perry Barlow）于 1996 年 2 月 8 日在瑞士达沃斯发表了著

---

① 王琛元：《网络自由 ：美国国家战略新时代》，http：//finance. ifeng. com/news/industry/20100407/2018836. shtml。

② Wikipedia：Netscape，https：//en. wikipedia. org/wiki/Netscape.

③ 方兴东、钟祥铭、彭筱军：《全球互联网 50 年：发展阶段与演进逻辑》，载于《新闻记者》2019 年第 7 期。

名的《赛博空间独立宣言》,[①] 充分彰显了乌托邦式的、无政府主义的黑客理想。宣言的发表也意味着真正威胁的到来，商业和政治开始主导网络。

1996 年，互联网商业化的第一场大战——浏览器战争爆发，PC 行业最具垄断力量的微软投入重金抢占浏览器市场。1996 年 7 月 4 日，Hotmail 正式开始商业运作，世界上的任何人都可以通过网页浏览器对其进行读取，收发电子邮件。1997 年末，Hotmail 成立还不足两年、员工仅有 26 人，微软以 4 亿美元将其收购，开创了互联网的又一个财富神话。而微软也借助 Hotmail 巨大的人气一跃成为全球注册用户最多和访问量最大的三大网站之一。[②]

1997 年，里德·哈斯汀（Reed Hastings）和马克·兰道夫（Marc Randolph）成立了奈飞（Netflix），最初只是通过邮寄的方式卖给用户 DVD。2011 年，奈飞网络电影销量占据美国用户在线电影总销量的 45%。[③] 2018 年 5 月 25 日，奈飞的市值达到 1 526 亿美元，超过有 95 年历史的迪士尼 1 518 亿美元，登顶全球市值最高的媒体公司。[④]

90 年代后期，轰轰烈烈的反垄断大战一直伴随着微软。1997 年，得益于司法部的宣判，可以删除或者隐藏最新版本 Windows95 上面的 IE 浏览器，网景公司宣布自家浏览器免费。1998 年，谷歌（Google）诞生，其唯一的服务就是搜索引擎。

1998 年，纳普斯特公司（Napster）在互联网上为音频文件的共享打开了大门，P2P 技术和应用的诞生改变了整个互联网格局。接下来的 10 年里，互联网音频使得音乐专辑销量大大减少，引发了音乐行业和电影行业的不满，开始掀起互联网领域的强化版权保护进程。1998 年最具轰动效应的事件要算克林顿的性丑闻，个人网站德拉吉报道（The Drudge Report）发布了第一个打破传统方式的重大新闻报道。当这条新闻开始在网上疯传时，意味着互联网首次从传统新闻媒体篡夺了重大事件的报道权。[⑤]

1998 ~ 2001 年，埋设在地下的光缆数量增加了 5 倍;[⑥] 全美 70% 以上的风险

---

① https: //baike. baidu. com/item/% E7% BA% A6% E7% BF% B0% C2% B7% E4% BD% A9% E9% 87% 8C% C2% B7% E5% B7% B4% E6% B4% 9B/3049208?fr = aladdin.

② 方兴东、钟祥铭、彭筱军:《全球互联网 50 年：发展阶段与演进逻辑》，载于《新闻记者》2019 年第 7 期。

③ Fritz B. Los Angeles Times. Netflix Chief Executive Reed Hastings' Compensation Doubled to $5. 5 Million Archived December 3, 2011. Retrieved May 7, 2019.

④ Perez S. Netflix to Raise $2 Billion in Debt to Fund More Original Content, https: //techcrunch. com/2018/10/22/netflix - to - raise - 2 - billion - in - debt - to - fund - more - original - content/, 2018.

⑤ 新华社:《希拉里来了，莱温斯基来了，世界不再一样!》，http: //www. xinhuanet. com/politics/2015 - 04/14/c_127687007. htm。

⑥ 晓雅:《美国电信业上演复兴传奇 荣辱 7 年成业界晴雨表》，载于《人民邮电报》2007 年。

投资涌入互联网，1999 年美国投向网络的资金达 1 000 多亿美元，超过以往 15 年的总和；IPO 筹集的资金超过了 690 亿美元，是有史以来融资额第二大的年份；457 家完成公开上市的企业多数与互联网相关，其中 117 家在上市首日股价翻番；有史以来 IPO 开盘日涨幅前 10 大的交易中有 9 桩是发生在这一年；美国 371 家上市的互联网公司已经发展到整体市值达 1.3 万亿美元，相当于整个美国股市的 8%。①

千年虫问题②是新旧世纪交替之时的一个重大事件。这一事件无论对人类，还是对计算领域或者技术领域来说都是一个教训。虽然让全世界如临大敌、耗资巨大的千年虫问题最终并没有大爆发，但互联网泡沫③所造就的 20 世纪末的最后疯狂，却给 21 世纪带来了一场灾难性崩盘。

（六）第五阶段，Web2.0 阶段（21 世纪 00 年代）：网民当选《时代》年度人物，网民成为互联网第一生产力

2000 年 1 月 10 日，美国在线公司和时代华纳公司宣布合并，组建“美国在线 - 时代华纳公司”，合并交易额达 1 660 亿美元，新公司的价值在合并后更高达 3 500 亿美元，成为当时世界上最大的企业合并案例。④ 其目标是要占领下一代互联网的宽带基础设施、互联网接入服务和内容市场，最终却成为史上最大的失败案例之一，2009 年美国在线和时代华纳分拆，公司总市值缩水 98%。⑤

2001 年的“9·11”事件不仅改变了美国，也改变了互联网，互联网终于走过纯粹的技术驱动和商业驱动的纯真年代，不得不开始面对政治的强力入侵。2001 年 10 月 26 日，美国总统乔治·布什签署颁布《美国爱国者法案》，极大地增强联邦政府搜集和分析美国民众私人信息的权力，为 12 年之后爆发的“棱镜门”事件铺设了危险的法律之路。2003 年 2 月 14 日，美国公布《国家网络安全战略》，将互联网安全提升至国家安全的战略高度。

“9·11”事件发生后，博客成为灾难亲历者发布亲身体验的重要渠道，从

---

① 方兴东、钟祥铭、彭筱军：《全球互联网 50 年：发展阶段与演进逻辑》，载于《新闻记者》2019 年第 7 期。

② https://baike.baidu.com/item/%E5%8D%83%E5%B9%B4%E8%99%AB/2954?fr=aladdin.

③ 互联网泡沫指 1995～2001 年间的投机泡沫，在欧美及亚洲多个国家的股票市场中，与科技及新兴的互联网相关企业股价高速上升。互联网泡沫破灭之后，纳斯达克指数从 2000 年的历史最高点一路下跌，整个股市市值蒸发了 2/3。不少明星公司市值断崖式下跌甚至关门歇业，大量程序员失业转行。2001 年的“9·11”事件将纳斯达克指数又一步推进了深渊。互联网泡沫破灭，直接将美国经济拖入了衰退，而美国经济的转弱引发全球经济进入衰退。

④ Wikipedia：AOL，https://en.wikipedia.org/wiki/AOL.

⑤ 《网企频现强强合并为哪般》，http://paper.ce.cn/jjrb/html/2015-07/20/content_248459.htm.

此，博客正式步入主流社会的视野。其最大的革命性在于广大网民开始成为内容的生产者。这一年，维基百科启动，多语言百科全书协作计划起步。2003 年，Myspace、Skype 和 Safari Web 浏览器登场。其中，MySpace 在 2003 年成为最流行的社交网络，引领了 Web2.0 的主流化。

新世纪另一个变化是网络治理进入全球政治视野。2001 年 12 月 21 日，联合国大会通过决议，欢迎 ITU 的倡议，决定举办信息社会世界峰会。这次会议不但定义了网络治理的基本概念和框架，还设立了 IGF 作为全球互联网治理的基本对话平台。2005 年，全球网民突破 10 亿人。2006 年，互联网治理论坛第一次开幕。当然，美国政府并不希望各国政府主导网络治理进程，因而倡导政府、企业和公民社会等联手共治的“多利益攸关方”模式（简称多方模式）。此后，多方模式和多边模式成为网络治理领域最大的争议点之一。

2003 年 9 月，瑞典一个民间反版权组织——海盗湾（The Pirate Bay，TPB）成立。作为世界上最大的盗版资源网站，海盗湾一成立，立刻在互联网圈里产生了不小的影响。在 2009 年运营者被瑞典逮捕之前，其注册用户已经超过了 300 万人，BT 种子制作者高达 1 500 万人，月访问量超过了 2.3 亿人次。[①] 尽管遭到了政府的打击，海盗湾迄今依然变换着各种域名而运营着，还在欧洲多国组建了海盗党，积极参与政治活动。

2004 年，克里斯·夏普利（Chris Sharpley）首先提出“社交媒体”这一术语，同一年，开源软件理念的缔造者、O'Reilly 媒体公司首席执行官（CEO）提姆·奥莱理提出了“Web2.0”，最终给这场由博客、播客、社交网络服务（SNS）、维基（Wiki）等带来的互联网新浪潮命了名，并迅速在全球成为公认的主流概念。

2004 年，面向大学生开放的 The Facebook（即后来的 Facebook）推出。2005 年 YouTube 推出，大众可以免费分享网络在线视频。2006 年，推特（Twitter）诞生，该公司的创始人杰克·多西（Jack Dorsey）发出了第一个推文：“只是设置我的 Twitter”。Twitter 的成功，推动互联网信息传播模式开始走向“零时延”，“微博”在几年后爆发。这几大社交媒体的崛起，标志着 Web2.0 时代全面到来，使得在 Web1.0 时代占据主导地位的门户模式开始走下坡路。2006 年，《时代》杂志评选的年度风云人物，是网民“你”。

2007 年 1 月 9 日，第一代苹果手机（iPhone）由苹果 CEO 史蒂夫·乔布斯发布，并在 2007 年 6 月 29 日正式发售，标志着移动互联网时代的正式开启。2008 年 7 月 11 日，苹果在 iPhone3G 发布的同时，正式推出应用商店 App Store，

① https://baijiahao.baidu.com/s?id=1608880267562318016&wfr=spider&for=pc.

带动了整个互联网开发和应用模式的重大变革。

2009 年 5 月 26 日，奥巴马发布总统令，宣布对国家安全体制进行“二战”后最大一次改革。6 月 23 日，国防部长盖茨下令组建网络司令部，随后提名国家安全局局长、四星上将亚历山大兼任司令。

2009 年 3 月，美国通信分析机构 Tele Geography 发布最新调查结果显示，美国作为互联网中心的地位正在逐渐丧失。在过去，美国是许多地区互联网的中心枢纽，尽管现在仍有很多数据流量经由美国传输，但美国的重要程度已经大大降低了。1999 年，来自亚洲的互联网流量中有 91% 要途经美国到达终点，但 2008 年这一比例已下降到了 54%。9 年前非洲互联网流量中大约有 70% 与美国有关，但 2008 年已降至仅 6% 左右，更多数据通过欧洲和中东传输。[①]

（七）第六阶段，移动互联阶段（21 世纪 10 年代）：互联网改变生活，政治改变互联网

2010 年开始的 10 年，是移动互联网的黄金 10 年。因为智能手机的普及，让全球网民从 2010 年的 20 亿[②]增长到 2019 年的 44 亿[③]，增量高达 24 亿，也就是说，现有网民中超过一半是这 10 年来上网的。2018 年，全球网民普及率突破 50%，世界变成了上网的一半人和不上网的一半人。其中不上网的一半人中，有 90% 来自发展中国家。亚非拉等发展中国家将成为未来互联网发展的核心驱动力。这个 10 年，一方面是美国 FAANG（Facebook、苹果、亚马逊、奈飞和谷歌）和中国 BAT（百度、阿里巴巴、腾讯）等超级平台的强力崛起，另一方面是以美国政府为首的政府力量开始强烈介入互联网领域，引发国际关系和国际秩序的极大变化，极大影响互联网产业的发展格局。技术创新、商业创新和制度创新，在这个 10 年里开始进入三种力量相互博弈和相互制衡的新态势。

2010 年 1 月 13 日，谷歌宣布考虑关闭谷歌中国办事处，谷歌退出中国事件就此拉开帷幕。3 月 23 日凌晨，谷歌发表声明称将搜索服务由中国内地转至中国香港。[④]

一周之后的 1 月 21 日，希拉里在华盛顿的新闻博物馆发表 45 分钟的“网络自由”外交政策演讲，强调“网络自由”在美国政策中的优先级，希拉里极力

---

① Guardian. US Role as Internet Hub Starts to Slip：An Internet Traffic Boom in Africa and Asia has Reduced US Dominance over Web Capacity，https：//www. theguardian. com/technology/2008/dec/08/internet - usa.，2008.

② https：//tech. sina. com. cn/i/2011 - 01 - 13/20585092224. shtml.

③ https：//baijiahao. baidu. com/s?id = 1624171187312105193&wfr = spider&for = pc.

④ https：//wiki. mbalib. com/wiki/Google% E9% 80% 80% E5% 87% BA% E4% B8% AD% E5% 9B% BD% E5% B8% 82% E5% 9C% BA.

推行网络外交，以便把美国的声音向世界各地更多民众、企业和机构传递。2011年2月15日，在埃及政权更迭后的第四天，希拉里又在华盛顿发表第二次“网络自由”演说，将“网络自由”概念作进一步细化阐述，并明确地纳入美国外交政策框架。然而，把社交类网络作为外交“鼓风机”，是美国政府推出的一种更隐蔽、更具威胁的形式。中国媒体称，希拉里的“互联网自由”理论，无疑为Facebook、Twitter、谷歌等网站进一步全球垄断扩张，提供了最冠冕堂皇的借口。[①]

2010年2月，Facebook活跃用户达到4亿，超过美国人口。[②] 这一年，吸引年轻一代的新的社交媒体Pinterest和Instagram陆续上线。因为智能手机的普及，互联网迎来了互联网泡沫之后最好的发展时期。

互联网对于政治的介入效应也开始凸显。2011年5月16日，美国白宫、国务院、司法部、商务部、国土安全局、国防部六大联邦政府核心部门，共同发布《网络空间国际战略》报告。奥巴马将该报告定义为“美国第一次针对网络空间制订的全盘计划”，标志着美国网络空间全球战略正式形成，并进入全面实施阶段。2012年6月1日《纽约时报》报道，披露了美国联手以色列的“震网”病毒（Stuxnet病毒）攻击伊朗核设施，代号“奥运会计划”。俄罗斯常驻北约代表罗戈津表示，这种病毒可能给伊朗布什尔核电站造成严重影响，导致有毒的放射性物质泄漏，其危害将不亚于1986年发生的切尔诺贝利核电站事故。截至2011年，“震网”感染了全球超过4.5万个网络，伊朗60%的个人电脑感染了这种病毒。[③]

2012年6月6日，国际互联网协会举行了世界互联网协议第6版（Internet Protocol Version 6，IPv6）启动纪念日。IPv6是IETF设计的用于替代IPv4的下一代IP协议，其地址数量号称可以为全世界的每一粒沙子编上一个地址，不仅能解决网络地址资源数量的问题，而且也解决了多种接入设备连入互联网的障碍。[④]

2012年5月18日，Facebook正式登陆纳斯达克，开盘价市值达到1 152亿美元，成为历史上规模最大一宗科技公司IPO。2017年，Facebook市值突破了5 000亿美元大关。[⑤]

2013年6月，斯诺登事件爆发。前中央情报局雇员和国家安全局（NSA）雇员爱德华·斯诺登（Edward Snowden）揭开的“棱镜计划”，震惊全球。

---

① 中华人民共和国国务院新闻办公室：《“希拉里式自由”的用心》，http://www.scio.gov.cn/ztk/dtzt/47/13/Document/889677/889677.htm。

② https://tech.sina.com.cn/i/2010-02-05/10583839001.shtml.

③ Kushner D. The Real Story of Stuxnet. *IEEE Spectrum*, 2013, 3 (50), pp. 48-53.

④ 崔勇、吴建平：《下一代互联网与IPv6过渡》，清华大学出版社，2014。

⑤ Wikipedia: Facebook, https://en.wikipedia.org/wiki/Facebook.

从2013年开始，网络不仅仅只是网络，而且上升为国家与国家之间冲突的主战场。

从互联网诞生以来，国际网络治理话语权一直在欧美手中。但是，斯诺登事件让人们意识到强国滥用权力的现象在互联网领域同样发生，甚至更为严重。2014年4月，由巴西推动的国际网络治理平台全球多利益攸关方会议（NETmundial）在巴西首次召开，全球800名政府、企业、公民社会组织和技术界代表与会，旨在寻找更加公平合理的互联网治理解决方案，被视为IGF的补充和加强。但是因为一些不同声音的存在，平台的影响远没有预期的理想。

2016年10月1日，一件抗争多年、深刻影响全球网络治理的大事终于尘埃落定——美国商务部下属机构国家电信和信息局将互联网域名管理权正式移交给互联网名称与数字地址分配机构（ICANN），从而结束美国政府对互联网核心资源近20年的单边垄断，推动了互联网资源治理的民主化进程。

新媒体影响政治格局由来已久，但新媒体真正改变政治格局却到2016年美国总统大选时才初见端倪。从2012年奥巴马胜选到2017年特朗普胜选，社交媒体扮演的角色从传统的政治宣传工具变成了社会动员和政治舆论引导的核心手段。2016年11月9日，共和党候选人特朗普竞选胜出，英国《独立报》说这场大选"标志着世界政治的新纪元"，有人将特朗普的胜选总结为充分利用社交网络，是互联网传播的胜利。"Twitter总统"特朗普的诞生，是网络时代的产物，也给网络时代带来了更大的冲击，给全球发展大大增加了不确定性。

随后爆发的Facebook数据"泄密门"事件①，更是深刻改变了网络治理的进程。利用社交媒体和假新闻影响美国大选的事实，让欧美终于放下"网络自由"和"信息自由流动"的一贯政治立场。

全球互联网巨头虽然集中在中美两国，但欧洲在网络制度建设方面一马当先。除首创网络"被遗忘权"等维护消费者权益的诸多创新，欧洲还利用反垄断法对谷歌、Facebook等网络巨头接连开出巨额罚单，成为互联网领域反垄断实践的全球第一高地。更显示欧洲制度建设能力的，是2018年5月25日欧盟出台的《通用数据保护条例》（General Data Protection Regulation，GDPR），第一次确立了网民的网络主权，堪称全球网民的《独立宣言》。《通用数据保护条例》的价值是在互联网发展关键时期权力失衡的再平衡，影响深远，将成为世界各国数据保护立法和司法的第一参照。

---

① 《互联网不需要监管？Facebook泄密门打脸了》，https://baijiahao.baidu.com/s?id=1596320358_250305496&wfr=spider&for=pc。

（八）第七阶段，智能物联阶段（21世纪20年代）：互联网改变社会，网络新文明面临地缘政治新挑战

2019年，无论是5G和人工智能等技术的突破，还是《通用数据保护条例》的发布，都清晰鲜明地昭示着下一个10年不同寻常的机遇与挑战。但2019年也是互联网发展的一个十字路口，严峻性和挑战性甚至开始压倒了过去一贯的良好势头。

2019年4月12日，具有“非洲阿里巴巴”之称的非洲电子商务公司Jumia在纽交所上市，成为第一家在全球大型交易所上市的非洲科技创业公司。Jumia的成功上市，令非洲互联网的商机第一次向全球敞开。

就在同一天，美国总统特朗普在白宫罗斯福厅发表美国5G部署的讲话，宣布5G是一场美国“必须取胜”的竞赛。[①] 技术与意识形态高度混杂在一起，无疑加大发展的复杂性和难度。开放与封闭，互联与分裂，不同力量的博弈进入白热化，这与50年前美国政府促成互联网诞生的时代精神，早已南辕北辙。

2019年5月3日，在美国策动下，来自32个欧美国家的网络安全官员在布拉格提出来新的5G安全标准，包括供应商所在国的法律环境、治理模式、有无安全合作协议都在考虑范围之内。将5G原本单纯的技术和产业问题，加入了浓厚的政治和意识形态色彩，这是互联网发展历史上前所未有的新情况和新变化。这些因素的加入必然使得互联网的发展更加复杂。

三、全球互联网50年发展规律与挑战

在漫漫的历史长河中，50年只是沧海一粟，然而，互联网演进历程50年，却日新月异，天翻地覆。通过梳理过去各个时代的历程，可以清晰地发现其中蕴含的基本规律和核心趋势。

第一，互联网带给人类最大的价值与意义在于网络社会新的内在价值观和文明观，就是崇尚自由、平等、开放、创新、共享等内核的互联网精神。更具体地说，就是自下而上赋予每一个普通人以更多的力量：获取信息的力量，参政议政的力量，发表和传播的力量，交流和沟通的力量，社会交往的力量，创造与创业的力量等。全球史视野下的互联网史论，同样也是一部互联网精神发展史，全球互联网发展历史不仅仅是面向过去，更需要面向更精彩也更富有挑战的未来。

第二，互联网演变的基本逻辑始终是让世界互联。互联是人类的本性，也是

---

① 《特朗普：5G是一场美国必须取胜的竞赛，将释放更多频谱》，《人民日报》百家号，https://baijiahao.baidu.com/s?id=1630704468869373980&wfr=spider&for=pc。

万物的本性，技术的创新和发展也始终遵循和强化这个规律。人与人之间的互联，人与物之间的互联，物与物之间的互联，就是一部互联网不断走向深入的历史。甚至可以说，一部人类史就是一部互联史。而最近50年的互联网故事，无疑是其中最伟大的篇章。50年来，互联网从美国诞生，扩散到北美、欧洲、南美和亚洲，进一步蔓延到非洲。未来这部不断续写的历史还将更加精彩纷呈。

第三，互联网发展历程是技术创新、商业创新和制度创新三层联动的产物。技术—商业—社会三者联动，相互塑造，是现代社会的发展逻辑，也是互联网的发展规律。当然，在不同的历史时期，三者扮演的作用各有不同，呈现不同特点。20世纪60～80年代，技术创新引领了整个互联网发展历程；而随后的90年代和21世纪的第一个十年，是商业创新大展身手的年代，既缔造了高科技有史以来最大的泡沫，也造成了泡沫破灭的寒冬；最近10年，制度创新显然不甘落后，成为互联网发展进程中最突出的焦点。这是随着互联网发展由浅入深、由里而外，对社会发展影响不断深入的自然演变。

第四，互联网既是技术变革的产物，更是科学精神和时代精神的产物。早期互联网缔造者们主要来自美国、欧洲、亚洲等高度协作和互动的全球学术共同体，科学精神无疑是技术发展的根本的基石。迄今为止，几乎所有的互联网基本理论的突破、基础技术的创造和变革、技术标准的制定和维护、国际网络治理基本原则和制度的缔造和运行，依然是学术界为核心的全球学术共同体。

互联网50年成就辉煌，但是，前方的挑战也是前所未有。数字鸿沟、地缘政治的强力介入、超级平台的发展和治理等问题也逐渐显露，超级网络平台对全球网络空间秩序的影响力不断扩大，在此基础上，全球网络空间治理将进入一个前所未有的新时代。

第三节　中国互联网25年

一、中国互联网25年发展阶段划分

2019年是中国正式接入国际互联网的第25年。25年来，互联网对中国最大的价值和意义，就是将中国从过去一个弱联结的社会变成了一个强联结的社会，从根本上改变了中国的社会结构、运行方式和动力机制，由此带来了社会、经济、文化、生活和政治等各个层面的变化。

从技术、商业和媒体的层面，对中国互联网25年历史以年代划分可分为：第一阶段，以三大门户为代表、以Web1.0为特征的20世纪90年代；第二阶段，以BAT崛起为代表、以Web2.0为特征的21世纪前十年；第三阶段，以BAT实力不断扩大、TMD（头条、美团和滴滴）崛起、以移动互联网为特性的21世纪10年代。而未来21世纪20年代的第四阶段，也已经很清晰地呈现以智能为特性的新特征和格局。

为了能够简单明了地总结和分析问题，依据社会网络发展和人类社会联结程度，我们将过去中国互联网25年的发展历程大致分为三个阶段：第一阶段大致是1994~2008年，以PC互联网为特征的弱联结阶段；第二阶段是2008~2016年，以移动互联网为特征的强联结阶段；第三阶段是2016年左右刚刚开启的，以人工智能、云计算和5G等为焦点、以智能化为特征的超联结阶段。本节沿着这个逻辑划分，展开梳理研究，进行更深入的剖析和探讨。

二、中国互联网发展特征与标志性事件

回顾25年的发展历程，三个阶段都有一些影响深刻的标志性事件值得我们梳理。这些事件有产业的，也有社会的；有国内的，也有国际的；有创新的，也有治理的；有发展的，也有安全的。它们共同推动了中国互联网的发展，推进了中国网络治理的进程，多维度地促进了中国社会在联结程度上的不断突破。

（一）第一阶段（1994~2008年）：以PC互联为主的社会弱联结阶段

1994年，中国社会通讯方式主要还是传呼机（BP机）、有线电话、大哥大等形式，以数字化为特征的第二代移动通信，也就是GSM手机，到1995年，开始投入使用。中国与世界的联结也非常有限。这14年时间，是中国互联网快速崛起的过程，但是主要还是PC互联网阶段，通过PC实现信息和资源的共享与互动，真正人与人之间的互联还很弱。这一阶段的标志性事件主要有以下几点。

1. 中国互联网起点

1994年4月20日，中国通过一条64K国际专线全功能接入国际互联网，成为中国互联网的起点。随后，清华大学等高校建设运行的科研计算机网等多条线路开通。与世界各国的互联网起点类似，早期学界的力量是主要推手，胡启恒、钱华林、胡道元、吴建平等一批学者贡献突出，他们直接推动了商业互联网接入的起步和发展。

2. 第一个互联网法规

1996 年 2 月 1 日，中国出台首个互联网管理法规，即国务院签发的第 195 号令《中华人民共和国计算机信息网络国际联网管理暂行规定》。21 个条文确定了网络治理制度设计的基本框架。在讨论和起草暂行规定的过程中，构建了多部委协同分工、政府、学界和产业多重主体的中国特色的去中心“九龙治水”模式，成为中国网络治理史上最大的制度创新，影响深远。[①]

3. 72 小时网络生存测试

1999 年中国互联网热潮逐渐步入高峰，但是最具有历史意义的还是一场营销活动：由 10 多家媒体、梦想中文网联合主办的 8848 网赞助的网络生存测试，于 9 月 3 日开始，9 月 6 日结束。12 名参与者在独立的房间内，通过网络来满足他们的需求。[②] 72 小时网络生存测试检验了当时电子商务的发展，掀起了媒体报道的一波高潮，引发了社会大众的强烈关注，对电子商务具有重要启蒙意义。

4. 三大门户上市

2000 年，新浪、搜狐和网易三大门户在纳斯达克崩盘前后突击上市。尽管随后遭遇全球互联网寒冬，但是由风险投资和新经济机制推动的中国互联网的火种由此点燃，成为未来中国互联网蓬勃发展的关键基石。

5. 蓝极速事件

2002 年 6 月 16 日发生的蓝极速网吧特大纵火案，致使 25 人死亡、12 人不同程度受伤。[③] 文化部、公安部、信息产业部、国家工商行政管理总局联合开展对网吧等互联网上网服务营业场所的专项治理。[④] 5 月 10 日，文化部发布了《互联网文化管理暂行规定》，并于 2003 年 7 月 1 日起施行。多部委联手行动开始成为未来应对网络重大问题和事件的重要治理方式。

6. “非典”效应

2003 年，互联网开始成为社会信息传播的主渠道和社会舆情的风向标。随后发生的孙志刚事件、木子美事件等渐次使网络舆情开始成为社会舆论的决定性力量。[⑤] 受“非典”影响，大众媒介接触习惯发生改变，电子商务和网络游戏等进入进一步蓬勃发展的阶段，互联网与手机结合的信息增值服务成为新的收入爆

① 方兴东、潘可武、李志敏、张静：《中国互联网 20 年：三次浪潮和三大创新》，载于《新闻记者》2014 年第 4 期。

② 《20 年前，国内有一场持续 72 小时的网络生存测试》，https：//baijiahao. baidu. com/s? id = 1653818021842197955&wfr = spider&for = pc。

③ 《蓝极速网吧纵火案：大门紧锁致二十五人死亡，纵火者竟是四个少年》，https：//baijiahao. baidu. com/s?id = 1713651378739374031&wfr = spider&for = pc。

④ 张劲：《网吧：是否“另类”天堂》，载于《人民公安》2002 年第 15 期。

⑤ 杨桃源、韩冰洁、苗俊杰：《塑造大国网民》，载于《瞭望新闻周刊》2004 年第 8 期。

发点，经历了资本寒冬的中国互联网开始强劲复苏。

7. Web2.0 浪潮

据中国互联网络信息中心（CNNIC）统计，截至2005年6月30日，中国网民第一次突破1亿大关，宽带上网用户首次超过了网民的一半。网民基数的扩大和Web2.0浪潮的全面掀起，网民群体开始成为互联网主要的生产者和创造者。随着博客、播客、维基等各种新型应用的崛起，极大地改变了中国互联网的格局。

8. 网络扫黄

继2004年专项整治行动之后，从2007年4月开始，公安部、中宣部、信息产业部等十部委联手在全国组织开展了为期半年的打击网络淫秽色情专项行动。[①]网络管理开始显著加大力度，借此应对互联网对社会广大民众越来越广泛的负面影响和冲击。而中国网络治理的主导权也开始从最初产业导向的工信部转移到意识形态导向的国务院新闻办公室，并以此形成多部委联动式治理体系。除了出台更多法律法规之外，多部委联动的专项整治成为解决互联网发展问题的重要方式。

（二）第二阶段（2008～2016年）：移动互联网主导的社会强联结阶段

2008年对中国互联网来说是很重要的一年，这一年，中国网民数量首次超过美国，由此跻身全球网民第一大国。CNNIC数据显示，2008年底，中国网民数量接近3亿，普及率超过25%，标志着互联网在中国真正成为主流媒体。作为全球第一大网民群体的中国，网民真正成为互联网的创造力和生产力源泉。这一阶段的标志性事件主要有以下几点。

1. 中国网民数量跃居世界第一

CNNIC数据显示，2008年6月底，我国网民达到2.53亿，普及率接近20%，首次大幅度超过美国，跃居世界第一。除了网民数量，还有两个代表互联程度的数字，一是代表家庭联网程度的宽带接入网民数量达到2.14亿，位居世界之首；二是我国CN域名注册量也成为全球第一大国家顶级域名。市场规模开始成为中国互联网产业崛起的最重要基石。

2. 汶川地震救灾展现互联网的力量

2008年5月12日的汶川大地震期间，互联网及网民作为一支有异于传统媒体的独立力量，全面介入信息传播和报道当中，开展了一场“Web2.0式”的救

---

① 《2007年中国网络文化建设十件大事》，http://www.scio.gov.cn/wlcb/yjdt/Document/306586/306586.htm。

灾，使互联网真正成为“中国社会的主流媒体”。而借助互联网，自下而上的公益力量也第一次在中国全面崛起。

3. 3G 和智能手机成为移动互联网的通行证

2009 年 1 月 7 日，工业和信息化部为中国移动、中国电信和中国联通发放 3 张 3G 牌照，标志着中国进入 3G 时代。2009 年 10 月 30 日，在发布近一年后，苹果手机 iPhone3G 正式登陆中国内地。3G 和智能手机联手的双重效应，将中国移动互联网推向新的高度，从此，智能手机代替 PC 成为中国互联网发展最重要的驱动力。

4. “双 11”购物狂欢节

体现中国经济活动联结程度的方式之一大概就是“双 11”。这一网络促销日源于淘宝商城（天猫）2009 年 11 月 11 日举办的网络促销活动。从此，以“双 11”为代表的网络购物节成为中国电子商务行业的年度重要营销活动。

5. 谷歌搜索服务退出中国内地市场

2010 年 3 月 23 日，谷歌宣布其搜索服务退出中国内地市场。各种原因中，有中美双方网络治理理念的不同，也有中美互联网发展模式的不同。随着中国互联网的发展，本土特色开始凸显，国外互联网公司在市场趋势下边缘化，本土公司开始全面主导中国互联网市场。

6. “7·23”甬温线特别重大铁路交通事故

2011 年 7 月 23 日，甬温线浙江省温州市境内，由北京南站开往福州站的 D301 次列车与杭州站开往福州南站的 D3115 次列车发生动车组列车追尾事故，[①]微博成为信息传播和社会动员的第一渠道。2009 年 8 月 14 日，新浪推出微博测试版，2011 年微博注册用户数量超过 3 亿。[②] 不同于门户、论坛和博客等自上而下的传统治理方式，到了微博阶段面临新的挑战。发挥平台主体责任的微博自律公约和后台实名制等机制成为治理创新的重要亮点。

7. 4G 时代

2013 年 12 月 4 日下午，工信部正式发放 4G 牌照，中国进入 4G 时代。由 3G 引发的移动互联网热潮，在 4G 时代得到了更快的推进。移动通信基础设施的改进与突破是互联网推动社会联结性提升的基础。

8. 网络安全和信息化领导小组成立

2014 年 2 月 27 日，中央网络安全和信息化领导小组成立，中国网络治理完成新的顶层设计。该领导小组着眼国家安全和长远发展，统筹协调涉及经济、政

---

① 《“7·23”甬温线特别重大铁路交通事故调查报告》，https：//www. mem. gov. cn/gk/sgcc/tbzdsgd-cbg/2011/201112/t20111228_245242. shtml。

② 《新浪微博注册用户破 3 亿》，http：//news. cntv. cn/20120302/101022. shtml。

治、文化、社会及军事等各个领域的网络安全和信息化重大问题。斯诺登事件和不断升级的中美网络冲突，使得互联网开始成为影响国际秩序的主导性力量。中央网络安全和信息化领导小组的成立，标志着互联网在中国真正提升成为国家最高战略。

9. 阿里巴巴上市开启互联网的中国时代

2014 年 9 月 19 日，阿里巴巴成功上市。发行价为 68 美元/股份，开盘价 92.7 美元，大涨 36.3%，成为仅次于苹果、谷歌和微软的全球第四大高科技公司，和仅次于谷歌的全球第二大互联网公司。本次阿里巴巴上市募集资金 217.6 亿美元，最高募集资金 250.2 亿美元，刷新全球历史。①

10. 乌镇世界互联网大会

2014 年 11 月 19 日，首届乌镇世界互联网大会开幕，这是第一次以中国为主场的围绕网络空间治理主题的全球性大会。这次会议恰逢三个时间节点：中国全功能接入互联网 20 周年，全球网民突破 30 亿大关和中央网络安全与信息化领导小组成立不久。来自 100 多个国家和地区的政府官员、专家、学者、媒体和企业家等参加会议。本次会议的召开标志着美国主导的互联网治理单极时代的终结。②

（三）第三阶段（2016 年至今）：以 5G 和智能为特点的社会超联结阶段

2010 年底中国网民数达 4.57 亿，2016 年底达 7.31 亿，③ 社会联网程度大大提升。而且，除了电脑和人之外，更重要的在于社会的全面联结。中国作为全球唯一 10 亿级大规模同时在线的单一市场，在“万物互联时代”迎来全新的契机。随着云计算、大数据、人工智能、虚拟现实、5G 等技术的不断突破，一个全新的超联结社会正在开启。

2016 年 4 月 19 日，习近平总书记在京主持召开网络安全和信息化工作座谈会并发表重要讲话，系统勾勒出中国网信战略的宏观框架，明确了中国网信事业肩负的历史使命，为深入推进网络强国战略指明了前进方向，也为国际互联网治理提供了重要参考。④

1. 奠基性法规《网络安全法》的出台

2017 年 6 月 1 日，《网络安全法》正式施行。作为我国第一部全面规范网络

---

① 曹国钧：《阿里上市引发十大互联网创业机会》，载于《上海经济》2014 年第 10 期。

② 《方兴东：世界互联网大会开启新历史征程》，https://baijiahao.baidu.com/s?id=16841031458_80316623&wfr=spider&for=pc。

③ CNNIC：第 27 次、第 39 次《中国互联网络发展状况统计报告》。

④ 《习近平“4·19”重要讲话的 10 点精髓》，https://baijiahao.baidu.com/s?id=1631204627_865147281&wfr=spider&for=pc。

空间安全管理的基础性法律，它的施行标志着我国网络安全从此有法可依。网络空间治理、网络信息传播秩序规范、网络犯罪惩治等翻开崭新的一页，对保障我国网络安全、维护国家总体安全具有深远而重大的意义。

2. 微信月活跃用户达10亿

2018年3月5日，腾讯董事会主席兼首席执行官马化腾宣布，春节期间，微信月活跃用户数已经突破10亿大关①。一个10亿人同时在线的新局面初步形成。2017年，Facebook全球活跃用户超过20亿，② 2021年，谷歌安卓全球活跃用户突破30亿③。通过这些超级平台的汇聚效应，一个强联结的新型社会生态开始崭露头角。

3. 5G和折叠屏

2019年2月24日，华为在西班牙巴塞罗那移动通信展（MWC）发布首款5G折叠屏手机Mate X，成为展会一大亮点。随着全球5G相关产品和应用的落地，一场涉及企业、行业、国家、区域和全球的5G竞赛全速启程。2019年也成为人们公认的5G元年。

4. 美国狙击中国5G进程

2018年12月华为公司首席财务官孟晚舟被加拿大当局拘押一事引发舆论高度关注。④ 孟晚舟事件以及随后美国政府在全球范围“围剿”华为5G的行为，反映了美国政治力量借助美国外交和法律体系，通过有目的、有步骤地狙击中国高科技领军企业，一步步达到全局性遏制中国高科技全球崛起的意图。在中国互联网25周年和全球互联网50周年之际，美国政府政治力量强力介入市场，带来的影响是“双刃剑”：造成了全球5G发展分裂的危险，带来极大的不确定性；当然，也促使各个国家、各家企业快马加鞭，加速5G进程，形成全球5G竞赛的新局面。

三、中国互联网25年总结与启示

2019年是全球互联网诞生50周年，中国在互联网诞生25年之后，开始全面拥抱互联网，短短25年，中国虽然是全球互联网的后来者和后发者，但是在互

① https://baijiahao.baidu.com/s?id=1594092162526336254&wfr=spider&for=pc.

② 《Facebook月活跃用户数破20亿，占近乎世界人口的四分之一》，https://www.sohu.com/a/152653015_114778。

③ 《AI芯天下丨Android现在已经驱动了全球高达30亿台设备》，https://xueqiu.com/3128322491/180245913。

④ 《人民日报评孟晚舟回国：没有任何力量能够阻挡中国前进的步伐》，https://new.qq.com/rain/a/20210926A04UFW00。

联网领域取得了巨大的成就。

（一）经过25年发展，以联结为第一特性的中国网络社会初步形成

25年来，中国互联网与中国改革开放的进程同步推进、并行不悖、协同发展并有效共振，在发展与治理、创新与安全中，实现了平衡与协调的良好发展。互联网的快速爆发对于中国经济、社会和体制等层面的挑战和冲击毋庸置疑，但是25年来，我们在实践中不断摸索、适应、调整和变革，秉承“既要发展好，又要运用好，更要管理好”的理念，在互联网发展和治理中走出了自己的道路，在不牺牲快速发展的前提下，顶住了互联网带来的一场场剧烈的社会冲击，初步建成了网络综合治理体系，初步形成了中国特色的网络社会，一个强联结的新兴社会形态正在全面形成并发展。

（二）25年时间中国发展出最具活力的全球第一大互联网市场

2008年，中国网民数量第一次超过美国，实现全球网民第一。此后，我们的领先优势不断强化。据CNNIC统计数据，到2018年底，中国网民数量突破8亿，是美国网民数量的2.5倍，超过美国、日本、德国、英国等发达国家之和。可以说，中国作为全球唯一的10亿人同时在线的单一市场，为我们未来的技术创新、模式创新和社会创新提供了独一无二的天然优势。

（三）25年时间中国发展出全球仅次于美国的第二大互联网产业

阿里巴巴、腾讯等互联网企业市场影响力快速增强，并且中国市场上还诞生了今日头条、百度、京东、小米、美团、滴滴、拼多多等一批具备潜在世界影响力的百亿美元级的互联网企业群体。2018年，中国风险投资数量第一次超过美国，体现了产业厚积薄发、蓬勃向上的良好态势。

（四）互联网已经成为中国经济发展的最重要的创新驱动引擎

中国数字经济的发展经验和模式开始成为全球的效法典范，并在一些领域具备了引领全球的优势。电子商务规模大大超过美国，移动支付更是遥遥领先。在5G领域，中国摆脱了核心技术上长期受制于人的局面，在5G开发方面处于领先地位。而今，“互联网+”深入各行各业，引领更深入变革的智能化浪潮接踵而至，“智能经济生态”崭露头角。

（五）互联网成功驱动了产业和经济的发展，更成为社会创新的核心驱动力

网络社会已经全面到来，引发社会深层次的变革。面向新的网络时代，与时俱进的社会创新已成为一个国家进步和繁荣的重要保障。25 年来，中国围绕互联网的管理与治理，从最初的技术治理、产业治理再到内容治理，步步摸索，不断试错和创新。直到今天，已初步形成了党委、政府、企业、社会和网民等五大主体各司其职、多层次联动的网络综合治理体系。而这些网络治理的经验积累和理论总结，同时也在积极深入地影响着传统社会治理的各个层面。

（六）中国互联网的治理经验、发展模式和理论探索越来越具有世界影响和全球借鉴意义

由于中国网民数量之多，全球独一无二，网络治理的任务格外繁重和突出。这种超常规的挑战构成了中国网络治理的基本动力。今天，随着国家“一带一路”倡议的实施以及华为、联想、中兴、阿里巴巴等中国企业的全球化进程，中国在全球网络治理中扮演越来越关键的角色，中国也开始成为全球网络基础设施的重要建设者，中国在数字经济领域的经验正在成为全球性的驱动力。

最后，中国互联网 25 年历程给中国和世界的最显著的贡献就是中国开始成为全球创新力量的重要组成部分。通过互联网技术创新的契机，我们引入了硅谷模式的风险投资机制，建立了新经济和新机制，形成了强大的企业家群体，企业家精神正在生根发芽，激发中国孕育更加蓬勃向上的力量，在中国社会形成了崇尚创新的新兴文化。

第三章

网络空间全球治理的力量变局

网络空间全球治理研究视角众多，从热点议题到机制建设，不一而足。其中，对于网络空间治理中各主体、行为以及互动的研究至关重要，因为无论是秩序的构建，还是安全与发展目标的实现，归根结底取决于各主体在网络空间互动的结果。长期以来，网络空间治理被视为全球治理的新域，必然由多利益攸关方推动，只有依靠合作才能实现有效治理，但是自 2013 年斯诺登事件开始，国际社会对网络空间认知的深刻改变就已出现端倪，各国开始不断寻求自身安全优先，在追求安全的过程中不断带来新的安全威胁和隐患。国际力量结构的进一步演变、新兴技术和新应用的持续进步，已逐渐成为共同塑造网络空间未来的“新常态”。特别是在 2020 年，上述因素以空前程度相互叠加、共振，在实践层面带来了更加复杂的问题与挑战，也深刻影响着网络空间未来的发展方向和秩序建设。在此情势下，网络空间秩序构建的瓶颈突破难度并未因新机制有所缓解，新机制似乎并不必然带来新希望。制度性鸿沟是制约当前网络空间全球治理进程的重大挑战，其弥合本身是一项长期工作，在新的态势下对网络空间全球治理提出了更高的要求。

第一节　从战略高度审视网络空间全球治理发展态势

一、国际社会对网络空间的认知是否发生根本改变

随着互联网应用全球化进程的深入推进，网络空间“已经成为信息传播的新渠道、生产生活的新空间、经济发展的新引擎、文化繁荣的新载体、社会治理的新平台、交流合作的新纽带、国家主权的新疆域”。[①] 从社会学角度来看，作为人类开展活动以及社会关系存续的新空间，网络空间与其他传统空间的运转逻辑并没有本质区别，现实国家政治与国际关系必然会深刻塑造网络空间。杰克·古德斯密斯（Jack Goldsmith）与吴修铭曾用大量案例表明，早期对建立无国界全球社会的幻想，所谓不受政府控制的网络空间的言论都过于天真，政治对互联网治理的重要性被严重低估，“不能理解国家政治对于全球化理论的影响是非常有害的，对于理解互联网的未来也是非常致命的”。[②] 在传统国际关系理论中，国家和相关行为体之间的互动会带来主导权的出现，现实空间主导权意味着对国际秩序和其他国家的主导性影响，网络空间主导权也一样主要表现为对网络空间秩序和其他行为体的影响。

众所周知，互联网是一项旨在促进全球互联互通的技术，基于此而逐渐成型的网络空间从一开始就打上了鲜明的技术烙印。除技术架构决定外，随后不断深化的商业化与社会化进程更充分证明，其运转模式天然是国际的。正因为如此，网络空间治理长期被视为全球治理的新域，必然由多利益攸关方推动，只有依靠合作才能实现有效治理。在网络空间，任何一方的安全与发展，无论是国家还是个人，均建立在共同安全与发展基础之上，所谓一损俱损、一荣俱荣。这种认知在相当长一段时期占据网络空间全球治理认知主流。

但现在还是如此吗？事实上，自2013年斯诺登事件伊始，认知层面的深刻改变就已初现端倪。网络空间大国博弈中的技术与地缘政治色彩不断加重，网络与现实冲突相互叠加，共振加剧。尤其是在美国调整全球网络政策，作为网络空

---

① 国家互联网信息办公室：《国家网络空间安全战略》，2016年12月，http：//www.cac.gov.cn/2016－12/27/c_1120195926.htm?from＝timeline。

② Jack Goldsmith and Tim Wu. Who Controls the Internet? Illusions of a Borderless World. *International Studies Review*, 2007, 9 (1), pp. 152－155.

间所谓最具示范效应的大国在诸多重要网络治理议题上分歧明显，合作难达，尤其在技术领域，政治化趋势明显。

当前描述网络空间的高频词不再是互联互通与合作，而是所谓碎片化与博弈。碎片化是指各国对网络安全的关切重心从共同安全转向自身安全，尤其是美国在全球性公共事务中的收缩态势，不愿意承担更多的公共物品提供的责任，并转向美国优先的坚定立场。这些因素都直接导致国际范围内的协调机制难以发挥应有作用，国际合作进程受阻，治理平台、治理方案与治理实践多方面的碎片化。具体体现在网络空间军事化愈演愈烈，各国更加倾向通过双边或立场相近的“小多边”合作，试图在网络安全维护与国际规则制定方面达成小范围共识。虽然客观来看，这些区域性或双边机制对于推进网络空间全球治理整体进程而言也是重要渠道和有益补充，但长远来看，如果不能很好把握度，“碎片化”趋势的加剧将不利于网络空间全球治理的良性发展。

从网络空间看来，区域性、小范围、短期性的共识和规范仍旧具有意义。在整体国际合作进程受阻的情形下，根据发展实际，先在一定范围推进实践也未尝不可。事实上，历史上不少治理议题的解决也的确是通过“以点带面”，推广最佳实践的方式找到全球性解决方案，但是在存在重大矛盾或分歧的情况下，这些区域性或小范围的安排并非长久之计，解决不了根本性问题。因为网络空间全球治理的基础是最大范围的共识，这个共识绝不仅仅是相近观点与立场的不断强化，更重要的是不同理念与认知的碰撞，对不同诉求的总体考虑与平衡，否则，无论是政策还是实践都很难在国际范围内发挥作用。不仅如此，还可能引发更大的风险。

比如在网络空间国际规则制定中，无论是国家行为规范，还是数字经济规则方面，西方发达国家，和新兴发展中国家之间都有着较大分歧，各自在寻求“盟友”或“伙伴”。近年来，美、欧、日互动频繁，通过协调规则立场，建立经济伙伴关系，达成数据协议等各种方式，加强在网络安全与数据经济等领域的合作，推动相关规则体系的建立；中、俄等国也依托联合国框架、上海合作组织、东盟等机制发挥影响力。不妨设想，即便是形成了两套规则体系，但只要国家间要对接，国际交流要推进，两套体系最终还是会“对撞”，那么结果无非有二：一是实力说话，此消彼长。谁的规则体系能被更多的国家或更有实力的主体所接受，谁就能占据主导，另一方只能调试甚至是改变，最终仍然要形成一套具有普遍接受力的规则体系。二是剧烈对冲，重起炉灶。如果两套规则体系实力对等甚至形成“两极”格局，那么较量的力度和烈度只会更加强烈，甚至很有可能在相当长一段时间内引发动荡与冲突，影响网络空间的稳定与发展。激烈对撞之后，只能是各自受损，重起炉灶。当然，这是一种较为极致的假设，但是在当前中美结构性博弈突显的背景下，网络空间全球治理碎片化迹象已显，并对网络空间稳定带来一定消极影响，引发国际社会各方普遍担忧。

面对如此形势，国际社会呼吁“重塑”网络空间信任的声音随之高涨。2019年，国际互联网协会正是以“联通世界、提升技术安全，构建信任，塑造互联网的未来”为主题开展系列活动。联合国数字合作高级别小组亦推出《相互依存的数字时代》报告，重申“数字化使人类的相互依存性不断加强”①，呼吁制定《全球网络信任与安全承诺》，共同保持网络空间稳定，捍卫全球化。其实从另一个角度理解，这些呼吁和举措的出台恰恰再次反映出国际社会对网络空间信任与稳定的普遍忧虑。任何时候不要忽视认知转变带来的深刻影响，因为认知往往代表着对形势的基本判断，而基本判断会直接影响政策导向。网络空间认知的转变意味着在未来相当长一段时期内，国际治理进程的共识性基础受到削弱，具体推进会面临相当现实困难，甚至不排除出现历史的阶段性“回潮”。

二、网络空间力量格局是否出现重大调整

所谓网络空间的权力分配或力量格局，是指在整个网络空间全球治理体系中发挥作用的不同“行为体”掌握资源的情况，以及其各行为体的关系，最终体现为决定未来发展走向的影响力。网络空间是一个综合性强，复杂度高的空间，参与的行为体亦十分多元，因此，对网络空间力量格局的判断难度相当大。一般情况下，包括对三对力量关系的分析：一是各类行为体内部的关系，比如国家行为体之间的关系，尤其是网络大国关系，体现为根据实力和影响力，将主要网络大国分为网络强国、大国以及新兴国家；再比如对非国家行为体之间关系的评估，各自发挥作用的领域以及彼此间的竞争关系等；二是各行为体之间的关系，尤其是国家行为体与非国家行为体之间的关系，即在具体治理领域，哪类行为体发挥主导或关键作用；三是网络空间的“同盟”或“伙伴”构成状况，对持相近理念与政策主张的力量进行归类与评估。比如网络空间早期所谓“多利益攸关方模式”与“政府主导模式”阵营之分。其中最重要的两对关系，是网络大国之间实力对比，以及国家与非国家主体之间力量格局。从网络空间是现实空间自然延伸与映射的逻辑出发，当前网络空间力量格局已发生重大变化。

① 《联合国秘书长高度评价的数字经济报告将带来什么?》，https：//baijiahao. baidu. com/s? id = 1636005338399544288&wfr = spider&for = pc。

（一）国家主体层大变局

一直以来，作为互联网发源地与全球化的重要推进者，无论是从理念输出、技术创新、产业引领还是国际机制建设上，美国均长期占据优势并成功将其转化为主导性权力，且美国在网络空间的主导权相较于其在传统空间可能更为强大。然而，在相当长一段时期内，对于美国基于超强网络力形成的主导权，以及网络空间力量格局失衡可能带来的风险并没有引起国际社会足够重视。棱镜门事件的爆发，使各国对网络空间力量格局有了更加直观、深刻的认知，这种认知成为各国争取网络空间权力的重要推动力。

一方面各国积极提升自身网络实力，力争缩小与美国的差距。棱镜门事件后，网络空间掀起一股“战略热”，各国纷纷出台网络空间发展与安全相关战略，加强顶层设计；调整内部“涉网”机制，加强政策协调；加大网络实力投入，强化网络发展与安全能力建设。另一方面加快网络空间秩序规范，谋求有效约束网络空间国家行为。相关国家开始有意识地争取在网络空间全球治理机制中的话语权，除积极参与相关网络治理议程外，还推动 G7、G20、上海合作组织和金砖国家在内的传统国际机制将网络议题纳入讨论范围，甚至设置“主场”网络议程，如英国推出“伦敦进程”、巴西召开“巴西大会”、法国提出“巴黎倡议”和中国举办“中国世界互联网大会”（乌镇大会）等，通过各种渠道在重要“涉网”议题上积极发声，提出反映自身利益的立场主张，力图塑造网络空间秩序。

各国多年持续努力取得一定成效，网络空间的力量格局出现变化。从经济发展角度来看，根据世界经济论坛“网络就绪指数”（Networked Readiness Index, NRI）显示，美国从 2001 年的位居全球榜首至 2016 年已被新加坡、芬兰、瑞典等国超越降至第五。总体而言，欧亚地区国家上升明显，尤其是亚洲新兴国家自 2012 年以来一直保持上升态势，且差距不断缩小。[①] 从网络安全水平来看，ITU“全球网络安全指数”2019 年最新数据显示，各国网络安全相关的技术、法律、组织、能力建设与合作等五大核心指标体系都在持续提升与强化，其中新加坡与英国在 2017 年、2018 年数据中分别超越美国位居第一，中国从 2017 年的第 32 位上升至 2018 年的第 27 位。[②] 综合国内外影响力因素，哈佛大学贝尔弗中心推出“国家网络实力指数 2020”，排名前列的国家分别是美国、中国、英国、俄罗

---

① The Networked Readiness Index 2016, World Economic Forum, July 1, 2016, https://www3.weforum.org/docs/GITR2016/WEF_GITR_Chapter1.1_2016.pdf.

② International Telecommunication Union, Global Cybersecurity Index 2018, ITU Publications, 2019, pp. 64 – 65.

斯、荷兰、法国、德国、加拿大和日本。① 基于以上网络空间形势发展，美国认为在网络空间力量格局不断变化及战略博弈加剧的大背景下，网络空间权力被不断分散与转移，其在网络空间的主导权不断被削弱，即便仍然是主导者，但也发现网络空间的舞台变得更为拥挤和难以控制。美国著名网络安全专家詹姆斯·刘易斯甚至悲观地认为："虽然未来何去何从并不清楚，但美国主导网络空间理念与政策的时代已经结束了。"②

对于现实空间，国际社会普遍认为国际体系内部"权力转移"已然发生。正如约瑟夫·奈所言："世界政治中两个重大权力的转移，一是权力在国家间的转移，即权力从西方国家转移到东方国家，以中国、印度为代表的亚洲经济体迅速崛起；二是权力转移则表现为权力从国家到非国家行为体的扩散，这一扩散主要得益于以互联网兴起为代表的信息技术的快速变革。③ 当下的信息革命将一系列跨国问题，如金融稳定性、气候变化、恐怖主义、流行病疫情和网络安全等列入全球议程，与此同时，信息革命也势必会削弱所有政府的响应能力。超越国境，处于政府管控外的跨国领域包括了形形色色的行为体……世界政治不再是各国政府的专有领域……非正式的网络型组织将削弱传统官僚体制的垄断。"④ 近年来，网络空间力量格局的变化亦有力地印证了这一点。从国家间力量对比来看，中国、印度等广大新兴与发展中国家崛起，参与网络空间全球治理的意识与行动不断强化，影响力和话语权亦不断提升；更为重要的是国家与非国家行为体之间的力量格局出现重大变化。

（二）非国家主体层"介入"网络空间

从非国家主体层面看，鉴于当前网络议题之间的高度关联性，"分层"理念（网络空间治理议题根据性质和领域不同，可细分为物理层、逻辑层、内容层与应用层等）不再必然体现为"政经"不同，"政企"分开的默契，再加上国家主体间的竞争已然对非国家主体在网络空间的活动带来直接影响，私营部门希望能在治理进程中发挥更大作用。然而这一看似合理的诉求遭遇现实尴尬，最典型的

---

① National Cyber Power Index 2020, September 2020, https: //www. belfercenter. org/publication/national - cyber - power - index - 2020.

② James A. Lewis. How the Cyberspace Narrative Shapes Governance and Security, October 22, 2019, https: //www. orfonline. org/expert - speak/how - the - cyberspace - narrative - shapes - governance - and - security - 56874/.

③ [美] 约瑟夫·奈:《美国的领导力及自由主义国际秩序的未来》，载于《全球秩序》2018 年第 1 期。

④ 李艳:《解析 2019 年网络空间国际治理的"破局之路"》，载于《信息安全与通信保密》2019 年第 2 期。

例子莫过于数字经济的发展，各国企业均面临供应链安全、数据保护、知识产权与市场准入等和国家关系与政策高度相关性的问题。为此，越来越多的私营部门意识到，他们必须参与到规则的塑造过程中，以争取良好的全球性运营环境。近些年来，越来越多的大型企业“介入”网络空间行为规则的制定，如微软、西门子等大型IT企业纷纷发布“数字和平倡议（数字日内瓦）”和“网络安全信任宪章”。但遗憾的是，这些企业的努力目前并未得到政府主体的广泛认可，不少国家政府仍然保持传统基调，认为行为规范的制定属于政府主体的职责范围，私营部门的作为是一种“越界”，更遑论真正与其合作推动相关进程，事实上，这种分歧和差异不同程度地体现在各类议题的探讨中。

传统网络空间全球治理中，虽然多利益攸关方共同参与，但国家主要专注于公共政策制定领域，非国家行为体主要专注于技术标准与产业发展领域。随着网络议题间的高度关联性日深，传统治理边界进一步模糊，无论是国家行为体还是非国家行为体对于全面参与治理进程的诉求更加突显，国家与非国家行为体不再简单地在各自擅长领域各司其职。如技术与地缘政治的高度关联，使得国家对于技术发展本身亦从战略高度予以关注，2019年，人工智能、IPv6和5G发展背后均有大国博弈的影子；再如国家主体间的竞争已然对非国家主体在网络空间的活动带来直接影响，各国企业均面临供应链安全、数据保护、知识产权与市场准入等和国家关系与政策高度相关性的问题，越来越多的私营部门意识到更广泛参与规则塑造对其全球性运营环境的重要性，为此，越来越多的大型企业介入网络空间行为规则的制定。国家与非国家行为体在诸多重大网络议题上同台竞技，力量交错下的格局更加复杂。虽然目前相关国家对此有所排斥，但无法忽视这样一个现实，即伴随社交网络与数字平台的蓬勃发展，IT巨头的力量不容小视，无论是之前的“剑桥分析”事件，还是2019年沸沸扬扬的Facebook公司推出“天秤币”（Libra），均表明巨头们所拥有的运营模式、影响人群、游说力量、资源渠道和社会动员能力在一定程度上，能够影响、主导甚至绑架相关政策走向。可以预见，未来网络空间治理态势的走向将面临更加复杂的利益纠葛与博弈。

众所周知，网络空间全球治理一直秉持所谓“多利益攸关方”共同参与的理念，强调各方均应根据自己的优势和职责，发挥应有之作用。因此，网络空间全球治理进程的推动力来自各方合力。事实上，当前这种来自国家主体和非国家主体间的合力正面临极大挑战甚至受到一定削弱。因此，要解决推动力不足，必须双管齐下，既要有效解决国家主体间的协调问题，更要切实建立国家主体与非国家主体间的有效沟通渠道，这种渠道不仅仅是对话平台，更重要的是解决机制。事实上，国际社会各方现在已经认识到这一问题，并试图做出改进，比如在2019年正式启动了第六届联合国信息安全政府专家组，与此同时，在中俄等国家的建议下，联合国开启了开放式工作组，吸纳非国家主体参与到规则制定进程之中。这无疑是一个创新性举措，也是一个利好消息，将有助于解决推动力不足问题。但客观来看，2019年仅仅是一个开端之年，信息安全政府专家组与开放式工作组的关系还有待理顺，能否顺利推进以及推进效果如何还有待进一步观察。

三、网络空间秩序构建的前景是否乐观

简言之，网络空间秩序构建主要就是“立规建制”，但如前所述，由于网络空间认知发生根本性转变，各国对网络安全的关切重心从共同安全转向自身安全，尤其是美国在全球性公共事务中的收缩态势，不愿意承担更多的公共物品提供的责任，而是转向美国优先的坚定立场，这些因素都直接导致国际范围内的协调机制难以发挥应有作用，有落地效应的治理方案与治理实践多以区域性或双边协议为主，呈现所谓碎片化倾向。虽然客观来看，这些机制也是网络空间全球治理整体进程的重要渠道和有益补充，但长远来看，如果不能很好把握度，碎片化趋势的加剧将不利于网络空间全球治理的良性发展。

作为现行国际秩序的主要缔造者，美国深谙将国家意志渗透和拓展到国际层面，并据此塑造符合自身利益的国际关系的重要性。因此，美国始终高度重视网络空间秩序的构建，将其作为将网络实力转化为网络空间主导权的重要途径。

当前网络空间秩序构建尚处在发展初期，无论是从国际机制建设还是规则制定来看，都还在探索完善之中，远未成型。出于不同的国情，各国对于网络空间秩序构建的立场主张并不相同。从国际机制层面，美欧等西方国家是网络空间传统治理机制的主要缔造者，比如早期成立的相关从事互联网国际治理机构，如ICANN、IETF等，它们基本位于西方国家且主要成员亦多来自西方，因此被国际社会称为“源自西方的治理机构”。鉴于美欧等国有强大的技术和产业力量，为发挥“集成优势”，他们主张网络空间的秩序构建应该是分层的，包括技术社群、企业与政府在内的各主体应该在各自领域各司其职，通过标准制定、产业政策和网络空间行为规范制定共同实现秩序的构建。而以中国、俄罗斯、巴西、南非等为代表的“新兴国家阵营”则有不同主张，相较于美欧等西方国家，这些国家技术与产业力量有限，作为参与者在现有治理机制中的代表性和话语权有限，因此更加支持在联合国框架下各国政府能够发挥更大的治理功能。从规则制定层面，在诸多具体领域，原则性共识易达，一旦进入规则的具体制定，各国基于不同利益诉求出发就会导致较大分歧和争议，使相关制定进程陷入困境，如在网络空间国家行为规范制定中，虽然联合国信息安全专家组不断推动，但始终难有实质性突破。即使是在打击网络犯罪这样共识与合作基础较好的领域，欧美与中俄也各

有主张，欧美支持已有的《欧洲委员会网络犯罪公约》（又称布达佩斯公约），而中俄则在联合国框架下推动形成打击网络犯罪的全球性公约；[①] 后者虽然还在起步阶段，但它与前者之间的关系就已引发国际社会担忧，未来打击网络犯罪领域也会受到地缘政治影响，面临规则选择。因此，一直以来，美国将中俄等国视为其网络空间秩序主导权的竞争者与挑战者。

伴随着中国网络实力的提升，习近平总书记提出对内建设网络强国，对外构建网络空间命运共同体的战略构想，[②③] 中国以前所未有的意愿和力度，在网络空间全球治理中投入更多的精力与资源。除继续积极支持联合国框架下的治理进程外，自2014年起，中国连续六年成功举办中国世界互联网大会（乌镇大会），习近平总书记在第二届乌镇大会上就推进全球互联网治理体系改革提出“四项原则”与“五点主张”[④]；2017年3月1日，中国外交部与中央网信办共同发布《网络空间国际合作战略》，首次就破解全球网络空间治理难题全面系统提出中国主张；2020年9月8日，中国外交部发布“全球数据安全倡议”，呼吁国际社会共同维护数据安全。种种举措都极大提升了中国在网络空间的话语权和影响力。

为防范可能的威胁，美国从理念上将网络空间主导权之争上升到“模式之争”。尼古拉斯·赖特在《外交》杂志上刊文指出，中国通过对高科技的熟练运用，在管控社会、发展经济方面发展出一种颇有成效的中国模式，并称之为“技术威权主义”，担心很可能会在网络空间产生外溢影响。[⑤] 美国尤其担心会对网络空间中的“摇摆国家”产生重要影响。所谓“摇摆国家”最大的特点是“一方面会对主权模式有天然倾向，但同时又重视包容公民社会和非国家主体所带来的好处。”[⑥] 因此一直在所谓美欧与中俄两大阵营中间的摇摆地带，为获取政治或商业好处，它们可能在互联网治理问题上采取周旋策略。随着“技术威权主义”影响力的上升，美国担心受到影响的这些国家不再“摇摆”，而是做出对美

---

① 《美媒：中俄拟参与制定联合国网络犯罪规则 美国忧失去话语权》，https：//baijiahao. baidu. com/s?id = 1645143530737125021&wfr = spider&for = pc。

② 《瞭望·治国理政纪事丨努力把我国建设成为网络强国》，https：//baijiahao. baidu. com/s? id = 1742282225950866309&wfr = spider&for = pc。

③ 《习近平就共同构建网络空间命运共同体提出5点主张》，http：//www. xinhuanet. com/world/2015 - 12/16/c_128536396. htm。

④ 《习近平“四项原则”“五点主张”成全球共识》，http：//www. cac. gov. cn/2016 - 12/29/c_1120209665. htm。

⑤ Nicholas Wright. How Artificial Intelligence Will Reshape the Global Order, July 10, 2018, https：//www. foreignaffairs. com/articles/world/2018 - 07 - 10/how - artificial - intelligence - will - reshape - global - order.

⑥ Dave Clemente. Adaptive Internet Governance - Persuading the Swing States, October 2013, International Governance Papers, No. 5, P. 2. , https：//www. cigionline. org/publications/adaptive - internet - governance - persuading - swing - states/.

国不利的“选边站”，从而改变网络空间秩序构建的力量格局。

与此同时，在实践中，美国努力通过打造规则塑造“小圈子”。鉴于当前网络空间共识难达，机制建设与规则制定进程缓慢的情况，美国开始转变秩序构建思路，采取建立“小圈子”的方式提升其规则制定影响力。近年来，与包括盟友在内的所谓持相近价值观的国家加强互动合作，通过协调规则立场、建立经济伙伴关系、达成数据协议等各种方式，甚至在高科技领域打造各种联盟，如负责任AI联盟、西方量子联盟以及数据联盟等，这些联盟共同之处在于或多或少都包含有排华因素。美国通过这种盟友“集团作战”的方式，合力强化其对网络空间秩序构建的影响力。如在网络空间国家行为规则制定方面，鉴于中俄依托“联合国框架”，不断推动网络空间国际行为规范的制定，2019年9月23日，美国与荷兰等27国在纽约召开“促进网络空间负责任国家行为”部长级会议，并发布联合声明，呼吁各方遵守网络空间国家行为规范，加大对“不负责任的网络空间行为”的问责力度。在此次会议前后，美等西方国家还协调立场行动，以公布文件、发表声明 、举办国际会议、官员公开演讲等多种方式，亮明网络空间规则制定中的政策立场，以期营造国际舆论，合力影响相关进程。[①] 需要指出的是，美国协调盟友政策立场，打造规则制定“小圈子”，固然是为有效防范与反制中俄等国借联合国相关机制争取相关规则制定权，但更希望通过“小圈子”打造的规则能够在实践中成为“模板”和“范本”，从而影响更多的国家，以促进规则塑造。

四、网络空间治理的制度性鸿沟是否能得到有效弥合

所谓制度鸿沟是指治理机制虽然不断完善与发展，但依然存在事实层面和法理层面的鸿沟，若不能有效弥合，将随着时间的推移呈持续扩大的趋势。具体而言，主要体现在两大方面：一是现有制度难以容纳或有效解决当前的治理问题。现代社会的复杂性和飞速发展使得制度滞后的缺陷尤为突显，在互联网领域更为突出，技术与应用可谓日新月异，带来的各种安全隐患与监管难度更是层出不穷，现有的制度无法快速、有效应对这些新的治理需求[②]。二是既有的国际利益格局一时难以改变，相关制度完善与创新受到不同程度的阻力。网络空间形势发展迅速，各利益相关方的诉求日趋强烈，而既有制度下的利益格局出于最大程度

① 李艳：《美国强化网络空间主导权的新动向》，载于《现代国际关系》2020年第9期。

② 李艳：《网络空间国际治理中的国家肢体与中美网络关系》，载于《现代国际关系》2018年第11期。

维护自身利益需求的需要，在很多时候，不愿意做出相应的调整与改变，在事实上影响了治理机制建设的有效性。这也是为什么近几年来治理机制的完善与建设成为网络空间治理机制改革的重要议题。

网络技术与应用快速发展与更新，由此不断产生新的治理议题和机制需求，这不仅要求现有机制在适应上保证足够的灵活性，更要在应对速度上保证足够的高效性，比如2019年，在防范重要基础设施的网络攻击、物联网安全、人工智能安全、供应链安全、大数据治理等领域，国际社会各方加快机制建设力度，但总体而言仍处在摸索阶段，距离有效的机制跟进与规范还存在相当距离；其次，网络空间治理机制中的既得利益者出于最大程度维护自身利益的需要，在很多时候做出相应调整与改变的动力不足，而其他愿意推动改变的力量又缺乏议程设置的能力与主导变革的机制。对于前一种鸿沟，由于涉及具体领域具体问题，从实践层面来看，理论上推进难度不大，但问题是，由于网络空间大国博弈态势的加剧，整体缺乏信任合作的氛围，事实上会对具体领域合作带来消极影响。本章作者曾在欧洲相关国家调研，不少涉及这些议题的私营部门和一线从业人员均表示："国家间关系，尤其是政治化态势是当前推进网络安全合作的主要障碍"；对于后一种鸿沟，那就涉及更深层次的博弈，难度更加可想而知。

美国政府对网络空间主导权的维护始终围绕调整认知、打造实力与构建秩序三个维度展开，但根据网络空间形势发展和自身利益诉求变化，具体举措的重心会出现阶段性调整。美国这些举措不仅会影响中美在网络空间的博弈态势，还会产生外溢效应，全面影响未来网络空间秩序构建。

一方面，现有国际机制的作用会受到抑制。国际秩序构建中，主导国家意愿和力量的下降会使得现有机制难以正常发挥应有作用。在网络空间，由于美国对形势判断发生重大转变，战略目标出现重大调整，同时国家博弈加剧导致的权力分散与转移，美国认为现有很多机制和平台并不能很好体现美国利益诉求，因此不愿承担更多的公共物品提供的责任，转向美国优先的坚定立场，这些因素都直接导致国际范围内的治理机制难以发挥应有作用，相关规则制定也难有进一步推进。

另一方面，规则制定的整体性受到相当冲击。虽然当前网络空间深受地缘政治影响，权力争夺加剧，网络领域整体国际合作进程受阻，但在实践中，包括美国在内的国家出于实际需要，仍然会推动具体网络领域的制度性安排与务实合作。相较于追求所谓全球性解决方案或具有普遍接受性的规则，它们会更多倾向于寻求更加务实高效的区域性或双边解决方案；而在区域和双边的选择中，显然在具有相近理念、法律、机制框架的国家间更易达成制度安排，如美日数字贸易协定以及G7在数字货币领域的合作等。

第二节 网络空间治理主体及其力量格局

一、网络空间全球治理中主体研究的缺失

涉及网络空间全球治理主体，就不得不提及“多利益攸关方”，在许多学者看来，这一概念代表着网络空间全球治理中的主体研究视角。然而“多利益攸关方”的单一视角与实际情况确有不符，虽然是“老生常谈”，但也暴露网络空间全球治理中主体研究的不足或缺失。

一直以来，网络空间因其技术架构与运作模式具有天然的跨国性，其治理问题产生之初就被认为是全球治理的一部分。虽然是“新问题”，但治理模式遵循全球治理的客观规律，核心要点仍然是“多主体的”，决策模式是“自下而上的”，相比固定的治理框架与规范，更强调“互动的、持续的治理过程”。这种理念结合互联网发展早期的“网络自由主义”思潮，可以说影响力贯穿网络空间治理整个历史发展。最具代表性的莫过于2005年7月，联合国互联网治理工作组发表的工作报告中，对于“互联网治理”的定义：“互联网治理是各国政府、私营部门和民间社会根据各自的作用制定和实施旨在规范互联网发展和使用的共同原则、准则、规则、决策程序和方案”①。其中对“各国政府、私营部门与公民社会”的明列，确定互联网治理主体多元性的原则，尤其是对“根据各自作用”的表述，暗含没有哪一个主体能够驾驭所有涉及互联网治理的相关事务。这一概念既是对早期互联网治理实践经验的总结，更是对未来网络空间全球治理模式发展的原则性认定。因此，无论是各国官方文件或学术研究是在具体表述中使用“多利益攸关方”或“多方”，对于网络空间国际秩序构建主体不仅包括传统国家主体（政府），亦包括非国家主体（私营部门与公民社会）这一点上具有高度共识。

但实际上，经过多年理论研究与实践发展，国际社会各方逐渐认识到，“多利益攸关方”固然明确，但是否存在一个所谓的“多利益攸关方模式”？从实际研究来看，答案显然是否定的。众所周知，网络空间全球治理的对象复杂而多

① WGIG, Report of the Working Group on Internet Governance, United Nations, Geneva, 2005, See http://www.wgig.org/docs/WGIGREPORT.pdf.

元，从议题的性质来看，治理是“分层”的。尽管对于各层的划分方法并没有统一认定，但根据治理议题属性也可将网络空间大致划分为“物理层”“逻辑层”与“应用层”等。如前两者主要是集中在技术层面，而后者随着互联网社会应用的进一步深化，还在进一步拓展，治理本身不仅涉及技术，更涉及公共政策甚至是地缘政治与国际关系。这些议题虽彼此间相互关联，但本质属性有很大不同，比如“互联网资源的分配与管理”与“网络空间行为规范”。不同的治理议题有着不同的治理思路与路径，无论是理论上还是实践上，均没有一个能够适用所有治理“层”的固定模式。而且即便是在每个具体的“层”，虽然参与主体多元，但各主体实际发挥的作用却大有不同。比如在技术层，私营部门与技术精英显然发挥着无可替代的主导作用，而在公共政策制定方面，政府则承担更多责任。因此，并无所谓治理统一之“模式”。其实也正是基于这一点，前些年所谓的关于网络空间全球治理中“多利益攸关方”与“多边”模式之争本质上是一个伪命题，网络空间全球治理治理本身是一个复杂系统，具体到实践，只能是以具体领域或“基于议题”（issue-based）的治理，任何泛泛而谈的说法并无实际意义。

综上所述，我们不难看出，虽然“多利益攸关方”的提法伴随网络空间全球治理的整个历史发展进程，但实际上对于网络空间全球治理的主体研究相对有限，要么只是原则性的表态与泛泛的描述，要么就陷入所谓模式之争的伪命题。对于“多利益攸关方”中，尤其是“国家行为体”与“非国家行为体”具体的影响力以及它们之间是如何通过互动共同塑造网络空间全球治理的力量格局，而这一力量格局对于治理实践又带来怎样的影响，却没有深入系统的研究。

二、网络空间全球治理中的主体作用

网络空间全球治理发展实践表明，由于治理本身因为内容的拓展与重心的转换呈现鲜明的时代性特点，整个治理进程中，无论是国家主体还是非国家主体[①]，其所发挥的作用并非一成不变，亦是随之呈现阶段性变化的趋势。

① 非国家主体，是与国家主体相对的行为体。简单地说，非国家主体可以界定为国家主体之外的、独立进行跨国运作的国际行为体，因此，它往往具备非国家性、独立性、跨国性等特征，而对于非国家行为体的界定和划分，目前并没有统一的衡量标准。需要特别说明的是，本书主要是从秩序构建中权力的转移视角探讨非国家行为体作用，因此，为了突出考察权力的国家性与非国家性，在本书中，对于非国家主体的考察主要集中在非政府间国际机构、私营部门与企业等典型非国家主体上。虽然在有些学术探讨中，有观点认为，政府间国际机构或组织因为具有跨国性、独立性和非国家性，将其亦作为非国家行为体。但在本书中，为突出非国家主导性的作用，未将此类行为体对于由国家主导的政府间国际机制或机构不在本书的考察范围之内。

（一）“原生力量”与“后来者”

在互联网发展起步与普及期，虽然从产生之初，相关治理就强调“多利益攸关方”参与，但实际情况上，国家主体作用长期缺位，私营部门等非国家行为体是主导“原生力量”。这是受互联网发展客观规律影响，早期治理以技术为中心，重心是维护基本架构的安全稳定运行，该时期涌现了大量专注于互联网技术维护与标准制定的I＊治理机构①，尤其是美国政府商务部决定成立ICANN来负责互联网基础资源的分配与管理。此时期的治理理念倡导完成遵循开放而自由的互联网价值，强调治理的“去中心化”，注重决策过程的开放性，特别反对国家行为主体介入相关事务，担心“强权”与“官僚”会损害网络平等的基本架构与影响治理的效率。

随着互联网全球普及的商业化与社会化进程，互联网以极大的广度与深度渗透到社会各方面。一方面，技术的“双刃剑”影响显现，越来越多的网络问题需要国际社会开展公共政策协调；另一方面，随着各国从战略高度重视网络空间发展，随之而来的国家竞争甚至是国际博弈日益凸显。网络空间全球治理的内涵与实践均发生重大变化，与之相对应的，就是国家行为体的作用开始得到承认与重视。这时候，国家行为体与非国家行为体才在真正意义上成为共同参与治理进程的各“利益相关方”。2005年的联合国互联网治理工作组工作报告随之明确“多利益攸关方”共同参与治理进程的原则，并特别强调各国政府应在与互联网发展相关的公共政策制定中扮演“最关键角色”②。因此，从某种意义上来看，与其说该工作定义是明确“多利益攸关方”原则，不如说旨在为国家主体应在治理中发挥作用“正名”。

（二）权力边界从“清晰”到“模糊”

在21世纪头10年，从治理实践来看，虽然国家主体与非国家主体共同参与治理，但实际上二者发挥主要作用的领域还是相对明晰的，比如非国家主体仍然主要专注于物理与逻辑层等与技术高度关联的治理领域，而国家主体则更多将精力与资源投入在与互联网发展相关的公共政策制定上。因此，二者之间的权力边界相对清晰。但斯诺登事件之后的网络空间全球治理发展状况改变了此种格局，

---

① 所谓I＊机构是指互联网社会应用初期成立的诸如互联网数字与地址分配公司（ICANN）、IETF（互联网工程任务组）、IESG（互联网工程指导小组）与IAB（互联网架构委员会）等，专注于互联网运转维护与标准制定的国际机构。

② 张伟、金蕊：《中外互联网治理模式的演化路径》，载于《南京邮电大学学报（社会科学版）》2016年第4期。

国家与非国家主体之间的权力边界转向模糊，甚至出现竞争与冲突倾向。

一方面，国家主体从利益与安全的高度，全面加大对各层涉网问题的介入力度。2013年夏天斯诺登事件后，各国网络安全关切空间高涨，其结果之一就是导致国家主体在网络空间治理中的作为得到进一步提升。除各国政府强势作为外，各政府间国际组织亦加大行动力度，如联合国框架下的ITU、上海合作组织，金砖国家，77国集团甚至是G20、G7等均在网络议题上有所作为，更不论政府主导或发挥重要影响的各项国际议程，包括"伦敦进程"和中国世界互联网大会（乌镇大会）。其关注重心不再仅限于公共政策领域，即便是传统的非国家行为体主导的技术与标准制定，亦认为任何技术都涉及经济、政治与军事等各个领域，均事关国家利益与安全。

另一方面，非国家行为体亦积极寻求更广泛的影响力。从技术社群和企业的角度，普遍认为国家强势介入的政治化倾向不利于技术的发展，市场的拓展，但是迫于网络空间国家关系与政策走向改变其一直以来的外部环境，亦试图缓解国家行为体带来的压力，营造更有利于其发展的网络空间，他们亦积极介入政策制定进程，试图影响国家行为。

三、网络空间全球治理中的力量格局

所谓权力格局或者力量格局，是指在整个网络空间全球治理体系中发挥作用的不同主体掌握资源的情况，以及其各行为体间的关系，最终体现为对决策的影响力。对于网络空间力量格局复杂，分析与评估难度大。目前对于网络空间国际秩序构建中力量格局的研判，即到底是国家主体还是非国家主体发挥关键作用，可谓众说纷纭。秉持传统互联网治理思想与全球治理理论视角的观点认为，无论是从网络空间赖以依存的互联网技术架构本身，还是将网络空间作为当前全球治理中的重要组成部分，非国家主体均发挥着至关重要，甚至超越国家主体的作用；但近年来，网络空间治理发展实践又表明，鉴于网络空间议题的综合性与复杂性，尤其是各国对网络空间的战略竞争与博弈态势加剧，国家主体的作用亦在不断强化。其实，这应该不是一个高下立现、非此即彼的问题，实际上，这两种说法都反映了一定的客观事实。

（一）权力转移论中的非国家主体

当前，国际社会普遍认为国际体系处在重大转型期，但对于转型的方式、内容以及可能的结果却存在诸多不同的看法。其中反映国家主体与非国家主体力量对比变化的看法是，随着全球性议题重要性的突出，跨越国家主权与力量范围的国际机制的作用越来越突出，国际体系的变化不是在常态基础上的变化，[①] 而是新旧更替的变化，它开始向后威斯特伐利亚体系转型。在权力逻辑上不再只有一个单一的国家权力，全球民间社会与全球市场已冲出国家权力安排的权力游戏的牢笼，开始与国家一起分享权力[②]。如约瑟夫·奈就认为，“世界政治中两个重大权力的转移，一是权力在国家间的转移，即权力从西方国家转移到东方国家，以中国、印度为亚洲经济体迅速崛起；二是权力转移则表现为权力从国家到非国家行为体的扩散，这一扩散主要得益于以互联网兴起为信息技术的快速变革。”[③]

而在网络空间，这种看法似乎更加受到肯定与欢迎，因为与传统空间不同，网络空间中非国家主体本身就是“原生力量”。虽然网络空间是各主体均能够在不同程度上施加战略影响的空间[④]，即所谓全主体覆盖。由于互联网技术与应用的全球性泛在化，尤其是技术应用的“低门槛”，无论是国家还是非国家行为体均可以在网络空间拓展活动，如国家将其作为确保战略优势与拓展国家利益的空间；企业将其作为推进全球贸易与跨国经营的领域；社会团体将其作为开展活动与展示力量的渠道；用户将其作为进行社会生活与信息交流的平台。而在其他空间，这种主体全覆盖式的密切利益相关性并没有那么突出，非国家主体能够施加的影响有限。这也是为什么会认为互联网权力结构是扁平化的，技术赋权使得传统国家主导的权力结构在网络空间发生一定改变。特别是近些年来，随着新技术与新应用不断涌现，并以前所未有的速度迅速“落地”，围绕这些技术与应用的标准与规则制定已成为网络空间治理的新热点，如5G、人工智能、大数据、区块链等技术应用，基于这些应用所带来的“物联网安全”“技术伦理问题”与“供应链安全”等已成为重要治理议题，相关机制建设与规则制定进程正在不断发展，鉴于这些领域技术性强，产业关联度高，非国家主体作为空间巨大。

（二）网络空间发展趋势下的国家主体

相较于其他传统空间，网络空间具有分层、全主体覆盖以及权力边界模糊等特点，实践证明，网络空间的发展特点与趋势决定了国家主体也必然发挥越来越

---

①② 刘中民：《非传统安全问题的全球治理与国际体系转型——以行为体结构和权力结构为视角的分析》，载于《国际观察》2014年第4期。

③ ［美］约瑟夫·奈：《美国的领导力及自由主义国际秩序的未来》，载于《全球秩序》2018年第1期。

④ Daniel T. Kuehl. From Cyberspace to Cyberpower：Defining the Problem. Cyberpower & National Security，2009，https：//ndupress. ndu. edu/Portals/68/Documents/Books/CTBSP - Exports/Cyberpower/Cyberpower - I - Chap - 02. pdf？ ver = 2017 - 06 - 16 - 115052 - 210.

重要的作用。首先，目前治理重心主要集中在内容层与行为层。其中内容层涉及国家内部的网络管理与政策的部分属于各国内政，但涉及跨国存储和传输的部分则需要国家间的协调与协议的达成，因此国家间网络关系对于数据与信息的全球流动至关重要，这从美欧“隐私盾协议”（EU - US Privacy Shield）[①] 的达成和欧洲国家推出《通用数据保护条例》[②] 可见一斑；对于行为层，具体包括国家行为主体规范与非国家行为体规范，近年来，全球性网络安全威胁尤其是国家间网络冲突与摩擦上升，越来越多的专家认为，这些冲突与摩擦，无论是网络犯罪还是网络攻击，究其根源均在于网络空间各行为体的失范。对于国家行为主体的约束，无疑需要国家间进行协商，制定出相应的准则与规范，如上海合作组织框架下提出的“信息社会国家行为规范”以及联合国框架下信息安全政府专家组对于网络空间国家行为规范的探讨等。而对于非国家行为体的恶意行为，如打击网络犯罪与网络恐怖主义，均在实践中更多依赖掌握足够资源，具备足够能力的各国政府的投入与合作。因此，现阶段国家间，尤其是大国间的协调程度与合作状况直接影响网络空间治理的效力与效果。

其次，从权力与责任的关系来看，任何主体在获取权力的同时，必须履行相应的责任，否则权力的影响力和持续性都会受到极大影响。随着网络空间安全形势的日益严峻，在应对网络威胁，确保网络空间稳定与秩序方面等需要提供更多的公共物品，但相较于国家主体，大部分非国家主体要么意愿不足要么能力不够。比如大型跨国 IT 企业对于网络空间治理的重要性不言而喻，它们自身也不断声称要提升“社会责任”，但究其本质仍然是“逐利”的，如果公益符合其利益自然没问题，但一旦出现冲突，则难以保障；再比如网络社群，其责任与公益意识都很强，但在现实中主要依靠自发行动与呼吁，所能提供公共物品的资源相对有限。因此，相较于其他非国家主体，国家主体的战略影响力在现阶段仍然是其他主体无法超越或可以替代的，大国的作为及其合作就显得尤为重要。

此外，从网络空间与现实空间的高度融合来看，网络空间是与现实空间“相互嵌入”的空间，传统意义上的海、陆有天然界限，即使是天与空，亦可通过人为协商与划定，从法律上对其边界与范围做出相应规定。但在网络空间不同，从某种意义上讲，网络基础设施延伸到哪里，网络技术应用到哪里，网络空间就覆盖到哪里。因此，网络空间与现实空间是一种相互嵌入的关系，很难将其单独剥离出来。正是这种“嵌入”使得网络空间在很大程度上仍然遵循现实空间的运转逻辑，传统空间赖以规范的，以国家主体为单位的国家管理体系与国际关系体系

---

① 2016 年 7 月，欧盟和美国就数据传输达成该协议，为跨大西洋两岸数据传输中的个人隐私保护提供新的规范。

② 2018 年 5 月 25 日正式实施的《通用数据保护条例》，即个人信息保护法。

仍然适用于网络空间[1]。正是基于这样的认知逻辑，联合国信息安全政府专家组报告中关于《联合国宪章》基本精神与原则适用于网络空间的观点[2]得到国际社会的普遍接受，但具体到落实层面，原则适用共识易达，实践中规则发挥作用却面临相当挑战。现实空间中，主权原则的确立与适用因为权力范围和边界的确立相对容易，如各国领土、领空、领海的划定，各国在其管辖范围内行使对内政策决定权与对外独立权，在跨国事务中，基于一定的主权让渡来开展合作。但在网络空间，由于它本身形式上的"虚拟性"与运作架构的"跨国性"，实际上很难就所谓主权范围做出事实上的明确，因此如何有效适用主权原则仍是当前国际社会各方的争议焦点所在。目前能够达成一定共识的仍然是基于领土的，即"对一国领土管辖范围内的网络设施与网络行动"具有管辖权，而这无疑只是最小范围的适用。这就意味着相较于传统空间，网络空间在主权原则适用上将更多地出现主权重叠和争议，在处理所谓内部事务时出现管辖权异议或者应对国际事务时会有更多的主权让渡，从而需要更多国家间的协调。

（三）二者相较之下的力量格局

如上所述，似乎无论是认为非国家主体将发挥更大作用，还是国家主体更有作为的观点都有相当道理，那么二者相较之下，力量是此消彼长还是共生共促呢？[3] 在我们看，还是应该遵循网络空间全球治理"基于议题"（Issue-based）的务实角度，具体问题具体分析，泛泛结论并不利于对真实力量格局的把握。

鉴于网络空间的复杂性，首先，力量格局本身并非固化或一成不变。比如在互联网基础资源管理与分配治理中，美国凭借其互联网技术原生、产业以及技术社群力量等多方面因素长期发挥主导作用，但是随着其他国家对于基础资源的高度重视，其他国家和地区互联网产业的进一步发展，特别是发展中国家互联网的全球接入与市场的发展，虽然美国主导影响力短期内不会有根本性变化，但不少国家与地区的产业与社群力量在决策中的影响已然有所提升，特别是 2016 年 10 月，美国政府放权 ICANN，建立新的"全球多利益相关体"机制后，随着机制的不断演进，这种力量格局的变化还会继续。其次，力量格局基于议题呈现多元化。无法用一个总括式的表述，来定性网络空间的权力格局，而只能是基于议题的具体评估之后，做一个汇总式描述。比如在互联网资源与运营领域，虽然一直强调"自由""开放"与"平等"是互联网"初始精神"，治理主体都应多元

---

① 朱莉欣、郝静雯：《构建网络空间和平共处规则的思考》，载于《学术争鸣》2018 年第 11 期。

② 第三届联合国 GGE 报告，https：//ccdcoe. org/sites/default/files/documents/UN－130624－GGEReport2013_0. pdf。

③ 张国祥：《零售企业如何应对物流的兴起》，载于《零售物流》2012 年第 7 期。

化，政府、私营部门以及用户均应“地位平等”地参与其中，但由于在该领域，相关资源与渠道主要掌握在私营部门手中，其主导地位不言而喻。但在打击网络犯罪、网络恐怖主义以及国家行为规范等行为层，国家主体的既有资源与强力措施显然使其成为发挥主导作用的治理主体。因此，由于各行为体各有专长，不同治理议题中有着不同的力量格局。正如威利·杰森（Willy Jenson）在《互联网治理：保持所有主体间的平衡》中所言，实践证明，无论是公共部门还是私营部门，好的治理需要相关的利益相关方共同参与。[①] 但是，对于特定治理议题中，各主体应该发挥什么样的职能与作用却应从务实的角度具体分析。他强调在互联网治理中，一方面主权与政治的重要性使得国家主体必然发挥重要作用，但另一方面考虑到互联网应用作为一系列重要全球公共物品的重要性，非国家主体的力量亦不容忽视。这不是一个非此即彼的问题，而应该从务实的视角来进行解决。

四、力量格局对未来治理进程的影响

综上所述，网络空间力量格局阶段性的变化是较为清晰的，对于未来网络空间秩序构建，国家主体与非国家主体既会有合作亦会有竞争，它们之间是形成推动治理进程的有效合力还是成为制约治理效果的掣肘因素，取决于二者能否找到有效的利益协调与合作机制。基于前面提到的“基于议题”分析原则，可以通过两个典型案例来加以说明。其中一个是“网络空间战略稳定”，该问题一般被认为是国家主体主导的议题，但实际其解决之道的落地，其实很大程度上依赖于“公私部门”之间的协调；另一个是“ICT 供应链安全”，该问题与上一个问题刚好相反，一度被认为更多依赖于公司作为的议题，但实践证明，国家主体对此的介入已成为能否有效解决该问题的关键。

（一）网络空间战略稳定问题

该问题是近年来国际社会探讨的热点，除却战略性、理论化探讨，从实操层面来看，维护网络空间战略稳定取决于以下几个问题的解决力度：一是复杂的溯源问题。国家间战略稳定基础是确保威慑，但网络空间的技术特性使得攻击者很难确定，且目前并没有一个能够保证结果的公正与权威性的机构或机制。虽然目前技术问题得到提高，但政治障碍难以消除，这也是为什么溯源专家总在强调，

---

① Willy Jenson. Internet Governance: Striking the Appropriate Balance Between all Stakeholders, Reforming Interest Governance: Perspective from WGIG, 2016, pp. 35 – 40, https://www.wgig.org/docs/book/Willy_Jensen.pdf.

溯源是技术与政治相结合的综合性问题。二是无处不在的漏洞。网络设计与应用之初就不是为了安全，更多考虑的是接入和发展，因此，漏洞的存在不可避免。当前各国的基础设施高度依赖网络，特别是随着物联网等应用的进一步普及，漏洞的数量与影响面更加广泛。而近些年来利用这些漏洞进行网络攻击已经是众所周知的事实，这也是为什么相关国家采取举措进行一些漏洞披露与管理。那么国家间呢？估计现阶段，鉴于当前网络竞争态势，收集漏洞以期在特定时候能够利用这些漏洞的动机更加强烈一些。三是易攻难守的脆弱性。众所周知，网络攻击行为的门槛低，网络的脆弱点多，彼此之间对实力或能力的判断十分困难。其结果就是因为不确定性，带来不安全感，无法把握对手，遏制对手，就只能拼命发展自己的能力，寻求“先发”甚至是“绝对”优势，其结果就是竞赛式的发展，进一步加剧“擦枪走火”的风险，破坏网络空间的稳定。四是灰色地带的蔓延。网络空间的战略稳定除了威慑机制之外，还有惩罚机制，但是对于网络攻击目前还没有相应有效的机制。虽然国际社会各方达成共识，国际法适用于网络空间，但这只是原则性的，一旦“落地”就面临各种问题。比如现有的武装冲突法产生于攻击源明确，能够明确界定使用武力之标准的时代，而对于在网络空间如何构成使用武力，各方并没有达成广泛共识。而且当前许多网络空间的恶意行为总体而言并没有导致严重的人员伤亡或损失，受害者也难以有足够的依据来行使其正当的权利。所以这也是为什么近些年来“低烈度，持续性”的网络攻击行为频发，这种行为最大的危害在于指责与猜疑正在不断侵蚀网络空间的信任，这显然从长远看，不利于网络空间的战略稳定。

针对这一问题，国际社会各方正致力于“对症下药”，比如对于溯源和漏洞披露问题，理论上一方面需要国家主体与非国家主体各司其职，前者专注于政治战略层面的考虑，后者专注于从技术上提供信服的溯源技术或漏洞发现；另一方面需要政府会发挥主导作用，结合人力情报与分析等多种手段，统一整合相关信息，确认结果，并根据其战略考虑，决定是否发布溯源与漏洞结果。但在实践中，企业在溯源以及漏洞查找领域的活跃度提升，对传统以国家或政府为主导的相关工作造成了冲击。溯源问题因为非技术原因而变得更加扑朔迷离，不仅国家之间容易因此产生纠纷，国家与非国家主体之间也出现竞争。鉴于以上情况，一方面各国内部正在加紧政府与企业之间的利益协调，尽可能地将相关公司的逐利行为与政府主体的战略行为达成最大一致；另一方面国家主体间亦在考虑建立相应机制，约束失范行为的同时，考虑建立第三方具有权威性的溯源机制，以及漏洞披露规则，而这也离不开公私之间的协调与合作。

（二）“ICT 供应链安全”问题

近年来，随着各国围绕新兴技术应用与数字经济发展竞争日益激烈，ICT 供应链安全问题已超越技术与产品本身，正如卡内基国际和平基金会 2019 年 10 月发布的《ICT 供应链完整性：政府和政策原则》[①] 中，认为："网络空间的健康状况、国际数字经济与贸易系统的开放性以及主要国家关系的稳定性取决于人们对 ICT/OT 供应链完整的信心"，即将 ICT 供应链安全问题界定为涉及网络安全、数字经济、全球贸易与国际稳定的综合性安全议题。

该问题看似主要涉及技术与产品链条，但实际上其安全治理的目标包括两大方面：一是技术治理，即应对 ICT 产品与服务技术与运转逻辑本身所必然带来的安全风险。众所周知，任何一项 ICT 技术天然存在漏洞，再加上供应链中参与主体多元，涉及流程环节复杂，风险隐患也因此增加，不同公司或企业技术水平、安全意识、价值取向、对产品管理的科学性，以及供应链延展于不同国家，国家间对于安全标准的认定、安全防护能力，风险管理水平均有所不同。与此同时，由于链条间环环相扣，不断动态流转，天然具有"风险传导"机制，一个薄弱环节就有可能引发系统性风险。因此，无论是从风险隐患本身还是传导机制来看，通过建立技术标准、加强全链条，全周期的管理等措施有助于解决问题。二是行为规范，即应对所谓有意干预供应链或危害供应链安全的行为。这种行为的实施主体包括各类行为体。无论是政府还是非政府主体，出于安全或其他考虑，插手供应链，利用"漏洞"甚至在链条中主动预置"漏洞"。这些行为从某种意义上来看，对于 ICT 供应链安全的破坏性更大，因为这些行为会使人们逐渐丧失对产品和服务完整性的信任。而信任受到破坏的后果极具破坏性，它不仅导致国家间怀疑加剧，竞争升级，近年来，多种迹象表明，越来越多的政府倾向依赖本国供应商或者建立所谓能够予以信任的"小圈子"，使得多年来努力形成的全球性供应链生态呈现区域化或碎片化趋势。更有甚者，一些已被披露的利用供应链实施干预的事件成为重大政治性事件，反过来进一步加剧不信任和导致进一步链条割裂。如果不能采取有力的措施，这种趋势必然会对全球技术创新、贸易交流与经济发展带来不利影响。

在此过程中，公司企业等非国家主体与国家主体之间的关系趋于紧张，一方面企业希望维护全球市场与产业链条，但国家间纠纷带来的压力使其面临高昂的调整成本；另一方面国家更加强调安全考虑，但事实上具体所谓安全措施的落地又依赖于企业的执行与配合力度。因此，从这个意义上讲，该问题的解决依然取决于国家主体与非国家主体间能否最大程度地找到"公约数"以及国家间能否建立起有效的行为规范。早在 2013 年 4 月，布鲁金斯学会就发表报告提出《在 ICT

---

① Ariel Levite. ICT Supply Chain Integrity: Principles for Governmental and Corporate Policies, October 4, 2019, https://carnegieendowment.org/2019/10/04/ict-supply-chain-integrity-principles-for-governmental-and-corporate-policies-pub-79974.

全球供应链中建立信任12法》[①]，就提出技术与规范双管齐下解决这一问题。当前国际社会各方正致力于先就规范中一些原则性问题达成共识。如前文提到的卡内基和平基金会关于ICT供应链完整性的报告，就是智库对于国家与企业行为准则的思考；再如中国2019年提交给开放式工作组的立场性文件中，就是中国政府对于维护供应链安全明确提出相关主张[②]。但由于各国对此问题的认知和利益诉求差异性较大，虽然均认可ICT供应链安全治理的重要性，但对于治理中各主体，尤其是各国应该承担的责任和义务分歧较大，共识难达，由此可见“ICT供应链安全”的前景首先取决于国家主体间，以及国家主体与非国家主体能否在此问题上达成一些原则性共识。当然，对这个问题的探讨有一个预设前提，就是依然希望ICT产业链是能够更加全球化的，而不是反其道成为“碎片化”或“小圈子”链条。

第三节　大变局之下的网络空间治理新常态

一、全球性疫情加剧治理供需失衡

一个新十年的开局总会展望更广阔未来[③]。根据既定节奏与计划，2020年原本应是繁忙的一年，但突如其来的新冠疫情客观上导致网络安全、数字经济与新兴技术等各项网络议题不得不暂停或延期。与此同时，疫情对全球经济带来巨大冲击，网络空间全球治理的既定节奏受到一定影响。但这只是表面现象，更为深层的影响在于，网络安全隐患与治理需求不减反升，在治理“供给”相对不足的现实下，造成网络空间全球治理态势整体上呈现“供需”失衡的特点。

从需求层面来看，一方面新型网络攻击事件频发，带来更加严峻的网络安全压力。如在疫情期间，网络犯罪分子与黑客组织借机“兴风作浪”。英国国家网

① 达雷尔·M. 韦斯特：《在ICT全球供应链中建立信任12法》，2013年4月，https：//www. brookings. edu/wp - content/uploads/2016/06/18 - global - supply - chain - west - chinese. pdf。

② “OEWG中方立场文件”，https：//www. un. org/disarmament/wp - content/uploads/2019/09/china - submissions - oewg - ch. pdf。

③ Wolfgang Kleinwächter. Internet Governance Outlook 2020：The Next Generation of Players and Problems Is Coming，January 7，2020，https：//circleid. com/posts/20200107_internet_governance_outlook_2020_next_generation_of_players.

络安全中心（NCSC）发布公告称，越来越多的网络犯罪集团利用新冠病毒相关信息进行恶意攻击，开展网络勒索和身份窃取的犯罪行为。[①] 甚至还有犯罪分子为窃取疫苗信息，对医疗、卫生和公共服务部门发动网络攻击。另一方面，疫情催化下的线上应用激增带来更加深层次的社会治理需求。大数据、人工智能、云计算等数字技术应用激增，在疫情监测分析、病毒溯源、防控救治、资源调配等方面发挥重要作用的同时，也在客观上带来一些有效监管、权责边界与隐私保护等社会问题。国际社会各方更加深刻地认识到，数字经济与“线上”服务事关未来发展，相应的安全风险破解与有效治理必须跟上，这也对未来网络空间全球治理的方向带来一些新的思考：数字社会得以加速成型，与之相关的安全与发展问题必然会成为未来网络空间全球治理新方向[②]。

从供给层面来看，实践中面临治理供给不足的困境。[③] 既有的传统治理机制在应对突发性、复合性危机面前显得力有不逮，而新的治理机制建设又跟进不力，难以发挥应有实效。最典型的例子就是最受关注的联合国框架下“双机制”，即联合国信息安全政府专家组（GGE）和开放式工作组的建立与并行。为适应网络空间治理“多利益攸关方”的参与传统，联合国框架一直在努力做出相应机制改进，从GGE成员国代表的拓展与轮换，到尝试打破政府渠道传统，设立开放式工作组来吸纳其他非政府主体参与相关进程，旨在适应新形势，进一步提升联合国框架的代表性与参与度。但是经过一年多的实际运行，“双机制”并没有如各方所期望取得一些突破性进展，并未在推进网络空间行为规范从原则性共识到进一步落地方面取得令人满意的成果。其中固然有疫情影响既定计划的原因，但还有一个重要因素在于联合国框架本身存在的机制性问题，难以应对深层次、全局性的网络空间治理问题。再加上议题的多元，介入机构繁多，相关职能职责的交叉与不清，缺乏顶层统一协调与整合的情况下，必然影响其效率。这些机制性因素都在客观上影响其在网络空间全球治理中发挥应有的作用。[④]

二、地缘政治博弈深刻改变治理生态

一直以来，在互联网发展的历史进程中，国际社会各方对于网络空间全球治

---

① 鲁传颖：《新冠疫情凸显全球网络安全合作的紧迫性》，2020 年 3 月，http://www.siis.org.cn/Research/Info/4907。

② 曹雅闻：《命运共同体视野下的网络空间法治化研究》，载于《湖北警官学院学报》2018 年第 3 期。

③ 李珍刚：《当代中国政府与非营利组织互动关系研究》，中国社会科学出版社 2004 年版。

④ 黄志雄：《国际法在网络空间的适用：秩序构建中的规则博弈》，载于《环球法律评论》2016 年第 3 期。

理的认知，从治理原则到治理模式，从治理政策到治理实践，从治理主体到治理重心一直充满争论和探讨。但也正因这些争论的存在，无论从哪个层面来看，网络空间治理的生态都呈现“多元”发展态势。比如一直以来国际社会各方对于网络空间各主体作用的争论，即使是在互联网发展初期，排斥政府主体介入治理进程的网络自由主义思潮十分流行，但与之针锋相对的关于低估现实政治对网络空间发展未来影响的声音也依然存在。虽然争论一直有，但这些争论背后的基调与底色仍然是如何能够更有效促进网络空间有序发展，只不过对具体指导原则与实现路径见解不同罢了。但近年来在地缘政治的强烈冲击下，情况却发生显著变化。

当前国际体系与力量格局正处在深刻变化与加速调整期，传统西方大国主导的国际体系与全球治理体系正在发生前所未有的变化。特朗普上台之后，随着美国整体国家战略导向的转变，“美国优先”的战略定位直接平移到网络空间。结合网络空间发展新形势，为巩固并强化网络空间主导权，将网络空间塑造成最大程度符合美国利益的空间，美国政府不断因势而动，基于对网络空间的形势判断，调整相关战略理念，不断加强内部政策与行动协调，共同致力于在网络空间实现“美国优先”的战略目标。

一直以来，美国的网络空间战略是一个“战略集群”，各机构特别是政府与军方根据不同的职能划分，出台相关网络空间国家战略、国际战略及国防战略等。由于聚焦领域和工作重点不同，政府与军方战略所体现出理念并不完全一致，在很多时候，政府还会对网络空间可能的军事行动采取严格的“约束”措施。奥巴马执政期间高度重视网络空间战略布局，其一上任就积极组建网络安全办公室、成立美军网络司令部。但从 2011 年发布的《网络空间国际战略》来看，他对网络空间的判断整体来看还是相对积极的，认为网络空间是“正在继续成长与发展为一个促进繁荣、安全与开放的空间”。[①] 因此，美国国际战略更加强调坚持一个开放、可操作性、安全与可靠的网络空间，而维护这样一个网络空间主要依靠国际规范、外交与执法，虽然该报告也提到劝阻和威慑的使用，但非常“克制”。比如奥巴马对国防部的要求只是简单地“认识到并适应军队对可靠和安全网络日益增长的需求，建立和加强现有的军事联盟，并扩大网络空间合作”，甚至对于所谓威慑作用的理解也主要基于保持网络的韧性与“按比例地施加惩罚威胁”“我们保留使用所有必要措施——外交、军事和经济——但会遵循相应的国际法……任何时候，我们在使用军事力量之前会用尽其他所有选

① International Strategy for Cyberspace, The White House, May 2011, https://obamawhitehouse.archives.gov/sites/default/files/rss_viewer/international_strategy_for_cyberspace.pdf.

项；我们将谨慎衡量行动带来的成本与风险，并且将以体现价值、强化合法性和获得国际支持的方式采取行动”。[①] 可以看出，在所有措施选项中，军事行动排位靠后。

而美国军方对网络空间的定位从一开始就是“行动域”或“作战域”，相应战略政策始终围绕如何在这一新域中有效开展行动。但被动地等待一个注定要到来的攻击绝不是专业军队的本性，因此，军方一直致力于在“积极防御”的基础上，获得更多进攻性网络行动的权力。但其行动一直受到第 20 号总统决策指令（PPD－20）（秘密）的制约，根据公开的有限的信息：“该决策令包括开展网络行动的原则与程序，允许一定灵活性，是一个旨在加强协调的‘全政府措施’。”[②] 自 2011 年起，虽然网络攻击事件频发，但美国政府的回应主要采取经济、外交与法律手段，国防部的主要作用仍然是为其他政府机构相关行动提供支撑而不是单独采取行动。

特朗普上台后，美国政府对于网络空间的战略判断明确转向。美国政府于 2017 年底推出的《国家安全战略》，明确将“大国竞争”视作美国国家安全的首要挑战，强调“国家之间的战略竞争，而非恐怖主义，是美国国家安全的首要关切”，指出美国正处于一个竞争性的新时代，在政治、经济、军事等领域面临愈发激烈的竞争。[③] 随后美国政府推出的《美国国家网络安全战略》以及《2018 美国国防战略报告》与之相呼应，不再强调网络空间共同利益的属性，转而强调在此空间维护美国利益的重要性，尤其认为中俄等国正在利用网络空间对美国发起挑战，为此美国政府需要采取一系列措施允许军方和其他机构采取更加积极的行动以保护其国家利益，巩固美国在网络空间的主导权。[④]

在这种转向下，美国政府果断给军事行动松绑。2018 年 8 月，特朗普废除了 PPD－20，不再要求美军方在发起可能导致“重大后果”的网络行动前需要经过总统首肯和层层审批。博尔顿就此声称：“政府约束网络行动的状况得到有效逆转”“我们不必再像奥巴马时期那样被束缚手脚”。[⑤] 之后，美国国会跨党派的

---

① International Strategy for Cyberspace, The White House, May 2011, https: //obamawhitehouse. archives. gov/sites/default/files/rss_viewer/international_strategy_for_cyberspace. pdf.

② Fact Sheet on Presidential Policy Directive on United States Cyber Incident Coordination, The White House, July 2016, https: //obamawhitehouse. archives. gov/the – press – office/2016/07/26/fact – sheet – presidential – policy – directive – united – states – cyber – incident – 1.

③ National Security Strategy, The White House, December 2017, https: //www. hsdl. org/?abstract&did = 806478.

④ 李艳：《美国强化网络空间主导权的新动向》，载于《现代国际关系》2020 年第 9 期。

⑤ White House Press Briefing on National Cyber Strategy, James S. Brady Press Briefing Room, Septebmer 2018, https: //news. grabien. com/making – transcript – white – house – press – briefing – national – cyber – strateg.

"网络空间日光浴委员会"于2020年3月推出所谓"分层威慑"战略文件，再次强调："美国的'克制忍耐'换来的是更加肆无忌惮的掠夺"，美国将动用所有手段去塑造行为、拒止收益和施加成本，其中军事力量的使用得到前所未有的提升，其军事选择不仅包括网络军事力量甚至扩展到非网络军事力量。① 从这些战略政策走向不难看出，为有效维护美国在网络空间的安全与利益，政府与军方在理念与行动上前所未有地协调一致。

不仅美国如此，越来越多的国家将网络空间主导权视为信息时代背景下巩固与提升国家权力与影响力的"战略要地"。网络空间的大国竞争在2020年体现得淋漓尽致，大国之间围绕网络展开的实力之争、技术之争、规则之争愈发激烈。网络空间中"现实主义"甚至是"进攻性现实主义"的论调前所未有的"一家独大"。即使是对此表示不认可、不赞同的观察家和政策制定者，也不得不承认地缘政治尤其是大国博弈对网络空间的深刻塑造。这种无奈的共识下，聚焦分歧与博弈远胜于发展与合作的现实正在事实上前所未有地冲击传统网络空间全球治理生态。

三、新技术与应用重塑网络空间安全与风险态势

首先，从技术与应用本身而言，技术的变革随着新技术及其社会应用的不断加速，将极大重塑网络安全风险，并因此带来治理难题与挑战。比如5G商用的迅速普及使得宽带网速足以支撑物联网场景下的"物物互联"与"人物互联"，接入互联网的用户与设备数量将以前所未有的速度迅猛增长。与此同时，数据亦将呈几何级增长，这些数据不仅事关个人隐私、公民权利与国家安全，更是"生产要素"，关乎未来数字经济的发展。由此带来系列涉及安全保护与流动共享的"平衡性"难题。2020年11月，世界经济论坛（WEF）发布题为《网络安全、新兴技术与系统性风险》② 的报告称，随着新兴技术的发展，网络空间的规模、速度和互联性正在发生重大变化，带来一系列新的系统性风险和挑战。紧接着在2021年1月，WEF又发布题为《2021年全球技术治理报告——在疫情时代利用第四次工业革命技术》③，具体针对人工智能、区块链、物联网、数字出行和无

① The Cyberspace Solarium Commission: Illuminating Options for Layered Deterrence, Congressional Research Service, March 2020, https://crsreports.congress.gov/product/pdf/IF/IF11469/2.

② Cybersecurity, Emerging Technology and Systemic Risk, World Economic Forum, November 2020, https://www.weforum.org/reports/future-series-cybersecurity-emerging-technology-and-systemic-risk.

③ Global Technology Governance Report 2021: Harnessing Fourth Industrial Revolution Technologies in a COVID-19 World, World Economic Forum, https://www3.weforum.org/docs/WEF_Global_Technology_Governance_2020.pdf.

人机等关键应用领域的治理挑战与破解之法进行了探讨。正如有专家称："基于数字技术的网络安全在国家与国际安全政策中占据越来越重要的地位，各国政府都在寻求有效的应对之道"①。

其次，从围绕新技术与应用展开的竞争而言，各国无论是出于自身发展考量，还是赶超甚至是遏制竞争对手的考虑，竞争的热度与烈度只增不减，相应措施手段更加花样翻新。各国深谙网络空间实力固然体现在政治、经济、军事等诸多方面，但无一不是建立在信息通信技术（ICT）应用基础之上。进入21世纪以来，在ICT革命主导下，科技革命蓬勃发展，全球范围内出现集群性的科技革命：信息技术革命、视觉技术革命、3D革命、算力革命、人工智能革命、生命科学革命及基于区块链的加密数字货币和数字资产革命。这些技术在未来会促使全球科技革命将进入叠加爆炸的历史新阶段。以ICT为基本支撑的网络空间无疑会是这场爆炸的源点和辐射点。更为重要的是，鉴于ICT技术与应用的特性，不断更新与突破的技术与应用也给后发国家提供了"弯道超车"甚至"换道超车"的可能性，其领先优势并非一劳永逸。一旦相关国家在前沿技术，尤其是颠覆性技术领域有所作为，就会对网络空间既有力量格局带来极大冲击。美战略与国际问题研究中心（CSIS）曾发布《超越技术：发展中国家的第四次工业革命》报告，认为发展中国家在应用新技术上具有后发优势，尤其是中国正借此超越美国，并在世界上扩展其影响力。②

因此，一方面相关国家对内加强前沿技术的战略布局与资源投入，另一方面以美为首的部分国家对外出手遏制竞争对手。美国政府不惜摒弃其一直宣扬的所谓自由市场导向，以国家之力启动"技术脱钩"，动用包括制定"实体清单"、实施出口管制甚至采取司法手段等一切可能的资源，打压包括华为在内的中国公司，甚至联合盟友试图形成国际围堵，进一步压缩中国公司的发展空间。2020年8月5日美国政府更是发布所谓"清洁网络"计划，试图全面系统地在ICT领域剔除"中国影响"。③ 种种现实表明，大国之间围绕科技的博弈已在客观上侵蚀网络空间的信任基础与危及战略稳定。

---

① Dunn Cavelty, M., & Wenger, A. Cyber Security Meets Security Politics: Complex Technology, Fragmented Politics, and Networked Science. *Contemporary Security Policy*, 2020, 41 (1), 5-32.

② Beyond Technology: The Fourth Industrial Revolution in the Developing World, Center for Strategic& International Studies, May 2019, https://www.csis.org/analysis/beyond-technology-fourth-industrial-revolution-developing-world.

③ 李艳：《美国强化网络空间主导权的新动向》，载于《现代国际关系》2020年第9期。

第四节　在大变局中推进网络空间全球治理的关键

一、网络空间的不稳定性与不确定性

一直以来，以美国为首的西方国家，和以中俄为代表的新兴经济体与发展中国家之间原本就在网络安全、国家行为规范、打击网络犯罪、数字规则以及新技术新应用标准制定等领域存在的一定分歧与不同，但其背后的因素比较复杂，有如发展阶段与需求不同的客观因素，亦有一定的认知与价值观冲突的主观因素。但随着当前地缘政治影响的加剧，后者的影响被放大，这就导致既有分歧不仅未得到有效弥合，反而进一步加深。最直接的表现就是网络议题的“泛安全化”与政治化态势更趋明显。

实力是权力的基础与根源，美国在网络空间一直以超强实力维护其主导权力。网络空间实力固然体现在政治、经济、军事等诸方面，但无一不是建立在信息通信技术（ICT）应用基础之上。以 ICT 为基本支撑的网络空间无疑会是这场爆炸的源点和辐射点。与此同时，实践已经证明，ICT 已经深刻影响国际力量格局与秩序。人工智能、物联网、移动互联网、工业互联网、区块链等前沿技术的发展与应用，在社会各领域不断催生新产业、新应用、新场景，如人工智能技术在军事领域的运用不仅重塑了军事力量对比，还给传统作战理念与模式带来变革性影响，而大数据分析与算法应用则极大提升了网络渗透和情报能力以及社会信息操纵和舆论控制能力。信息时代的国家战略博弈新态势正在日益凸显，其对国际体系和秩序带来的影响难以估量。

有鉴于此，美国政府前所未有地高度聚焦网络空间前沿技术，将其作为未来进一步打造网络空间硬实力的重要支撑。美国作为 ICT 革命的领跑者，凭借 ICT 原创能力和对全球科技资源的利用，在网络空间获取战略优势的同时，亦对 ICT 提升国家实力有着更为深刻的认识。美国亦深知鉴于 ICT 及其应用的特性，不断更新与突破的技术与应用也给后发国家提供了“弯道超车”甚至“换道超车”的可能性，其领先优势并非一劳永逸。

美国国家科学基金会（NSF）发布的《2020 年科学与工程指标报告》指出：“尽管美国继续在高科技领域保持第一，但是，其全球份额正在不断下降，而中

国正在快速追赶。”① 美国国防部国防创新小组亦发表报告称：“中美超级大国竞赛核心制胜要素是技术和创新。”②

因此，美国政府从地缘政治与大国竞争高度重视网络空间前沿技术实力优势的巩固。一方面，对内加强前沿技术的战略布局与资源投入以确保“绝对优势”。自2016年以来，包括美国政府、国会与军方都提出了基于人工智能与量子技术的未来发展计划，先后发布了“为人工智能的未来做好准备”“国家人工智能研究与发展战略”“人工智能与国家安全”以及“国家量子计算发展战略”“量子互联网蓝图”等。同时，加大资金投入，如2020年8月，美国政府宣布将投资超过10亿美元，建立相关专门机构研究人工智能与量子信息科学；加大政策支持力度，调动产、学、研等各方力量共同推动技术突破和应用落地。另一方面，对外强力出手遏制竞争对手以谋求“相对优势”。从网络空间发展历程来看，在ICT领域，无论是技术标准制定还是市场引领，“头部效应”“赢者通吃”现象明显。美国在网络空间的优势在很大程度上得益于全球领先的大型IT公司和技术社群。近年来，形势发生变化，据美国《财富》杂志公布的2020年世界500强企业，上榜的7家全球互联网相关公司中，除了美国的亚马逊、Alphabet、Facebook，其余四个席位分别是中国的京东、阿里巴巴、腾讯和小米。再如在5G等领域的标准制定中，截至2020年1月1日，华为拥有专利数量排名全球第一。③这种状况使得华为成为5G标准制定领域“绕不开”的力量，即使在制裁华为的关头，美国政府也不得不修改禁止美国公司与华为开展业务的规定，允许双方在5G网络标准制定方面进行合作。美国政府以技术问题政治化的手法，试图阻滞所谓竞争对手的发展路径，从而达到巩固其主导权地位的战略目标。

二、在百年大变局中开启网络空间治理新局面

世界百年变局与技术（尤其是后两者）的叠加影响，会给网络空间发展带来极大的挑战，但这并不必然得出全然悲观的结论，事实上更准确的表述应该是存在不确定性与变数。在不确定性与变数中间同样蕴含着机遇和新的发展方向，而这些恰好是未来治理进程的发力点，如果能够很好地应对、化解甚至是因势利

① The State of U. S. Science & Engineering, National Science Board, January 2020, https://ncses.nsf.gov/pubs/nsb20201.

② Michael Brown, Eric Chewning and Pavneet Singh. Preparing the United States for the Superpower Marathon with China, April 2020, https://www.brookings.edu/wp-content/uploads/2020/04/FP_20200427_superpower_marathon_brown_chewning_singh.pdf.

③ Tim Pohlmann. Fact Finding Study on Patents Declared to the 5G Standard, January 2020, https://www.iplytics.com/wp-content/uploads/2020/02/5G-patent-study_TU-Berlin_IPlytics-2020.pdf.

导，这些挑战完全可以成为新的发展契机。同理，对于致力于进一步提升网络空间全球治理影响力与话语权的中国而言，能否抓住这些关键点并展开作为亦至关重要。

一是要抓住发展机遇，拓展并引领治理新议程。新冠疫情固然给全球经济与社会带来巨大损失与冲击，但从另一个角度来看，疫情推动下“线上”经济与社会应用的井喷式增长，让更广范围、更深层次的数字社会加速成型且趋势不可逆，与之相关的安全与发展的议题提前摆在了国际社会面前，它不仅考验各国政府的治理水平，也对网络空间全球治理提出诸多新的课题。从这个意义上讲，未来网络空间治理的重心提前清晰地浮出水面。因此，国际社会各方会更有动力抓住数字社会加速成型的机遇期，从发展角度强化数字社会治理的前瞻性议题策划与探讨，从而有力推动未来网络空间全球治理进程。对于中国而言，自然不应该囿于西方国家主导下的议程设置，尤其是带过多政治意识形态的议题，不被带节奏，积极围绕相关发展性议题加大策划力度，必然能够获得更广泛的关注与认同。

二是在地缘政治框架下，妥善运维大国网络关系。地缘政治固然对网络空间全球治理带来一定不利影响，但必须看到，地缘政治格局的态势并非一成不变，大国博弈也并不意味着对抗的广度和烈度一成不变。随着国际政治与大国关系出现的一些新变数，竞争中仍然蕴含一定的合作契机。比如从中美网络关系的角度来看，拜登政府上台之后，鉴于其民主党派的执政传统与偏好，相较于特朗普政府时期，其对网络空间全球治理的关注与投入会有所“回暖”。同时，拜登政府所提出的“任何时候都应确保美中竞争不会危及全球稳定”的基调也会同样适用网络领域。① 因此中美双方在规范国家网络行为，管控大国间网络风险以及共同应对重要网络安全事件等方面的国际合作会有所推进。如果能够找准具体的合作领域，加强策划与推进，缓和与改善关系的空间仍然存在；再比如在与其他国家的网络关系运维中，鉴于网络议题的多元性和复杂性，只要能够把握具体国家的具体诉求，一定会有适合的合作议题。即使是面对美国试图建立的有“排华”色彩的“小院高墙”，面对供应链与产业链全球化的现实，其实际落地效果不仅难达预期，更难一蹴而就。这些都给中国避免陷入西方阵营设计，争取一切可以争取的力量，积极拓展合作留下了一定的空间与时间。

三是重视国际规则，加大对联合国框架的支持力度。近年来，国际社会出现一种倾向，有观点认为在网络空间建立国际规则不现实且低效，但其实这是一种

① “竞争但不失控：共建中美网络安全新议程”课题组：《中美策｜竞争但不失控（上）：拜登政府的网络政策与中美关系》，https：//www.thepaper.cn/newsDetail_forward_11269994。

误解。网络空间作为一个相对新域，立规建制仍处初期阶段，而对于这样一个空间，它的确很难形成真正意义上“放之四海兼准”的统一规则，而会是一套灵活的、弹性的，甚至更多表现为软法的规则体系。对于规则的探讨也并不完全是结果导向的，其过程亦有着重要意义，因为它会在客观上形成对行为是否具有正义性或合法性的认知、判断以及预期。即使不完美，但正是在没有“硬法”前提下，国际社会更加依赖于这些规则来为批评或合法化某种行为提供一个基础。与此同时，推进规则制定过程中需要长远的战略眼光，更关注那些能够促进合作、有效治理的合法机制与程序，而不是追求具体的、短期的结果。尤其是在复杂的、充满不确定性的当前网络空间态势下，当系统性网络安全风险防不胜防，单从技术上难以有效解决，约束行为的规则制定就显得更加重要。事实上，美欧等国一直高度重视此问题，国际规则的探讨与完善是网络空间全球治理的“常青树”。因此，中国要持续加大国际规则领域的投入，特别在支持联合国框架发挥作用的基础上，充分利用国际政府间平台就相关国际规则展开探讨，除既有的国际法在网络空间的适用、全球网络犯罪公约等议题，争取再就数据跨境流动规则等核心问题推动国际社会就全球性解决方案展开探讨。

第四章

网络空间全球治理的两大体系

从20世纪90年代兴起以来，经过多年的实践发展，网络空间治理逐渐形成了分别以技术社群和联合国为核心的两大体系，即以I＊为代表的互联网社群体系（Community-based System）和以政府专家组为代表的联合国框架体系（UN-led System）。互联网技术社群体系以非政府组织的多利益相关方模式为基础，而联合国框架体系以主权国家以及政府间的多边合作原则为基础。互联网的军民两用性、网络空间对现实空间的映射性，以及全球治理中国家行为体与非国家行为体共治性特征决定了网络空间全球治理两大体系的形成动力。

第一节　从互联网治理到网络空间治理

早期的互联网治理活动集中于互联网关键资源的管理，技术社群治理主导着早期的治理形成了技术社群互联网治理体系，是互联网诞生和持续运作的根基。进入网络空间后，互联网的社会属性被放大，国家不仅开始意识到互联网关键资源的战略意义，也将国家安全与网络安全相结合，主权国家在联合国框架下开启了网络空间治理的联合国治理体系。因此，从互联网治理到网络空间治理的治理演进脉络，与互联网治理技术社群体系与联合国体系发展是一条双规并行线。

一、技术社群体系——互联网持续运作的根基

互联网作为一项技术，自从1969年开发出阿帕网，到20世纪70年代中期传输控制协议和互联网协议（TCP/IP）的发明，其早期的治理活动主要是对互联网相关资源的协调与管理，核心在于互联网基础架构和协议的界定与操作。[①]治理主体由技术社群主导，1983年由参与APARNET项目的技术人员创立的互联网行动委员会（Internet Architecture Board，IAB）（后更名为互联网架构委员会）为互联网的发展提供长期的技术方向，1986年建立了开发互联网协议草案的互联网任务工作组IETF，1992年为从法律层面保护互联网技术社群成果而创立了私有的、非营利的国际组织互联网协会ISOC。1998年成立的互联网名称与数字地址分配机构ICANN[②]，在互联网关键资源管理与分配中占据着核心地位，被称为掌握网络空间封疆权的主体[③]。在以I*为代表的技术社群的互联网治理活动中，强调对关键互联网资源、互联网协议设计、知识产权、网络安全管理及通信权的治理[④]。技术社群的互联网治理门槛较高，参与人员需要具备技术专业知识，但同时技术社群以个人主体参与的方式组织治理活动，更为灵活和高效。可以说，在互联网技术社群对互联网的治理是互联网能蓬勃发展的根基，没有互联网技术社群治理就没有现今的互联网。

20世纪90年代互联网商业化和互联网民用普及率大大提升，互联网开始逐渐嵌入人们的社会经济活动中。对于互联网治理工作也在联合国框架下的世界信息峰会（World Summit on the Information Society，WSIS）进程中逐步程序化，从此也开启了联合国主导下的互联网治理进程，主权国家参与互联网治理的比重逐渐增大。首先，2003年的WSIS日内瓦进程成立互联网治理工作组（Working Group on Internet Governance，WGIG）将“互联网治理”正式纳入WSIS谈判的关键问题；其次，2005年的突尼斯进程首次明确了互联网治理的

---

① BROUSSEAU，Eric，MARZOUKI，Meryem. *Internet Governance：Old Issues，New Framings，Uncertain Implications*，in Eric BROUSSEAU，Meryem MARZOUKI and Cécile MÉADEL（eds），Governance，Regulations and Powers on the Internet，Cambridge，Cambridge University Press，2012，P. 369.

② ICANN（The Internet Corporation for Assigned Names and Numbers）具体的职能包括：互联网协议（IP）地址的分配、协议参数注册、通用顶级域名（gTLD）系统管理，国家和地区顶级域名（ccTLD）系统的管理以及根服务器系统的管理和时区数据库管理。

③ 杨剑：《数字边疆的权利与财富》，上海人民出版社2012年版，第213～221页。

④ DeNardis，L. The Emerging Field of Internet Governance. Yale Information Society Project Working Paper Series，2010.

定义、议题和工作内容[①]；最后，2005 年成立互联网治理论坛（Internet Governance Forum，IGF），开始机制化和常态化地讨论互联网治理的技术和政策问题。

在 2003～2005 年联合国信息社会世界峰会（WSIS）之前，互联网治理的定义主要局限于互联网关键基础资源管理，可以被称为“ICANN 的问题”，因为主要集中在互联网的域名管理。但 WSIS 首次将全世界的注意力集中在将互联网作为治理对象的整个互联网连接的世界，扩大了传统互联网治理的定义。2005 年的 WGIG 的报告中确定了四项互联网治理的主要领域，分别是与基础设施和关键互联网资源相关的问题、与互联网使用有关的问题（如垃圾邮件、网络安全、网络犯罪）、与互联网相关以及与发展相关的问题（如知识产权、国际贸易、特别是发展中国家的能力建设）。从这四项主导性议题可以看出，互联网诞生开始前 30 年发展中，其治理主体从具备技术优势的技术社群扩展到非技术人员，治理议题从聚焦保障全球互联网稳定运转扩展到促进社会和发展领域，治理机制从参与门槛较高的 I＊社群组织到以 IGF 为代表的开放式多利益攸关方参与平台，互联网治理活动的内涵与实践在不同程度上得到了扩充。

二、联合国体系——网络空间蓬勃发展的保障

互联网的诞生源于军事需求，互联网的“空间化”认知也最早由军事领域率先提出的。2000 年美国军方首先开始将网络空间作为海、陆、空、天之外的第五空间，但此时的网络空间认知仍然强调 IT 基础设施的相互依赖性，承认网络空间的存在但并未充分阐明网络空间的互联性。[②] 然而，推动网络空间概念内涵不断充盈的动力正是互联网的连接性带来的影响，连接性是形成互联网终端点到线、线到面、面到网络立体空间的关键要素。

网络空间是互联网发展到高度普及阶段后出现的人类社会现象和世界新空间。网络空间的形成对以信息传播为基础的所有领域都将产生影响，打破了世界信息与传播旧格局，网络空间发生了从单层到立体的转变。[③] 在这个阶段互联网已经不仅仅是信息传输的工具，而是把世界范围的信息传输系统、信息内容、经

---

① 2005 年 WSIS 会议首次明确定义了互联网治理工作，认为其是“由政府、私营部门和民间团体通过发挥各自的作用制定和应用的，它们秉承统一的原则、规范、规则、决策程序和计划，为互联网确定了演进和使用形式”。信息社会世界高峰会议成果文件，2005，P. 75. https：//www. itu. int/net/wsis/outcome/booklet－zh. pdf.

② Mueller，M. Is Cybersecurity Eating Internet Governance? Causes and Consequences of Alternative Framings. *Digital Policy*，*Regulation and Governance*，2017，P. 6.

③ 崔保国、孙平：《从世界信息与传播旧格局到网络空间新秩序》，载于《当代传播》2015 年第 6 期。

济与生活、国家与个人等多元纷杂的主体都连接起来，连接着地球上绝大部分的信息终端，形成一个实时互动的全球性信息沟通大系统。这个大系统将时间和空间高度压缩，具备的社会属性愈发浓重，网络空间和物理空间的同态映射和相互影响的作用被深入认识。[①]

网络空间的治理活动也从互联网治理阶段的技术驱动型转变为影响驱动型，其影响包括政治、经济和社会层面的公共政策和安全领域，治理内涵更加层次化和体系化。网络空间带来的全面性影响形成了一种大格局，这种格局中充斥着网络空间的物理结构以及网络空间的制衡结构，承载着更多的权力博弈。[②] 在权力博弈中，主权国家成为参与者，以安全为基础的权力诉求成为首要博弈领域。从而在互联网治理向网络空间治理的这一演进过程中，网络安全议题起到了关键作用。

军事领域对互联网空间化的感知促进了网络安全议题与国家安全战略的融合。特别是2007年爱沙尼亚首次遭受大规模网络攻击之后，被视为第一场“网络战”的攻击行为让此前军事层面的网络空间概念得到现实实践，网络病毒对国会、政府部门、金融和媒体网站的攻击对民用基础设施造成巨大损失。网络安全上升至各国国家战略高度，网络空间安全成为一项新的全球议程[③]，甚至一度曾作为互联网治理的一个子议题的网络安全议题侵蚀了互联网治理的主要内容[④]。

网络攻击者的匿名性、网络攻击溯源难、网络攻击范围广等特点使得网络空间完全自治难以奏效，政府参与网络空间治理变得必要。[⑤] “没有网络安全就没有国家安全”的深入捆绑，给予了主权国家逐步跻身于网络空间的管控和治理中的新机会。由此，传统国家间的政治博弈也渗入到网络空间治理中。一方面是国家间数字竞争能力[⑥]，如基于数据主权的能力竞争已经成为当下国家间能力竞争的前沿；另一方面是数字规则制定的主导能力，体现在规范国家和非国家行为体的网络行为、传统主权国家原则在网络空间的适用性、分配网络核心资源、支撑

---

① 周宏仁：《网络空间的崛起与战略稳定》，载于《国际展望》，2019年第3期。

② 崔保国：《世界网络空间的格局与变局》，载于《新闻与写作》2015年第9期。

③ 郎平：《网络空间安全：一项新的全球议程》，载于《国际安全研究》2013年第1期。

④ Mueller, M. Is Cybersecurity Eating Internet Governance? Causes and Consequences of Alternative Framings. *Digital Policy, Regulation and Governance*, 2017.

⑤ Netanel, N. W. Cyberspace self-governance: A Skeptical View from Liberal Democratic Theory. *Calif. L. Rev.*, 2000, P. 88, 395.

⑥ Xuetong, Y. Bipolar Rivalry in the Early Digital Age. *The Chinese Journal of International Politics*, 2020, 13 (3), pp. 313 - 341.

技术与标准和塑造网络权力等方面的规则制定。[1] 在这一系列的网络空间治理活动中，出现了不同的阵营分化趋势，延续着现实空间的国际无政府状态，存在着“网络发达国家”与“网络发展中国家”之间以及网络霸权国与网络大国之间的国家间博弈。[2]

总体而言，网络空间治理中网络安全议题成为推动其治理进程的主力，网络空间的社会属性不断加强，治理内涵的体系性逐渐形成。联合国主导下的网络空间治理体系也主要围绕与网络安全议题相关的治理进程逐步发展，传统的国际电信联盟和联合国教科文组织在原有组织框架内将网络空间治理议题纳入其中，同时联合国框架下也设立了如互联网治理工作组和互联网治理论坛等新的专职组织机构，世界信息社会峰会、信息安全政府专家组、打击网络犯罪政府专家组等以主权国家主导的进程推动着网络空间的治理。

第二节　联合国主导的网络空间治理体系

一、联合国网络空间治理的组织机构

（一）国际电信联盟

国际电信联盟（International Telecommunication Union，ITU）是联合国负责信息和通信技术的专门机构，成立于 1865 年。该机构旨在促进通信网络的国际连接，分配全球无线电频谱和卫星轨道，制定确保网络和技术无缝连接的技术标准，并努力改善全球能力不足的社群获得使用 ICT 服务的机会。人们日常使用的移动电话、访问互联网或发送电子邮件等服务都离不开 ITU 的工作。

ITU 的业务主要包括三大领域，分别是卫星、标准和发展。卫星使电话、电

① 鲁传颖：《试析当前网络空间全球治理困境》，载于《现代国际关系》2013 年第 11 期；沈逸：《后斯诺登时代的全球网络空间治理》，载于《世界经济与政治》2014 年第 5 期；沈逸：《全球网络空间治理原则之争与中国的战略选择》，载于《外交评论》2015 年第 2 期；张新宝、许可：《网络空间主权的治理模式及其制度构建》，载于《中国社会科学》2016 年第 8 期；Zeng，J.，Stevens，T. & Chen，Y. China's Solution to Global Cyber Governance：Unpacking the Domestic Discourse of “Internet Sovereignty”. *Politics & Policy*，2017，45（3），pp. 432 - 464。

② 檀有志：《网络空间全球治理：国际情势与中国路径》，载于《世界经济与政治》2013 年第12 期。

视节目、卫星导航和在线地图成为可能。无线通信的爆炸式增长，特别是提供宽带服务，表明需要增加全球性解决方案来处理额外无线电频谱分配和统一标准的需求，以提高互操作性。ITU 无线电通信部门负责协调这一范围广泛且不断扩大的无线电通信服务，还负责无线电频谱和卫星轨道的国际管理工作。

ITU 的标准（ITU Standards）是当今 ICT 网络运行的基础。没有 ITU 的标准就无法使用电话和连接网络。对于互联网接入、传输协议、语音和视频压缩、家庭网络以及信通技术的无数其他方面，ITU 的数百个标准允许系统在本地和全球范围内工作。ITU 电信标准化部门专门负责 ICT 标准化讨论和制定工作，主要是在全球范围内扩大信息通信技术的普及度，让人人都能从 ICT 技术发展中受惠。ITU 倡导了一系列弥合数字鸿沟的国际重大举措，如"ITU 连接""连接学校、连接社区"等活动。ITU 还定期发布业界最全面、最可靠的 ICT 统计数据，如 ITU 数据与分析、ITU 标准、ITU 软件和数据库等。①

受新冠疫情影响，ITU 近年的工作主要围绕疫情背景下的国家网络安全能力建设展开。2020 年 3 月 ITU 发布了《国家应急电信计划指南》，正是在新冠疫情的大背景下做出的必要反应。该指南可用于针对因为疫情所引起的紧急情况的专项应急计划，以促进通信设施的可用性。同时 ITU 秘书长赵厚麟还发表了关于新冠疫情危机期间启动的一个全球平台以协助保护电信网络的声明，新平台将用于在疫情期间协助各国政府和私营部门确保网络保持适应能力，并向所有人提供电信服务。② 此外，ITU 在 9 月份发布了《2020 年宽带状况：解决数字不平等问题十年行动》报告，其中提到了疫情使人们日常生活的许多方面越来越依赖于数字网络，加强数字网络能力建设成为当前各国和各组织的紧迫任务，并且根据疫情所反映出来的问题，报告还制定了 ITU 下一步的工作目标。

2022 年 9 月 26 日至 10 月 14 日，ITU 召开了国际电联全权代表大会。全权代表大会是国际电信联盟（国际电联）的最高政策制定机构，每四年召开一次，代表来自国际电联成员国。它是国际电联成员国就该组织未来发挥的作用做出决定的关键性会议，大会将确定国际电联的总体政策、通过四年期战略规划和财务规划，以及选举本组织的高层管理班子、理事国和无线电规则委员会委员。

2022 年的国际电联全权代表大会选举了来自美国的多琳·博格丹 - 马汀（Doreen Bogdan - Martin）为该组织的下一任秘书长。中国成功连任理事国，中国候选人、国家无线电监测中心主任程建军成功当选无线电规则委员会委员。

---

① 国际电信联盟，https：//www. itu. int/hub/pubs/。

② 《国际电信联盟：启动全球平台协助保护疫情间电信网络》，https：//baijiahao. baidu. com/s?id = 1662013128052746628&wfr = spider&for = pc。

（二）互联网治理工作组

互联网治理工作组（Working Group on internet governance，WGIG）是由联合国秘书长根据2003年日内瓦通过的《信息社会首脑峰会原则宣言》而成立的互联网治理专项小组。该小组充分认识到互联网已成为公众可使用的全球性基础设施，对互联网的治理已经成为信息社会议程的核心问题。联合国互联网治理工作组始终坚持互联网国际管理应该是多边、透明、民主的，政府、私营部门、民间社会和国际组织都应该充分参与其中的工作原则。其核心任务是确保互联网资源公平分配，便利所有人使用互联网，并确保互联网的稳定和安全运作。工作组所涉及的互联网管理工作包括技术和公共政策问题，需要多利益攸关方、政府间组织和国际组织的多方参与。对于不同的参与主体，工作组也做出了各方职责的明确指示：第一，互联网相关的公共政策问题是国家主权问题，国家有权利和责任处理国际互联网相关的公共政策问题；第二，私营部门应该在互联网发展中的技术和经济领域发挥重要作用；第三，公民社会在互联网问题特别是社群一级的问题上发挥不可取代的作用；第四，政府间组织在协调与互联网公共政策有关的问题中发挥作用；国际组织在制定与互联网有关分技术标准和政策制定方面承担着重要责任。

2004年WGIG召集了40多名政府和利益攸关方代表进行了数月的密集同行级别对话和集体讨论。WGIG进程是政府间承认互联网治理多利益攸关方进程的一个重要转折点和催化剂。WGIG最重要的影响是2005年发布了一份广受关注的报告，提出了互联网治理的“广义定义”，互联网的政策空间不再拘泥于互联网技术社群、商标游说团体和少数专注域名和IP地址的专家主导了，同时为关键互联网资源的“监管”提供了四种相互竞争的模式，并且倡议成立互联网治理论坛IGF。

总体而言，国际互联网的治理问题是一个需要协调各方解决问题的进程，联合国秘书长成立联合国互联网治理工作组的初衷也是为了该工作小组能够成为一个连接器，让不同发展阶段的国家、非国家的不同治理主体都进入国际互联网的治理进程中。

（三）互联网治理论坛

互联网治理论坛（Internet Governance Forum，IGF）起始于2006年，是2005年信息社会世界峰会授权联合国秘书长开展全球范围内关于互联网治理多利益攸关方政策对话的产物。作为一个讨论性的平台，IGF将各相关方平等地聚集在一起，相互交流与分享互联网治理的最佳政策与实践。IGF给予了各方平等的发声机会，特别是包括发展中国家在内的所有国家的利益攸关方都可以参与互联网治理辩论，有助于本国的互联网治理能力建设，使相关利益攸关方能够建立和获取知识和技能。最终，从发达国家到发展中国家，从政府到国际组织，从私营部门到公民社会，所有利益攸关方的参与是推动互联网治理中充满活力的公共政策的必要条件。

多利益攸关方模式是 IGF 运行的核心，随着互联网治理议题的多元化和治理主体的多样化，IGF 也需要逐步进行改革与转型，多利益攸关方模式也需要一定的层次和结构以提高效率。2020 年联合国数字合作高级别小组发布的报告中提出了全球数字合作的三种架构模式，其中就包括 IGF +。

定义的全球数字合作的 3 种架构模式，建议从 IGF + 模式（以联合国为机构锚点）开始，通过包括报告第二架构模式（COGOV）中指出的一些分布式网络和平台，进一步加强 IGF + 模式。IGF + 的组织架构包括：咨询指导委员会（Advisory Group or Steering Committee）、合作加速器小组（Cooperation Accelerator）、政策孵化器小组（PolicyIncubator）、网络合作小组（Cooperation Networks）、区域立法小组（Regional Legislation Groups）、数字观察与服务小组（Observatory and Help DeskDigital）。IGF + 模式主要是推进在已经参与互联网治理有约束性能力的组织中（如 IETF，ICANN）将 IGF 讨论的议题能够政策落地。2020 年联合国秘书长古特雷斯向联合国大会提出《数字合作路线图》①，专门提出了 IGF + 的改革设想，计划建立一个高级别洽谈会议轨道，确保获得更多有实际价值的成果，加强 IGF 的政策影响力。主管联合国经济和社会事务的副秘书长刘振民多次就路线图给出回应表态，要用具体行动将 IGF 建设成为一个更有效、更具相关性和包容性的平台，为全球、区域和国家互联网治理政策提供信息和建议。②

IGF 对互联网治理的探讨早已不再局限于 ICANN 管辖权等技术层面，而是上升到政治、经济、技术、军事等方方面面，形成了一种综合治理的思路。在欧洲层面，伴随着欧洲数字主权意识的觉醒，互联网治理议题与欧洲各国的数字化治理主张保持一致，赋予了 IGF 合法性与发展动力③。在联合国层面，则可以发现联合国对 IGF 重视程度的提升，通过成立数字合作高级别小组，提出了 IGF 发展蓝图，试图让 IGF 从“清谈”走向决策。联合国秘书建议将 IGF 扩展并转变为“IGF +”，使其有能力解决紧急问题，协调新出现议题的后续行动，并在加强议

---

① 古特雷斯：《数字合作路线图》（A/74/821），2019 年 5 月 29 日，https：//undocs. org/zh/A/74/821。

② Liu Zhenmin. Remarks at Second Open Consultations and Multistakeholder Advisory Group Meeting Internet Governance Forum，June 16，2020，https：//www. un. org/en/desa/remarks – second – open – consultations – and – multistakeholder – advisory – group – meeting.

③ 徐培喜：《联合国互联网治理论坛的“重生”与影响》，载于《中国信息安全》2020 年第 1 期。

题针对性的基础上，向身处该领域的多利益攸关方分享其权威建议，为取得更具体和切实的成果铺平道路[①]。2020～2022 年，IGF 继续深入贯彻了改革路线，着力加强与各方决策论坛、互联网报告的联结与合作，向着“调整、创新和改革”工作，以及“促进实施旨在推进数字合作的拟议倡议”，并为“所有人创造一个开放、自由和安全的数字未来”等方向迈进[②]。IGF 历届会议的主题见表 4－1。

表 4－1　　历届 IGF 会议举办地与主题

年份	举办地	主题
2006、2007	巴西，里约热内卢；雅典，希腊	最初两年（The First Two Years）
2008	印度，海得拉巴	面向全人类的互联网（Internet for All）
2009	埃及，沙姆沙伊赫	互联网治理：为所有人创造机会（Internet Governance：Creating Opportunities for All）
2010	立陶宛，维尔纽斯	共创未来（Developing the Future Together）
2011	肯尼亚，内罗毕	促进变革的互联网：可获得、发展、自由和创新（Internet as a Catalyst for Change：Access，Development，Freedoms and Innovations）
2012	阿塞拜疆，巴库	互联网治理促进人类、经济和社会可持续发展（Internet Governance for Sustainable Human，Economic and Social Development）
2013	印度尼西亚，巴厘岛	搭建桥梁——加强多利益攸关方合作以促进增长和可持续发展（Building Bridges－Enhancing Multistakeholder Cooperation for Growth and Sustainable Development）

① IGF. IGF 2017 Thems. Retrieved from https：//intgovforum. org/zh－hans/filedepot_download/3367/1544，2017.

② IGF. IGF 2022 Themes. Retrieved from https：//intgovforum. org/en/content/igf－2022－themes，2022.

续表

年份	举办地	主题
2014	土耳其，伊斯坦布尔	以区域互联加强多利益攸关方的互联网治理（Connecting Continents for Enhanced Multistakeholder Internet Governance）
2015	巴西，若昂佩索阿	互联网治理的演变：为可持续发展赋能（Evolution of Internet Governance：Empowering Sustainable Development）
2016	墨西哥，哈利斯科州	促进包容性和可持续增长（Enabling Inclusive and Sustainable Growth）
2017	瑞士，日内瓦	塑造你的数字化未来！（Shape Your Digital Future!）
2018	法国，巴黎	充满信任的互联网（The Internet of Trust）
2019	德国，柏林	同一个世界，同一个网络，同一个愿景（One World. One Net. One Vision）
2020	线上	以互联网促进人类恢复力与团结（Internet for Human Resilience and Solidarity）
2021	波兰，卡托维兹	团结的互联网（Internet United）
2022	埃塞俄比亚，亚的斯亚贝巴	为共享可持续与共同的未来构建有恢复力的互联网（Resilient Internet for a Shared Sustainable and Common Future）

作为聚集互联网治理业内人士最多的论坛，IGF成为互联网治理主题的风向标，自2006年开始，每年一届的IGF论坛囊括了当年互联网治理的重要议题。虽然IGF没有直接的政策决策权，但为决策者提供了大量的信息和政策建议，为共同应对互联网带来的风险挑战做出了贡献。

（四）联合国教科文组织

联合国教育、科学及文化组织（United Nations Educational, Scientific and Cultural Organization, UNESCO），成立于1945年，总部设立在巴黎，旨在通过教育、科学及文化来促进各国之间合作，对和平与安全作出贡献，以增进对正义、法治及联合国宪章所确认之世界人民不分种族、性别、语言或宗教均享人权与基本自由之普遍尊重。[①] 随着互联网技术对人类发展的推动，联合国教科文组织也开始大量关注互联网治理的相关议题。在互联网治理领域活跃度明显增加，与ICANN、ISOC等合作交流频繁，在世界信息社会峰会、IGF以及世界互联网大会等互联网治理平台积极发声。在系列性的研究报告和行动文件中，联合国教科文组织不断强调互联网在促进人类可持续发展、建立包容性知识社会以及加强信息、思想在全球范围内的自由流动等方面的潜力，支持会员国确保互联网政策和法规体现所有利益相关方的参与，以及国际人权和性别平等，倡导建立一个基于人权的、开放和无障碍的、由多利益攸关方参与治理（R－O－A－M原则）的互联网。联合国教科文组织于2019年发布了《互联网普遍性指标：互联网发展评估框架》，框架涵盖了304项指标，包括109个核心指标，涉及6大类别、25个主题和124个基础问题。从权利、开放性、网络接入性、多利益攸关方参与、交叉性问题等类别对全球互联网发展做出评估。[②]

二、联合国网络空间治理的主要进程

（一）世界信息社会峰会

世界信息社会峰会（World Summit on the Information Society, WSIS）是联合国框架正式介入互联网治理的里程碑。2001年联合国大会第56/183号决议批准了分两个阶段举行世界信息社会峰会，ITU被联合国大会任命为信息社会世界峰会的主要管理者。信息社会世界峰会组织召开的2003年日内瓦会议和2005年突尼斯会议开启了联合国框架下的互联网治理进程，主权国家以峰会的形式进入以往由技术社群主导的互联网进程中。世界信息社会峰会主要通过定期的峰会形式制定互联网治理行动计划，讨论互联网治理议题，于2006年首次召开了互联网治理论坛（Internet Governance Forum, IGF），以多利益攸关方的模式推进互联网

① 联合国教科文组织官网：https://en.unesco.org/。

② 联合国教科文组织官网：https://unesdoc.unesco.org/ark:/48223/pf0000370691。

治理政策对话与制定。

面对疫情下的互联网治理问题，2020 年世界信息社会峰会以“促进数字转型和全球伙伴关系：实现可持续发展目标的世界信息社会峰会行动路线”为主题，致力于为 WSIS 利益攸关方扩大活动范围，利用信息通信技术，通过实施世界信息社会峰会行动纲领实现可持续发展目标。会议发布的《成果文件》阐述了就地区、国家、专题小组分别就具体议题所达成的结果以及区域和性别平衡方面的良好参与，表明对世界信息社会峰会进程及实现可持续发展目标而加强世界信息社会峰会实施活动的贡献和承诺。《高级成果与执行摘要》记录了世界信息社会峰会相关团体的官员围绕如数字鸿沟、ICT 应用与服务、电子贸易等主题进行的讨论。《实现可持续发展的行动十年》反映了多个具体领域当前的情况，遇到的挑战及对可持续发展目标的影响。《清点报告》反映了世界信息社会峰会清点工作，通过复制旨在实现《2030 年可持续发展议程》的可持续发展目标的成功模式，来致力于实现世界信息社会峰会成果的利益攸关方的活动。《ICT 案例库》通过举例来反映出 ICT 领域是如何应对新冠疫情影响的。

（二）信息安全政府专家组

进入 21 世纪以后，随着网络空间安全形势的整体恶化和大国之间的博弈陷入困境，各国逐渐认识到建立网络空间的规范和规则成为保障各国在网络空间中国家利益的重要途径。联合国大会中的裁军和国际安全委员会（第一委员会）根据联合国秘书长的指令（Mandate）于 2004 年建立联合国信息安全政府专家组（Group of Governmental Experts on Advancing responsible State behaviour in cyberspace in the context of international security，UNGGE）作为秘书长顾问，以研究和调查新出现的国际安全问题并提出建议。政府专家组的主要宗旨是服务于联合国建立一个“开放、安全、稳定、无障碍及和平的信通技术环境”，主要通过推动实施可加强网络空间安全和稳定的行为准则；鼓励联合国会员国根据大会 A/53/576 号文件每年报告国家观点；优先安排和促进那些已达成有限协议的规范问题进行对话；促进多方参与来实现网络空间的规范建立和治理。[①] 政府专家组作为一个中心平台，主要讨论对国家使用信通技术所适用的有约束力和无约束力的行为规范，涵盖面从现行国际法在信通技术环境中的适用到国家在网络空间的责任和义务，这些问题涉及关键基础设施保护、网络安全事件防范、信任和能力建设

---

① Camino Kavanagh. The United Nations，Cyberspace and International Peace and Security：Responding to Complexity in the 21st Century. United Nations Institute for Disarment Research. P. 3，http：//www. unidir. org/files/publications/pdfs/the - united - nations - cyberspace - and - international - peace - and - security - en - 691. pdf.

以及人权保护等。[1] 通过这些问题讨论所产生的框架随后由不同的区域、次区域、双边、多边或专门机构进行运作和实践。[2] 尽管专家组最终形成的报告并不具约束力，但它们被视为增强网络空间稳定性的重要基石。它们在全球和区域和双边等多个层面产生了较多辅助性倡议，这促进了专家组所形成共识的广泛传播，强化了国家间以及和其他利益攸关方之间的信心建立，同时也加强了发展中国家在网络空间建设中的能力。

自 2004 年获联合国授权组建以来，联合国信息安全政府专家组共组办了六届专家组会议，形成共识性报告 4 份（2010，2013，2015，2021），达成的主要共识包括负责任的国家行为准则、国际法在网络空间的适用性、能力建设和建立信任措施等，在构建网络空间安全国际规则和建立多边合作机制以应对日趋严峻的网络安全环境方面做出大量努力。然而，被给予厚望的 2017 年第五届专家组会议由于网络发达国家和网络发展中国家在网络空间中的“国家责任”“反措施”“自卫权”和国际人道法在网络空间的适用性等方面的规范上未能达成共识形成报告，这是对联合国信息安全政府专家组进程的一次重大挫折，也意味着国际网络空间合作改革步入深水区，同当今各国政治目标产生冲突。

面对近年来频发的网络事件，网络安全已经严重地影响了国际秩序，亟须建立网络空间规则。为继续推进联合国框架下制定网络空间规则的进程，2018 年开启了联合国信息安全政府专家组与开放式工作组“双轨并行”的磋商机制。不同于联合国信息安全政府专家组以数量有限的主权国家参与的闭门会议机制，全新的开放式工作组采取多利益攸关方机制，允许联合国成员国、私营部门、公民社会、技术社群等多方参与议程讨论。历经 4 年时间，开放式工作组和联合国信息安全政府专家组分别于各自发布了最终共识性报告。

（三）打击网络犯罪政府专家组

联合国网络犯罪政府专家组（Open-ended intergovernmental expert group meeting on cybercrime，IEG）成立于 2010 年，受联合国预防犯罪和刑事司法大会提议，建立一个不限成员名额的政府间专家组，就网络犯罪的国家立法、最佳做

① Camino Kavanagh. The United Nations，Cyberspace and International Peace and Security：Responding to Complexity in the 21st Century. United Nations Institute for Disarment Research. P. 11，http：//www. unidir. org/files/publications/pdfs/the – united – nations – cyberspace – and – international – peace – and – security – en – 691. pdf.

② Camino Kavanagh. The United Nations，Cyberspace and International Peace and Security：Responding to Complexity in the 21st Century. United Nations Institute for Disarment Research. P. 15，http：//www. unidir. org/files/publications/pdfs/the – united – nations – cyberspace – and – international – peace – and – security – en – 691. pdf.

法、技术援助和国际合作等议题进行讨论，加强并提出新的国内和国际打击网络犯罪的法律应对措施。目前，联合国网络犯罪政府专家组在组织上接受联合国预防犯罪和刑事司法委员会（UN Commission on Crime Prevention and Criminal Justice，CCPCJ）的指导，由联合国毒品和犯罪问题办公室（The United Nations Office on Drugs and Crimes，UNODC）提供会务、组织等秘书服务，是联合国框架下政府间唯一探讨打击网络犯罪的平台①。

根据2018年联合国网络犯罪政府专家组的组会安排，制定了2018~2021年的四年工作规划安排，包括2018年讨论立法和政策框架、定罪议题，并汇集各国提出的初步建议供后续会议审议；2019年讨论执法和调查、电子证据和刑事司法议题，并汇集各国提出的初步建议供后续会议审议；2020年讨论国际合作和犯罪预防议题，并汇集各国提出的初步建议供后续会议审议；以及2021年，总结前三次会议成果，出台最终的工作建议和结论提交联合国预防犯罪委员会审议②。2021年4月，全面研究网络犯罪问题专家组就2018年、2019年和2020年会议上提出的初步结论和建议形成了汇编③，该轮汇编将立法于框架、刑事定罪、执法于调查、电子证据和刑事司法、国际合作、预防等问题做了全面的梳理，是联合国框架下对打击网络犯罪的阶段性重要成果。

（四）数字合作高级别小组

2018年7月，联合国秘书长古特雷斯设立了数字合作高级别小组，旨在推动各国政府、私营部门、公民社会、国际组织、技术和学术界以及其他相关利益攸关方在数字空间的合作。小组由比尔及梅琳达·盖茨基金会共同主席梅琳达·盖茨和阿里巴巴集团执行主席马云担任共同主席，其他18名成员来自不同学科和领域，代表着不同地理区域和年龄段，该小组是迄今为止最为多样化的一个秘书长高级别小组。联合国数字合作高级别小组（United Nations high-level Group on Secretary - General Digital Cooperation）于2019年6月，发布了《相互依存的数字时代》研究报告，呼吁建设包容性数字经济和社会，到2030年，确保每个成年人都能获得可负担得起数字网络，以及数字金融和医疗服务，建立广泛的多方利益攸关方联盟，为实现可持续发展目标共同分享“数字公共产品”和数据。

---

① 张鹏、王渊结：《联合国网络犯罪政府专家组最新进展》，载于《信息安全与通信保密》2019年第5期。

② 中国国际法前沿：《联合国网络犯罪政府专家组第四次会议综述》，http://oppo.yidianzixun.com/article/0ImQrt8h?appid=oppobrowser&s=oppobrowser。

③ 全面研究网络犯罪问题专家组：《2018、2019和2020年会议上会员国提出的初步结论和建议汇编》，2021年4月6日，https://www.unodc.org/documents/organized-crime/cybercrime/Cybercrime-April-2021/CRP/V2101011.pdf。

2020年6月，古特雷斯提出《数字合作路线图》，作为对《相互依存的数字时代》报告的审议和回应，并且结合新冠疫情带来的巨大技术挑战，提出更为回应全球关切的行动建议：一是推动全球数字连接；二是协力创造数字公共产品；三是推进数字包容，保证数字技术惠及所有人；四是加强数字能力建设；五是保障数字领域对人权的尊重；六是应对人工智能挑战；七是建立数字信任和安全；八是推进全球数字合作。“路线图”对全球数字发展具有积极的推动作用，体现了联合国对全球数字合作及互联网治理政策的方向性重大动向。

三、联合国在网络空间治理中的重要作用

作为政府间的协商平台，联合国在达成网络安全国际规范、设置主导国际议题、形成治理整体框架和构建集体安全方面发挥着重要作用。在联合国政府专家组和开放式工作组的推进下，主权国家在网络安全规则的国际规范讨论中已经达成较多共识；在面对复杂的网络威胁中联合国能够快速形成国际性议题，凝聚国际共识对解决最紧迫的国际问题；在联合国机制下能够形成社会经济等多层面的治理框架推进多方多面共治；在维护世界和平的使命下联合国从理念、机制和措施等多层次构建了集体安全。

（一）提供协商平台制定国际规范

在应对日益严峻的网络安全问题中，联合国信息安全政府专家组进程成为制定网络安全国际规范的重要机制，是联合国在网络安全治理议题中提供协商平台制定国际规范的最佳实践之一。联合国信息安全政府专家组在网络规范领域达成的共识具备较强的合法性和权威性，目前，已经组织了六届专家组，发布了四份共识报告，主要讨论对国家使用信通技术所适用的有约束力和无约束力的行为规范，涵盖面从现行国际法在信通技术环境中的适用到国家在网络空间的责任和义务，问题涉及关键基础设施保护、网络安全事件防范、信任和能力建设以及人权保护等。[①] 2019年底开始与联合国信息安全政府专家组并行运作的开放式工作组机制在联合国信息安全政府专家组的基础上扩大了参与者范围，向联合国所有成员国开放，并且向企业、学术界、非政府组织等咨询，重点推进六大议题：现有

① Camino Kavanagh. The United Nations, Cyberspace and International Peace and Security: Responding to Complexity in the 21st Century. United Nations Institute for Disarmament Research. P. 3. http://www.unidir.org/files/publications/pdfs/the-united-nations-cyberspace-and-international-peace-and-security-en-691.pdf.

和潜在威胁；国际法；规则、规范和原则；定期对话机制；建立信任措施；能力建设。在联合国信息安全政府专家组的基础上对国家负责任的行为规范进行进一步的深化和扩充。在2020年上半年，开放式工作组发布了各国关于负责任国家行为规范提案的汇编。其中，尤以中国提出的关于网络空间国家主权、关键基础设施保护、数据安全、供应链安全和反恐怖主义的提案同时兼顾了规范多向发展的需要①。

在联合国信息安全政府专家组和开放式工作组双轨制下，开放式工作组形成的规范可以被联合国信息安全政府专家组采纳，之后议题经讨论后由区域、次区域、双边、多边或专门机构进行运作和实践。虽然联合国信息安全政府专家组机制下形成的规范是自愿性和非约束性，表明国家可以自主选择是否加入遵守规范的行列，对于违反规范的行为不会依据报告进行实质性的惩罚。非强制性虽然降低了规范的效力，但在当前网络空间技术、战略和法律不断完善的情况下采取的一种较为妥当的妥协举措。虽然国际法无法禁止违反负责任国家行为规范，但由于作为一种国际社会的集体期待和标准，违反规范的国家依旧会感受到来自全球的强大压力。从这种意义上而言，规范能够促进国际安全，减少冲击网络空间和平与稳定的行为。②

（二）设置国际议题达成国际共识

联合国在主权国家参与的网络空间治理中具有突出的权威性和代表性，在国际治理议题的设定和引导中发挥着关键作用。一方面，联合国能够主导和推动议题在国际社会能够持续受关注。在网络安全治理中，2004年联合国信息安全政府专家组机制就组建形成，联合国对信息安全带来对威胁给予了高度的重视。在联合国信息安全政府专家组机制下形成了发现网络空间现有和潜在威胁、国际法在网络空间的适用性、负责任的国家行为规范、建立信任措施和能力建设五大议题。通过2011年、2013年、2015年三年发布的报告对这五大议题进行逐步深入的探讨，主权国家、国际组织、私营企业、非政府组织等机构都参与到议题探讨中，如国际法在网络空间的适用性和网络空间负责任的国家行为准则议题已经成为学术界、政策界和产业界在讨论网络安全事宜中高度关注的议题。

另一方面，在网络空间新型威胁不断出现的时期，联合国能够快速有效地设定国际议程，凝结国际共识。在2020年新冠疫情在全球暴发之时，网络空间关

① 黄志雄、刘欣欣：《2020上半年联合国信息安全工作组进程网络空间国际规则博弈》，载于《中国信息安全》2020年第7期。

② 鲁传颖、杨乐：《论联合国信息安全政府专家组在网络空间规范制定进程中的运作机制》，载于《全球传媒学刊》2020年第7期。

于疫情的谣言、虚假信息和阴谋论肆虐，联合国世卫组织总干事唐德塞呼吁社会各界共同抗击信息疫情，减少因虚假信息造成的损害。随后在互联网治理层面的联合国机构纷纷开始设置抗击信息疫情的议程，ITU、IGF、信息社会世界峰会等机构开设相关讨论、发布相关报告、制定相关计划，从不同层面在短期内制定了抗击新冠疫情信息疫情的议程，加深了国际社会对疫情信息的重视程度，推动了国际社会快速采取措施抵制疫情虚假信息。此外，在疫情对世界经济造成严重损失的背景下，数字经济在疫情中表现出坚韧的韧性。

（三）制定治理框架推进措施落实

联合国作为二战结束后由各国所建立起来的最有权威性的综合性国际组织，在参与各种议题的国际治理方面能够制定框架性的措施，推动问题的有效解决。在网络空间全球治理方面，联合国下的多个部门机构在不同角度同样形成了治理的总体框架。

信息社会世界峰会与秘书长数字合作高级别小组在网络空间社会治理层面发挥着重要的作用。信息技术给人类生产生活带来巨大变革，其中不乏诸多挑战。为解决技术带来的负面困扰，信息社会世界峰会的出现便致力于构建起更加公平、繁荣、和平的信息社会。信息社会世界峰会注重实际中的发展问题，尤其是信息发达国家与信息发展中国家的数字鸿沟，因此，2020 年的成果文件中强调信息通信技术在社会发展、人群普及、缩小数字鸿沟及减少不平等的现象中的作用。

秘书长数字合作高级别小组的任务是提高人们对数字技术在社会和经济中的变革性影响的认识。2020 年 6 月 11 日，《数字合作路线图》发布，路线图是以数字合作高级别小组的建议为基础，结合各国政府、私营部门、民间社会、技术社群等多利益攸关方群体的参与所形成的国际数字合作的方案，目标是推动数字技术以连接、尊重和保护数字时代的人们。联合国秘书长建议在多个领域加强全球数字合作，包括到 2030 年实现通用连接——每个人都应该可以安全且负担得起的方式访问互联网；促进数字公共物品以解锁更公平的世界——应该拥抱和支持互联网的开源、公共起源；确保所有人，包括最弱势群体的数字包容性，服务不足的群体需要平等使用数字工具以加速发展等。

数字经济与电子商务一方面为经济发展和方式带来了机遇，但是另一方面也拉大了发达国家与发展中国家的数字鸿沟，加剧了发展不平等的现象。联合国贸易和发展会议在数字经济和电子商务领域承担起主要功能，能够及时地反映当前数字经济的发展并提出相应的治理方案。贸发会议的电子商务和数字经济方案为发达国家和发展中国家之间就如何利用不断发展的数字经济促进贸易和可持续发展提供了一个独特的对话平台。

疫情以来，联合国贸发会议发布了《强调弥合数字鸿沟的需求》《各国如何利用贸易便利化来战胜 COVID - 19》等在内的多份报告。报告显示，贸发会对疫情对数字经济的影响做出了研判，从中阐述了冠状病毒给正常经济秩序带来的破坏，分析在疫情背景下加强企业、政府、消费者之间正常经济活动的可能性，从而为国际社会恢复数字经济提供可参考的指导性文件。

（四）协调多方力量构建集体安全

由于网络空间不像现实物理空间一样具有明显的地理上的障碍界限，所以网络空间安全事关多国的安全状态。随着信息通信技术的进步，网络空间的溯源难、归隐难的属性为网络犯罪、网络攻击、供应链安全提供了新的活动空间。国家行为体在面对来自网络空间的安全威胁时，通常受制于技术性原因而无法进行有效的预防和应对。联合国作为二战结束后构建集体安全的主要机构，其在维护世界和平与稳定上发挥了积极作用。具体在网络空间领域，联合国同样承担起构建集体安全的主要角色。

一方面，联合国下辖多个部门机构负责应对网络安全。联合国下有毒品和犯罪问题办公室（UNODC）、反恐怖主义办公室（UNOCT）、裁军事务办公室（UNODA）等在内的多个机构，其中，裁军事务办公室近年新下设有开放式工作组和联合国信息安全政府专家组两个子机构。从机构主要任务的角度，联合国毒品与犯罪问题办公室在职能设置上具有网络犯罪专项工作，尤其是在反恐问题上，该办公室发布了《利用互联网进行恐怖主义的目的》文件，同时强调，出台的文件不是政策文件，而是作为打击网络犯罪和恐怖主义的实用工具。反恐怖主义办公室关注滥用信息技术和利用新兴技术打击网络犯罪的问题，主张通过与会员国、私营部门、民间团体等多利益攸关方进行交流合作。联合国信息安全政府专家组和开放式工作组作为联合国大会设立的新进程，致力于网络空间规则制定，推动全球网络空间法治进程。

另一方面，涉及多个安全议题，能够应对不同网络安全事件。网络安全事件具有多种表现形式，如网络犯罪、网络攻击、隐私泄露、供应链安全等，针对不同的安全议题，联合国也同样积极构建集体安全。就供应链而言，其被理解为一个组织，人员，技术，活动，信息和资源的系统，涉及将产品或服务从供应商（生产者）转移到客户的过程。如今，随着全球数字化时代的到来转型，供应链及其管理方式正在发生变化，完整的供应链分布在世界各地，一国境内无法完全将其掌握，这对其安全性和完整性的风险和威胁日益增加。联合国信息安全政府专家组和开放式工作组两个联合国进程重点应对 ICT 供应链安全，与各国共同商讨解决方案缓解全球 ICT 供应链环境的恶劣状况，以倡导构建切实有效的集体安全。

第三节　技术社群主导下的网络空间治理

一、典型技术社群参与网络空间治理

互联网关键技术的标准和核心资源的治理规则一直以来主要由非政府行为体主导，在非政府间平台中形成。在互联网社群体系中，起核心作用的是互联网名称与数字地址分配机构（ICANN）和国际互联网协会（ISOC）。ICANN 是全球互联网最典型的技术治理平台，也是互联网社群体系中的核心组织，掌管互联网治理关键资源管理与相关政策制定。ISOC 旨在推动互联网生态系统的构建与发展，在政策、标准与教育方面发挥作用，处于技术层和内容层之间，在互联网国际治理讨论中有重要的话语权和影响力，特别是其下属的 IETF 是互联网主要标准的制定机构，主要负责互联网逻辑层的协议标准制定。互联网架构委员会（IAB）则负责承担协调各个技术社群以保障互联网的有效运转。

（一）互联网名称与数字地址分配机构

互联网名称与数字地址分配机构（Internet Corporation for Assigned Names and Numbers，ICANN）在互联网关键资源管理与分配中占据核心地位。该机构成立于 1998 年 10 月，具体的职能包括：互联网协议（IP）地址的分配、协议参数注册、通用顶级域名（gTLD）系统管理、国家和地区顶级域名（ccTLD）系统的管理，以及根服务器系统的管理和时区数据库管理。[①] 很多学者形象地用掌握网络空间中的封疆权来形容 ICANN 在网络空间中的地位。[②] 在 ICANN 上述关键职能中，其中有重要一部分来自互联网数字分配机构（The Internet Assigned Numbers Authority，IANA），IANA 由美国商务部下属的国家通信和信息管理局（National Telecommunications and Information Administration，NTIA）授权 ICANN 管理，围绕

---

① Wikipedia contributors，"ICANN"，Wikipedia，The Free Encyclopedia，https：//en. wikipedia. org/w/index. php?title = ICANN&oldid = 703822811.

② 杨剑：《数字边疆的权利与财富》，上海人民出版社 2012 年版，第 213 ~ 221 页。

着 ICANN 的很多争议也都与此有关。[①] 2016 年 IANA 的管理权从美国政府移交给 ICANN，标志着互联网社群体系获得了前所未有的合法性和掌管互联网核心资源的事实地位。在互联网治理早期阶段，互联网关键资源的治理是其治理最为核心的议题，随着互联网应用的不断深化，ICANN 的根区文件管理、下一代通信协议研发与应用以及区块链等加密技术的治理都成为其治理焦点。

（二）国际互联网协会

1992 年阿帕网项目骨干成员希望为互联网技术社区寻找一个法律实体来保护所取得的成果，因此创立了一个私有的、非营利性的国际组织 ISOC。其核心使命是"促进互联网的开放发展、演变和使用，以造福全世界所有人。"该机构总部在美国，两个联合办事处，分别位于美国弗吉尼亚州和瑞士日内瓦，大多数董事会成员和高级职员来自美国和欧洲。ISOC 的成员由协会的分会、组织成员和 IETF 任命或选举，ISOC 产生的主要标准会交到 IETF 和 IAB，IETF 的成员都是 ISOC 的志愿者。ISOC 还创建了公共利益登记处（Public Interest Registry, PIR），推出了互联网名人堂。2017 年建立互联网基金会，作为其独立的慈善机构，向各组织发放赠款。

（三）互联网工程任务组

1986 年，互联网工程任务组（Internet Engineering Task Force，IETF）成立，主要任务是开发互联网协议草案。由 IETF 领域主管（Area Director）与 IETF 主席组成互联网工程指导组（Internet Engineering Steering Group，IESG）将标准草案提交 IAB，形成标准 RFC（Request For Comments）。

IETF 是一个大型的开放式的国际社群，对任何感兴趣的个人开放，由网络设计者、运营商、供应商和研究人员组成，聚焦关注互联网架构的演变和互联网的平稳运行。IETF 的运行都是在其工作组中完成的，工作组按照领域分为路由、运输和安全等。大部分工作都是通过邮件列表来处理的，每年召开三次会议。IETF 黑客马拉松项目鼓励在开发实用工具、想法、示例代码和解决方案方面的合作，以展示 IETF 标准的实际实现。区域 IETF 由区域主管主持工作，区域主管同时是互联网工程指导小组 IESG 的成员。[②]

---

① The NTIAThe NTIA, Statement of Policy, Management of Internet Names and Addresses, 1998, http://www.ntia.doc.gov/files/ntia/publications/6_5_98dns.pdf; Statement of Policy, Management of Internet Names and Addresses, 1998, http://www.ntia.doc.gov/files/ntia/publications/6_5_98dns.pdf.

② 互联网工程任务组官网：https://www.ietf.org/about/who/。

IETF 将其工作划分为多个领域，每个领域由与该领域相关的工作组组成。领域结构由 IESG 定义，可以添加、重新定义、合并、更改和关闭领域。每个领域要保证覆盖该领域的技术协调工作，保证该领域中互联网最突出的问题得到解决。在 IETF 数据追踪项目中可以找到按领域排序的完整的活动工作组列表，如应用和实时领域（Applications and Real - Time Area，art）、一般性领域（General Area，gen）、互联网领域（Internet Area，int）、操作和管理领域（Operations and Management Area，ops）、根领域（Routing Area，rtg）、安全领域（Security Area，sec）和运输领域（Transport Area，tsv）等。IETF 的工作领域几乎涵盖了保障互联网稳定运行的各个方面，通过各个领域各自维护好本领域的工作，使得互联网这张大网得以全面运转。

（四）互联网架构委员会

互联网架构委员会（Internet Architecture Board，IAB）是 1983 年由参与 APARNET 项目的技术人员创立的非正式委员会，在互联网控制与配置委员会（Internet Control and Configuration Board，ICCB）的基础上成立，后来更名为互联网架构委员会。该委员会为互联网的发展提供长期的技术方向，确保互联网不断成长成为全球性的交流和创新平台。IAB 的重点工作方向是确保互联网是一种值得信赖的通信连接，为隐私和安全提供坚实的技术基础，其次是保证互联网的连接性，支持物联网的发展愿景，最后是促进开放性的互联网发展。为实现以上目标，IAB 主要通过监督和管理互联网协议和过程、代表 IETF 与其他机构进行联系、审查互联网标准程序的申诉、管理互联网标准文档（RFC 系列）和协议参数值分配、任命 IETF 主席和 IETF 区域主任、任命互联网研究工作组（IRTF）主席以及为互联网协会提供建议和指导。

IAB 由 13 名成员组成，他们作为个人，而不是作为任何公司、机构或其他组织的代表。IAB 既是 IETF 的一个委员会，也是互联网协会的一个咨询机构。IAB 通过召集技术专家研讨会，发起和执行具体的工作计划并编写文档，对感兴趣的问题进行全面的技术分析。IAB 的工作指导方针是互联网的基本设计原则，即构建模块以及保障其之间的交互作用，从而构建开放的全球性互联网。当需要了解影响互联网发展的全面情况时，IAB 还有助于连接不同领域的专业知识。[①]

① 互联网架构委员会官网：https：//www. iab. org/about/iab - overview/。

二、技术社群与多利益攸关方治理模式

全球化浪潮使地球村变得平坦的同时也带来了纷繁复杂的全球性问题，在人们试图解决这些问题的时候，多利益攸关方治理模式（multi-stakeholder model）因其独特的治理特征被广受青睐。特别是在互联网治理进程中，多利益攸关方模式成为其治理的主导理念。在互联网治理领域，多利益攸关方模式更多体现的是西方文化中的民主、开放、包容、自由等价值观，主张各方平等地参与到治理进程中，是一种扁平化的治理方式，与政府主导的多边主义模式（multi-lateral model）形成鲜明对比。①

穆勒认为多利益相关方模式的运作有一套标准模式和核心要件，分别是权威结构（Authority）、成员（Membership）和资金支持（Funding）。第一个关键要素权威结构主要是负责决策，多方利益攸关方参与者对决定具有正式被承认的“投票权”或某种其他形式的直接权力，额外的利益相关方只起到咨询或咨询的作用充当决策者的顾问，两者中间可以有咨商地位的中间地带。第二个关键要素是会员资格，即利益相关者如何被纳入决策组织。通常包括公开参与的自我提名、自上而下的委派或者自下而上的选举。第三个关键要素是资金，决策机构是否提供资金支持或者利益相关方是否提供资金支持。

从典型的技术社群 ICANN、IETF、IAB 和 ISOC 的运作方式可以看出，技术社群是践行多利益攸关方模式的典范。多利益攸关方一词起源于公司治理，“利益相关方”被定义为“能够影响一个组织目标的实现，或者受到一个组织实现其目标过程影响的所有个体和群体”。② 多利益攸关方的“多”意味着多利益攸关方治理模式参与者多，“利益攸关方”则意味着参与者对治理议题有着切身的利益诉求。因此，对多利益攸关方模式可理解为众多与治理议题有切身利益的参与者共同设置治理议题、确定治理目标、制定治理政策、最终通过多利益攸关方的共同努力实现治理的方式。对于技术社群而言，多利益攸关方模式是其能够保持全球范围内开展协同工作的最佳范式。

（一）广泛的参与代表

因为治理问题涉及多方利益，所以代表多方利益的参与者共同进行治理成为使然。在互联网治理的多利益攸关方治理模式中就有政府、私营部门、公民社

① 郎平：《网络空间国际治理机制的比较于应对》，载于《战略决策研究》2018 年第 2 期。

② ［美］弗里曼：《战略管理：利益相关者方法》，王彦华、梁豪译，上海译文出版社 2006 年版。

会、学术和技术群体多方参与其中。基于自身不同的背景和利益关切表达自己的观点，提出自己的治理方案。对于技术社群而言，互联网应用的多样性使得互联网技术的分工也愈发细化，不同领域的技术人员通过 IETF 类似的社群聚集在一起，通过邮件列表的形式进行协同办公，最大限度地吸纳了各个领域技术专家，解决该领域的关键问题。

（二）共同的治理目标

多利益攸关方模式所解决的问题大多为全球性或区域性问题，单独的参与者无法凭借一己之力解决。因此，为解决全球性问题或者区域性问题就需要制定能够覆盖多利益攸关者的共同目标。在互联网治理中保障网络空间安全就涉及各参与方共同的利益，政府需要网络安全保障国家安全、私营部门需要网络安全保障企业运转、公民社会需要网络安全保障个人利益不受损害、技术社群则需要网络安全维护互联网体系的稳定。对于互联网技术社群而言，其有着明确的共同目标，即维护互联网的稳定运转，让互联网的价值具有普惠性。在 ICANN 和 ISOC 的实践中，不断强调互联网价值的广泛触达，例如在 ISOC 的 2022 年的行动计划中，将扩大现有的 IWN 电子学习项目，增加两个模块，一个是介绍互联网作为开放、全球互联、值得信赖和安全的技术资源所需具备的关键要素；另一个是教人们如何进行互联网影响评估，以分析新政策或新技术，以及这些新政策或新技术将如何影响互联网，并且还计划将与技术社群直接相关的技术、社群建设和政策制定等主题培训 300 人，加强社群能力建设。①

（三）有效的成果合法性

因为多利益攸关方模型从议程设置到政策制定再到最终决策执行都由多方共同参与完成，因此基于多方认可达成有效成果时，其权威性和合法性要远远大于一方或者两方参与者达成的成果。互联网技术社群的自下而上的运作模式不仅具备广泛参与代表的合法性，其运作过程的透明性也大大加大了其自身合法性。通过工作组和邮件列表的方式通知所有相关者的项目进程，通过层层审议形成最终成果。因此，技术社群的成果具有较强的权威性和合法性，并且相较于其他政治或者经济议题下的多利益攸关方模式实践，技术层面通常能高效地达成集体行动，拿出有效的技术解决方案，有着较高的治理有效性。②

---

① Internet Society：Action Plan 2022——A Healthy Internet for Future Gernerations.

② 郎平：《网络空间国际治理机制的比较与应对》，载于《战略决策研究》2018 年第 2 期。

三、技术社群参与互联网治理现状

（一）保障互联网稳定运行

ICANN 负责管理互联网的根服务器系统，创建策略引入新的顶级域名到根系统，通过委派给互联网注册商分配域名，分配唯一的 TCP/IP 协议参数和管理根区域文件。IETF 则是 TCP/IP 协议和互联网运行基础协议的开发者，通过文档的形式不断充实互联网技术的演进。IAB 和 ISOC 则为整体的技术社群提供着协调和支持性的服务。这些“自下而上”的技术社群是互联网的开创者，并且仍然将是互联网技术创新发展的引领者和互联网稳定运行的关键保障者。

技术社群有着互联网技术领域的专业知识。技术人员创造了互联网技术，并且还将继续塑造互联网的未来。互联网政策的制定是全球性的，技术的开发和部署需要按照一致性的政策，才能实现可行和有效的治理结构。互联网治理相关的技术专业知识能够为解决用户、政策制定者提供新的解决方案思路。特别是在互联网越来越深入地融入人类生产生活中时，技术社群有必要将人类利益与互联网的持续发展结合起来，对于隐私、安全、信任、可访问性和可操作性问题，提出可行的解决方案。

技术人员对于互联网政策制定不可或缺。互联网治理的政策辩论受益于直接负责开发和运营互联网的人的经验和见解，政策决策者在处理社会利益时必须了解技术的优势和劣势，通过和技术人员的共同协商，可以制定更加完备的政策方案。[①] 互联网技术社区群的组织和个人分布在全球各个国家，在各种各样的法律、行政和监管制度下，这些技术社群已经在互联网的创建、改进、部署和管理方面积累了超过 40 余年的经验。技术人员所传承下来的互联网精神所拥有的技术能力，是互联网治理对话中不可或缺的贡献者。

（二）互联网权力集中化

互联网经过半个世纪的发展，其与最初的形态或所设想的模式已经有所不同。在最初的去中心化互联网中，大多数通信是直接在计算机之间进行的，只要两台计算机之间有物理路径，内容就可以传输。互联网技术专家认为互联网的分布式传输架构给予了其去权力中心化的能力，他们倾向于互联网的权力掌握在终

① https：//www. internetcollaboration. org/ig – recommendations – itcg/.

端用户手中，互联网的去中心化成为其技术的显著特征之一。但随着互联网的发展，公司开始专注于托管（hosting）（或创建）内容，携带（或传输）数据，或提供对互联网的访问（边缘提供商）[①]。这些运输供应商通过长途光纤电缆在全球城市、国家和大陆之间进行信息传输，垄断了电信传输行业。并且在过去十多年里，以社交媒体和云计算为代表的内容供应商企业进入互联网的核心领域。这些企业所秉持的经济逻辑不同于技术逻辑，网络为大型平台提供了强大的优势，平台型企业能够以最大化用户数量实现规模经济，并利用数据为消费者和自身创造最大的经济价值。最终导致的结果是，网络权力最终集中在全球少数几家有影响力的平台型企业中。

现在，大多数互联网流量都是通过谷歌、微软、亚马逊和 Facebook 等少数几家大公司的网络，而不是通过中转供应商，并且互联网的物理基础设施正在进行改造，以适应这一新的现实。在过去的十年里，互联网已经开始走向集中化，这些平台型企业已经成为当前互联网治理的关键参与者，但他们的决定并非受多利益攸关方原则的约束。这种互联网的权力集中化对互联网技术领域和政策领域有一定的影响。

（三）技术发展面临政治博弈

科技作为第一生产力，历来是大国综合实力竞争和博弈的焦点。[②] 以互联网技术衍生而来的5G、人工智能、区块链、量子计算等新兴科技已经成为大国博弈的焦点。互联网对整个社会、政治、经济和文化等各方面带来的影响使其已经不再是一项单纯的通信技术，被蒙上了一层厚重的政治博弈面纱。互联网技术的政治化最显著地体现在网络安全议题中。网络安全的泛化成为阻碍互联网技术的重要因素[③]。

在中美博弈中，美国频频打压中国技术发展，作为数字经济领域的全球占比最大的两大国家，对互联网技术的打压对全球互联网的发展带来了严重的损害。美国联合其盟国对中国信息技术的发展开展了全方位的制衡，如联合澳大利亚、加拿大等“五眼联盟”国家对中国具有国际竞争力的通信企业华为进行封锁，将华为排除在西方5G的供应商之外，这是典型的将技术政治化的表现。为了进一步遏制中国在信息通信领域的发展，美国政府2020年发布了“净网计划”（Clean Network），从软件、硬件到服务、运营等方面全面针对中国的电讯运营

---

① Russ White：The Centralization of the Internet. August 11，2021，https：//www.thepublicdiscourse.com/2021/08/77139/.

② 郎平：《大变局下网络空间治理的大国博弈》，载于《全球传媒学刊》2020年第1期。

③ 鲁传颖：《中美关系中的网络安全困境及其影响》，载于《现代国际关系》2019年第12期。

商、应用商店、应用程云系统和电缆等。“净网行动”一经发出，ISOC 第一时间发布了声明，认为美国此举无疑是在割裂互联网，助推互联网走向“碎片网”(Splinternet)。政府为试图短期赢得政治利益而直接干预互联网的发展，严重影响了互联网基于相互连接的初衷，影响了互联网的机动性、韧性和适应性。①

第四节　两大治理体系面临的困境与局限

一、两大治理体系的发展困境

虽然互联网的发展进程中已经形成了联合国和技术社群的两大治理体系，但是网络空间中事实上并没有形成一个完整统一的治理体系，现有的治理体系是松散且内部充满了各种矛盾和冲突的组合体。互联网社群体系由于特定的历史，加之主要机构为美国建立，因此处于实际的规则制定和运作的地位，但却因为西方主导而缺乏足够的公平性。联合国框架体系由于美国长期以来的反对，故而没有成为网络空间国际规则制定的有效平台，但是由于中俄等发展中国家的坚定支持一直保持着形式上的合法的治理平台地位，不过至今为止并没有制定出具有实质性影响的治理规则。总体来看，网络空间治理中的互联网社群体系缺乏公正性，联合国框架体系缺乏有效性。

（一）互联网技术社群缺乏公平性

1996 年，由互联网协会（ISOC）、国际电信联盟（ITU）、世界知识产权机构（WIPO）等国际机构成立临时委员会（IAHA），反对由美国单方面控制互联网关键资源，主张成立新的机构接管国际互联网治理职能。对此，美国发表绿皮书，对此表示强烈反对和抵制。同时，美国政府也做出妥协，成立了非政府组织性质的 ICANN 用来承担 IANA 的功能。1998 年成立的 ICANN，美国在其成立之初将其标榜为国际的和私人的，基本理念是使互联网治理国际化，而非通过传统政府间组织如 ITU 进行管理，旨在让互联网的核心协调功能不受国家政治对抗和

① Internet Society：Internet Society Statement on U. S. Clean Network Program. August 7，2020，https：//www. internetsociety. org/news/statements/2020/internet - society - statement - on - u - s - clean - network - program/.

领土管辖的影响，将 ICANN 设计为一个以技术为导向的非营利性公司，通过私人的、全球适用的合同进行管理，决策过程将允许政府、私营企业、技术社群和民间社会共同协商参与。美国承诺保护互联网不受地缘政治操纵，同时促进多方利益相关者的参与，并更平均地分配权力。然而，最初的政策从未实现。在 2005 年 6 月的原则声明中，美国取消了将 ICANN 私有化的承诺，而是重申了其对互联网的单方面控制，只保留 ICANN 作为分包商的地位。[①] 特别是美国通过由国家通信和信息管理局与 ICANN 签订协议的方式将 IANA 的管理职能移交给 ICANN，其实保持了美国政府对于根区文件的控制权。可以看出，通过 ICANN 的设立打破美国对互联网关键资源的垄断管理权，但在实际的实践过程中，ICANN 虽然具备了互联网关键资源管理的权威性和合法性，但依然受美国的巨大影响。

互联网技术社群的总部大部分都设立在美国，其经常因遵守美国的国内法而采取制裁行为严重影响其公正性。美国当前拥有着全球最多的互联网技术人才、学术团体组织和最具竞争优势的互联网私营企业，在多利益相关模式下的互联网治理中，技术社群的资源和人才优势被美国为代表的西方国家所垄断，在愈发激烈的国际地缘政治斗争中，技术社群也难以保持中立性，深受各国政治力量的影响。

（二）联合国治理体系缺乏有效性

联合国具有代表性但缺乏有效性。联合国框架展开的网络空间治理机制包括 ITU、WSIS、IGF 等依托联合国平台大量联合国成员国参加的治理活动，还吸纳了广泛的非国家行为体参加。为了保障会议议程设置和讨论能够充分反映各方的利益关切，WSIS 和 IGF 机制的成果协议并不具备约束力和强制力。有学者认为 IGF 是 2003 年与 2005 年两期 WSIS 带有妥协意味的成果[②]。由于没有正式的决策权，IGF 不仅无法将注意力集中于对争议性问题做出决策，还回避了对难题的探讨[③]，因而常常被视作政策制定的“清谈馆”“闲聊场所”[④]。WSIS 和 IGF 往往在争议议题上难以达成共识，而这些争议性议题正是互联网治理的核心。通常能达成多方共识的协议都是各方作出妥协后的产物，协议本身的实质性内容较少。

当前联合国已经具有 192 名成员国，联合国机制下的成果文件需经大会表决

---

① Cogburn, D. L., Mueller, M., McKnight, L., Klein, H., & Mathiason, J. The US Role in Global Internet Governance. *IEEE Communications Magazine*, 2005, 43 (12), pp. 12 - 14.

② 徐培喜：《联合国互联网治理论坛的“重生”与影响》，载于《中国信息安全》2020 年第 1 期。

③ DeNardis, L. The Privatization of Internet Governance. In GigaNet: Global Internet Governance Academic Network. Annual Symposium, 2010.

④ 方兴东、陈帅、徐济函：《中国参与互联网治理论坛（IGF）的历程、问题与对策》，载于《新闻与写作》2017 年第 7 期。

生效，联合国“一国一票”的表决程序加强了代表性但同时需要耗费更多的程序时间，国家间的博弈严重阻碍了达成共识的进程。当前网络空间安全治理的重要机制——信息安全政府专家组（UNGGE）从2004年建立以来只达成了4份共识性报告，其代表性一直受到质疑，从起初的15个参与国扩大到现在的25个参与国，2019年开启的双规制机制——开放式工作小组OEWG，将联合国所有会员国纳入治理参与进程，给予非国家行为体咨商地位参与其中。但在国际法在网络空间的适用性、国家主权原则在网络空间的适用性等细节关键议题上非常难达成共识，以至于2017年的政府专家组组会未能达成任何共识性报告，2021年达成的报告也是基于2015年11项原则的扩充，尚未有显著的议题推进。

然而，联合国框架下的履约度不足也影响其有效性。2015年的政府专家组达成的11项网络空间负责任的行为规范被视为联合国框架下主权国家主导的网络规范的重要成果，但随后发生的美国大选被干预事件、网络攻击事件完全打破了之前的国家间规范。当前联合国框架下形成的各项网络空间治理规范都只具备“软法”性质，各行为体自愿遵守，即使打破规范也没有相应的惩罚机制。因此，联合国框架下的网络空间治理履约度低也降低了联合国的有效性。

（三）两大治理体系的竞争性关系

更为重要的是，两个体系是竞争性的。互联网诞生于美国，互联网治理建制从一开始就以美国国内社会制度为基础，起源于美国网络商业管理的全球化和制度化。[①] 进一步讲，互联网是从一个浸润着美国自由理想主义的技术互联网到如今人类经济社会基础设施的社会互联网。[②] 经过各方博弈，美国政府于1998年发布了白皮书和绿皮书，建立了互联网关键资源的管理机构ICANN，也开启了美式互联网治理体系的建构进程。但是这个体系并没有真正解决世界其他国家的关切，是一个美国单边控制的治理体系。因此，2003年，联合国开始介入互联网治理，核心在于接管互联网关键资源的管理权。因此，联合国体系从诞生开始就是为了弥补甚至是替代互联网社群体系而设立的。不过联合国框架进程进展并不顺利，2012年联合国直属的ITU试图通过修改章程介入互联网关键资源管理失败，[③] 联合国在职能上的互联网治理基本宣告失败，而且2017年第6轮联合国信息安全政府专家组谈判破裂，更反映了联合国作为规则博弈平台的有效性正在减

① Milton Mueller. *Ruling the Root*. MIT Press，2002.

② ［美］曼纽尔·卡斯特：《网络星河：对互联网、商业和社会的反思》，郑波、武炜译，社会科学文献出版社2007年版。

③ 此次修改ITU章程《国际电信规则》发生在迪拜2012年世界电信大会上，彼时美西方和中俄发展中国家两方阵营激烈交锋，因此被称为著名的“互联网雅尔塔会议”。

弱。与此同时，互联网社群体系的核心 ICANN 一步一步实现国际化。2016 年 ICANN 中的核心职能机构——互联网号码分配机构（The Internet Assigned Numbers Authority，IANA）的管理权从美国政府移交给全球社群，标志着互联网社群体系获得了前所未有的合法性和掌管互联网核心资源的事实地位。

两种体系博弈过程导致了网络空间治理体系内部的不可弥合，形成了治理体系的不公正后果。归根到底，互联网社群体系和联合国框架体系背后实质上是两种路线，也是两种治理模式运作的结果。这两种治理模式根植于两种国家治理模式，前者以美国主张的多利益有关方模式为代表，后者以中国倡导的网络主权模式为代表。这两条路线是社会发展的两种方向，代表着两种未来，在网络空间中交汇和冲突。

这种不可弥合的冲突性表现在治理层次和治理模式上。一方面，网络空间国家治理一直与全球治理存在张力，现有全球治理体系无法很好地包容大部分各异的国家治理体系；另一方面，网络空间中的两种治理价值理念和模式存在深刻的冲突，甚至呈现阵营化对抗趋势。互联网的全球发展从技术全球化、商业全球化的成功到如今政治和文化全球化裹足不前，治理面临着深刻的困境，成为人类发展历史中的一个重要社会景观。未来几年，网络空间全球秩序正处于重构的十字路口，东西方关于网络空间治理模式的争论在今天转化成各自的行动，技术治理意识形态化和阵营化成为一个令人不安的趋势。① 互联网碎片化（Internet Fragmentation）已经不是一个警告，是一个正在发生的事实。② 因此，网络空间全球治理体系在面对越来越深刻的政治文化冲突问题时显得脆弱和残缺，推进网络空间全球治理体系变革迫在眉睫。

二、单边主义导致互联网治理碎片化

联合国治理体系和互联网社群治理体系都会受到国家政治力量的巨大影响，一国政党的执政纲领和国家间的外交关系都将影响主权国家主导的联合国互联网治理体系，政治力量在互联网治理领域的入侵也将对互联网社群治理工作带来极大的阻力。近年来，以美国特朗普政府为首的单边主义盛行的执政理念使联合国

① Jared Cohen and Richard Fontaine. Uniting the Techno - Democracies, November/December 2020.

② Milton Mueller. Will the Internet Fragment? . Polity, 2018; William J. Drake Vinton G. Cerf Wolfgang Kleinwachter, Internet Fragmentation: An Overview, World Economic Forum, 2015; Jonah Force Hill. Internet Fragmentation: Highlighting the Major Technical, Governance and Diplomatic Challenges for US Policy Makers. Berkman Center Research Paper, Harvard Belfer Center for Science and International Affairs Working Paper (2012). Kieron O'Hara, Wendy Hall. Four Internets: The Geopolitics of Digital Governance, CIGI Papers Series No. 206, December 2018.

治理体系的有效性受到了一定的影响，美国发起的一系列技术制裁措施，也加速了互联网碎片化的趋势。

自特朗普执政以来，其“美国优先”的执政理念已经显著地贯彻到其政策方针中。从出台战略文件到实际行动，强化美国网络军事力量。近年来美国出台了多部有关网络的战略文件，如在2018年发布的《网络安全战略》《国防部网络战略》，同年还发布了《美军网络司令部愿景：实现维持网络空间优势》及其他多部文件，这些文件用于指导美国的网络空间的发展方向。2020年以来，美国的制裁压力加强。美国的单边主义行为无疑不利于互联网治理的有序进行，筑起了各国间的防御性壁垒，互联网连接性的核心原则被打破。这将会使得网络空间逐渐走向分裂与碎片化，对联合国在这一领域的权威性造成一定程度的打击和削弱。

三、联合国体系下大国博弈难以形成共识

联合国主导的互联网治理体系因加入了主权国家的参与，对达成有约束力的互联网治理政策有更大的推动作用，但随着网络空间治理的议题不断细化，愈发触及国家利益。国家间在网络安全、互联网关键资源、网络空间军事化、数字主权、数据隐私保护等方面的博弈愈发加剧。互联网对现实世界政治、经济、社会等全方位的深刻影响，使得国家利益与互联网治理议题深度捆绑，大国博弈映射到互联网治理体系中，难以形成共识。

其实以联合国信息安全政府专家组进程的推动为例，早在成立之初就蒙上了大国斗争的阴影。1998年俄罗斯就向联大提出国际安全信息和电信技术的决议草案，美国认为俄罗斯的提案并不是出于关心和保护互联网领域，而是为了消灭美国在网络空间的能力，特别是俄罗斯呼吁缔结一项网络空间的军控协定，美国认为此协定是为了抑制美国将互联网优势转化为军事优势，在2005~2009年期间美国一直对该提案投反对票。而且，美国认为俄罗斯会以加强信息和电信安全为由限制信息自由，俄罗斯对信息战和网络空间的治理模式过于强调控制大众媒体的内容，意图影响国外和国内的看法。[①]

2017年联合国信息安全政府专家组在各方期望很高的情况下未能达成共识。主要原因是各方在《联合国宪章》中的自卫权、一般国际法中的反措施、国际人道主义法在网络空间的适用性接受态度各不相同。2017年UNGGE未能达成共识

① Christopher Ford. The Trouble with Cyber Arms Control. The New Atlantis – A Journal of Technology & Society, Fall 2010, P. 59. Access to. https://www.thenewatlantis.com/docLib/20110301_TNA29Ford.pdf.

报告的消息一经发出，美国的联合国信息安全政府专家组代表米歇尔·马可夫就发表官方声明，表明美国积极推进国际法、国际人道主义法、国家责任法等现有原则在网络空间的适用，认为不愿意肯定这些国际法和原则适用性的国家是为了在网络空间的行动不受任何限制或约束。① 德国代表在随后的声明中也强调支持现行的国际法包括《联合国宪章》等适用于网络空间，恶意的网络行动应该受国际法的制裁，对于反制措施、禁止使用武力和自卫权等概念适用于网络空间也都持支持态度。② 然而，俄罗斯官方代表安德鲁·克鲁斯基赫在接受采访时说道，"自卫权、反制措施等概念本质上是网络强国追求不平等安全的思想，将会推动网络空间军事化，赋予国家在网络空间行使自卫权将会对现有的国际安全架构如安理会造成冲击"。③ 时任中国外交部条约法律司副司长的马新民在 2016 年亚非法律协商组织会议上曾表明，将现有的武装冲突法直接移植至网络空间需要进一步的审视，将战争法、国家负责任的法等军事性范式直接运用于网络空间可能会加剧网络空间的军备竞赛和军事化，网络空间发生的低烈度袭击可以通过和平、非武力手段解决。④

此外，国家间冲突和国际阵营化敌对也影响着联合国信息安全政府专家组最终成果。例如在 2016～2017 年联合国信息安全政府专家组在国家是否有权自主判定和反击网络攻击议题上未能达成共识。中国明确地反对网络空间军事化，反对给予国家在网络空间合法使用武力的条款，欧盟在很大程度上与中国是持相同立场的，但因为欧美阵营的存在，不得不支持美国立场。⑤

在联合国信息安全政府专家组机制下发展而来的开放式工作组目前也表现出中美欧三大力量博弈的迹象。欧盟作为网络空间规则制定有影响力的行为体，提出了结束联合国信息安全政府专家组和开放式工作组"双轨并行"机制的提案。2020 年 10 月 30 日，由欧盟主导的联合 40 个国家建议建立一项《进网络空间负

---

① Rodriguez M. Declaration by Representative of Cuba, at the Final Session of Group of Governmental Experts on Developments in the Field of Information and Telecommunication in the Context of International Security, New York, June 23, 2017. access to. https://www.state.gov/s/cyberissues/releasesandremarks/272175.htm.

② Fitschen T. Statement by Ambassador Dr Thomas Fitschen, Director for the United Nations, Cyber Foreign Policy and Counter – Terrorism, Federal Foreign Office of Germany. Access to. https://s3.amazonaws.com/unoda-web/wp-content/uploads/2018/11/statement-by-germany-72-dmis.pdf.

③ Krutskikh, Andrey. Response of the Special Representative of the President of the Russian Federation for International Cooperation on Information Security Andrey Krutskikh to TASS' Question Concerning the State of International Dialogue in This Sphere, access to. http://www.mid.ru/en/foreign_policy/news/-/asset_publisher/cKNonkJE02Bw/content/id/2804288.

④ Xinmin M. Key Issues and Future Development of International Cyberspace Law. CQISS, 2016 (2), pp. 19 – 33.

⑤ 鲁传颖：《网络空间大国关系面临的安全困境、错误知觉和路径选择——以中欧网络合作为例》，载于《欧洲研究》2019 年第 2 期。

责任国家行为行动纲领》（Programme of Action for Advancing Responsible State Behaviour in Cyberspace，PoA）作为联合国常设机制，推进网络空间负责任的国家行为，以结束联合国框架下联合国信息安全政府专家组和开放式工作组“双轨并进”讨论 ICT 安全。在联合国框架下的网络空间国际规则博弈场中，联合国信息安全政府专家组被认为是代表西方网络发达国家由美国主导的进程，开放式工作组被认为是代表网络发展中国家由中俄主导的进程，未来《进网络空间负责任国家行为行动纲领》有可能成为除中美俄外欧盟主导的第三种进程，欧盟加入网络空间国际规则博弈，可能加大国家间的博弈色彩使得达成共识更加困难。

在网络空间军事化的议题上，网络发达国家与网络发展中国家的分歧也愈发明显。美欧等国将网络空间定义为第五空间，认为网络空间采取军事行动是既成事实，为了维护国家安全，必须采取自卫和反制措施，并且需要用武装冲突法等国际法为依据建立网络军事行动的基本准则。然而，发展中国家出于对网络强权肆意使用武力和依据先进的网络能力谋取战略优势的担忧，主张以《联合国宪章》以及现有的国际安全架构来解决网络空间的冲突问题，避免将使用武力的决定权交由网络强国。联合国信息安全政府专家组古巴代表在 2017 联合国信息安全政府专家组未能达成共识后的声明中陈述道：“某些国家欲将网络空间变为军事战场并为其单方面的惩罚性武力行动谋求合法化，包括对非法使用 ICT 的国家进行制裁甚至采取军事行动。”不接受将恶意使用 ICT 与《联合国宪章》中的“武装攻击”概念等同使用，这一主张其实是在为其使用自卫权谋求合法性。[①] 在人道主义法的适用性上，不赞同完全适用于网络空间，认为这将使 ICT 背景下的战争和军事行动合法化，对这些现存国际法原则在网络空间的新解释很可能导致“丛林法则”出现，强大的国家利益永远占上风，而对弱小的国家永远不利。

① Rodriguez M. Declaration by Representative of Cuba, at the Final Session of Group of Governmental Experts on Developments in the Field of Information and Telecommunication in the Context of International Security, New York, June 23, 2017.

第五章

网络空间中的国家主权

随着互联网深度融入国家政治、经济和文化生活，网络空间与现实空间高度融合，主权原则适用于网络空间成为国际社会的共识。然而，由于国情不同，不同国家对主权原则在网络空间的实践各有侧重。各国在网络空间主权问题上的分歧根源在于核心利益诉求的差异。美国希望确保在网络空间各个层次的全方位优势，欧盟意图推动欧洲的复兴与外交的重新定位，新兴国家需要掌握更大的话语权和影响力，发展中国家首要关切的则是发展和安全。随着信息通信技术的发展，网络空间的内涵与外延不断扩大，主权原则在网络空间的适用还将面临更大的挑战，这也构成了网络时代大国战略竞争的独特环境。

第一节　全球数字地缘版图初现端倪

世界政治经济格局加速演进，大国竞争聚焦于信息技术的创新发展和数字空间。加强顶层设计、保障关键技术的创新发展是世界主要大国实施国家数字战略的基本目标；推动数据共享和数据跨境流动，在促进数据流动和共享中获得最大的发展红利是各国实现数字发展的最终目标；保障数字空间安全是各国追求数字发展红利的必要条件和重要保障，特别是供应链安全和数据安全。数字技术的发展推动了全球权力的重新分配，在中美科技竞争和中欧寻求合作的大势下，数字空间将逐渐形成中美欧三极鼎立的地缘格局。

一、数字空间的战略意义

进入21世纪，第四次科技革命浪潮汹涌而至，以互联网、大数据、人工智能和物联网为重要驱动力，人类正在迈向数字化和智能化的新时代。所有的科技都具有社会和政治属性，但与前几次科技革命相比，数字技术革命对人类社会的影响更加广泛和深刻。克劳斯·施瓦布在其2018年的著作《第四次工业革命》中提出“全世界进入颠覆性变革新阶段”这一论断，他认为这些新兴技术不是在目前数字技术上的渐进式发展，而是真正颠覆性变革，假以时日，这些技术必将改变我们现在习以为常的所有系统，不仅将改变产品与服务的生产和运输方式，而且将改变我们沟通、协作和体验世界的方式。[①] 尽管处于快速发展进程中的科技革命仍然蕴含着诸多的不确定性，但基于可见的影响亦可看出，新一轮数字技术革命正对世界带来具有颠覆性和创新性的巨大影响。

在数据全球化和疫情冲击的双重作用下，数字经济不仅成为各国尽快走出经济衰退的重要举措，也为未来全球经济的发展注入了长效动力。2019年，全球数字经济规模再上新台阶，47个国家数字经济规模达到31.8万亿美元，较前一年增长1.6万亿美元；全球数字经济在国民经济中地位持续提升，47国数字经济占GDP比重达到41.5%，比2018年提升1.2个百分点；全球数字经济增速逆势上扬，平均名义增速5.4%，高于同期全球GDP名义增速3.1个百分点。[②] 在新冠疫情期间，为了避免物理接触和保持社交距离，网上购物、机器人服务、远程办公、远程医疗、在线教育、线上旅行等新的业态逐渐兴起。2020年11月，经济合作与发展组织（OECD）发布的报告《2020数字经济展望》指出：新冠疫情加速了数字化转型，经合组织国家正在加强其数字化转型的战略方针，从顶层设计到国家5G和人工智能战略、数据共享、数字安全创新以及区块链和量子计算研发，成员国之间的互联互通持续改善，互联网的使用迅速增加。[③] 2020年9月，世界经济论坛的一份报告认为，新兴经济体正在出现四种主要的数字化趋势，即促进数字基础设施建设，加快研发用于教育和再技能化的数字工具，推动跨越式发展与创新以及不断增强隐私保护，而这些趋势可能会对全球未来的发展

① ［德］克劳斯·施瓦布、［澳］尼古拉斯·戴维斯：《第四次工业革命——行动路线图：打造创新型社会》，中信出版社2018年版，第23页。

② 中国信息通信研究院：《全球数字经济新图景（2020年）》，2020年，第11～20页。

③ OECD，OECD Digital Economy Outlook 2020. Paris：OECD Publishing，2020，pp. 13－14.

产生重大的影响。[①]

但不可否认，数字空间在释放发展新动能的同时，它所带来的阴暗面和安全风险也正在日益加剧。发达国家和发展中国家之间的数字鸿沟依然存在，大数据为企业和消费者创造了新的机遇，同时也给安全和隐私带来了新的挑战。2020年12月，微软公司总裁布拉德·史密斯撰文称：网络安全面临着至暗时刻，呼吁国际社会正视全球网络安全威胁演变的三个趋势，认为国家级网络攻击的决心和复杂性持续上升，它们与私营企业出现技术融合，并且与社会危机交叉融合。[②]同月，北约前秘书长索拉纳在辛迪加网站撰文称：过去20年中我们与他人的关系已发生前所未有的巨变，互联网已无所不在，社交网络已成为我们这个时代的"阿哥拉"市集，但数字工具同时也带来了负面的影响，追求利润最大化的算法帮助制造了回音室，公众辩论变得极为贫乏，数字领域已成为包括网络攻击和大规模虚假宣传运动的"混合战争"的沃土。[③]

二、主要大国的数字发展战略

在信息技术发展日新月异的当下，数字空间不仅蕴含着美好的发展前景，而且事关国家政治、经济安全，其对国家发展的战略价值显而易见。一些主要大国纷纷升级本国的数字发展战略，推动数字化转型升级，试图在新一轮的科技竞争中抢夺战略高地。从美国、欧盟等国发布的文件来看，国家数字发展战略的核心内容主要包括科技创新发展、数据共享与流动以及数字安全三大支柱。

第一，重视顶层设计、保障关键技术的创新发展是实施国家数字战略的基本目标。美国继在2018年发布的《美国机器智能国家战略报告》中提出六大国家机器智能策略之后，2019年启动"美国人工智能计划"，发布了最新的《国家人工智能研究和发展战略计划》，旨在加速人工智能发展，维持领先地位。2020年9月，新美国安全中心发布《构思美国数字发展战略》的报告，提出四项指导原则和五项关键举措，确保美国能够在AI、5G、量子计算等可能影响未来国家安

① WEF, Here are 4 Technology Trends from Emerging Economies, https://www.weforum.org/agenda/2020/09/here-are-4-technology-trends-from-emerging-economies/.

② Jacob Knutson. Microsoft President: Cyberattack "Provides a Moment of Reckoning", https://www.axios.com/microsoft-cyberattack-russia-united-states-reckoning-835590b4-b055-4ce8-935c-bc41d7af75a3.html.

③ Avier Solana. Putting the Twenty-First Century Back on Track, https://www.project-syndicate.org/commentary/new-course-for-world-after-covid-19-by-javier-solana-2020-12.

全和经济增长的关键新兴技术变革中发挥领导力。① 2020 年 7 月，欧洲议会研究服务中心发表《欧洲的数字主权》报告，阐述了欧洲的数字主权战略：“欧盟提出的‘数字主权’是指欧洲在数字世界中自主行动的能力，是一种保护性机制和防御性工具，其目标是促进数字创新以及与非欧盟企业的合作……欧洲理事会强调欧盟需要进一步发展具有竞争力、安全、包容和具有伦理道德的数字经济，应重点关注数据安全和人工智能问题。”② 德国早在 2018 年就提出了《高技术战略 2025》和《德国人工智能发展战略》，为人工智能的发展和应用提出整体政策框架。日本在 2019 年发布《科学技术创新综合战略》，提出实现超智能社会的建设目标。

第二，如何在促进数据流动和共享中获得最大的发展红利是各国实现数字发展的最终目标。作为一种新型的生产要素，数据已经成为数字时代重要的战略性资源，数据流动对全球经济增长的贡献已经超过传统的跨国贸易和投资，不仅支撑了包括商品、服务、资本、人才等其他几乎所有类型的全球化活动，而且发挥着越来越独立的作用，数据全球化成为推动全球经济发展的重要力量。③ 2018 年 5 月正式生效实施的欧盟《通用数据保护条例》是欧盟维护其数字主权的一项重要手段，而欧美之间的跨大西洋个人数据保护机制则通过 2016 年 2 月达成的“隐私盾协议”加以规制。2020 年 9 月，欧洲议会工业、研究和能源委员会（ITRE）发布《欧洲数据战略（草案）》，明确提出数据是欧洲工业和人工智能发展的先决条件，并就欧洲数据治理框架、数据访问、互操作性、基础设施和全球数字规则等提出了建议。④ 与欧盟相比，美国的数字经济战略更具扩张性和攻击性，其目标是确保美国在数字领域的竞争优势地位。美国一方面主张个人数据跨境自由流动，进一步扩大自身的领先优势；另一方面界定重要数据范围，限制重要技术数据出口和特定数据领域的外国投资，遏制战略竞争对手的发展。2020 年 6 月，美国在亚太经济合作组织（Asia - Pacific Economic Cooperation，APEC）事务会议上提议修改 APEC 成员国和地区的企业跨越边境转移数据的规则，即“跨境隐私规则（CBPR）”，使其从 APEC 中独立出来。⑤ 中国《网络安全法》明

---

① CNAS. Designing a U. S. Digital Development Strategy，https：//www. cnas. org/publications/commentary/designing - a - u - s - digital - development - strategy.

② Tambiama Madiega. Digital sovereignty for Europe. Brussels：European Parliamentary Research Service，2020，P. 1.

③ Mckinsey Global Institute. Digital Globalization：The New Era of Global Flows.（2016 - 02 - 24）［2021 - 01 - 10］，https：//www. mckinsey. com/business - functions/mckinsey - digital/our - insights/digital - globalization - the - new - era - of - global - flows.

④ ITRE. Draft Report on a European Strategy for Data. Brussels：European Parliament，2020：5 - 12.

⑤ 日经中文网：《美国提议修改 APEC 数据流通规则》，https：//cn. nikkei. com/politicsaeconomy/politicsasociety/41754 - 2020 - 08 - 21 - 09 - 52 - 50. html。

确了数据存储、保护等基本制度，旨在保障网络数据的完整性、保密性、可用性，主张数据存储本地化和跨境有序流动。

第三，保障数字空间安全是各国追求数字发展红利的必要条件和重要保障，特别是供应链安全和数据安全。2020 年 3 月，白宫发布《确保 5G 安全国家战略》，制定了“与我们最亲密的合作伙伴和盟友紧密合作，领导全球安全可靠的 5G 通信基础设施的开发、部署和管理”的战略目标；① 同年 8 月，美国国土安全部网络安全和基础设施安全局（CISA）发布了《5G 战略：确保美国 5G 基础设施安全和韧性》，提出五项战略举措，承诺提供一个供应链框架，研究使用“不可信”设备的长期风险，以保障美国 5G 网络免受广泛的漏洞威胁。② 2020 年 9 月 8 日，中国外交部部长王毅提出《全球数据安全倡议》，对当前围绕数据和供应链安全的中美争议给出了正式回应，并呼吁开启全球数据安全规则谈判。

三、数字空间初现三极格局

当今世界正处于百年未有之大变局，世界政治经济格局加速演进。尽管信息技术的发展带来了又一轮全球权力的转移，信息技术推动权力从国家向非国家行为体和全球力量转移，但对于仍然被国家行为体主导的国际舞台，大国间的竞争只会由于政府权力的相对收缩而变得更加激烈，以便于后者去追求更大的权力。中美欧三方凭借各自的综合国力和科技实力，在中美科技冷战和中欧寻求合作的大势下，凸显三极鼎立的全球数字地缘格局。③

如同现实空间一样，数字空间的地缘格局也是由国家实力所决定的，美国仍然占据绝对领先优势，中欧则各有所长，但在整体实力上仍然与美国有着明显差距。2020 年 9 月，哈佛大学贝尔福科学与国际事务研究中心发布了国家网络能力指数（NCPI）排名，基于对 30 个国家的网络综合能力进行评估，排名前十位的国家依次是美国、中国、英国、俄罗斯、荷兰、法国、德国、加拿大、日本和澳大利亚。④ 有报告评估了中美在半导体集成电路、软件互联网云计算、通信和智能手机等 ICT 领域的地位，认为中国在通信和智能手机终端市场已处于世界领先水平，半导体集成电路领域取得积极进展，但仍难以撼动美国的垄断地位，软件

① National Strategy to Secure 5G of the United States of America. Washington, D. C.: The White House, 2020, P. 1.

② CISA. CISA 5G Strategy: Ensuring the Security and Resilience of 5G Infrastructure in Our Nation. Washington, D. C.: U. S. Department of Homeland Security, 2020, pp. 6 - 16.

③ 郎平：《网络空间国际治理与博弈》，中国社会科学出版社 2022 年版。

④ Belfer Center. National Cyber Power Index 2020. USA: Belfer Center for Science and International Affairs, 2020, pp. 7 - 12.

互联网云计算等领域最为薄弱；美国则是半导体集成电路、软件互联网云计算和高端智能手机市场的绝对霸主，而华为已经在通信、芯片设计等数个领域撕开了美国构筑的高科技垄断壁垒。

首先，中美科技战略竞争将成为未来很长一段时期内中美关系的主要矛盾。在数字空间的全球地缘格局中，对全局影响最大的变量是美国对华科技遏压和中美关系走向。作为对美国政策的回应，中国在扩大开放力度的同时，也在加大自主创新，在“卡脖子”的关键技术领域力图做到自主研发，减少对美国的依赖。其结果是，这个所谓的“脱钩”过程会使得更加数字化的世界产生分裂，以供应链和数据为核心催生出中美各自主导的两个平行体系。2020 年 10 月，前美国国务院政策规划官员杰拉德·科恩在《外交事务》发文，倡议美国等“科技民主国家”建立全新的国家集团 T12，以对抗中国等国家在新技术领域的迅速崛起，恢复布雷顿森林体系建立以来西方国家多边合作的历史传统。拜登新政府上台后，中美关系面临着新的机会窗口，竞争与合作交织，两国在数字空间的博弈也会更加复杂化。

其次，欧盟强势推出“数字主权”，美欧在数字空间的利益分歧扩大。从欧洲对“数字主权”的表述——促进欧洲在数字领域提升其领导力和捍卫其战略自治的一种途径——来看，一些欧洲国家对于抓住数字时代的发展机遇、重振欧洲的国际地位抱有强烈的期待。然而，在特朗普政府“美国优先”和孤立主义的战略导向下，美欧之间的合作遇到了很大的阻力。2020 年 7 月，欧盟法院（CJEU）在 SchremsII（caseC－311/18）案中认定欧盟与美国签订的《隐私盾协议》无效，并对欧盟与美国之间的跨境数据转移标准合同（SCCs）的有效性提出重大质疑，使得美欧在数据跨境流动规制的问题上分歧进一步扩大。2020 年 12 月，美国信息技术与创新基金会发布报告称，《隐私盾协议》失效将会对跨大西洋贸易和创新带来十分不利的影响，加剧数字经济碎片化现象，并导致双方企业的全球竞争力下降。[①] 美欧在数据保护以及数字税方面的根本分歧在于美国希望保护本国科技企业的竞争力，而没有充分考虑欧洲自身的利益诉求。拜登政府上台后的首要外交政策目标就是修复与盟友的关系，但是如果结盟主要是为了与中国展开全球竞争而不充分考虑欧洲的地缘利益的话，美欧在数字空间的合作还将面临挑战。

最后，中欧关系的战略意义凸显，中欧两国在数字空间面临着新的合作空间和发展机遇。2020 年是中欧建交 45 周年，中国与欧洲国家领导人就双边合作进行了多次在线会晤，均表达了深化科技与数字经济合作的愿望，而 2020 年 12 月 30 日中欧投资协定谈判的如期完成向国际社会释放了一个重要的信号，那就是

① ITIF. Schrems II: What Invalidating the EU－US Privacy Shield Means for Translatic Trade and Innovation. USA: ITIF, 2020, pp. 12－13.

双方对与美国未来关系的思考以及对未来数字空间地缘格局的重构。德国执政党主席候选人默茨强调说："对华关系是欧美首要议题。""我永远不想看到我们必须在中美之间作选择的情况。"[①] 而美欧利益并不总是一致的，2021 年 1 月 2 日，因担心在中国市场受到排挤，欧洲巨头爱立信 CEO 鲍毅康表示，如果对华为的禁令仍然存在，爱立信将离开瑞典。[②] 中欧投资协定生效后，中欧在数字空间将面临更多的发展机遇和更大的合作空间，在技术发展、供应链安全、数据安全等方面都可以扩大合作。欧盟倡导数字主权，中国呼吁尊重网络主权，双方都强调国家应在数字空间的治理中发挥更多的作用；尽管双方仍然存在很多竞争和分歧，但合作多于竞争，共识大于分歧，增信释疑、互惠共赢将是中欧关系的主旋律。

第二节　网络空间国家主权原则的适用性

自 1648 年威斯特伐利亚体系建立以来，主权原则就成为国家间互动的基本准则。在国内政治中，主权的基本含义所体现的是国家权威与其他行为体之间的等级关系，当其应用到国际关系领域，主权的概念得到了横向拓展，反映出国家与其他国家之间的权力划分，即主权概念具有一体两面："内部主权"与"外部主权"。[③] 随着经济全球化进程的推进，传统的国家主权在国内层面面临着新的政治参与者的挑战，在国际层面则体现为国家经济主权、政治主权和文化主权受到了不同程度的侵蚀与削弱。[④] 以此为背景，网络空间的出现对主权原则的行使构成了更大的挑战。

一、网络空间的治理架构

网络空间与物理的现实空间有着截然不同的特性。作为一个人造的技术空间，互联网的治理架构可以划分为三层：一是处于最底层的物理层，主要包括计算机、服务器、移动设备、路由器、网络线路和光纤等网络基础设施，相当于人

---

① 《德执政党主席候选人默茨认为：对华关系是欧美首要议题》，《参考消息》百家号，https：//baijiahao. baidu. com/s?id = 1687918007094206300&wfr = spider&for = pc。

② 《爱立信公司 CEO："如果对华为的禁令仍然存在，爱立信将离开瑞典"》，https：//baijiahao. baidu. com/s?id = 1687753129344735712&wfr = spider&for = pc。

③ Ivan Simonov. Relative Sovereignty of the Twenty First Century. *Hastings International & Comparative Law Review*，2002，25（3），pp. 371 – 372.

④ 蔡拓：《全球化的政治挑战及其分析》，载于《世界经济与政治》2001 年第 12 期。

体的“骨骼”；二是负责传输信息和数据的逻辑层，主要包括各种传输协议和标准，例如TCP/IP协议，相当于人体的“神经系统”；三是内容层，例如经由互联网传输的文字、图片、音频、影像等信息和资料，以及移动互联网中的各种应用及其所构建的人际交流网络，相当于人体的“肌肉”。①基于上述定义，人类使用互联网的活动空间就构成了网络空间。

从物理结构来看，网络空间是一个分布式的网状结构，在内容层表现为一个开放的全球系统，没有物理的国界和地域限制，用户可以以匿名的方式将信息在瞬时从一个终端发送至另一个终端，实现全球范围内的互联互通。网络空间的虚拟属性在创造出一个新疆域的同时，打破了传统意义上的地理边界，动摇了基于领土的民族国家合法性，以属地管辖为主、属人管辖为辅的主权行使方式在网络空间很难作为国家间主权范围划界的手段。

二、网络空间的主权边界

网络空间主权边界包括了三个层次（物理层、逻辑层、内容层）和一个维度——互联网用户。在物理层，国家对网络空间物理层的主权权利是与现实空间主权权利最为接近的。作为网络空间的“骨骼”，基础设施是现实空间有形存在的，其管辖权划分也相对明确。海底光缆和根服务器这些全球性基础设施大多由境外的私营企业或部门掌控，不属于国家的主权管辖范畴，而计算机、服务器和光纤等各种网络基础设施通常位于特定国家的领土范围内。哈佛大学教授杰克·戈德史密斯（JackL. Gold-smith）认为，鉴于构成互联网的硬件和软件都位于一国领土之内，基于领土的主权，使国家对其网络使用者的规制正当化了。②因此，各国可以对本国境内的网络基础设施行使完全和排他的管辖权，包括有权采取措施保护本国境内的网络基础设施不受攻击和威胁。如果一国境内的网络基础设施遭到外来的攻击或损害，就意味着该国的领土主权遭到侵犯。这已经得到国际法和国际实践的承认。③

① Alexander Klimburg. *The Darkending Web: The War for Cyber-space*. New York: Penguin Press, 2017, pp. 26 – 45.

② Jack L. Goldsmith. The Internet and the Abiding Significance of Territorial Sovereignty. *Indinana Journal of Global Legal Studies*, 1998, 5 (2), pp. 475 – 491.

③ 2013年，联合国信息安全政府专家组（UN GGE）通过了2013A/68/98号决议，承认国家主权和在主权基础上衍生的国际规范及原则适用于国家进行的信息通信技术活动，以及国家在其领土内对信息通信技术基础设施的管辖权。参见 Group of Governmental Experts on Developments in the Field of Information and Telecommunica-tions in the Context of International Security, The United Nations, June 24, 2013, https: //undo-cs. org/A/68 /98.

与有形的物理层不同，网络空间的逻辑层则是无形的、不可见的。互联网的域名系统可以划分为两类：一类是掌管在私营部门手中的通用顶级域名，例如 . com、. org 等；另一类是归属各国政府管辖的国家和地区顶级域名，例如 . cn、. us 等（后者属于国家的主权管辖范围，不再讨论）。出于历史原因，当前全球 13 个域名根服务器大多分布在欧美国家，而负责域名管理的机构 ICANN（互联网域名与地址分配机构）是注册于美国加州的一家公司，政府在该机构中可以通过政府咨询委员会（GAC）表达意见，但并不拥有决策权。① 目前来看，逻辑层的技术标准和域名地址分配（国家或地区域名除外）由全球技术社群和互联网社群负责制定，然后在全球统一实施，这个层面不属于任何一个国家的主权管辖范围，这也在逻辑层面保证了全球互联网的互联互通。

在内容层，网络空间的信息或数据则兼具了虚拟与现实的双重属性。一方面，网站内容是可见的，网站也是在境内注册的公司实体；另一方面，信息的传递则是在虚拟的网络空间完成的，它可以在瞬间跨越地理距离和国界对世界上众多国家产生广泛而深远的影响，而后果往往是很难控制的。目前，国际社会均承认数据主权的存在，即各国在尊重公民信息自由权的同时，有权依据本国国情，对有关信息传播系统、信息、数据内容进行保护、管理和共享，② 争议较大的是互联网内容在何种程度上、以何种方式被管控。以数据管辖为例，由于数据的产生地与公司实体的注册地常常不在一个国家，数据主体和数据控制者的权利与义务应归属于哪一个国家的主权范围内就成为一个有待解决的新问题，而包括中国在内的很多国家则采取了数据本地化的做法，将数据主权的行使基于领土管辖。

在互联网用户这个维度，网络空间主权基本上沿用了现实空间的主权权利，或者说是现实空间主权在网络空间的延伸。每个国家都享有对本国公民的管辖权，确保其依法享有自由和权利。国家有权制定各项法律法规，充分保障公民的知情权、参与权、表达权、监督权等合法权益，保护其个人隐私和信息的安全；同时，国家也有权对本国公民的网络违法犯罪行为依法采取惩罚措施，以维护网络空间的良好秩序。但考虑到网络空间的虚拟特性，互联网用户的网络活动常常是全球性的，例如 A 国公民在 B 国实施网络犯罪危害到 C 国公民的权益，其活动发生及产生的效果均是在境外，其个人数据和信息的所有权很可能会归属注册地在 D 国的企业管理，国家之间进行协调并制定相互对接的国际规范已经成为当

---

① ICANN, The Beginner 's Guide, Nov. 8, 2013, https: //www. icann. org/en/system/files/files/ participating - 08nov13 - zh. pdf.

② 例如，2018 年 2 月，美国会通过《澄清域外合法使用数据法案》（Clarifying Lawful Overseas Use of Data Act，简称 CLOUD 法案），以提高美国政府获取跨国界存储数据、打击数字犯罪的能力，明确了美国的数据主权战略。

务之急。

由此看到，主权原则在网络空间的不同层次上面临着不同程度的挑战，特别是网络内容管理和数据跨境流动已经成为当前国际上热议的焦点。各国对于主权原则适用于网络空间这一点并没有异议，但由于国情不同和核心利益排序的差别，在应对来自网络空间的威胁方面各国自然也有着不同的认知和实践。如何在求同存异的基础上制定必要的国际规则，是构建网络空间国际秩序的必要前提。

第三节　主要国家对主权原则的实践

对于网络空间是否能够运用主权原则来规制，国际社会对这一新生事物的认识经历了一个逐渐变化的过程。在互联网发展的早期，有观点认为，互联网或许可以为民族国家为主导的现代政治带来一个新的选择，将其作为一个“去主权化”的全球公域，由全球的技术社群来治理和维护。还有观点认为，国家对网络空间的规制是不可能实现的，因为网络去中心化的“端对端”原则将更多的权力交给了“终端”和每一个用户,[①] 这使得等级化的主权权威传递方式在网络空间很难适用。然而，关于主权原则是否适用网络空间的争论很快就烟消云散。随着虚拟空间与现实空间的联系日益紧密，仅仅依靠技术社群的自组织方式“再也不能应对纷繁芜杂的纷争”,[②] 因此，出于维护网络安全和经济发展的需要，国家的介入也成为必然，主权原则在网络空间如何适用的问题就浮上了水面。

目前，各国的网络空间主权观大致可以分为三类：第一类是以美国为首的西方发达国家，认为现实的互联网是一个非政府域，所有的利益相关方彼此独立但应共同努力，而不是让某一个群体获得更大的优势地位，特别是政府应尽量减少参与，这种观点得到了西方国家和非政府治理机构的支持；第二类是以俄罗斯、中国为首的新兴国家，认为政府在互联网治理中的作用被低估和弱化，主张ITU、联合国等政府间国际组织发挥更大的作用，因而也被称为多边主义者、政府间支持者，这种观点曾经得到了印度、巴西[③]等新兴经济体和一些政府间国际

① David D. Clark and Marjory S. Blumentha. Rethinking the Design of the Internet: The End to End Arguments vs the Brave New World. *ACM Transactions on Internet Technology*, 2001, 1 (1), pp. 71 – 79.

② 许可：《网络空间主权的制度建构》，载于《网络空间主权论——法理、政策与实践》，社会科学文献出版社 2017 年版，第 93 页。

③ 2016 年之后，印度和巴西向欧美国家靠拢，改而支持多利益攸关方模式。

组织的支持；第三类是广大仍在观望的发展中国家和不发达国家，由于网络基础设施发展水平较低，国家政治经济和社会生活对网络空间的依赖程度还相对不高，对网络空间主权的立场和观点不如前两类国家旗帜鲜明，在国际舞台上也鲜少就网络空间主权发声。

作为两种对立的观点，美欧和中俄两类国家的差异主要体现在对现有互联网治理体系（技术和社会公共政策）的治理理念方面，① 其背后深层次的原因则体现为国家间的价值观差异、实力差距和权力争夺，其目的是获得相对于其他国家更大的优势和话语权。而在经济和安全领域，所有国家对相关网络事务的管辖权归属于主权范畴并没有异议，其较量和争夺主要表现在规则制定的话语权和影响力，而主要决定因素是国家在网络空间的实力，其中既有一国综合国力的体现，也有信息通信技术水平的直接支撑。

一、以美国为首的西方发达国家

美国是互联网的诞生地，在网络空间的权力博弈中占有绝对的优势。20 世纪 90 年代之前，美国政府并不支持所谓的“互联网公域说”，它试图与技术社群就互联网的掌控权展开争夺，最终妥协的结果是 1998 年“互联网域名与地址分配机构”（ICANN）的成立——全球互联网的“通讯簿”由私营部门负责管理，但监管权仍归属于美国商务部。进入 21 世纪，为了不让中俄等国控制互联网，美国政府转而大力支持技术社群，提倡“互联网自由”和“多利益攸关方”模式，将政府以及政府间机构不介入域名系统的管理作为监管权移交的前提条件。美国政府从试图控制互联网域名系统到愿意放弃监管权，是因为美国的私营部门和技术专家们在这些机构中已然占据了主导地位，因而更需要确保这些关键资源不会处于中俄等国的掌控之下。

尽管如此，美国政府对“互联网自由”的坚持并不是无限适用的，其重要前提是不能危及美国的国家安全（例如反恐、经济竞争力），不能妨碍美国企业的全球竞争力，从而确保美国在经济和军事领域的竞争力和绝对领先优势。2018 年，美国政府先后出台了《网络安全战略》《国家网络战略》等重要文件，将中俄锁定为竞争对手，制定了一系列政策和法规，强化政府的网络控制力，综合运用多种手段维护美国在科技创新、产业发展和军事保障等多方面的国家利益。例如，2018 年 3 月美国总统特朗普签字生效的《澄清域外合法使用数据法》

① 国际社会一致同意网络安全仍然是国家的主权管辖范围，但是由于安全的内涵和外延界定各国并不一致，因而各国对网络安全的主权边界也没有清晰的界定。

(CLOUD)，为美国政府（如 FBI）直接从全球各地的美国数据控制者手中调取数据提供了法律依据。

值得一提的是，尽管欧盟认同与美国相同的价值观，支持“多利益攸关方”的互联网治理模式，但是欧盟在实践中始终坚持政府应加强对网络空间的规制和管控，在安全领域尤其重视社会层面的个人信息安全和隐私保护，特别是斯诺登事件之后。2016 年，欧盟与美国就数据安全问题签署了新的隐私盾协议，以取代原有的安全港协议。2018 年 5 月，欧盟《一般数据保护条例》（GDPR）正式生效，其管辖和适用范围不仅是欧盟境内注册的互联网服务提供者，还包括对欧盟公民提供互联网服务的所有国外网站和公司。GDPR 生效以来，法国、德国等国依据其规定，先后对谷歌、Facebook 等互联网巨头在收集、合并和使用用户数据方面进行了严格的审查，并对前者开出了巨额罚单。

二、以中俄为首的新兴国家

作为网络空间主权的坚定支持者，俄罗斯认为国家应该对信息网络空间行使主权。早在 2011 年 9 月，俄罗斯发布了一份《国际信息安全公约草案》，明确提出“所有缔约国在信息空间享有平等主权，有平等的权利和义务……各缔约国须做出主权规范并根据其国家法律规范其信息空间的权利。”[①] 2016 年，俄罗斯发布了《俄罗斯联邦信息安全学说》，进一步明确了国家在信息空间的国家利益，明确了网络空间主权的内涵。[②] 在实践中，俄罗斯也多次强调国家主权在网络空间的重要性，认为从互联网关键资源的治理到军事领域的安全，政府都应发挥重要的作用，国家主权应在各个层面得到尊重。2018 年 12 月，俄罗斯议会提出一项法律草案，要求必须确保俄罗斯网络空间的独立性，以防万一外国侵略导致俄罗斯断网；2019 年 2 月，俄罗斯国家杜马一读通过了《俄罗斯互联网主权法案》，旨在减少俄罗斯互联网与外部信息交换的同时，确保俄罗斯互联网的安全与稳定运行，该法案因而也被称为《俄罗斯互联网保护法》。[③] 由此可见，俄罗斯试图从技术层面对互联网实施主权控制的意图和决心。

可以看到，各国对主权原则的适用与否并没有疑义，对于涉及国家安全的领

① 方滨兴：《论网络空间主权》，科学出版社 2017 年版，第 393 页。

② 即保障公民个人在信息空间的权利和自由；保障信息基础设施的稳定和运行；发展信息技术行业和电子产业；保障信息文化安全；促进国际信息安全体系的建立。

③ 俄罗斯国家杜马官网，第 608767－7 草案，关于俄罗斯联邦法的修正草案：保障俄罗斯联邦境内网络稳定和安全运作相关法律的修正草案。О внесении изменений в Федеральный закон《О связи》и Федеральный закон《Об информации, информационных технологиях и о защите информации》, Dec. 14, 2018, http://sozd.duma.gov.ru/bill/608767－7。

域适用于主权管辖这一原则同样认同，但在互联网的技术和内容层应如何管控上，存在侧重点的偏差：西方国家更强调私营部门等非国家行为体的平等角色，中俄等国则更坚持政府作用的不可或缺。深层次观察，这两类观点差异所折射出的却是相同的权力博弈逻辑，即网络空间绝不仅仅是国家间、特别是大国博弈的一个领域，而是已经成为大国博弈的一个工具。换言之，各国在网络空间主权的立场均服务于本国的国家战略，由于各国在网络空间的核心利益有很大不同，因而其对网络空间主权的主张也必然存在不同的侧重，并且会随着环境的变化和网络安全威胁的轻重缓急而不断调整。

总的来看，各国在网络空间主权问题上的主张和实践均折射出其当下的核心利益诉求。美国的核心利益是确保美国在网络空间各个层次的全方位优势，因而无论是强调互联网言论自由还是主张数据自由流动抑或是加强社交网站内容的管控，都服务于“美国优先”的战略目标；欧盟的主权主张目前则聚焦于数据安全与个人隐私保护，在北约提供军事安全保护伞的情况下，欧盟的核心利益更多的是促进数字经济与社会的安全运行和协调发展，以推动欧洲的复兴和外交的重新定位；以金砖国家为代表的新兴国家则面临着发展与安全的双重目标，随着实力的提升，它们在网络空间的国家利益需求更大，需要在网络空间国际体系中掌握更大的话语权和影响力，因而其网络空间主权的主张更多是强调发展权、管理管辖权和国际合作权。广大的发展中国家则由于网络空间实力更弱，其首要的利益关切是发展和安全，其次才是国际话语权，因而其网络空间主权主张更多地体现为发展权和管理管辖权。

第四节　主权原则在网络空间面临的挑战

从发展趋势看，信息通信技术的快速发展和广泛应用使得网络空间的内涵和外延不断扩大，大大增加了国家主权行使的难度。首先，它涉及的行为主体更多——政府、私营部门、非政府组织、技术社群、互联网用户都成为利益相关方；其次，需要管辖事务的性质也更加多元，一个议题常常同时具有技术、社会、经济和安全等多种属性；最后，以现实空间的行为体为联结点，虚拟与现实空间复杂互动，地理边界失效，维护网络空间主权仅仅依靠政府的力量或者一个国家的力量变得十分困难。未来，主权原则在网络空间的适用还将面临以下几个层面的不确定性。

一、政府与企业的权力边界发生变化

从国家内部来看，政府与企业和其他行为体的权力边界正在发生变化，国家不再是唯一具有巨大权力的社会行为体。尽管经济全球化进程早已使得国家权力开始向私营部门、非政府组织分散，但是这一进程却在网络空间得到了巨大的激发。正如泰勒·欧文（Taylor Owen）指出，通过技术赋权，许多新的社会个体、团体和自组织网络，正在从权力和合法性方面挑战“国家”作为国际事务中的主要单元的地位，一个重大的“国际再平衡”正在进行中。①

一方面，政府和其他行为体的绝对权力边界都在向网络空间延伸，催生了新的权力。在互联网这个平台上，普通网民、政府官员和各类机构都可以在网络上发声，交换信息或阐述自己的思想，他们在网络化世界中掌握的联结点越多，其掌握的权力就越大。有观点认为，互联网锻造了一个信任社区，将这种权力等同于军事和经济力量，是政治权力的关键来源。② 从企业的角度看，亚马逊、苹果、Facebook 和谷歌等企业通过技术和其他手段掌握了海量的数据，这背后蕴含的权力应引起关注。③ 从政府的视角看，政府需要对这个新的领域进行管辖，例如对互联网内容的管控、对数字产品的管理、对网约车等新生业态的监管等，这些新的领域与原有的领域提供相似的服务目标，但却以虚拟的形式或路径实现，因而需要新的治理理念和方法来应对新的形势，例如，政府手中掌握的大量公共数据是否可以与企业共享以激发企业更大的活力，政府与企业的权责和利益该如何分配等。④

另一方面，网络空间的典型特征是政府和企业之间的相对权力边界发生了移动，企业对互联网关键基础设施和资源的掌控力显著增强，政府的主权行使能力受到了很大的制约。泰勒·欧文认为，海量的互联网信息增加了政府行使主权的预判和控制难度，因为门槛更低，基于互联网的社会组织无须组织核心即可实施集体行动；主要社会元素已全面网络化，国家不再独享控制权。⑤共享经济使得已有的商业法则发生了改变，基于代码化的市场和算法之上的一系列新规范正在

①⑤ Taylor Owen. *Disruptive Power*: *The Crisis of the State in the Digital Age* (*Oxford Studies in Digital Politics*). Oxford University Press, 2015, pp. 1 – 21.

② Irene S. Wu. *Forging Trust Communities.* Johns Hopkins University Press, 2015, pp. 12 – 22.

③ Scott Galloway. The Four: The Hidden DNA of Amazon, Apple, Facebook, and Google. Portfolio, 2017, pp. 1 – 12.

④ 江小涓：《数字时代政府治理的机遇和挑战》，数字中国产业发展联盟，2019 年 1 月 28 日，http: //www. Echinagov. com/view – point/246488. htm。

创建并取代传统上由政府设定和主导的规范;[①] 随着人们将获取信息的渠道逐渐由传统媒体转向网络媒体和社交平台,“网民已经成为数字世界的俘虏”,通过人物画像和精准的信息推送,掌握大量用户数据的互联网平台完全可以利用算法来影响国内的政治生态,这在英国脱欧、特朗普大选等事件中已经得到很充分的展示。与此同时,政府在维护国家安全,特别是意识形态安全的时候离不开互联网企业的参与,否则其政策目标很难实现,这就直接造成在网络空间,企业开始进入公共服务、参与市场监管、网络安全维护,而政府也会在一定程度上以适当的方式介入企业的经营范畴,对于企业行为中涉及公共安全问题的领域应实现政府与企业的协同治理。

二、网络主权行使面临的多种挑战

在外部主权的行使上,国家面临的挑战将更为复杂多样。首先,国家的权威正在逐渐被其他非政府国际治理机制所侵蚀。即使是在经济和安全等传统的主权管辖范围内,例如打击网络恐怖主义、网络犯罪和数字贸易规则制定等,仅仅依靠传统的政府间治理机制也很难奏效,而互联网企业也在积极参与到国际规则的制定中来。例如 2017 年,微软公司敦促各国政府缔结《数字日内瓦公约》,建立一个独立小组来调查和共享攻击信息,从而保护平民免受政府力量支持的网络黑客攻击;2018 年,微软再次联合 Facebook、思科等 34 家科技巨头签署《网络科技公约》,加强对网络攻击的联合防御,加强技术合作,承诺不卷入由政府发动的网络安全攻击。由此可见,虽然政府间组织在传统的高边疆领域仍然是主要的对话和规则制定场所,但无论是在数字经济还是网络安全领域,政府将不得不与其他行为体共享权利和共担责任。

新技术的不断发展和应用将会导致网络空间主权的排他性进一步减弱和境外效应的增加,主权的维护往往需要与其他国家的协作才能实现,特别需要处理好国内法与国际法之间的对接。以数据跨境流动为例,美国在 2018 年通过的《澄清域外合法使用数据法案》使得美国政府获取企业的海外数据合法化,欧盟的《一般数据保护条例》正式生效,它对境外相关企业和国家产生的长臂管辖效应,都是网络空间主权权利向境外扩展的例证。如果只是制定了本国的数据保护条例而没有跨境数据流动的国际规则,那么该国的数据保护也不可能真正实现;随着人工智能的发展,无人机等自动技术更是从根本上改变了战争的地理界限,国际

---

① Geoffrey G. Parker, Marshall Van Alstyne, et. *Platform Revolution: How Networked Markets are Transforming the Economy and How to Make Them Work for You*. W. W. Norton & Company, 2016, pp. 16 – 34.

和国内安全规范的界限也已经日益模糊。[①] 在网络空间，当一国面临的安全威胁来源、行为体和攻击路径日益全球化，国家主权的维护必须要实现全球共同治理，这与构建网络空间命运共同体的逻辑是一致的。

当前，世界正经历百年未有之大变局，中美关系发生质变，国际秩序面临重塑，信息时代的大国竞争将在很大程度上聚焦于网络空间，抢夺战略制高点。一方面，网络攻击、网络犯罪、网络恐怖主义、网络假新闻已成为全球公害，对国家安全的威胁与日俱增；另一方面，以互联网、人工智能、大数据为代表的信息通信技术已经成为大国科技角力的重要内容，5G 标准之争更是成为当下大国博弈的焦点。此外，人群画像与算法推荐的发展与应用还催生了新的政治形态革命，对国家的意识形态安全带来了新的挑战；约瑟夫·奈认为，互联网技术已经成为挑战西方民主的重要工具，特别是基于信息操纵的锐实力严重冲击软实力。[②] 应对日益严峻的网络安全威胁凸显国家在网络空间行使主权的必要性和紧迫性。

从客观上看，主权原则在网络空间的适用正面临着两种张力：一是国家在网络空间的主权管辖边界仍在不断扩展；二是国家行为体的主权权力在向非政府行为体或机构让渡，两者都在很大程度上增加了主权行使的难度，这也成为网络时代大国战略竞争的独特环境。在网络时代，大国战略竞争的核心将是网络权力的争夺，哪个国家能够更好地掌控网络空间的权力，哪个国家就能够在国力竞争中占据主动和优势，其中重要的权力来源之一就是一国的科技实力。

具体表现在：一是技术标准的制定。网络空间终究不同于海陆空太空等公域，它是一个人造的技术空间，在这个空间里，科技水平是权力衍生的基础，而代码或者标准的制定既决定了空间运行的规则，也决定了行为体获取权力的能力，这也是为什么 5G 标准之争成为战略竞争的重要一环。二是网络空间关键资源的掌控力。与传统上对地理和自然资源的掌控不同，如果说过去 20 多年互联网时代的国家权力来自对计算机、通信和软件这些基础设施的掌控，那么在即将到来的人工智能时代，算力、算法和大数据构成了三大基础支柱，数据成为关键的生产要素，催生了新的经济生产方式，对用户和信息的塑造还将会带来新的政治和社会形态。三是网络空间国际规则话语权的争夺。网络空间是一个新兴的空间，其规则制定固然涉及原有国际规则的适用，例如《联合国宪章》的基本原则，但更多是新规范等，而当前大国冲突的主要分歧仍然源于实力差距造成的

---

① Max Tegmark. *Life* 3.0: *Being Human in the Age of Artificial Intelligence*. Penguin Random House, 2017, pp. 82 – 123.

② Joseph Jr. Nye. Protecting Democracy in an Era of Cyber Information War, Harvard Kennedy School Belfer Center for Socience and International Affairs, February 2019, https: //www. belfercenter. org /pub – lication/protectin – democracy – era – cyber – information – war.

利益目标错位。

三、网络主权实践探索的未来方向

随着互联网深度融入国家的政治、经济和文化生活，网络空间与现实空间高度融合，也由此产生了国家主权权利同样适用于网络空间的主张。正如《塔林手册2.0版》再次强调，许多重要的国际文件已经确认了国家主权原则适用于网络空间，各国也纷纷通过立法、行政、司法等实践活动行使网络主权。尽管各国在践行网络主权方面有不同的关注点，但只要遵循平等原则、公正原则、合作原则、和平原则、法治原则，就能够实现各国主权在网络空间的平等尊重和包容发展。

与主权概念一样，网络主权是一个开放的概念，主权的维护并不意味着绝对的封闭，在经济全球化不断推进和互联互通的网络空间，主权权利是在开放的过程中体现的，也是在国际合作中不断实现的，片面将主权维护与开放合作割裂是不可取的。

国家在网络空间享有的主权权利包含内外两个层面，《塔林手册2.0版》明确内部主权与外部主权的统一性。① 对内，国家享有对本国境内的网络设施、网络主体、网络行为以及相关网络数据和信息的最高管辖权，即立法规制权、行政管理权和司法管辖权。对外，主权国家享有独立权、平等权和防卫权，即有权自主选择网络发展道路、治理模式和公共政策，不受外来干涉；有权平等参与网络空间全球治理，共同制定国际规则；有权开展本国的网络安全能力建设，维护本国在网络空间的正当权益不受外国势力侵犯。

网络主权是权利与义务的统一。《塔林手册2.0版》指出，“无论在物理世界还是在网络空间，主权都意味着权利和义务的统一。”② 对内，各国在享有最高管辖权的同时应有义务确保境内网络的安全有序运行，确保各相关主体能够依法享有网络空间所赋予的各项权益；对外，各国应遵守国际法基本原则和一般规则，切实履行国际法所规定的相关义务，即不侵犯他国，不干涉他国内政，审慎预防以及促进网络空间的开放和自由。在你中有我、我中有你的网络空间，各国保障自身权利与履行应有义务，需要通过国际合作来实现，而一味地奉行单边主义、先发制人和霸权主义，只会加剧本国面临的网络安全困境，最终危及国家安全和发展。

①② ［美］迈克尔·施密特：《网络行动国际法塔林手册2.0版》，黄志雄等译，社会科学文献出版社2017年版。

作为信息技术革命带来的新生事物，网络空间仍然处于快速发展变化之中，极具复杂性和不确定性。一方面，由于网络空间与现实空间不能完全映射，主权原则在虚拟的网络空间面临属地管辖划界方式无法完全适用的情况；另一方面，由于各国国情不同，政治、经济、文化传统和价值观不同，各国关于网络主权的理念和实践必然会有较大差异。

《塔林手册 2.0 版》特别列举了中国、欧盟和俄罗斯近期的一些网络主权实践，各方基于各自的国家利益对网络主权的实践进行探索，体现出各自的利益诉求。[①] 其中，中国将主权原则列为网络空间国际合作的基本原则之一，并将“维护主权与安全”作为参与网络空间国际合作的首要战略目标；欧盟近年来非常强调技术主权和数据主权，通过“长臂管辖”的方式将其《一般数据保护条例》的规则在全球推行，从而提升欧盟在数字领域的领导力和捍卫其战略自治；俄罗斯则通过《主权互联网法案》以强化其在面临外部安全威胁的情形下维护境内网络空间安全的能力。

总而言之，主权原则在网络空间中的实践是一个不断摸索、渐进发展的过程。倡导和实践网络主权，绝不意味着封闭或割裂网络空间，也不意味着各国可以凭借其实力在网络空间为所欲为；倡导和实践网络主权，意味着在享有主权权利的同时必须遵守相应的义务，要在尊重主权原则的基础上，构建公正、合理的网络空间国际秩序。各国只有加强沟通与协作，发展共同推进，安全共同维护，治理共同参与，成果共同分享，才能更加有效维护国家的网络主权。

---

① ［美］迈克尔·施密特：《网络行动国际法塔林手册 2.0 版》，黄志雄等译，社会科学文献出版社 2017 年版。

第六章

网络空间的大国博弈

当今世界正在经历百年未有之大变局，其最显著的特征是大国力量对比发生深刻变化以及由此而引致的利益与权力的博弈。网络空间对传统国家政治生态的挑战越来越大，地缘政治因素在网络空间全球治理中的影响日益凸显。纵观中美、美俄、中俄、中欧等双边关系，可以发现网络空间已经成为大国博弈的主战场和重要工具，大国围绕网络空间国际规则制定和国际秩序建立的竞争与冲突日趋白热化。网络空间的大国关系在很大程度上体现为现实空间地缘政治博弈的延续。

第一节　互联网改变大国博弈

一、互联网与世界经济格局

在互联网时代，世界各国面临着共同的机遇和挑战。如何认清时代发展的要求，根据自身的情况创新和调整，是摆在每个国家面前的重要任务。只有把握住时代所赋予的机遇，应对挑战，经济才能得以迅速发展，国家的对外竞争力才能提高，否则，就只会在全球经济竞赛中被抛在后面。

（一）美国：技术领先

虽然没有人能预测美国在信息技术方面的领先优势到底能保持多久，但也没有人否认美国的确具有得天独厚的条件。首先，美国企业在信息技术方面的支出占 GDP 的比重要远远高于欧盟和日本；其次，美国的自由市场经济模式不仅灵活而且极具竞争性。正是因为具有了灵活的人力和产品市场、富有效率的资本市场和自由的经济制度，人力和资本要素的移动才能迅速地适应新的形势。

但是，这并不意味着美国或美国企业就能轻易地主宰全球电子商务市场，主要障碍有三：第一，在零售业领域中，跨越边界的难度是惊人的。它要面对着所在国文化、语言和他国管制的障碍；第二，网上企业还要面临着跨越边界交货和履约的问题。尽管在美国境内很擅长这些事情是美国企业一个很有利的条件，但实际困难却使他们不得不拒绝接受来自国外的订单；第三，欧亚各国在电子商务领域已经开始奋起直追，美国企业正面临着来自欧亚各国越来越强大的挑战。

（二）欧盟和日本：潜力很大

事实上，同美国相比，欧洲和日本虽然处于较为不利的境地，例如信用卡的使用率远没有那么高，电信费用也比较昂贵，但在很多方面，欧盟和日本比美国更有发展潜力。例如电信领域，欧洲和日本由于在移动电话方面领先于美国而处于优势。

由于增加了价格透明度和竞争程度，互联网能够直指经济效率低下的弊端。在分配利润较高的国家中，价格下降和效率提高的幅度也较大。另外，全球激烈的竞争也迫使企业改变过去缺乏效率的做法，寻求办法消除僵化的市场制度。这也就是说，在节约成本和提高生产率方面，欧盟和日本从互联网中获益的潜力要比美国大得多。因此，互联网对欧盟和日本经济增长的影响要更为强大。

在互联网时代，日本经济遭受冲击最大的正是那些维持高价格、阻碍生产率提高的陈旧商业惯例。以日本众所周知的低效率、费用高昂的分配体系为例：过去，生产企业通过交叉持股的方式与供应商和零售商密切联系，它可以通过限制向零售商供货的方式控制价格。中间商越多，经济效率的提高就越困难。互联网增加了价格的透明度，消费者拥有了更大的权力，各种中间环节也就失去了生存的土壤。这有助于提高日本的经济效率。尽管日本的结构性弊端仍然存在，但它不可能阻挡互联网所带来的历史性冲击。

对欧盟来说，高税收是经济竞争力提高的一个重要障碍，借助于互联网，消费者和生产者能够在全球市场上选择价格最低的产品和原材料。如果欧盟国家的政府仍然坚持高税收，把价格维持在一个较高的水平上，就会大大削弱欧盟产品或服务的竞争力。对政府施加压力，尽快降低税率，是欧盟经济在互联网时代的当务之急。

（三）亚洲和其他发展中国家：仍有机会

随着互联网时代的到来，美国等发达国家在新一轮的技术竞赛中遥遥领先于亚洲和其他发展中国家。一些人担心南北差距会因此而扩大。事实上，虽然发展中国家在很多方面的确处于劣势，但他们也面临着更多的机遇。如果能够把握住网络所赋予的机遇，南北差距反而存在着缩小的可能。与此同时，我们还是应该看到发展中国家尤其是亚洲国家所面临的挑战：第一，无论在消费能力、技术群体还是资本市场方面，发展中国家都无法与美国相比。他们无法向消费者提供高质量的技术和服务，在全球技术竞赛中也只能处于模仿的地位，而无法在技术上领先。第二，缺少具有创新意识和能力的人才。亚洲的教育制度使企业家们更善于模仿，而缺乏创新。再加上缺乏培养和吸引人才的合理机制，仅有的少数人才也纷纷外流。第三，风险资本不足，尤其缺乏有魄力和眼光的真正意义上的风险资本家。第四，一些国家还没有意识到互联网的重要性，有些国家的信息技术产业还没有开放，经济的落后也制约着一些国家信息技术产业的发展。这些问题正成为制约网络经济发展的瓶颈。

发达国家网络经济的兴起已对发展中国家提出了巨大的挑战。发展中国家如果抓住机遇，深化改革，虽然缩小与发达国家的差距存在困难，但也是绝对可行的。对于亚洲国家来说，应该更好地挖掘自身的潜力，以市场为导向配置资本资源，尽快解决银行体系存在的问题，完善教育和科研制度，扫清自由竞争的障碍。拉美和东欧国家则应尽快开放市场，减少管制，尽快推进改革。只要政府政策得当，采取有效的对策，发展中国家就可以尽快赶上来，使网络经济成为经济振兴和起飞的契机和动力，否则只会使差距越拉越大。

发展中国家面临的机遇有：第一，互联网降低了交易成本，通过垂直一体化缩小了经济规模，为小公司开展全球业务创造了条件。亚洲的几家小公司通过合作，就能够在全球市场上参与竞争。这样，互联网就为发展中国家提供了更多追赶发达国家的机会。第二，互联网加快了信息的扩散，为发展中国家获得发达国家的新技术，加快追赶的步伐创造了条件。无论发达国家在新技术方面的进步有多大，发展中国家都能够利用“后发效应”，以较低的成本获得这些技术，从而实现更快的增长速度。第三，发展中国家在资本投入方面仍有很大的发展空间。对发达国家来说，资本投入已经达到了一定的规模，要保持经济快速增长必须依赖新技术的开发，提高效率。对发展中国家来说，仍然可以通过提高资本投入、开发人力资源等办法，挖掘自身的发展潜力，而不必将大量的人力、物力和财力用于新技术开发，过多耗费本不富裕的资源。第四，亚洲是世界的生产制造中心，他们在生产、贸易、金融等方面能够更充分地利用互联网所赋予的便利条件，效率提高的潜力也会更大。

二、互联网与地缘政治

（一）网络空间对国家政治生态的影响

国家是现代政治学的基石，也是国际关系中的主要行为体，但在网络时代，虚拟空间与现实空间深度融合，它对传统的国家政治生态带来了深远的影响。美国学者曼纽尔·卡斯特认为，“尽管文化基础和社会架构不同，但基于数字技术的互联网已经将全球社会重新编织为一个新网络”。[①] 从外部环境看，网络空间成为国家权力新的来源。具体表现为：第一，随着人们对互联网的依赖程度越来越高，海量的数据和信息成为新的权力来源，掌控这些数据的社交媒体平台凭借算法和人物画像等技术，具备了塑造社会行为和观念的能力，将传统上被国家政府所垄断的公权力“私有化”；第二，凭借信息在网络的快速和便捷传播，社会组织具备了无须组织核心即可快速实施集体行动的能力，这种行动模式在2019年下半年的香港修例风波中表现得尤为突出，这种围绕统一目标、进行松散协作的在线行动模式也被称作“自组治理”模式[②]；第三，网络化的扁平结构并不必然带来权力的去中心化，而是会形成新的权力中心，这取决于掌控网络节点的行为体本身的实力，特别是其能够“促成最大数量的、有价值的连接以及导向共同的政治、经济和社会目标的能力”，有学者将其归结为“个体和团体运用软实力”的能力。[③]

从地缘政治的视角来看，网络空间对国家政治生态的挑战主要体现在以下几个方面。首先，传统的国家地理边界在网络空间不复存在，以地理边界划分为基础的主权原则面临着如何适用的挑战。从物理层来看，国家对网络空间物理层的主权权利是与现实空间主权权利最为接近的，作为网络空间的“骨骼”，基础设施是现实空间有形存在的，其管辖权划分也相对明确；逻辑层则是无形的、不可

① ［美］曼纽尔·卡斯特：《传播力》，汤景泰、星辰译，社会科学文献出版社2018年版。

② Benkler, Y. Hacks of Valor: Why Anonymous is not a Threat to National Security. Foreign Affairs. Retrieved from https://www.foreignafairs.com articles 2012-04-04 hacks-valor.

③ Slaughter, A. M. Sovereignty and Power in a Networked World Order. Stanford Journal of International Law 40: 283-327, 2004. Retrieved from https://www.law.upenn.edu/live/files/1647-slaughter-annemarie-sovereignty-and-power-in-a.

见的，逻辑层的技术标准和域名地址分配（国家或地区域名除外）由全球技术社群和互联网社群负责制定，在全球统一实施，这个层面不属于任何一个国家的主权管辖范围；国际争议则主要体现在内容层，作为一个开放的全球系统，它没有物理的国界和地域限制，用户可以以匿名的方式将信息在瞬时从一个终端发送至另一个终端，打破了传统意义上的地理疆域，同时也动摇了基于领土的民族国家合法性。①

其次，互联网打破了国家对军事力量的垄断，并在很大程度上改变了传统的战争形态。按照马克斯·韦伯的定义，国家是“这样一个人类团体，它在一定疆域内成功地宣布了对正当使用暴力的垄断权”②，其他任何团体或个人只有经过国家许可才拥有使用暴力的权力。然而，在网络空间，所有现实空间的人和事物都可以被信息化或者数字化，作为网络武器的软件是无形的，网络武器的生产者可以同时是使用者且很难进行军用和民用的区分，因而网络武器的使用门槛大大降低，网络购买和快速传递也会加大其扩散的范围，无论是作为个人的黑客还是有组织的犯罪或恐怖分子都可以在网络空间发起暴力行动，甚至是对国家发起网络战。网络攻击不需要派遣地面人员，不必出现流血冲突和人员伤亡，信息控制和无人机等自主作战已经成为未来新的战争形态。

最后，网络空间打破了国家对社会元素的垄断，实现了政治权力的再分配。在数字时代，国家不再是唯一具有巨大权力的社会组织，无论是在商业、媒体、社会、战争还是外交领域，其权力均在不同程度上被削弱或者转移。美国哈佛大学克里斯坦森（Clayton Christensen）据此提出了“破坏性创新理论”，他认为在多个核心领域，匿名性和加密数字货币等基于网络和数字技术的“破坏性创新者”正在挑战国家以及国家间组织曾经掌控的功能，其影响正在向更广泛的人群扩散，而国家正在失去其作为“集体行动的最佳机制”的地位。③ 特别是社交媒体平台正集聚了越来越多的线上社交活动以及由此产生的信息，一方面，国家正面临着与日俱增的基于互联网“公民不服从行动”的风险；另一方面，传统上被电视和纸质媒体掌控的舆论权力垄断也正在被由私营资本控制的互联网平台所打破。

（二）地缘政治进入网络空间全球治理

当网络空间对传统国家政治生态的影响力和挑战愈来愈大，地缘政治进入网

① 郎平：《主权原则在网络空间面临的挑战》，载于《现代国际关系》2019 年第 6 期。

② ［美］马克斯·韦伯：《学术与政治》，钱永祥等译，上海三联书店 2019 年版。

③ Christensen, C., Baumann, H., Ruggles, R. & Sadtler, T. Disruptive Innovation for Social Change. Harvard Busines Review, 2006. Retrieved from http://hbr.org/2006/12/disruptive - innovation - for - social - change ar/I.

络空间全球治理领域也就成为历史必然。虽然网络空间作为一项全球治理议题始于2003年的联合国信息社会世界峰会，但此时并没有进入国家战略层面。从地缘政治的视角来看，网络安全问题真正开始被大国重视并进入高级政治领域，经历了一个认知改变的渐进过程。

2012年，美欧与中俄在ITU召开的国际电信世界大会上，围绕国际电信规则的修改而分庭抗礼，形成两大阵营对抗的局势。中俄等国支持修订后的《国际电信规则》，该规则给予所有国家平等接触国际电信业务的权利以及拦截垃圾邮件的能力，但美国和欧盟等发达国家反对ITU在互联网治理中发挥更大的作用，认为这会赋予政府干预网络空间的权力。自“冷战”结束之后，这是国际社会首次在一个全球治理问题上出现两大阵营的分裂。值得一提的是，美国政府在这一年承认参与开发了蠕虫病毒等网络武器，参与了针对伊朗核设施的“奥运行动”；美国政府开始指责中国和俄罗斯通过网络窃密开展不正当的商业竞争。2012年也因此被一些学者看作是网络空间国际秩序之争的元年①，网络空间终究不可避免地成为大国博弈的新战场。

从发展趋势看，网络空间正在成为大国博弈的重要领域和重要工具。首先，网络空间带来了许多新的议题，例如网络攻击、假新闻、数据跨境流动等，亟须制定新的国际规则加以规范和约束，而传统的安全议题在网络空间有了新的形式，例如有组织犯罪、恐怖主义等，也需要探索新的模式加以应对；其次，网络空间与现实空间深度融合，网络空间的利益目标与国家的整体战略密不可分，前者往往是后者不可分割的重要组成部分，而网络议题也会同时具有安全、发展、战略等方面的属性，中美关系中的网络窃密问题就是如此；最后，信息科技竞争已经成为大国竞争的重要焦点，围绕5G、人工智能等新技术标准和技术创新的竞争已经白热化，特别体现在中美关系中，它正成为两国全面竞争的冲突汇聚点，事关两国综合国力比拼的走势。由此判断，地缘政治因素在网络空间全球治理中的作用将会急剧扩大，从高级政治领域向低级政治领域扩展，即便是逻辑层的ICANN也难以避免会受到地缘政治因素的影响。

三、互联网改变大国竞争

数字时代既是当今世界百年大变局得以形成的重要时代背景，也是大变局不断演进和深化的重要驱动力。从全球化进程来看，信息技术发展、跨境数据流动

① Segal, A. *The Hacked World Order: How Nations Fight, Trade, Maneuver, and Manipulate in the Digital Age*. NY: Public Afairs, 2016.

以及数字空间与现实空间的深度融合，意味着全球化进入了一个全新的数字时代。如果说传统上大国竞争的内容是争夺有限的领土和自然资源，作为数字世界最重要的资源，数据是无限的，数字化程度越高，接入的范围越广，数据的战略价值就越大。然而，与数字世界无限延展的内在驱动力相悖，国家基于主权的权力边界是有限的，为了获得数字世界的主导权，国家主权在网络空间不断延伸和拓展，网络空间的碎片化趋势日趋显著，这又反过来抑制了数字经济扩张的内在动力。中美在网络空间的战略竞争就是在这样的背景下展开的。一方面，中美竞争和对抗的范围和力度在不断加大；另一方面，数字世界扩张的自身规律和市场的张力也在发挥作用，两者此消彼长的博弈进程将在很大程度上决定未来全球格局的发展方向。

中美在网络空间日趋激烈的战略竞争，既源自中国崛起后两国之间的结构性冲突，也是特朗普政府大力推进“美国优先”战略所导致的必然结果。特朗普就任以来，网络空间在美国的国家战略定位中有了明显提升，从奥巴马政府时期将网络作为一个安全领域转变为将网络看作促进国家安全和繁荣的时代背景，加速了网络议题与经济和安全等其他领域的融合。2017 年底，特朗普政府出台的美国《国家安全战略报告》将网络安全上升为国家核心利益。2018 年 9 月，美国白宫发布美国《国家网络战略》，15 年来首次全面阐述了美国的国家网络战略，提出保护安全和促进繁荣的四大支柱①，列出了包括保护关键基础设施、保持美国在新兴技术领域的领导地位、推进全生命周期的网络安全等诸多优先事项，并且明确提出中国和俄罗斯是美国的战略竞争对手。2020 年 5 月，美国白宫发布《美国对华战略方针》指出，中国正在经济、价值观和国家安全三个方面对美国构成挑战。

在上述顶层设计的指引下，美国开始逐步推进在网络空间与中国竞争和“脱钩”的战略意图。从 2018 年对华发起贸易争端指责中国网络窃密、强化美国外国投资委员会（CFIUS）的投资审查、成立特别工作组保护 ICT 供应链，到 2019 年扩大审查中国科技公司的范围、将包括华为在内的数十家企业列入实体清单、全面封杀和遏制华为，再到 2020 年进一步收紧对华为获取美国技术的限制、发布《5G 安全国家战略》、提出“清洁 5G 路径”和“净网计划”、发布针对 Tik-Tok 和微信的行政令、提议修改 APEC 数据流通规则，美国的“数字铁幕”正缓

① 四大支柱：通过保护网络、系统、功能和数据来保卫家园；通过培育安全、繁荣的数字经济和强大的国内创新，促进美国繁荣；通过加强美国的网络能力来维护和平与安全——与盟国和伙伴合作，阻止并在必要时惩罚那些出于恶意目的使用网络工具的人；扩展开放、可互操作、可靠和安全的互联网的关键原则，扩大美国在海外的影响力。The White House. National Cyber Strategy of the United States of America, September 2018，https：//www. whitehouse. gov/wp - content/uploads/2018/09/National - Cyber - Strategy. Pdf, The National Cyber Strategy demonstrates my commitment to，steps to enhance our national cyber - security.

缓落下，未来出现两个平行体系的可能性正在逐步上升。在大国竞争背景下，尽管中国在网络空间的实力整体上仍然与美国有很大的差距，但考虑到中国互联网企业的快速发展以及网络空间给国家安全带来的诸多挑战和不确定性，美国大力推动对华全面“脱钩”既有国家安全的考量，也有遏制中国赶超的考虑。

（一）科技主导权

科技是第一生产力，在大国战略竞争中始终发挥着至关重要的作用。科技水平不仅直接关系到国家的经济实力，而且对于国家的军事实力更为重要。互联网是在美国诞生的，美国在网络空间已经占据了先天优势，那么在下一轮以5G、人工智能、量子计算为代表的数字技术竞争中，能够占据先机的国家可以依靠数字技术提升综合国力，成为国际格局变化的新动力。为此，打压和遏制竞争对手的发展势头、争夺科技领域的主导权就必然成为大国竞争的重头戏。阎学通认为，数字经济成为财富的主要来源，技术垄断和跨越式竞争、技术标准制定权的竞争日益成为国际规则制定权的重点；这些特点对国家的领导力提出了更高的要求，如果沿用传统的地缘政治观点来理解当前的国际战略竞争，很可能使国家陷入被动局面。[①]

5G技术已经成为中美战略竞争的焦点。5G技术的特点是超宽带、超高速度和超低延时，在军事领域，5G技术可以提升情报、监视和侦察系统及处理能力，启用新的指挥和控制方法，精简物流系统、提高效率。[②] 5G技术更好的连通性可以转化为更强大的态势感知能力，有助于实现大规模无人机的驾驶以及近乎实时的信息共享，因而具有巨大的商业和军事应用前景。[③] 为此，美国除了在国内推出对华为的全面封杀，在国际上也加大对华为的围堵，一方面试图游说其盟友禁用华为的5G设备，另一方面也加紧抵制华为参与全球产业规则的制定。2019年5月，美国联合全球32国政府和业界代表共同签署了“布拉格提案”，警告各国政府关注第三方国家对5G供应商施加影响的总体风险，特别是那些易于受国家影响或尚未签署网络安全和数据保护协议国家的5G通信系统供应商；美国政府表示“计划将该提案作为指导原则，以确保我们的共同繁荣和安全”。[④] 2019年9月，美国还与波兰共同发表了“5G安全声明”，将“布拉格提案”的内容落实

---

① 阎学通：《数字时代的中美战略竞争》，载于《世界政治研究》2019年第2期。

② John R. Hoehn and Kelly M. Sayler. National Security Implications of Fifth Generation Mobile Technologies, Congresional Research Service, June 12, 2019, https://crsreports.congres.gov/product/pdf/IF/IF11251.

③ Richard M. Harison. The Promise and Peril of 5G, May 2019, https://www.afpc.org/publications/articles/the-promise-and-peril-of-5g.

④ The White House. Statement from the Press Secretary, May 3, 2019, https://www.whitehouse.gov/briefings-statements/statement-press-secretary-54/.

到双边协议中，用双边规范将华为等中国企业排除在欧美市场之外。2020 年 7 月，英国政府决定自 2021 年起禁止该国移动运营商购买华为 5G 设备，并要在 2027 年以前将华为排除出英国的 5G 设备供应商名单。

科技革命往往有助于推动国家实力的增长和国家间权力的转移。从现实来看，一方面，实力原本强大的国家往往会具备更强的创新能力和应用能力，会更容易在新一轮竞争中占据先发优势；另一方面，重大技术创新或颠覆性技术的影响也会具有不确定性，掌握了某个关键节点优势的国家很可能在某个方面打破原有的权力格局，削弱强大国家的绝对垄断优势。因而，有报告称，尽管中国在 AI 领域取得了快速的进步，但美国的优势会进一步扩大；也有报告认为，美国传统的优势反而会让美国在数字时代处于不利的地位。① 因此，我们可以看到技术对国家实力和权力的影响具有两面性，它既可能强化既有的垄断地位，也可能改变原有的权力获取路径。在既有实力差距的客观前提下，国家是否能够在科技竞争中获得更大权力更多取决于国家的变革能力和适应能力。

（二）数字经贸规则

随着信息通信技术与传统制造业领域的深度融合，数字经济占比在主要大国经济总量中都占据相当的比重。根据中国信息通信研究院的《全球数字经济新图景（2019）》白皮书，2018 年，各国数字经济总量排名与 GDP 排名基本一致，美国仍然高居首位，达到 12.34 万亿美元；中国达到 4.73 万亿美元，位居世界第二；德国、日本、英国和法国的数字经济规模均超过 1 万亿美元，位列第三至六位。英国、美国、德国的数字经济在 GDP 中已占据绝对主导地位，分别为 61.2%、60.2% 和 60.0%；韩国、日本、爱尔兰、法国、新加坡、中国和芬兰则位居第四至第十位。2018 年，在全球经济增长放缓的不利条件下，有 38 个国家的数字经济增速明显高于同期 GDP 增速，占所有测算国家的 80.9%。②

鉴于数字经济对于国家综合国力竞争的重要性，数字经济规则的制定必然会成为大国博弈的焦点。作为一种新型的生产要素，数据已经成为数字时代重要的战略性资源。一方面，数据是人工智能、量子计算等新技术发展应用的基础和动

---

① Daniel Castro, Michael McLaughlin and Eline Chivot. Who is Winning the AI Race: China, the EU or the United States? August 19, 2019, https://www.datainnovation.org/2019/08/who-is-winning-the-ai-race-china-the-eu-or-the-united-states/; Jack Goldsmith and Stuart Rusel. Strengths Become Vulnerabilities: How a Digital World Become Disadvantages the United States in its International Relations, June 6, 2018, https://www.lawfareblog.com/strengths-become-vulnerabilities-how-digital-world-disadvantages-united-states-its-international-0.

② 中国信息通信研究院：《全球数字经济新图景（2019）》，2019 年 10 月，http://www.caict.ac.cn/kxyj/qwfb/bps/202010/t20201014_359826.htm。

力；另一方面，基于数据的预测与决策也在很大程度上成为许多产业向前发展的动能和保障，为数字经济发展注入新动能，并且在很大程度上助推了经济社会形态及个人生活的重构。来自麦肯锡全球研究院的研究报告指出，自2008年以来，数据流动对全球经济增长的贡献已经超过传统的跨国贸易和投资，不仅支撑了包括商品、服务、资本、人才等其他类型的全球化活动，并发挥着越来越独立的作用，数据全球化成为推动全球经济发展的重要力量。① 联合国《2019年数字经济报告》认为，数字化在创纪录时间内创造了巨大财富的同时，也导致了更大的数字鸿沟，这些财富高度集中在少数国家、公司和个人手中；从国别看，数字经济发展极不均衡，中美两国实力大大领先其他国家，国际社会需要探索更全面的方式来支持在数字经济中落后的国家。② 由此可见，数字经济规则事关大国在数字经济领域的地位和权力分配，对大国综合国力竞争的重要性将愈加凸显。

目前，数字经济规则的谈判在双边、区域和全球等各层面展开。有专家指出，与几个世纪前大国争夺资源的竞争不同，中美竞争是对全球规则制定以及贸易和技术领导地位的争夺。③ 由于国家的实力、价值观和政策偏好不同，不同国家的政策框架难免会出现差异。基于强大的综合数字优势，美国的数字经济战略更具扩张性和攻击性，其目标是确保美国在数字领域的竞争优势地位。美国主张个人数据跨境自由流动，从而利用数字产业的全球领先优势主导数据流向，但同时又强调限制重要技术数据出口和特定数据领域的外国投资，遏制竞争对手，确保美国在科技领域的主导地位。欧盟则沿袭其注重社会利益的传统，认为数据保护首先是公民的基本人权，其次在区域内实施数字化单一市场战略，在国际上则以数据保护高标准来引导建立全球数据保护规则体系。中国的立场则更为保守，偏重在确保安全的基础上实现有序的数据流动，采取了数据本地化的政策。④ 日本的立场与欧美更为接近。在2019年G20峰会上，日本提出要推动建立新的国际数据监督体系，会议联合声明强调："数据、信息、思想和知识的跨境流动提高了生产力、增加了创新并促进了可持续发展；通过应对与隐私、数据保护、知

---

① Mckinsey Global Institute. Digital Globalization: the New Era of Global Flows, February 24, 2016, https://www.mckinsey.com/busines - functions/mckinsey - digital/our - insights/digital - globalization - the - new - era - of - global - flows#.

② The UNCTAD, Digital Economy Report 2019, September 4, 2019, https://unctad.org/en/pages/PublicationWebflyer.aspx? publicationid = 2466.

③ James Andrew Louis. Technological Competition and China, Center for International Strategic and International Studies, November 30, 2019, https://www.csis.org/analysis/technological - competition - and - china.

④ 上海社会科学院：《全球数据跨境流动政策与中国战略研究报告》，2019年8月，https://www.secrs.com/articles/1327。

识产权及安全问题相关的挑战，我们可以进一步促进数据自由流动并增强消费者和企业的信任。”①

作为数字经济发展的核心要素，数据跨境流动既涉及个人隐私和信息保护，又涉及国家安全，因而它既是安全问题，也是贸易和经济问题。数据跨境流动需要在个人、经济和安全三者之间寻找平衡：过于强调安全，限制数据的跨境流动性，无疑会限制企业的技术创新能力，对经济增长不利；一味坚持自由流动，则必然会引发对数据安全、国家安全和主权问题的担忧。因此，围绕数据跨境流动规则的国际谈判必将是一个艰难且长期的讨价还价的过程，但它又是一项迫切的任务，因为只有通过国际合作与协调，让国家在制定本国政策框架的同时尽可能照顾到政策的外部性，在安全性和成长性之间寻求平衡，在国家与国家之间实现共识，数字经济的红利才能被各国最大限度地共享。

（三）网络空间国际安全规范

在数字时代，网络空间会影响国家的安全和发展，然而，随着网络空间的军事化和武器化加剧，如何应对复杂严峻的网络空间安全威胁以及如何规范国家间的行为，就成为各国面临的严峻挑战。尽管联合国大会从 2004 年就成立了专家组就“从国际安全角度看信息和电信领域的发展”进行研究，并且在 2015 年达成了 11 条“自愿、非约束性”的负责任国家行为规范，然而遗憾的是，由于中俄与美欧等西方国家在武装冲突法适用于网络空间这个关键节点上立场相左，各大国并未就国际规范达成一致。在缺乏国际秩序和规则约束的状况下，由于利益诉求不同，国家在网络空间的行为常常具有战略进攻性、行为不确定性、政策矛盾性等特点，使得网络空间大国关系处于缺乏互信、竞争大于合作并且冲突难以管控的状态，进而导致网络空间处于一种脆弱的战略稳定。②

2017 年联合国信息安全政府专家组谈判失败，其直接原因是有关国家在国际法适用于网络空间的有关问题（特别是自卫权的行使、国际人道法的适用以及反措施的采取等）上无法达成一致。③ 美欧等西方国家支持将武装冲突法适用于网络空间，认为恶意的网络行动应该受到国际法的约束和制裁。俄罗斯则认为“自卫权、反制措施等概念本质上是网络强国追求不平等安全的思想，将会推动网络空间军事化，赋予国家在网络空间行使自卫权将会对现有的国际安全架构如

① G20 Ministerial Statementon Tradeand Digital Economy, June 2019, https://www.g20.org/pdf/documents/en/Ministerial_Statement_on_Trade_and_Digital_Economy.pdf.

② 鲁传颖：《网络空间大国关系演进与战略稳定机制构建》，载于《国外社会科学》2020 年第 2 期。

③ 黄志雄：《网络空间负责任国家行为规范：源起、影响和应对》，载于《当代法学》2019 年第 1 期。

安理会造成冲击"。[①] 中方认为将现有武装冲突法直接运用到网络空间可能会加剧网络空间的军备竞赛和军事化，网络空间发生低烈度袭击可以通过和平、非武力手段解决，[②] 反对给予国家在网络空间合法使用武力的法律授权。

但从根本上看，美欧与中俄两个阵营的分野源于双方在网络空间战略利益诉求的差异。与现实空间不同的是，网络空间存在"玻璃房效应"，军事实力的绝对优势并不意味着绝对的安全，一国的互联网融入程度越高，对网络空间的依赖越大，它在面对网络攻击等安全威胁时的脆弱性就越大。即使美国在网络空间的军事力量已经处于绝对领先的优势地位，但也同样面临着"越来越多的网络安全漏洞，针对美国利益的毁灭性、破坏性或其他破坏稳定的恶意网络活动，不负责任的国家行为"等不断演进的安全威胁和风险。[③] 为此，特朗普政府推出了"持续交手"[④]，"前置防御"[⑤] 和"分层威慑"[⑥] 的进攻性网络安全战略，放开了美军在采取进攻性网络行动方面的限制，扩大了美军防御行动的范围，使其能够更自由地对其他的国家和恐怖分子等对手开展网络行动，而不受限于复杂的跨部门法律和政策流程。基于美国自身的网络安全战略，美国在国际规则制定中的利益诉求非常明确，即尽可能获得在网络空间采取行动的法律授权，特朗普政府并没有动力去达成一个约束自己行动能力的国际规则。例如，对伊朗授权使用网络攻击手段的实践就是美国在未来网络空间展开军事行动的体现。中俄不可能认同美国的立场和诉求。

特朗普政府进攻性的网络空间安全战略不仅加剧了自身的安全困境，而且导致大国间的战略竞争面临失控的风险。尽管 2019 年联合国网络空间安全规则的谈判进程进入了联合国信息安全政府专家组和开放式工作组双轨制运行的新阶段，但客观上看，近几年的谈判前景并不乐观：首先，在大国无战争的核时代，

---

① Andrey Krutskikh. Response of the Special Representative of the President of the Rusian Federation for International Cooperationon Information Security Andrey Krutskikhto TASSs Question Concerning the State of International Dialogue in This Sphere, June 29, 2017, https://www.mid.ru/en/mezdunarodna - informacionna - bezopasnost/ - /aset_publisher/UsCUTiw2pO53/content/id/2804288.

② Ma Xinmin. Key Isues and Future Development of International Cyberspace Law. *China Quarterly of International Strategic Studies*, 2016, 2 (1), pp. 119 - 133.

③ The White House. National Cyber Strategy of the United States of America, September 2018, https://www.whitehouse.gov/wp - content/uploads/2018/09/National - Cyber - Strategy.pdf. The National Cyber Strategy demonstrates my commitment to, steps to enhance our national cyber - security.

④ "持续交手"是指在不爆发武装攻击（armedattack）的前提下，打击对手并获取战略收益。

⑤ "前置防御"是指在网络危害发生前，提前收集对手的信息，使对手放弃攻击行动，"从源头上破坏或阻止恶意网络活动，包括低烈度武装冲突"。

⑥ "委员会"（CSC）发布报告，提出"分层网络威慑"的新战略，核心内容包括塑造网络空间行为、拒止对手从网络行动中获益、向对手施加成本三个层次，并提出六大政策支柱以及 75 条政策措施。迄今该战略是否会被美国政府采纳还未有定论，但却在很大程度上可以看出美国网络威慑战略的走势。

大国战略竞争不可能通过霸权战争来决定权力的再分配，但是却可以通过网络空间的战争来实现这一目标，从而使得网络攻击越来越多地被用作传统战争的替代或辅助手段，信息战和政治战的重要性将明显上升。其次，由于技术发展带来的不确定性以及网络空间匿名性、溯源难的特性，网络空间所蕴含的不安全感会促使国家去尽可能地探究维护安全的各种路径，特别是网络空间军事能力建设。但在网络空间军民融合、军备水平难以准确评估的情况下，即便能够达成一些原则性、自愿遵守的国际规范，网络空间的军备竞赛还将在事实上持续，直到未来触及彼此都认可的红线。换言之，在网络空间军事力量没有达到一个相对稳定和相对确定的均势之前，网络空间的大国竞争将始终处于脆弱的不稳定状态。

第二节　中美关系

网络空间的互动是中美关系的重要内容。网络空间具有虚拟属性，与现实空间不能完全映射，但它不会脱离两国战略博弈的大框架。特别是随着互联网时代的到来，网络空间的内涵和外延不断扩展并与现实空间加速融合，中美未来的竞争与博弈将聚焦于网络空间，网络空间的战略意义尤为凸显。但同样，中美网络关系也不可能仅表现为竞争的一面，而是会出现竞争与合作并存的态势，只不过竞争的态势在近几年会愈发突出，具体而言，它表现为以下几个方面：

一、价值观与意识形态的竞争

价值观是构建国际秩序的核心要素之一，在价值观基础上形成的意识形态之争始终贯穿于中美关系的起伏变化中。在网络空间的事务中，美国坚持的是所谓自由、民主、平等、开放的价值观，反映在政策上则是反对政府的过多干预，主张采用由下至上、共识驱动的多利益攸关方治理模式，极力推动信息和数据的自由流动，反对政府对互联网内容的管制等；中国则更倾向于多边与多方的相互补充的共治理念，强调网络主权的理念，主张政府发挥更大的作用，认为互联网信息和数据的流动应在确保安全的基础上，实现有管理的流动。归根结底，中美价值观和意识形态的不同根源于两国在网络空间实力的差距，后者所决定的不同利益诉求将导致两国意识形态竞争还会持续。

二、信息通信技术的竞争

科技作为第一生产力，历来是大国综合实力竞争和博弈的焦点。作为当今世界唯一的超级大国，美国当下的核心利益诉求是确保美国在科技、经济和军事方面的绝对优先优势，而中国作为世界第二大经济体，必然成为美国瞄准的首要竞争对手。在经济全球化和信息革命的背景下，5G、人工智能等前沿技术的布局和发展水平均已成为中美竞争的战场。美国政府联合其盟国如澳大利亚、加拿大和新西兰等国，以“中国硬件会带来潜在国家安全风险”为由将华为排除在西方5G网络的设备供应商之外，特朗普更是发声称美国将跳过5G直接研发6G技术，就是为了阻挡中国企业在5G领域的优势。人工智能领域也是如此，2019年2月11日，特朗普签署了“维护美国人工智能领导地位”的行政命令，正式启动美国国家层面的人工智能计划；次日，美国国防部发布《人工智能战略》，将加快人工智能在美国军事安全领域的应用。从产业竞争到军事安全，中美在人工智能等技术领域的竞争将日趋激烈。

三、数字经济和贸易规则的竞争

在大国无战争的核时代，一国的经济实力成为大国综合国力博弈的重要内容。过去数十年中，中国作为新兴大国迅速崛起，对美国的经济竞争力构成了很大的挑战，如何确保美国企业的国际竞争力成为美国对华经贸政策调整的重头戏。2018年以来，美国政府以加征惩罚性关税为手段对华发起贸易战，两国贸易争端不断升级；2019年5月10日，美方宣布对2 000亿美元中国输美商品加征的关税从10%上调至25%，中方随后采取了反制措施，中美贸易谈判再度陷入僵局。无论两国经贸摩擦以何种方式得到解决或长期化，美国的目的都是要在诸多结构性问题上与中国达成新的制度安排，并且着眼于全球范围内数字经贸规则（WTO）的重塑。于2019年6月在日本举行的G20峰会上，中美之间就数据跨境流动的国际规则进行进一步交锋。

四、网络空间国际安全规则的竞争

网络安全是受大国地缘政治影响最为直接的领域，而不断恶化的网络空间生态也为网络空间国际安全规则的制定增添了迫切性。美国及其领导的北约组织开展了多次大规模网络军事演习，数据泄露滥用、社交媒体假新闻等一般性的网络冲突日益扩散，网络空间的安全形势异常严峻。美国作为网络空间的头号强国，更是提出了“先发制人”“向前威慑”和“主动进攻”的攻击性网络安全战略。与美国不同，中国始终反对网络空间军备竞赛，2018 年 10 月，中国与俄罗斯等国一起向联合国提交了一份《从国家安全角度看信息和电信领域的发展》的协议草案，对一些国家正在为军事目的发展通信技术能力表示关切；美国则联合加拿大、日本、澳大利亚、爱尔兰等国提交了《从国际安全角度促进网络空间国家负责任行为》的决议草案，要求确认私营部门、学术界和民间社会在国际网络治理中的参与机制，要求联合国加大对国家负责任行为准则以及国际法在网络空间如何适用等议题的研究。2019 年，新一轮的联合国信息安全政府专家组谈判将重新启动，围绕关键基础设施、现有国际法如何适用网络空间等问题，中美两国还将展开新一轮的博弈。

综上所述，中美网络关系中竞争面上升，但合作面仍然存在。这一方面是因为虚拟的网络空间超越了国家的地理边界，网络攻击、网络犯罪、假新闻等网络安全问题必须依靠国家之间的协作才能应对，另一方面，经济全球化的大势不可逆转，技术创新和研发的全球价值链已经形成，美国能够做的最多的是降低其对全球价值链内对中国环节的依赖，而无法与中国脱钩。中美在经济和安全等诸多问题上必须携手合作，才有可能制定全球性的国际规则。

第三节　美俄关系

美国与俄罗斯在网络空间的互动总体上是两国在现实空间地缘政治对抗的延伸。从舆论战、外交战、制裁反击到军备竞赛，网络关系正逐渐映射出美俄大国关系的紧张。过去一段时间，美国继续推进“网络威慑”战略，紧抓网络战争规则主导权的同时，在法律政策、体制机制、技术手段、规则制定等层面日臻完善，俄罗斯则在技术创新、互联网管控、规则制定等方面多措并举，继续保持在网络空间的强势态度。俄罗斯与美国或者西方国家的矛盾和冲突主要体现在双边关系和国际治理层面。其中，前者体现为美国与俄罗斯围绕“黑客门”之间的网络攻击和信息战，后者则主要表现为全球互联网治理理念和路径的对立。

一、黑客攻击与信息战

自2016年底爆出俄罗斯黑客干预美国大选以来，美俄“通俄门”事件不断发酵和升级。历时675天，发出2 800多张传票、500多份搜查令，传唤500多名证人的美国“通俄门”调查终于落幕，美国特别检察官穆勒的调查结论是，特朗普及其竞选团队没有与俄罗斯合谋影响2016年的美国总统大选，同时也没有足够证据表明特朗普妨碍司法公正。然而，这并不意味着美俄两国之间的信息战会就此落幕。2018年4月，美国知名智库兰德公司发布报告《现代政治战》，报告指出信息域是一个越来越重要甚至决定性的政治战领域，信息战以各种方式发挥作用，例如放大、混淆和说服，及时提供令人信服的证据是对付虚假信息的最佳办法；报告分析认为，俄罗斯政府认为大众传播是国际政治的重要战场，并且已经建立了广泛的、资金充足的媒体库，以促进其国内和国内目标；鉴于俄罗斯越来越重视“混合威胁”和“信息战”，俄罗斯很可能会继续打磨和扩大其信息战的影响力。[①] 由此可见，黑客攻击和信息战将继续成为两国间地缘政治对抗的重要工具和手段。

二、网络空间国际秩序之争

如前文所述，美国和俄罗斯对于网络空间国际秩序的竞争体现在理念和路径两方面。俄罗斯主张颠覆美国所主导的网络空间自由秩序，可谓与美国自由、民主、开放的互联网治理理念背道而驰。俄罗斯是网络主权的坚定支持者，它认为国家应该对信息网络空间行使主权。2019年5月，俄罗斯总统普京签署所谓《互联网主权法案》的动机也正是对美国2018年“激进”网络安全战略的回应，从而防范美国通过自身网络空间优势“惩罚”俄罗斯。通过这项法案，俄罗斯联邦通信、信息技术和大众媒体监管局（ROSKOM）有权集中管理俄罗斯的互联网，包括互联网交换点。在俄罗斯看来，其面临的最大风险之一是在政治危机中，被美国故意切断互联网连接，使俄成为信息的孤岛。因而，俄罗斯的愿望是另起炉灶，在国内建立一套独立可控的网络系统，从而摆脱美国的控制。长期以来，美国一直试图通过政府战略和国际协议促进全球互联网的开放性，与俄罗斯所坚持的主权控制模式的冲突还将持续下去，但冲突的结果将主要取决于两国间

① Linda Robinson, etc. *Modern Political Warfare: Current Practices and Possible Responses.* Rand Corporation, 2018.

政治关系的走势。

三、国家战略的竞争

美国将俄罗斯定位为战略对手，2018年的《国家网络战略》引言部分有两处提到了俄罗斯，一处是将俄罗斯与伊朗和朝鲜并列，认为其“不计后果的网络攻击伤害了美国和国际商业以及美国的盟国和伙伴，却没有付出可能阻止未来网络侵略的代价”；另一处是“俄罗斯以网络空间作为挑战美国及其盟国和伙伴的手段……利用网络工具破坏我们的民主，在我们的民主进程中制造不和”。美国认为俄罗斯不断开发新的、更有效的网络武器，对美国进行网络攻击的风险正在增加。为了应对俄罗斯的威胁，美国加强了与盟友互动，例如，加强与北约盟国间的网络合作伙伴关系，进行针对俄罗斯的联合网络军演，考虑取消《国防授权法案》中与俄中合作的拨款。特朗普参与联合国平台的意愿并不强烈，而是更希望通过北约、欧安、五眼联盟等组织以及以日本、以色列等盟友国家为基础建立“美国规则”；俄罗斯现有的理念也将持续，坚持信息安全学说中的概念和主张，突出维护信息空间主权，巩固政府的主导角色。

第四节　中欧关系

欧洲同样可以说是网络空间的先行者，在网络空间全球治理中占有先天优势，但由于实力、历史和传统等多方面的因素，欧洲在网络空间全球治理上的政策立场总是处于美国和中俄这些大国之间。欧盟尽管是美国传统上的盟友，但这几年可以看到欧美在分合交织中的分离倾向日益显著。一方面，美欧仍然在不断强调彼此共同的价值观和传统的盟友联系，在网络安全合作、数字经济规则以及网络犯罪规则的制定上仍然有很多共同的立场；另一方面，在国家战略层面观察，在美国相对实力衰落、美国优先以及中美关系紧张的大背景下，欧洲正在开始重新自我定位，希望能够在国际舞台上发挥更加独特的作用；因此，中欧合作必将既有竞争又有合作。

中欧之间的竞争面主要源于欧洲对华的战略定位。近年来，西方国家频频炒作“中国网络威胁论”，一种声音是指责中国的黑客攻击和网络窃密威胁到其他国家的安全和知识产权保护，另一种声音是担忧中国互联网公司挑战欧洲企业的竞争力。2019年3月12日，欧盟委员会发布《欧中战略前景》，认定“中国不可以再被视为发展中国家，应该对以规则为基础的国际秩序承担更多责任”，欧盟承认中国依然是合作伙伴，但在科技领域是经济竞争者，在治理模式领域则是“全面对手”。[①] 可见，对于中国的崛起，欧洲国家还是抱有一定的戒心和防备意识。

但是，相比较美国在网络空间维持其绝对优势的目标，欧洲国家最为关注的核心利益还是经济增长和公民社会权益的保护。中欧之间在数字经济领域仍有相当大的合作空间和潜力可以挖掘。2019 年 4 月，中国 - 欧盟领导人举行会晤并发表联合声明，同意继续加强中欧在网络空间的合作与交流，并就制定和实施网络空间负责任的国家行为准则、打击网络空间恶意活动以及开展 5G 等产业间技术合作达成了多项共识；4 月，第七届中英互联网圆桌会议在北京成功举办，在成果文件中，双方同意加强互联网和数字政策领域的合作及经验分享，并且重申“中英互联网圆桌会议”每年举办一次。这些顶层设计和合作框架对于中欧深化双边合作有着积极的意义。

一、积极开展与欧洲国家的双边合作

在中美竞争最为激烈的新兴技术领域，欧洲国家与美国的利益诉求并不一致，美国的首要目标是打压华为这样的中国企业，确保美国企业的领先优势，而欧洲国家更为关注自身的网络安全和经济发展。例如，在美国宣布禁用华为的时刻，欧洲国家就出现了不同的声音。据外媒报道，德国总理默克尔希望与中国达成一项协议，双方互不进行间谍活动；作为交换，德国不会将中国电信巨头华为排除在德国 5G 网络之外。[②] 此前，新西兰总理杰辛达 · 阿德恩也表示，她的政府正在制定一个程序，如果能够消除政府通信委员会对于国家安全的顾虑，华为仍然可以参与 5G 建设；英国网络安全部门主管也表示，在 5G 网络系统中使用华为的技术风险可以得到控制。[③] 因此，中国应继续加强与英、德、法等欧洲国家的双边对话，增信释疑，在欧洲国家确信国家安全不受到威胁的前提下，中欧完全可以寻求共赢的合作。

二、推进“一带一路”倡议框架下的数字经济合作

与美国不同，出于经济发展的考量，欧洲国家对“一带一路”倡议框架下的

---

① European Union, EU - China: A Strategic Outlook, March 12, 2019, https: //ec. europa. eu/commission/news/eu - china - strategic - outlook - 2019 - mar - 12_en.

② 《外媒：德国不想禁用华为，盼与中国签“无间谍”协议》，载于《参考消息》2019 年 3 月 2 日。

③ 《英国、新西兰、德国准备倒戈了？西方对华为封锁阵营松动》，载于《参考消息》2019 年 2 月 20 日。

合作持非常积极的态度，大力拓展双方在该框架下的多领域合作有助于扩大彼此的共同利益，为管控和解决科技等敏感领域的竞争和冲突创造更大的回旋空间。2018 年 9 月，第九次中欧信息技术、电信和信息化对话会议在京召开，双方回顾了第八次对话会议以来中欧在信息通信领域合作进展，重点围绕 ICT 政策和数字经济、ICT 监管、5G 研发、工业数字化等议题进行了深入交流，达成了共识，增进了了解。双方表示，中欧在信息通信领域拥有广泛的共同利益和巨大的合作潜力，应认真落实第二十次中国 – 欧盟领导人会晤联合声明，充分利用中欧信息技术、电信和信息化对话机制，进一步加强政策沟通和相互了解，促进增信释疑，积极拓展 5G、工业互联网、人工智能等领域合作。

三、保持网络空间国际规则制定的协调一致

在全球规则制定层面，中欧双方最大的共同利益就是不希望美国一家独大，反对美国霸权，而网络空间的和平与稳定符合双方的共同利益。2018 年 7 月，第二十次中国欧盟领导人会晤发布联合声明，双方欢迎中欧网络工作组取得的进展，将继续利用工作组增进相互信任与理解，以促进网络政策交流与合作，并如联合国政府专家组 2010 年、2013 年、2015 年报告所述，进一步制定并落实网络空间负责任国家行为准则、规则和原则。2019 年 3 月，中法关于共同维护多边主义、完善全球治理的联合声明中，第 27 条特别提到：致力于推动在联合国等框架下制定各方普遍接受的有关网络空间负责任行为的国际规范；充分利用中法网络事务对话机制，就打击网络犯罪、恐怖主义和其他恶意行为加强合作。[①] 此外，在欧洲关心的数据保护问题上，《通用数据保护条例》已经生效并且对大量中国企业产生了实际的法律效力，2019 年 5 月，多家中国产学研机构共同发布了《欧盟 GDPR 合规指引》，也是与欧盟加强对接合作的积极尝试。

① 《中法发表联合声明共同维护多边主义、完善全球治理》，中新社巴黎 2019 年 3 月 27 日电。

第七章

网络空间的大国安全困境

人类社会所有的活动都面临数字转型和向网络空间迁徙的趋势，因此也都存在网络安全风险，当前网络空间安全问题已经成为各国政府间的长期性、战略性和全局性议题。网络空间安全陷入困境，国际治理机制面临失灵，呈现“大国战略博弈态势加重、国际机制构建对抗性突出、低烈度冲突呈现常态化”三重困境相互作用的总体态势。

第一节　网络空间大国面临的安全困境

一、网络空间安全困境态势加剧

2013 年 6 月发生的斯诺登事件是国际网络安全发展史上的一个重要事件，它拉开了网络空间情报化和军事化的大幕，改变了网络安全发展进程，同时也引发了全球性的网络安全危机。[①] 此后，各国政府加强了在网络空间的能力建设与战略博弈，对自身安全的关切远超以合作谋求共同安全的诉求，致使网络空间全球

① 鲁传颖：《试析当前网络空间全球治理困境》，载于《现代国际关系》2013 年第 9 期。

治理机制面临失灵。[①] 这背后更深层次的原因是网络安全技术、商业和政治安全逻辑在共同起作用，只有通过对这些不同层面影响因素的深入分析，并有针对性地构建治理机制，才能探索摆脱困境的解决之道。

斯诺登事件加剧了国际网络安全形势的恶化，网络领域中国家间的冲突此起彼伏，网络军备竞赛一触即发。与此同时，相应的网络空间治理机制陷入困境，现有的国际安全架构难以应对网络安全挑战，陷入了一种安全困境。从现象上来看，这种安全困境主要由三重困境叠加组成：一是国际网络安全内涵演变引发的大国在网络安全领域的博弈；二是失灵的网络空间全球治理机制无法应对危机管控和冲突升级；三是国际网络安全特性引发大国在网络空间开展的低烈度对抗。战略博弈、制度困境和冲突对抗这三重困境之间相互作用，最终导致了网络安全陷入安全困境。

第一，大国战略博弈态势加剧。网络安全的定义在斯诺登事件之后发生了根本性变化，从原本的网络安全（network security）、信息安全（information security）等拓展为网络空间安全（cyber security），各国政府普遍将网络安全上升到综合安全（comprehensive security）层面。在此之前，国际社会对于网络安全的认知更多停留在网络犯罪、计算机网络安全和信息安全层面。斯诺登事件引发了国际社会对网络安全的大讨论，逐渐改变了国际社会对网络安全的认知。[②] 网络安全的内涵不断被扩充，大数据与国家安全、网络意识形态安全、网络战争、个人信息安全等新型的安全问题不断涌现在国际网络安全议程中。网络安全概念内涵和外延的拓展充分表明网络安全与政治、经济、文化、社会、军事等领域的安全交融度不断深化。中国政府发布的《国家网络空间安全战略》从网络渗透危害政治安全、网络攻击威胁经济安全、网络有害信息侵蚀文化安全、网络恐怖和违法犯罪破坏社会安全、网络空间的国际竞争方兴未艾这五个大的方面，对几十种网络安全威胁做了定义和描述。[③] 从某种意义上讲，网络安全不仅仅是总体国家安全观的一个组成部分，它更进一步丰富了总体国家安全观的内涵，使其变得更加立体化。[④]

---

① Ben Buchanan. *The Cybersecurity Dilemma: Hacking, Trust and Fear between Nations*. London: Oxford University Press, 2017, pp. 10 – 15.

② Joseph Nye Jr. Deterrence and Dissuasion in Cyberspace. *International Security*, 2017, 41 (3), pp. 44 – 71.

③ 国家互联网信息办公室：《国家网络空间安全战略》，2016 年 12 月 27 日，http://www.cac.gov.cn/2016 – 12/27/c_1120195926.htm。

④ 总体国家安全观是由中国国家领导人在 2014 年 4 月 15 日在中央国家安全委员会第一次全体会议上提出，包括 11 个安全领域。网络安全的发展使得信息安全内涵更加丰富，与其他 10 个安全领域的关系密切相关，形成一种总体安全观处于顶层，其他 10 个安全领域处于中间，底层是分别与 10 个安全领域相连接的网络安全这样一个立体的安全观。

随着全球信息化和智能化程度的不断增加，国家经济、金融、能源、交通运营所依赖的关键基础设施数量和重要性不断上升。在这一大的趋势下，网络安全成为事关政治、经济、文化、社会、军事等领域新的风险点，面对日益复杂的网络安全环境，国家倾向于提升网络能力来应对新任务、新挑战，包括军事、情报、执法和行政等领域的网络力量发展成为支撑国家战略和应对网络危机的重要手段。同时，网络安全成为大国战略竞争的重点领域。各主要大国纷纷将网络安全提升到战略层面，包括美国、中国、俄罗斯等在内的主要大国纷纷出台网络空间安全战略，重组网络安全治理架构，提升网络安全在国家议程中的重要性。美国政府早在2009年就制定了《网络安全政策评估》战略，将网络空间定义为继陆地、海洋、太空、外太空之外的第五战略空间。① 中国政府在《国家网络空间安全战略》中指出，“网络空间安全事关人类共同利益，事关世界和平与发展，事关各国国家安全”。② 俄罗斯明确提出要加强网络空间的军事力量。2016年版本的《信息安全学说》指出，信息领域在保障实现俄罗斯联邦的国家优先发展战略中起到重要的作用。③

大国在网络空间之中的竞争导致了两种不同的战略选择，一种是以美国及其部分盟友为代表，超越“防御”，积极发展进攻性网络力量，并开展网络威慑战略的行动，追求网络领域的绝对安全。斯诺登事件后，美国不仅没有放缓网络情报能力的构建，相反还进一步推动进攻性网络作战力量的建设。特朗普政府从机制上将网络司令部提升为战略作战司令部，在制度上废除了奥巴马政府制定的旨在约束网络行动的“第20号总统行政指令”，并高调宣布在阿富汗和伊拉克战场中开展进攻性网络行动，这些举动进一步加速了网络安全向军备竞赛方向的发展。④ 另一种是以中国和俄罗斯为代表的，以积极防御来维护网络空间安全的战略。中国政府在《网络空间国际合作战略》中指出，“网络空间国防力量建设是中国国防和军队现代化建设的重要内容，遵循一贯的积极防御军事战略方针。中国将发挥军队在维护国家网络空间主权、安全和发展利益中的重要作用，加快网络空间力量建设，提高网络空间态势感知、网络防御、支援国家网络空间行动和参与国际合作的能力，遏控网络空间重大危机，保障国家网络安全，维护国家安

---

① The White House, Cyberspace Policy Review: Assuring A Trusted and Resilient Information and Communications Infrastructure, http://www.whitehouse.gov/assets/documents/Cyberspace_Policy_Review_final.pdf.

② 国家互联网信息办公室：《国家网络空间安全战略》，2016年12月27日。

③ 班婕、鲁传颖：《从“联邦政府信息安全学说”看俄罗斯网络空间战略的调整》，载于《信息安全与通信保密》2017年第2期。

④ Joseph Nye Jr. Deterrence and Dissuasion in Cyberspace. *International Security*, 2017, 41 (3), pp. 44-71.

全和社会稳定。”① 俄罗斯在《信息安全学说》中指出，要在“战略上抑制和防止那些由于使用信息技术而产生的军事冲突。同时，完善俄罗斯联邦武装力量、其他军队、军队单位、机构的信息安全保障体系，其中包括信息斗争力量和手段”。② 据统计已经有 100 多个国家开始建立网络作战力量，军事安全已经成为网络空间治理中的重要议题。

第二，国际机制构建对抗性突出。网络安全概念的演进和国家战略博弈的加剧对国际网络安全治理机制构建带来了新的挑战。棱镜门事件后，国际社会曾短暂地试图在网络空间国际规则领域达成共识。2014 年巴西召开了多利益攸关方大会（Net - Mundial），共同商讨应对大规模网络监听、进攻性网络空间行动等国际治理机制。2014 ~ 2015 年联合国信息安全政府专家组就负责任国家行为准则、国际法在网络空间的适用和建立信任措施等网络规范达成共识。③ 然而，不久后多利益攸关方大会就销声匿迹，2016 ~ 2017 年的专家组由于各方在国家责任、反措施等方面的分歧最终未能发表共识报告，国际社会在构建网络安全国际治理机制上的努力陷入停滞。④

此外，治理机制构建的困境还体现在现有的规范未被认真落实。例如，在 2015 年信息安全政府专家组报告中提出，“各国就不攻击他国的关键基础设施达成共识”。但是类似于乌克兰电厂遭受攻击的事件却一再发生。报告还提到，“国家在使用信息技术时应遵守国家主权平等，以和平手段解决争端和不干涉内政的原则”。在实际中，很多国家的网络主权屡屡被破坏，干涉他国内政的情况屡有发生。特别是在处理网络冲突时，经常采取单边制裁的方式而非通过和平手段。⑤

国家之间的博弈是国际治理机制失灵的主要因素之一。这种博弈体现在不同阵营所支持的治理理念和政策上的分歧。发展中国家强调网络主权，坚持政府在

---

① 中华人民共和国外交部、国家互联网信息办公室：《网络空间国际合作战略》，新华网，2017 年 3 月 1 日，http：//news. xinhuanet. com/politics/2017 - 03/01/c_1120552767. htm。

② 班婕、鲁传颖：《从“联邦政府信息安全学说”看俄罗斯网络空间战略的调整》，载于《信息安全与通信保密》2017 年第 2 期。

③⑤ United Nations, Group of Governmental Experts on Developments in the Field of Information and Telecommunications in the Context of International Security, UN General Assembly Document A/70/174, July 22, 2015.

④ 美、俄两国专家组代表在会后发布的官方声明指出阻碍专家组达成共识的主要原因。参见 Michele G. Markoff, Explanation of Position at the Conclusion of the 2016 - 2017 UN Group of Governmental Experts (GGE) on Developments in the Field of Information and Tele-communications in the Context of International Security, https: //www. state. gov/s/cyberissues/releasesandremarks/272175. htm; Response of the Special Representative of the President of the Russian Federation for International Cooperation on Information Security Andrey Krutskikh to TASS' Question Concerning the State of International Dialogue in This Sphere, http: //www. mid. ru/en/foreign_policy/news/ - /asset_publisher/cKNonkJE02Bw/content/id/2804288.

网络空间治理的主要作用，以及联合国在国际规则制定中的主要地位。发达国家则强调网络自由，主张多利益攸关方治理模式，质疑联合国平台在网络安全治理领域的有效性。随着网络空间国际规则制定进程不断深入，发展中国家与发达国家之间的分歧也越来越难以在短期内弥合。这种阵营化的趋势又反过来加剧了发达国家和发展中国家在国际治理机制上的对抗。如美国与西方国家通过七国集团平台推广所谓“理念一致”国家同盟（Like - Minded States），金砖国家和上海合作组织则成为发展中国家推广治理理念和政策的主要平台。

治理机制失灵不仅使得国际层面的网络危机管控和争端解决等相关机制处于空白状态，也对一些重要的双边对话合作产生很大影响。如美俄网络工作组在斯诺登事件后中断工作，并且短期内难以恢复。中美网络安全工作组一度中断，虽然在中美两国领导人共同推动下，建立了中美打击网络犯罪及相关事项高级别联合对话机制，后升级为中美执法与网络安全对话，但对话机制主要聚焦在打击网络犯罪领域，不涉及网络军事与规则制定等议题。[①] 因此，在缺乏危机管控和争端解决机制情况下，各国在网络领域的冲突易于升级，并且容易鼓励采取单边行动来进行反制，从而加剧了网络安全困境。

第三，低烈度冲突呈现常态化。在现有技术条件下，网络攻击相较于现实世界战争行为，具有暴力程度低、致命程度弱等特点。在军事学当中，暴力是指对人体的生理和心理所带来的伤害，人体是暴力的第一目标。网络武器和网络攻击的特性决定了其暴力程度远远低于传统武器和战争。其一，网络武器不像传统武器那样以直接杀伤人体为目标；其二，网络武器由于不直接攻击人体，因此很难对个人精神产生物理性伤害；其三，网络武器缺乏实体武器的象征属性，其隐蔽性和非展示性对抗使其与实战中的战机、炮弹等武器大有不同。[②] 因此，多数的网络行动被认为低于战争门槛，是一种低烈度的冲突。因此，国家开展网络行动也许会危害其他国家的国家安全，但由于没有达到触发战争的状态，现有国际法难以对此做出有效约束和规范。因此，虽然各方对网络战的定义、内涵和影响还缺乏明确的共识，但在实践中网络战被认为是一种新型的特殊的作战方式。

网络攻击低暴力性和行动隐蔽性的特点使得各种形式的网络行动更加频繁，也引发了越来越多的网络冲突。无论是斯诺登事件，还是“震网病毒”“索尼影业”“黑客干预大选”等事件，都表明国家在网络空间中的行动越来越频繁，手段、目标和动机也越来越多元，引发的冲突也愈发激烈。这一类网络行动并没有

---

① The White House，Fact Sheet：President Xi Jinping's State Visit to the United States，https：//www.whitehouse.gov/the - press - office/2015/09/25/fact - sheet - president - xi - jinpings - state - visit - united - states.

② ［英］托马斯·里德：《网络战争：不会发生》，徐龙第译，人民出版社 2017 年版，第 58 页。

达到引发战争的程度，低于国际法所规定的战争门槛，但是冲突的形式又比纯粹的信号情报收集（signal intelligence）要激烈很多。因此，一些学者将这些网络行动界定为低烈度的网络冲突。[①] 表面上看，低烈度的网络冲突并不会对各国国家安全以及国际安全造成严重后果，但是高频度的低烈度冲突会产生从量变到质变的结果，最终在某一个触发点突破红线，从而引发激烈冲突危害国际安全。[②] 如美国对于“黑客干预大选”所采取的激烈制裁手段表明，美国正在改变原先对于网络行动的认知，采取所谓的跨域制裁方式，对俄罗斯的实体和个人进行制裁，并且从外交上向俄罗斯施加压力，驱逐俄罗斯驻美外交官员，关闭其领事场所。这样低烈度的网络冲突应当是网络空间全球治理规则重点关注的领域。

二、中美网络安全博弈

网络安全是中美战略博弈的一个重要问题。美国拜登政府于2021年3月发布《临时国家安全战略指南》（*Interim National Security Strategic Guidance*），将网络安全事务提升为政府的当务之急。结合其对华政策的基调，美国拜登政府在涉及国家安全的网络议题上将延续特朗普政府时期的对华打压策略，从军事、情报、经济、技术、联盟等方面对我国采取更为强硬的举措，全面限制中国在信息通信技术（ICT）领域的发展，通过拉大双方在网络空间的实力差距增强美国的竞争优势。

（一）关键目标的网络行动领域

美国学者詹姆斯·刘易斯（James Lewis）曾撰文表示，网络空间的威慑策略是行不通的，美国必须摒弃“威慑”，并通过采取果断的行动实现美国的战略目标，阻止主要对手的恶意网络行动。这也体现了美国“网军”的政策立场。未来，美国“网军”对我国采取持续性的网络对抗行动有两个目标。一是阻止针对美国的所谓恶意网络行动，这是最直接的目标。美国“网军”可能锁定中国军事部门、情报部门、国家核心部门的网络基础设施、工业控制系统、核心人员的个人设备等关键目标，采取更加果断的网络进攻手段，降低中方的网络行动力和攻

---

① Trey Herr and Drew Herrick. *Understanding Military Cyber Operation in Richard Harrison and Trey Herr eds, Cyber Insecurity*. Maryland: Rowman & Littlefield, 2016, P. 216.

② Brandon Valeriano and Ryan C. Maness. *Cyber War Versus Cyber Realities: Cyber Conflict in the International System*. London: Oxford University Press, 2015, pp. 20 – 23.

击能力。二是与竞争对手达成心照不宣的网络空间协定，这是中长期目标。美国并不希望与竞争对手在网络空间“大打出手”。为此，美国“网军”可能采取间歇性的网络破坏行动，根据对手的反应控制行动的节奏和强度，传达战略意图，确保竞争对手了解美国在网络空间的界限，同时控制行动导致冲突升级的风险。为此，伴随网络军事行动的施压，不断展示其破坏能力，美方也可能提议与中方就网络安全议题进行谈判。

（二）情报工作领域

美国拜登政府的国家情报总监海恩斯在国会听证会上表示，中国应该成为美国情报界的一个优先目标，在国家安全和间谍活动方面，中国是美国的“对手”（adversary）。海恩斯还表示，新政府需要采取比奥巴马政府更有攻击性的手段，并且将投入更多的资源专注于中国问题。[①] 从内容上看，美国对华网络情报斗争的焦点已从反制网络商业窃密转移到确保供应链安全。根据2020年情报总监办公室发布的《美国国家反情报战略2020－2022年》（National Counterintelligence Strategy of the United States of America 2020－2022），美国情报界开始以供应链安全为抓手，评估竞争对手的战略意图以及利用美国供应链的能力，从而为后续的国家行动提供决策支持和依据。2021年2月，美国拜登总统上任后签署的《关于美国供应链的行政命令》（Executive Order on America's Supply Chains），内容包括对信息和通信技术领域的强制性审查。美国情报界的工作重点将落在加强威胁识别，识别对美国经济和国家安全构成威胁的高风险供应商、产品、软件和服务等方面。

（三）信息影响领域

美国拜登政府指出，美国“将追究破坏性、干扰性或破坏稳定性的恶意网络行为者的责任，并采用网络和非网络手段施加重大成本，从而对网络攻击做出迅速和相称的反应。”[②] 通过采取更加积极的信息影响行动，美国可以缓解网络取证、信息来源和行动合法性的问题。

在国际政治中，为了使报复恶意网络行动的措施更具合法性，美国将更倾向于向公众、同盟及对手有选择地披露关于网络攻击行动的信息。这一策略既可以有效利用在全球占据传播优势的美国社交媒体平台，以更加透明、主动的方式强化单方面的责任认定，同时，可以摆出更加果断的姿态，阐明打击网络空间恶意行为的立场和原则，最大限度地争取舆论支持。

①② 鲁传颖：《中美展开网络安全博弈的重点议题》，载于《中国信息安全》2021年第6期。

在国内政治中，美国将继续借用美国智库的声音抹黑中国。在美国学界国家安全研究泛化的背景下，网络议题的安全化、政治化趋势在所难免。美国智库的专家通常是美国国会各类政策性听证会的常客，在华盛顿有一定的影响力。随着美国智库在越来越多的行业研究中引入“国家安全”概念，这些以“国家安全”为由夸大中国威胁、质疑中国企业独立性的观点很有可能成为美国政府限制中美之间的贸易、投资往来，限制中国信息技术产品和企业的证据。

（四）国际影响力领域

随着中国在数字领域的崛起，美国意识到中国正对全球规则产生影响。美国拜登政府称，美国将重新致力于网络问题上的国际参与，与盟友和合作伙伴一起努力维护现有网络空间全球规范并塑造新的规范。拜登政府重返国际舞台的政策主张，与特朗普政府时期的对华政策理念殊途同归，美国拜登政府意在发挥美国传统的联盟优势，借助联盟的力量遏制中国。

首先，美国将极力限制中国在区域内发挥影响力。美国通过印太战略在印太地区建立由其主导的安全、技术与经济架构。在军事方面，加强由美国、日本、澳大利亚和印度建立的“四方安全对话”；建立“D－10 集团”，即“G7”加上澳大利亚、印度和韩国，在贸易、科技、供应链等方面限制中国发挥作用；与日本和印度在基础设施建设方面进行合作，启动新一代数字基础设施建设计划，以抵消中国“一带一路”倡议。

其次，防止中国扩大在全球范围内的影响力，包括影响国际经济秩序、技术标准、国际组织、政治制度等。结合美国拜登政府近期与其盟友就科技、网络等问题密集沟通，可以判断，为了保持领先，美国拜登政府将联合盟友，甚至可能采取更为严苛的手段限制中国在相关领域的影响力。这样的举措可能受到盟友的部分支持，例如，欧盟已有官员向议会提出与美国合作建设“跨太平洋科技与贸易委员会”，以共同制定针对新技术的标准。显然，这样的举动背后有阻止中国成为标准制定者的考虑。

（五）科技竞争领域

在科技方面，中国被美国认为是最重要的竞争对手。同时，美国拜登政府将中美科技竞争看作一个涉及国家安全的重要议题。拜登政府将促进美国的基础设施、5G、人工智能、电动汽车、轻量化材料等方面的建设和发展——这些同样是中国近年集中发展的一些领域。可以预见，在拜登政府时期，中美在科技方面的竞争仍将激烈。

首先，出于 ICT 供应链安全的考虑。以国家安全为由限制特定行业的投资流入和产品出口，更将成为维护核心产业供应链安全和技术领先的主要手段。特朗普时期出台的部分法案，如2018年的《美国出口管制改革法案》（Export Control Reform Act）和《外国投资风险评估现代化法》（Foreign Investment Risk Review Modernization Act）还将继续发挥作用。对芯片行业，美国拜登政府特别表示，将寻求370亿美元资金的支持，并通过国会推出相关法案，以强化美国芯片生产能力。可以看出，美国拜登政府集各方力量保证美国供应链安全问题的决心。

其次，美国政府对相关产业的扶持成为美国拜登时期在所难免的趋势。政府将可能直接加大对企业和学校、科研机构在核心科技创新、研发方面的资金支持，特别是考虑到美国副总统哈里斯是来自加州的议员，与美国的科技巨头保持密切关系，美国可能从政府角度给本国的研究和科创产业更多支持。

此外，美国拜登政府可能通过“小院高墙”的方式，对中国在科技方面的发展进行各种限制。美国拜登政府还可能寻求建立新的、针对新兴科技等领域的“联盟”，或是在已有的国际组织框架内创建新的规则，以团结可信赖的盟友，保证半导体、人工智能等重要技术的供应链安全。

三、中欧网络安全博弈

中国与欧盟都是网络空间的重要行为体，在网络空间中互动频繁，也建立了多层次的网络对话机制，表明双方都有建立互信、增进合作的意愿。然而，中欧仍然面临网络秩序构建阵营化等方面的挑战。

（一）中欧面临网络空间全球治理挑战

秩序构建是网络空间全球治理的主要任务，也是中欧双方网络空间国际战略的重要目标。网络空间全球治理涉及网络安全、犯罪、军控、人权和数字贸易规则等多个领域。[①] 现实地看，中国与欧盟在上述领域既有共同利益，也难免存在分歧。如果基于务实理性的考量，中欧在网络空间全球治理中应既有合作，也有竞争。然而，实际上，几乎在所有网络空间治理领域，中欧都主动或被动陷入了西方国家与新兴国家之间阵营化的对抗进程。[②] 阵营化是国际关系领域常见的现象，由于发展阶段和意识形态的差异，国家往往被归为某一个阵营，如根据经济

① See Joseph Nye. The Regime Complex for Managing Global Cyber Activities. *Global Commission on Internet Governance Paper Series*, 2014 (1), pp. 5 - 13.

② See George Christou. The EU's Approach to Cyber Security, EU - China Security Cooperation: Performance and Prospects. EUSC Policy Paper Series, Autumn/Winter 2014.

社会发展程度将国家划分为发展中国家和发达国家等。阵营的存在并不必然产生负面影响，阵营成员之间拥有共同的利益能够促成成员之间的共同立场，为谈判、协商做好准备。然而，过度的阵营化也会放大矛盾分歧，使国家间的治理合作面临低效化甚至无效化的困境。

具体而言，网络空间治理的阵营化带来了三方面的挑战。第一，阵营化会导致局部分歧的外溢，影响所有与网络相关的国际治理。一个治理议题上的分歧会影响其他治理领域，随后发生的连锁反应会使所有与网络治理相关的工作都陷入困境。目前，国际层面网络空间治理领域较有影响力的机制包括：联合国大会框架下的裁军和军控委员会（第一委员会）成立的联合国信息安全政府专家组机制，联合国司法与犯罪委员会组织的打击网络犯罪开放性政府专家组机制，联合国、巴西政府、ICANN 共同举办的多利益攸关方大会，以及美国和欧洲国家推动的“伦敦进程”等机制。在上述机制中，一些专门针对特定领域，如信息安全政府专家组主要讨论国际法在网络空间的适用、负责任的国家行为准则和建立信任措施三个方面。① 打击网络犯罪政府专家组主要负责制定全球性惩治网络犯罪的国际法律文本；另一些机制则涵盖更为广泛的议题，如多利益攸关方大会和伦敦进程的议题覆盖了从国际安全、隐私保护到能力建设等多个方面。由于网络治理阵营的分野，出现了大国在不同机制中相互制约的现象，导致网络空间全球治理进程陷入困境。例如，由于在网络空间军事化问题上中国、俄罗斯与美国、欧盟存在分歧，信息安全专家组的工作未能取得进展。中国与欧盟在打击网络犯罪的国际合作机制中也采取了不同的立场。中国支持制定全球性打击网络犯罪的国际法，却受到欧盟的抵制，而欧委会意图通过《布达佩斯网络犯罪公约》来取代联合国的作用，也受到中国的反对。多利益攸关方大会和伦敦进程因各方观点的分歧几乎失去了影响力。

第二，阵营化会引起政策的对立化。网络空间已经渗透到国家与社会生活的各个方面，各国在网络领域有不同的政策选择，差异性极大，所以很难形成统一的政策。而阵营化的存在使各方摒弃复杂多元的政策选择，为强调与对方政策的不同选择较为对立的政策，从而压缩了通过国际谈判进行协调的空间。如各国在网络空间上的基本立场分为支持“网络主权”和“网络公域”，形成了国家主导的“多边谈判进程”模式和非国家行为体主导的“多利益攸关方”模式。如果深入考察中国与欧盟的政策，会发现双方虽属于不同的阵营，但在上述问题上的立场并非截然不同。中国虽然认为“多边”很重要，但“多方”的作用也不可

---

① Group of Governmental Experts on Developments in the Field of Information and Telecommunications in the Context of International Security, UN General Assembly Document A/70/174, July 22, 2015.

忽视。欧盟虽然不支持广泛意义上的“网络主权”概念，但基本上认可国家在网络空间中拥有主权，对探索国家主权在网络空间中的适用也有浓厚的兴趣。然而，由于阵营的存在，中欧之间很难完全根据自身的立场来进行对话。可以说，阵营化约束了寻求共同利益的行为，缩小了双方合作的空间。

第三，阵营化会限制阵营成员依据自身利益采取立场。网络空间还处于不断的发展过程，对此，国际社会的未知大于已知。因此，不能简单沿用传统的国际政治思维来判断相关网络空间治理机制是否符合自身的利益。然而，身处特定阵营的成员，其利益判断的客观性却难免会受到阵营立场的左右。比较典型的案例是联合国信息安全政府专家组的工作。2016～2017 年，该专家组在是否赋予国家自主判定和反击网络攻击的权力问题上未能取得共识。中方明确反对网络空间军事化，反对赋予国家在网络空间合法使用武力的条款，这不仅符合中方的利益，也有利于网络空间的和平与发展。欧盟在很大程度上与中方拥有一致的利益，但由于美欧阵营的存在，欧盟受到美国影响较大，不得不支持美国的立场。专家组的失败也对欧盟在网络空间治理中发挥领导力的尝试造成了重大打击。[①] 本届专家组组长卡斯滕·吉尔（Karsten Geier）是德国外交部网络官员，外界普遍对他寄予厚望，希望能够通过欧盟的努力来弥合各方的政策立场分歧。而专家组未能如期发布报告，不仅使专家组组长的心血付之东流，也使得欧盟推动网络空间全球治理进程及提升自身领导力的战略未能如愿。[②]

（二）中欧双边合作面临信任不足的困境

中国与欧盟在网络领域开展了多层次的对话机制，涵盖了双方在网络空间中广泛存在的共同利益，也取得了一定的成果，并成为中欧关系中的重要组成部分。与此同时，中欧在网络领域的合作仍然面临信任不足的挑战。双方信任缺失主要表现在对话层级未能显示网络安全对中欧关系的重要性，对话成果和务实合作较少，网络对话在增信释疑、消弭误解及加强合作等方面的作用未能充分发挥。目前，中欧的网络对话分别是工业与信息化部与欧盟信息总司（DGConnect）开展的“中欧信息技术、电信和信息化对话”；中国外交部与欧盟对外行动署合作的“中欧网络工作组”；国家互联网信息办公室与欧盟信息总司设立的“中欧

① Thomas Renard. EU Cyber Partnerships: Assessing the EU Strategic Partnerships with Third Countries in the Cyber Domain. *European Politics and Society*, 2018, 19 (3), pp. 321－337.

② Karsten Geier, Norms, Confidence and Capacity Building: Putting The UN Recommendations on Information and Communication Technologies in the Context of International Security into OSCE－Action. *European Cybersecurity Journal*, 2016, 2 (1).

网络安全与数字经济专家组”。[1] 这三个对话机制基本上处于副部级或司局级层面。[2] 相比之下，中欧在战略、经贸以及其他全球治理领域的对话机制基本上要高两个层级。例如，中欧经贸高层对话由副总理和欧委会副主席主持，中欧高级别战略对话由中方国务委员和欧盟外交与安全政策高级代表领衔。[3] 显然，中欧网络对话的层级更低，使其被纳入其他对话机制而成为一个子议题，远未能反映网络对话的战略性地位。[4]

网络空间的战略性和不确定性也意味着信任对于合作而言具有重大意义，缺乏信任会导致双方在合作时过于谨慎，不愿展现合作意愿。因此，信任不足导致中欧双方缺乏合作动力，尤其是在一些具有共同利益的领域未能开展事实上的合作。例如，中欧双方在打击网络犯罪、反对网络空间军事化、促进数字经济贸易发展，以及加快网络安全产业、人才、技术合作等领域拥有广泛的共同利益，但却由于种种原因至今未能开展合作。即便是完全基于利益的考量，今后双方也有必要进一步消除误解，增加互信，并在此基础上逐步加强沟通，围绕双方拥有共同利益的网络政治、经济和安全等方面的议题开展务实合作，提升中欧网络对话的有效性。

（三）中欧各自制定的网络战略，需要充分沟通和协调

网络空间拉近了国家之间的距离，增加了交往的频率。与此同时，战略与政策的外部效应也在加大，一国的网络战略和政策将不可避免对其他国家产生重要影响。中国围绕网络强国的建设，相继出台了《国家网络空间战略》《网络空间国际合作战略》《国家信息化发展战略纲要》，并制定了《网络安全法》及配套的《网络安全审查办法》《关键基础设施保护条例》《数据出境评估办法》《个人信息安全规范》等举措。[5] 欧盟也先后发布了《欧盟网络空间安全战略》，通过了《网络与信息安全指令》（“NIS 指令”），在数字经济层面提出建立“单一数字市场”战略，制定了《通用数据保护条例》等。[6]

---

① 国家互联网信息办公室：《中欧数字经济和网络安全专家工作组第三次会议在比利时鲁汶成功举办》，2017 年 3 月 9 日，http：//www. cac. gov. cn/2017 - 03/09/c_1120599476. htm。

② 中欧信息技术、电信和信息化对话中方是由工信部副部长牵头，包括工信部在内的多个司局参与。

③ 《商务部介绍第七次中欧经贸高层对话有关情况并答问》，中国政府网，2018 年 6 月 21 日，http：//wwwgov. cn/xinwen/2018 - 06/21/content_5300260. htm。

④ 《第十九次中国 - 欧盟领导人会晤成果清单》，新华社，2017 年 6 月 2 日，http：//www. xinhuanet. com/world/2017 - 06/04/c_1121081995. htm。

⑤ 中华人民共和国外交部、国家互联网信息办公室：《网络空间国际合作战略》，新华网，2017 年 3 月 1 日，http：//news. xinhuanet. com/politics/2017 - 03/01/c_1120552767. htm。

⑥ Iva Tasheva. European Cybersecurity Policy - Trends and Prospects，June 8，2017. http：//www. epc. eu/documents/uploads/pub_7739_europeanc ybersecurity policy. pdf，last accessed on April 7，2019.

中欧的网络战略和政策在客观上带来了“长臂管辖”、市场准入和知识产权保护等一系列问题。如 GDPR 在实施过程中要求只要面向欧盟的用户，不管企业主体和产品是否在中国生产，都需要受 GDPR 的管辖，这就给中国带来了“司法长臂管辖”问题。同时，欧盟也认为，中国的《网络安全法》给欧盟企业在华运营带来市场准入和知识产权保护等方面的担忧。这就需要中欧在网络空间战略的制定和执行过程中加强协调和沟通，进一步推进中欧在网络空间的合作。

第二节　网络空间安全困境产生的原因

一、网络空间的知觉与错误知觉

中欧网络安全困境揭示了双方面临较大的合作挑战，但也反映了中欧之间的问题并非结构性矛盾，导致困境的原因主要是双方对国际层面的网络空间秩序构建、双边信任，以及对对方政策意图的理解等方面存在一系列的错误知觉。下面拟从决策者的传统思维定式导致的错误知觉以及网络空间的新特性放大错误知觉两方面进行分析。

（一）思维定式导致的错误知觉

从中欧在网络空间中的互动可以看出，一系列的错误知觉影响了决策者的认知，增加了双方合作的障碍。网络是国际关系中的新兴议题，一方面，它所展现出来对国际体系和国家战略的颠覆性影响使决策者将面临更复杂的决策环境；另一方面，作为中欧关系中的新问题，如何客观地认知网络问题，并制定相应的政策举措也增加了决策者面临的挑战。决策者倾向于用传统的思维定式来理解网络空间，包括使用既有的理论、固化的知识框架、固有的观念等来解释网络空间中国家的行为和意图是产生错误知觉的主要原因。①

第一，以原有理论理解网络空间导致的错误知觉。理论通过对复杂现象进行抽象和逻辑推理，能够帮助决策者更好地理解决策环境，制定长期战略。换而言之，理论是一种简约，可以在纷繁复杂的现象中寻找变量之间的逻辑关系，并且

① ［美］罗伯特·杰维斯：《国际政治中的知觉与错误知觉》，秦亚青译，世界知识出版社 2003 年版，第 112～205 页。

屏蔽干扰因素。[①] 在正常情况下，当旧的理论不能解决更多和更加重要的问题的时候，就失去了解释力，但理论的追随者却不愿轻易放弃，他们认为，“业已建立的理论如此成功地解释了许多现象，促进了如此多的新知识……放弃这些理论会造成极大的损失，而且坚信这些理论有能力解释比较麻烦的新现象”。[②] 不同的理论会产生不同的知觉，原有的理论会使决策者不自觉地忽视重要的、有价值的信息，从而产生了认知的误差，并制定不明智的政策。[③]

网络空间的战略性和复杂性恰恰需要新的理论来辅助决策者对其进行解释，但由于这一领域影响范围太大，演变速度太快，使得新理论的构建速度远远跟不上实践的发展。当缺乏新的理论来解释新现象时，决策者往往会基于原有的理论来进行解释。[④] 比较典型的就是用地缘政治理论来解释网络空间大国关系。[⑤] 网络空间秩序构建的阵营化思维明显受到地缘政治理论的影响，各国自然而然地把自己划归到特定的阵营，并且认为只有这一阵营提出的治理理念和方法才有利于自身的利益。从理性认知的角度来看，中国与欧盟并非网络领域“中俄阵营”与“西方阵营”的主导者。[⑥] 即便在所谓的阵营内部，各国之间也存在很大的差异。从国家利益的角度来看，阵营之间的界限与国家的身份之间并不匹配。欧盟与美国在网络空间军事化上存在根本性的分歧，斯诺登事件表明美国并不信任欧盟，并且损害了欧盟国家的国家安全。美欧在网络军事力量的发展上也不存在一致的利益。美国为了追求在网络空间的霸权推动网络空间的军事化，不仅会给欧盟带来安全隐患，也会导致其被动卷入网络军备竞赛中。[⑦] 同理，中国与俄罗斯虽然在网络领域的合作很多，但双方对现存网络空间治理体系认知上存在较大差异，

① ［美］詹姆斯·多尔蒂、［美］小罗伯特·普法尔茨格拉芙：《争论中的国际关系理论》，阎学通、陈寒溪等译，世界知识出版社 2003 年版，第 18～24 页。

② ［美］罗伯特·杰维斯：《国际政治中的知觉与错误知觉》，秦亚青译，世界知识出版社 2003 年版，第 168 页。

③ ［美］罗伯特·杰维斯：《国际政治中的知觉与错误知觉》，秦亚青译，世界知识出版社 2003 年版，第 140～172 页。

④ ［美］罗伯特·杰维斯：《国际政治中的知觉与错误知觉》，秦亚青译，世界知识出版社 2003 年版，第 140～141 页。

⑤ John B. Sheldon. Geopolitics and Cyber Power: Why Geography Still Matters, *American Foreign Policy Interests*, 2014, 36 (5), pp. 286－293.

⑥ Andrey Krutskikh. Response of the Special Representative of the President of the Russian Federation for International Cooperation on Information Security Andrey Krutskikh to TASS' Question Concerning the State of International Dialogue in This Sphere, June 29, 2017. http://www.mid.ru/en/foreign_policy/news/－/asset_publisher/cKNon－kJE02Bw/content/id/280428, last accessed on April 2, 2019.

⑦ George Christou. Transatlantic Cooperation in Cybersecurity: Converging on Security as Resilience? in George Christou, Cybersecurity in the European Union, Palgrave Macmillan, 2016.

俄罗斯寻求推翻或者另建一套互联网体系。[①] 中国的诉求是在现有体系下推动变革，让其更加多边、民主和透明。[②] 但是，地缘政治思维会让中欧轻易做出选择，并且相互把对方归为某一阵营，从而过滤了各方在网络领域不同的政策立场，增加了错误知觉。[③]

决策者使用地缘政治理论来解释网络空间国家行为的更深层次原因是为了寻求认知相符，比如倾向于认为我们喜欢的国家会做我们喜欢的事情，如果一个国家是我们的敌人，它提出的建议一定会伤害我们，一定会损害我们朋友的利益。[④] 任何一方在网络领域的行动都会加深这一认知。如中俄加强在网络安全领域的合作就会引起欧盟的警惕。同理，北约开展的网络军事演习也会引起中国的高度关注。实际上，现阶段的网络攻击更多的是由非国家行为体和恐怖主义分子实施。而网络军事演习更多的是为了提升网络安全能力，增加网络安全的韧性，对他国的针对性并没有那么明显。地缘政治理论认为，中国与俄罗斯的合作会增加欧盟对中欧合作的担忧，美国与欧盟以及北约的合作也会增加中国对欧盟的不信任感，这种错误知觉阻碍了中欧在网络领域的合作。

第二，用固化的知识框架理解对方政策产生的错误知觉。认识框架一旦建立起来，人们就会顽固地坚持自己的认识，即便事后证明事实与他们的认识截然相反。[⑤] 在面对网络这一新议题时，决策者需要不断更新知识框架，才能更好地应对新挑战。在实践中，建立客观认知网络空间的知识框架面临多重挑战：一是网络技术专业性带来的挑战；二是理解网络议题时需要跨学科的知识框架带来的挑战，大多数网络议题涉及的都是跨领域的，需要有外交、经济、法律和安全等不同领域的知识才能完整地理解问题；三是理解对方决策体制的困难。在涉及网络政策时，各国往往都有自己的政策实践，在决策体制、理念和原则上各不相同；即使在国内层面，也面临“九龙治水”的问题，各部门具有不同主张。[⑥] 在双边层面的对话中，决策者对对方网络政策的决策机制、理念和原则的理解不足经常成为阻碍对话有效性的障碍。当无法构建合理的认知模式时，为了达到认知平

---

① 班婕、鲁传颖：《从“联邦政府信息安全学说”看俄罗斯网络空间战略的调整》，载于《信息安全与通信保密》2017 年第 2 期。

② Lu Chuanying. China's Emerging Cyberspace Strategy, May 24, 2016, The Diplomat, https://the diplo - mat. com/2016/05/chinas - emerging - cyberspace - strategy/, last accessed on March 21, 2019.

③ ［美］罗伯特·杰维斯：《国际政治中的知觉与错误知觉》，秦亚青译，世界知识出版社 2003 年版，第 120 ~ 122 页。

④ ［美］罗伯特·杰维斯：《国际政治中的知觉与错误知觉》，秦亚青译，世界知识出版社 2003 年版，第 113 页。

⑤ ［美］罗伯特·杰维斯：《国际政治中的知觉与错误知觉》，秦亚青译，世界知识出版社 2003 年版，第 140 页。

⑥ 周秋君：《欧洲网络安全战略解析》，载于《欧洲研究》2015 年第 3 期。

衡，决策者会不自觉地运用已有的知识框架来试图理解新问题；[①] 在网络领域通常表现为为了寻求物理世界与网络世界的认知平衡，倾向于用物理世界建立的知识框架来理解网络空间的问题。

在中欧网络对话中，经常会出现类似的错误知觉。一方面，双方对对方网络领域的决策体制缺乏了解，不清楚不同政府部门之间的角色。如欧盟的学者和官员就曾反复询问中国的国家互联网信息办公室在网络领域究竟扮演什么角色，并经常会认为其仅仅是一个宣传部门。中国的决策者对欧盟复杂的网络决策体系也不是特别清楚，如欧盟与成员国之间在网络政策领域各有哪些职能，又是如何协调等。尽管双方在对话中都进行了解释，但效果并不明显。双方的决策者还是倾向于用自身的经验去理解对方的决策体制。另一方面，由于网络空间还在不断演进，国家在制定相应的战略和制度时需要对各种情况进行权衡。如《网络安全法》是中国维护网络安全、国家安全的基础性法律，是对多方利益的平衡，例如安全与发展、开放与自主，但其真正的实施需要在实践中进行探索完善，也需要相应的配套措施。从欧盟的角度来看，很难理解这种平衡，更多的是基于对自身法律的理解来看待中国的法律，过度夸大相应条款对其造成的影响。[②] 由于对对方决策体系和机制缺乏理解，把对方网络政策视为统一的、经过谋划的策略，从而导致了误解的加深，这显然不利于双方的合作。

第三，用固有观念解释网络空间战略形成的错误知觉。固有观念是对事物采取先入为主的看法，并在长期互动过程中形成的观念，一旦形成就很难改变。在国际关系中，观念的意义还包括意识形态、价值观和身份认同等深层次的因素。欧盟与中国在政治体制、主权和人权等领域都已形成了一系列的观念。这些固有观念有时会成为双方理解对方网络战略的障碍，比如先入为主地从固有的观念来演绎和理解对方的网络战略，忽略许多重要的信息，从而形成错误的知觉。

欧盟传统上认为中国是一个强政府、弱公民社会的国家，政府加强网络管理的任何政策都会引起欧方从人权角度的批评。在双边合作中，一旦有了这样的思维定式，就会对其他领域的合作产生影响。固有观念还体现在对对方网络政策的认知上。在看待双方的网络政策目标时，对自己的政策总能找出合理的解释，对对方同样的政策却有不同的看法。这种双重标准的认知障碍被带入网络领域。欧盟认为自己加强数据安全的保护是为了保护人权和隐私权，而中国加强数据管理则是为了强化监控，尽管双方的管理政策客观上都会给企业带来成本的增加和商

---

① Robert Jervis. Some Thoughts on Deterrence in the Cyber Era. *Journal of Information Warfare*, 2016, 15 (2), pp. 66 – 73.

② Sui – Lee Wee. China's New Cybersecurity Law Leaves Foreign Firms Guessing. The New York Times, May 31, 2017.

业模式上的挑战，但是前者是合理、合法的，后者的政策则会受到人权和市场两方面的质疑。从中方的角度来看待欧方的政策，也会简单地使用“双重标准”这一固有观念来理解欧盟的对华网络政策，缺乏对“双重标准”背后深层次原因的分析和认识。实际上，欧洲社会对隐私的诉求很大程度上源自对纳粹大屠杀以及苏联极权时期的集体记忆，即政府对私人信息的滥用给社会带来的巨大灾难。[①] 欧盟的做法在某种意义上也是平衡社会的关切和经济发展。例如，在《通用数据保护条例》生效的第一天，欧盟委员会官方 Twitter 就发布了一条消息，“欧洲的数字主权回到了欧洲人手里”。此外，欧盟一方面在国际上批评中国的网络内容管理政策，自身却建立了多部法律和使用多种手段来应对网络舆情挑战，特别是在虚假新闻、外国信息干预等方面制定了多部相关法律。这一系列做法的背后反映了欧盟内部政府与社会之间的不同关切。用双重标准这一固有观念去解释欧盟看似矛盾的行为与中方的认知体系更加相符，但却忽视了欧盟作为后现代国家组织的根本特性，从而影响了双方在网络领域的合作。

（二）网络空间新特性导致的错误知觉

网络空间给国际关系和国家战略带来的颠覆性变化在挑战决策者的认知，也是影响中欧在网络空间中合作的重要变量。网络技术的进步、应用的渗透在不断推动网络空间的演进。这种演进具有双重含义：一方面，大数据、人工智能、物联网和云计算等新科技，即所谓“大智物云”在不断推动网络空间自身的变化；另一方面，新科技也在推动网络空间与物理世界进行深度互动，不断地颠覆物理世界中建立的秩序、规范和伦理。这一过程引发了国家对网络安全的焦虑以及对伦理问题的担忧，也带来了身份认同的困惑，很多错误知觉由此产生。

第一，安全焦虑引发的错误知觉。越来越多的网络安全事件的发生加剧了国家对网络安全的关切，也加大了资源的投入。网络安全与传统安全相比具有泛在性、虚拟性（测量难）和抵赖性（核查难），给国家带来了认知挑战，容易引发安全焦虑。网络空间的基础是由人编写的代码，这就导致了网络安全具有泛在性，即所有的设备都有可能面临未知的安全漏洞，从而被对手利用开展网络攻击。以美国国家安全局、网络司令部为代表的国家安全机构对“零日漏洞”的囤积加剧了各国政府对国家安全、经济发展和社会稳定所高度依赖的网络设备安全性的担忧。网络武器的虚拟性导致决策者无法对对手网络武器库的规模、先进程度及危害程度等获得准确的答案，从而放大了国家的不安全感，产生新的安全焦

---

① F. Bignami. European versus American Liberty: A Comparative Privacy Analysis of Anti-terrorism Datamining, 2007, pp. 609 - 688.

虑。此外，网络的隐蔽性、匿名性和跨国界增加了对网络攻击溯源的难度，因此，发起网络攻击的国家可以轻易对其行为进行抵赖。① 从已有的网络安全案例来看，国际社会与当事方围绕溯源问题产生纠纷，无法确认攻击者身份，导致其无法受到应有的惩罚，受害者也无从维权，从而进一步放大了国家对于网络安全的焦虑。

安全焦虑增加了理性决策的难度，决策者也容易放大自身面临的网络威胁，夸大对手的实力以及给自身带来的威胁，在双边的互动中易于向对方提出过高的要求而不轻易做出让步，最终导致政策的误判。

第二，伦理担忧产生的错误知觉。网络空间崛起推动人类社会从工业社会向信息社会和智能社会转型。网络时代的数字经济范式与工业文明下建立的经济、法律和政治制度产生了新的冲突，引发了在伦理层面对数字经济发展导致的个人隐私保护、算法歧视、机器取代人类等伦理现象的担忧。各国政府纷纷从法律、规范和标准等相应的公共政策入手来应对这些问题。伦理问题不仅是中国与欧盟各自网络政策的重要领域，同时也是中欧网络合作面临的重要挑战之一。双方都面临各种担忧，处理好伦理问题对新技术的应用具有重要意义，但网络空间中伦理的内涵和标准还处于非常模糊的境地，包括中欧在内的各方还存在不同的看法。例如，隐私问题是数字经济时代最重要的伦理问题之一，但隐私保护与数据利用之间的平衡点没有明确的界限，过度的隐私保护会限制数字经济发展。同理，人工智能的发展不仅会提高劳动生产率，也会取代人类的就业，决策者也面临选择的难题。

中欧双方在伦理以及围绕伦理产生的一系列法律、规范和标准等问题上的差异成为双方合作今后面临的挑战。欧盟于 2018 年 5 月实施的《一般数据保护条例》被认为是全球最严格的数据保护政策，它对数据跨境流动做了相关的要求，明确表示对数据伦理问题的关注。欧盟要求数据接收方必须“尊重人权和基本自由、相关立法、独立监督机构的存在和有效运作，以及第三国或国际组织已签订的国际承诺”。在物理世界中，中欧对人权的理解存在一定的分歧，这会进一步加剧双方在伦理问题上的分歧，也会对今后中欧在数据保护和数据跨境流动方面的合作带来疑虑。伦理问题在中欧之间会长期存在，随着数字经济的发展，双方企业进入对方市场会更加频繁，对双方企业的产品和服务的伦理关切也会成为政府博弈的重点。

第三，身份认同产生的错觉。在网络空间中，国家面临与其他行为体之间的身份认同挑战。国家与其他行为体之间究竟是平等的关系，还是管制与被管制的

---

① Thomas Rid and Ben Buchanan. Attributing Cyber Attacks. *Journal of Strategic Studies*, 2015, pp. 4 – 37.

关系？如果视角定位不同会直接影响政府看待自身在网络空间中的身份差异。网络空间中存在众多的行为体，包括国家、互联网社群和私营部门等。[①] 社群和私营部门在网络空间创造和发展过程中扮演着重要角色，而国家在某种意义上是网络空间的后来者。[②] 例如，一系列以 I 为开头的互联网国际组织（如 ICANN、IETF、IAB、ISOC 等）被称为互联网社群的国际组织设计了互联网的整体架构、发明了基础协议，并一直掌管着互联网关键资源的分配。这就产生了两种不同身份认同的观点：一种认为在网络治理中国家与其他行为体是平等的，即所谓“多利益攸关方”模式；另一种观点尽管认可互联网社群和私营部门的作用，但强调政府应发挥主导作用。欧盟更倾向于采取“多利益攸关方”模式，中国则更青睐政府主导的多边模式。[③]

两种不同的身份认同对中欧网络对话交流带来了障碍。例如在中欧网络安全与数字经济工作组中，中方希望能够与欧方在战略层面就网络安全与数字经济问题进行对话。但在实际对话过程中，欧方遵循多利益攸关方模式，邀请了诸多私营部门代表参与甚至主导对话，特别是在华经营的企业，希望能够通过对话解决欧方个别企业在华经营中遇到的一些具体问题，这使得双方难以就影响双方网络关系总体局面的战略性议题进行深入对话。这种身份的错觉解释了双方现有对话中出现的“不相称”现象，中方希望能够通过政府间的合作来推动双边合作，欧盟则希望搭建平台来使市场和非政府组织开展对话合作。实际上，“多方”与“多边”不应成为合作的障碍，中欧可以通过对话机制的设计加强协调，在不同的议题中采取不同的对话形式，从而避免网络空间中政府和非政府的身份认同给双方合作带来障碍。[④]

二、网络技术归因难、防御难

技术一直是国际关系研究中的重要变量，科学技术的进步曾多次直接或间接地推动了国际关系的变革。从技术层面看，网络天然具有匿名性、开放性、不安全性等特点。匿名性、开放性与互联网架构有关，匿名性主要是指互联网用户的身份保持匿名，并且可以通过加密和代理等手段规避溯源；开放性是指全球的互

① Martha Finnemore and Kathryn Sikkink. International Norm Dynamics and Political Change. *International Organization*, 1998, 52 (4), pp. 887 – 917.

② Laura DeNardis and Mark Raymond. Thinking Clearly about Multi-stakeholder Internet Governance. Paper Presented at Eighth Annual GigaNet Symposium, November 14, 2013, pp. 1 – 2.

③ Laura DeNardis. *The Global War For Internet Governance*. Yale University Press, 2014, pp. 20 – 25.

④ 鲁传颖：《网络空间治理与多利益攸关方理论》，时事出版社 2016 年版，第 91 ~ 99 页。

联网通过统一的标准协议体系进行连接，接入互联网的设备互联互通；不安全性是指任何设备和系统都是由人设计，理论上说任何设备和系统中都存在着不同程度的错误，这些错误有可能被开发为漏洞从而被攻击。网络安全原本是指对计算机系统和设备的机密性（confidentiality）、完整性（integrity）和可获得性（availability）的破坏与防护。因此，各国的网络安全战略的两个重要目标是对网络数据和关键基础设施的保护。网络的技术特点导致了网络整体溯源难和防御难，由此形成的逻辑是网络安全有利于进攻方，理性的决策者会倾向于采取加强能力建设和资源投入的方式来保卫自身安全和获取战略竞争优势。这一技术逻辑对相关国家网络安全的战略选择和国际治理均产生直接影响。

网络技术的开放性和匿名性增加了溯源的难度。现有的网络安全调查取证技术难以查出高级持续性威胁（APT）真实的攻击者，难以对攻击者进行惩罚。溯源既是国际网络安全领域的核心技术，也是最具争议的领域。溯源旨在锁定攻击源头，从而为判定国际网络安全事件的性质、采取法律应对措施提供基本判断条件。[①] 由于网络的匿名性和开放性，加上各种隐藏身份的技术，攻击者往往会对自己的行为和身份进行伪装，增加溯源的难度。在已发生的众多网络安全事件中，几乎都无法提供有力的证据来证明攻击源头。因此，国际社会难以在攻击者与被攻击者之间表明立场，并采取行动来惩罚攻击者。以“震网”事件为例，事件发生多年后才由于媒体的曝光为世人所知。开发病毒的美国与以色列情报机构对此未置可否。“震网”病毒及其变体后来也先后感染了全球多家发电厂，成为危害国家关键基础设施的重要威胁。尽管如此，没有任何机制能够促使国际社会对媒体曝光的始作俑者进行谴责或者制裁。[②] 爱沙尼亚银行系统被攻击等类似事件仍然频发于国际性的网络安全事件中，进一步降低了国际社会对网络安全的信心。

从理论上而言网络安全漏洞是广泛存在的。无论是连网的设备还是组成系统的代码主要都是通过人来编写。因此，错误是无法避免的，缺陷与生俱来，任何一种设备都无法做到绝对的安全，所有的连网设备都可能成为网络攻击的目标。特别是在信息化渗透度不断增加的情况下，国家面临着保护越来越多的关键基础设施这一重任。实际情况是，漏洞广泛存在于关键基础设施的系统当中，并且这些关键基础设施分散在不同的行业和企业中，政府对其进行保护的成本和压力极为巨大。例如，美国将关键基础设施分为 17 类，但其数量从未对外公布。若对其关键基础设施进行全面保护，所需耗费的人力、物力、财力之大可想而知，特

① Martin Libicki. Cyberdeterrence and Cyberwar. Santa Monica: RAND Corporation, 2009.

② Obama Ordered Wave of Cyber Attacks Against Iran, The New York Times, June 1, 2012, http://www.nytimes.com/2012/06/01/world/middleeast/obama-ordered-wave-of-cyberattacks-against-iran.html.

别是很多关键基础设施的运营者是企业，企业拥有的资源有限，安全投入亦相对有限，在很多情况下也不愿意向外透露自己被网络攻击的信息。这种情况下，对于攻击者而言，这种攻击目标的广泛性和保护的非全面性给予其大量的攻击机会。同时，网络的匿名性导致的“敌明我暗”的网络空间存在方式增加了主动防御的难度。

三、网络产品与服务的军民两用性

商业是推动国际体系演变的重要动力。从国际安全的角度来看，商业和贸易是重要影响因素之一，如瓦森纳协议对于高科技出口的管制就是通过商贸来影响国际安全的重要机制。从国际网络安全角度来看，由于网络技术、产品和服务为军民两用程度越来越高，国家安全和政治正在逐步改变商业安全的逻辑，引起了关于“技术民族主义”的讨论。因此商业安全逻辑是导致国际网络安全困境的重要因素，只有认清其问题本质，并从供应链安全角度开展相应的国际治理工作才能有效缓解网络空间的困境。

从国际网络安全视角来看，网络产品的军民两用性开始逐步改变传统的商业逻辑基于竞争、开放和合作等理念。在网络领域，技术、产品和服务的军民两用性表现得更加明显，对传统商业逻辑的影响也更大。“斯诺登事件”就揭露出包括微软、谷歌、Twitter、Facebook、亚马逊等互联网企业与美国国家安全局合作，在消费者和他国不知情的情况下向美国政府情报机构提供海量用户信息。[①] 不仅如此，包括美国国家安全局、网络战司令部在内的网络军事、情报机构都试图通过发现大型互联网企业服务与产品中存在的漏洞将其开发为网络行动的武器。因此，网络攻击的对象不再是军事网络和政府网络，民用关键基础设施也不可避免地成为攻击对象。

从网络产品和服务的军民两用性来看，大型互联网企业的商业活动难以保持商业中立。军事和安全部门也需要使用先进的互联网产品和服务来提升能力，如美国亚马逊公司就向美国多个军事和情报机构提供云服务平台，增加美军的信息化水平。[②] 这种情况下，各国政府对于境外互联网企业提供的产品与服务缺乏信任。这会促使各国政府更加倾向于使用来自本国的企业所提供的设备和服务，以

---

① NSA Prism Program Taps in to User Data of Apple, Google and others, The Guardian, June 7, 2013, http://www.theguardian.com/world/2013/jun/06/us - tech - giants - nsa - data.

② Amazon Collects Another US Intelligence Contract: Top Secret Military Computing, The Sputnik News, June 1, 2018, https://sputniknews.com/military/201806011065023768 - amazon - collects - another - us - intelligence - contract/.

确保这些外国互联网企业不会与他国政府共谋危害本国网络安全。各国政府开始重新审视以美国企业为代表的跨国企业在境内商业活动的目的，普遍加强了对其他国家互联网企业的产品和服务的安全审查工作。另外，网络产品和服务的军民两用性也容易引起国家寻求对技术的垄断，从而破坏全球创新生态。美国政府近来通过扩大外国投资审查委员会（CFIUS）的权力，在芯片、人工智能等领域对与中国相关的投资、人员交流、科技合作等方面作出进一步限制。[①] 这种做法无疑会提高创新成本，阻碍技术的发展，破坏全球创新体系。

四、网络安全威胁的跨国性

冷战之后，国际政治安全主要是在权力政治与相互依赖两种理念之间博弈，在大国关系领域既有权力政治的博弈也有经济相互依赖的合作。[②] 网络空间作为新疆域，规则体系尚未建立，维护安全主要取决于国家能力，这导致政治安全逻辑的天平更加偏向了权力政治的一端。[③] 国际网络安全具有进攻和防御的两面性，从进攻角度而言，网络安全为国家谋取安全优势打下基础，国家实力既是维护网络安全的必要条件，也是谋取更为广泛的安全优势的支柱。由此衍生出了霸权思想、绝对安全、单边主义、先发制人等权力政治的政治安全逻辑在网络空间逐渐流行。从防御角度讲，网络安全的威胁具有普遍性、跨国界等特点，客观上需要各国之间加强合作，共同应对威胁挑战。自由主义的相互依赖、集体安全、多边合作等理念是解决网络安全困境的重要方面。而斯诺登事件后，国家将关注的焦点聚焦在安全威胁上，由此导致现实主义的政治安全逻辑相较于自由主义更加受欢迎，推动了国际网络安全走向战略博弈、军备竞赛的方向。

国家还面临着网络安全作为一种非传统安全所带来的挑战。从传统安全角度看，安全主要是国家层面的事，实力是决定安全的最重要因素。由此可见，在军事战略、作战、科技等领域领先其他国家，就一定会比其他国家更加安全。但是网络安全作为一种非传统安全，网络安全与信息化程度之间呈现负相关，信息化程度越高，往往意味着依赖度更高，随之产生更大的“脆弱性”，面临的威胁也越多。尽管先进国家投入了大量的资源来维护网络安全，但由于连接到互联网中

① The White House, Remarks by President Trump at a Roundtable on The Foreign Investment Risk Review Modernization Act, https://www.hitehouse.gov/briefings - statements/remarks - president - trump - roundtable - foreign - investment - risk - review - modernization - act - firrma/.

② ［美］罗伯特·基欧汉、［美］约瑟夫·奈：《权力与相互依赖》，门洪华译，北京大学出版社2012年版。

③ 杨剑：《数字边疆的权力与财富》，上海人民出版社2012年版，第67~88页。

的设备多、关键基础设施多，其所面临的网络安全风险并未下降，甚至还在不断上升，这使得政府难以对自身的网络安全防御拥有足够信心，安全的威胁会持续存在。这些网络安全特点演变出的国际政治安全逻辑导致了各国在网络安全政策上的不透明，缺乏必要的接触，难以开展合作。

第三节　网络安全领域的博弈

网络空间具有安全复杂性、不确定性和脆弱性，这些因素给各国关系带来了不确定性。中美两国政府在网络安全对话合作领域付出了很大的努力，却未能阻止双方不断加深威胁认知并加强政策针对性。这表明网络安全已经成为中美关系中的长期性、战略性和全局性议题，并将成为对中美关系产生长期影响的关键领域。

一、中美网络安全领域的互动进程

2013 年 6 月，中国外交部网络事务办公室宣告成立，专司网络外交事务，并将加强中美网络对话作为重要任务之一。此后，为应对重要性不断上升的网络安全议题，中美之间建立了多个对话机制，并取得了一定共识和成果，但是在网络安全自身的复杂性以及不断恶化的全球网络安全形势影响之下，中美在网络领域的互动也面临多重挑战。

（一）中美在网络安全领域三个对话合作阶段

2013 年至今，中美在网络领域的互动经历了从构建对话机制到对话终止，再到重新构建机制这样一个反复的过程，其间经历了“斯诺登事件”“白宫人事局窃密”等事件的冲击。这一进程总体上可以按双方间对话机制划分为中美网络安全工作组（下称“工作组”）、打击网络犯罪及相关事项高级别联合对话（以下称“网络犯罪对话”）、执法与网络安全对话等三个阶段。第一阶段的工作组是为落实两国元首 2013 年庄园会议上的共识而建立的网络安全对话渠道，中美双方意图通过工作组机制来解决“网络商业窃密”、军事互信、国际治理等多个网络议题。工作组后因 2014 年 5 月美国司法部起诉相关人员而被中方无限期暂停。此后，双方在网络军事领域一直未能开展直接对话。第二阶段的网络犯罪对话是 2015 年 9 月中美两国元首在华盛顿达成新一轮共识的成果，旨在通过高级别对话解决双方间的网络商业窃密问题。该阶段被广泛认为取得很大成果。第三阶段的执法与网络安全对话是在 2017 年特朗普执政后，中美对网络犯罪对话与其他几个重要的中美对话机制一起做出调整的结果，是中美四个对话机制之一，2017 年召开了首次会议。目前这一机制陷入暂停状态。

（二）中美在网络安全领域面临多重困境

考察中美建立网络安全对话机制的过程，可以看出：一方面，网络安全作为全世界关注的热点问题，已经成为中美关系中的优先议题；另一方面，对话虽然在一定程度上起到了缓和矛盾、管控分歧的作用，但未能从根本上解决两国间日益复杂的网络安全问题。不断发生的网络安全事件使得中美的互动逐步陷入困境。

第一，美国在《国家安全战略》和《网络空间安全战略》中明确将中国视为网络安全领域的主要对手，称中国网络实力的上升对美国在网络空间的领导权形成威胁和挑战。[①] 从中方对“斯诺登事件”的反应以及制定网络安全政策时的针对性来看，美国已构成了对中国网络安全的主要挑战。[②]

第二，为了应对网络安全威胁，中美网络安全政策的针对性在不断上升。美国主张建立全政府手段应对来自中国的网络安全威胁，[③] 几年来已经对来自中国的个人、机构和企业采取了包括外交施压、司法起诉、经济制裁和市场封锁在内的多种政策举措。如对中国相关人员，以及多家企业进行了公开的司法起诉和经济制裁，宣称这些被起诉的人员和企业对美国网络安全构成了威胁。[④] 不仅如此，美方还重点针对中国的信息通信技术企业进行遏制，如以网络安全为由，对华为采取禁止采购、市场禁入、切断供应链等多种打压手段。中国政府在“斯诺登事件”后，也明显感觉到来自美国的网络安全威胁与日俱增，这直接促成了中方网络安全战略和政策的制定。如《网络安全法》和《网络空间国际合作战略》中把维护网络主权作为核心目标，主要就是为了回应美国政府以“网络自由”为由侵犯中方合法行使互联网公共政策制定权，通过网络攻击对华开展大规模网络监听，危害中国国家安全的行为。同时，中国对在“斯诺登事件”中被爆出与美国

---

① Scott Warren, Martin Libicki, and Astrid Stuth Cevallos. Getting to Yest with China in Cyberspace. Santa Monica: RAND Corporation, 2016, pp. 15 – 30.

② 中华人民共和国外交部、国家互联网信息办公室：《网络空间国际合作战略》，新华网，2017 年 3 月 1 日，http://news. xinhuanet. com/politics/2017 – 03/01/c_1120552767. htm，第 5 ~ 10 页。

③ Robert Jervis. Some Thoughts on Deterrence in the Cyber Era. *Journal of Information Warfare*, 2016, 15 (2), pp. 66 – 73.

④ Joseph S. Nye, Jr. Deterrence and Dissuasion in Cyberspace. *International Security*, Winter 2016/17, 41 (3), pp. 44 – 71.

国家安全局有合作关系的美国互联网企业加大了安全审查力度。[①]

第三，中美在网络安全领域的对抗延续至网络空间全球治理领域。“斯诺登事件”后，各国政府对网络安全的重视程度明显上升，网络空间全球治理进程明显加速。中美相互视为网络安全威胁来源和竞争者的认知模式，成为影响双方网络空间全球治理立场的重要因素。双方在相关的政策立场文件中指责对方为国际网络安全的危害者，并呼吁国际社会采取相应的治理机制来予以应对。作为网络空间中发展中国家与发达国家的代表，中美在构建网络秩序的基本理念、原则和方法上的针锋相对成为影响网络空间全球治理进程的重要因素。[②] 由于中美对于国家责任、反措施等条款持有不同立场，最终 2016～2017 年信息安全政府专家组未能达成共识。在联合国打击网络犯罪政府专家组中，中国支持由联合国制定打击网络犯罪的国际规则，美方支持欧委会制定的《布达佩斯网络犯罪公约》取代联合国规则，直接作为打击网络犯罪的国际法。双方在国际治理中的分歧也影响到了双边层面的互动。[③]

二、中美网络安全合作面临的挑战

网络安全问题覆盖了国家安全、企业知识产权、个人信息安全等问题，属于全社会关注的议题，在很多情况下，美国社会对中美网络安全的关注度超出对中美总体关系的关注程度，网络安全是对华关系中美国民众最关注的议题之一。因此，美国政府和媒体不断炒作“中国黑客”议题，引发了美国普通民众对网络安全的恐慌和对中国友好度的下降，加剧了其对中美政治关系、经贸关系、人文交往的负面认知和偏见，动摇了两国关系的民意基础。

另外，炒作“中国黑客”成为美国利益集团宣扬“中国威胁论”、左右中美关系的重要手段。美国长期、系统、大规模炒作的“中国黑客”议题主要有以下几点内容：一是“网络知识产权窃密”的话题。美国国内有人不断制造所谓“中国政府支持的网络黑客”窃取美国社会的知识产权论调，认为这是“人类历史上最大的财富转移，每年给美国带来上千亿美元的损失，损害了美国经济的竞争力基础，导致了大量美国高科技企业的倒闭”。二是指责中国侵犯美国公民隐

---

① Sui－Lee Wee. China's New Cybersecurity Law Leaves Foreign Firms Guessing. The New York Times，May 31，2017.

② Madeline Carr. Power Plays in Global Internet Governance. *Millennium*：*Journal of International Studies*，2015，43（2），pp. 640－659.

③ 鲁传颖：《网络空间大国关系面临的安全困境、错误知觉和路径选择——以中欧网络合作为例》，载于《欧洲研究》2019 年第 2 期。

私，威胁个人信息安全。如美国政府和媒体渲染“中国政府窃取了美国 2 000 万份公民个人信息”，以及黑客攻击美大型零售商塔吉特用户数据库，导致“几千万用户个人信息泄露并被中国政府掌握”等。[①] 这样的炒作因涉及公众隐私而更能引起舆论的关注和对中国的反感。三是宣扬中国黑客“危害美国国家安全”，通过入侵美国国防承包商的网络窃取美国高级军事技术，攻击美国的关键基础设施等。

受各种网络安全事件和美国在网络领域对华遏制政策的影响，中国社会对美国整体形象的认知也在不断恶化。中国媒体指出，美国一边开展全球网络监听，一边不断炒作中国的黑客问题，这种“贼喊捉贼”的做法非常虚伪。[②] 而美国利用司法手段，企图用国内执法手段来解决外交问题，则展现出美国在双边关系中的霸凌做法，更加剧了中国公众对美国的不满情绪。[③] 美国不负责任地推动网络空间军事化，黑客组织利用美国国家安全局网络武器库中的“永恒之蓝”（Eternal Blue）程序，加工成为“想哭”（Wanna Cry）勒索病毒，对中国的医疗、交通、通信等领域进行攻击，带来严重的社会后果和经济损失。[④] 美国政府对此不仅不承担后果，还拒绝公开承认这一事实，这使中国政府、企业和社会对美国政府的不满情绪进一步加剧。各种网络安全事件导致中美两国民众对对方国家形象产生了负面的认知，也使两国政府在双边关系中采取更加激进的政策来回应舆情和民意的诉求。

三、网络安全的战略性上升

网络安全的战略性不断上升，成为国家安全议题的焦点。网络安全的新特性大幅增加了国家安全面临的风险来源、威胁程度和应对困境，迫使各国不得不从国家安全战略的高度来应对其带来的挑战。首先，网络安全成为国家安全领域突出的威胁来源。网络空间中国家与国家之间的距离消失，疆界变得模糊，传统地理位置带来的安全屏障消失，使国家安全处于“不设防”的境地，而随着交往频度的大幅增加，冲突的频率随之极大提高，各国对安全风险更加敏感，反应也更加激烈。其次，网络安全对国家安全的威胁更为广泛深刻。无论是个人生活，还

---

① Kristin Finklea. Cyber Intrusion into U. S. Office of Personnel - Management: In Brief, CRS Report, July 17, 2015, pp. 2 - 4.

② 吴楚：《网络空间的“被告”应该是谁》，载于《光明日报》2014 年 5 月 23 日，第 8 版。

③ 支振锋：《窃贼“起诉”暴露网络霸权》，载于《人民日报》2014 年 5 月 22 日，第 24 版。

④ 刘权、王超：《勒索软件攻击事件或将引发网络军备竞赛升级》，载于《网络空间安全》2018 年第 1 期。

是政府网络及社会所赖以正常运行的关键基础设施、都高度依赖网络空间，任何一个领域受到网络攻击，其后果都将是灾难性的，整体国家安全都可能会面临陷落的风险。此外，国家应对网络安全的手段和能力很有限。网络的虚拟性让溯源成为难题，受害者难以对攻击者采取有效的应对措施。[①] 这就需要其从国家安全战略的角度，动员更多的资源和手段来应对。中美作为网络空间中的大国，从国家安全战略角度应对网络安全风险已势所必然。

特朗普政府在《网络安全战略》和《国家安全战略》中同时将中国列为网络安全和国家安全领域最重要的对手之一，声称中国网络知识产权窃密问题对知识产权保护体系、高科技竞争、产业竞争和国家安全构成挑战，中国网络安全威胁无处不在，美国所有关键信息基础设施都暴露在中国的网络攻击之下，中国对美国的安全、政治、经济、社会构成了全方位的安全威胁。特朗普政府认为，美国未来的领导权将体现在能否在与中国的网络空间竞争中谋取战略优势，为赢得与中国的竞争，美国要更加积极作为而非自缚手脚。因此，美方决定采取全方位的回应手段。

中美在网络空间中的互动也是塑造中方对网络安全与国家安全战略认知的重要因素。美方把中国列为网络安全、国家安全领域重要对手，并采取各种应对手段，客观上进一步加剧了对中国国家安全的威胁。中国的《网络空间国际合作战略》指出，“滥用信息通信技术干涉别国内政、从事大规模网络监控等活动时有发生”“国家间应该相互尊重自主选择网络发展道路、网络管理模式、互联网公共政策和平等参与国际网络空间治理的权利，不搞网络霸权，不干涉他国内政，不从事、纵容或支持危害他国国家安全的网络活动”[②]。从上述表述可以看出，中国将美国网络政策作为在网络安全和国家安全领域面临的重要挑战。此外，美国政府在“棱镜门事件”等网络安全事件和网络空间军事化过程中展现出的网络能力、意图和决心，也加剧了中国国家安全战略中对网络安全的威胁认知程度。中国政府提出“没有网络安全就没有国家安全”，表示要加强网络空间国防力量建设，提高网络空间态势感知、网络防御、支援国家网络空间行动和参与国际合作的能力，以遏控网络空间重大危机，保障国家网络安全，维护国家安全和社会稳定。[③]

---

① Thomas Rid and Ben Buchanan. Attributing Cyber Attacks. *Journal of Strategic Studies*, 2015, 38 (1-2), pp. 4-37.

② 中华人民共和国外交部、国家互联网信息办公室：《网络空间国际合作战略》，新华网，2017 年 3 月 1 日，http://news.xinhuanet.com/politics/2017-03/01/c_1120552767.htm，第 5~6 页。

③ 中华人民共和国外交部、国家互联网信息办公室：《网络空间国际合作战略》，新华网，2017 年 3 月 1 日，http://news.xinhuanet.com/politics/2017-03/01/c_1120552767.htm，第 10 页。

四、美国的“泛网络安全化”思维

“泛网络安全化”思维阻碍了中美在科技、经贸领域的正常合作。“泛网络安全化”背后的逻辑是，网络空间时代，人类社会所有的活动都面临数字转型和向网络空间迁徙的趋势，因此所有的人类社会活动也都面临着网络安全风险。按照这种逻辑，只要在具有一定敏感性的领域，中美政治、经济、科技、人文交往活动都会被认为具有网络安全风险。例如，经济和科技交往会产生很多数据，这些数据涉及个人信息或技术信息，如果被对方掌握，可被视为严重的网络安全问题。这种逻辑实际上是给用“最坏的打算”来看待中美双边关系寻找了一个看似正确的理由，对双边关系中的正常交往带来了很大的障碍。

特朗普政府“泛网络安全化”的举措主要集中在网络科技和产业、人员交流以及敏感行业三个方面。一是注重审查新技术领域的网络安全风险，如美国在人工智能、云服务、大数据、物联网以及5G战略中都纳入了网络安全因素和中国因素。以5G为例，美国国防部国防创新委员会发布了《5G生态系统：对国防部的风险与机遇》报告，系统梳理了5G供应链、设施和服务以及设备等给美国军事力量带来的风险，认为如果中国在5G领域领先美国，会对美国的军事和国家安全带来严重威胁。[①] 这导致美国商务部将华为公司列入“实体清单”（EntityList），进而推动中美两国在数字经济领域脱钩。[②] 信息通信技术产业不仅具有高度的战略性和敏感性，且往往具有很强的军民两用性。[③] 因此美国国会制定了《出口管制改革法》，商务部工业安全署（BIS）根据法案授权出台了针对关键技术和相关产品的出口管制框架，其中规定的14个管制技术大多与网络科技相关，如人工智能、先进计算、微处理器技术、数据分析、量子信息、机器人、脑机接口等。二是排斥中国研究人员，通过拒发签证等手段限制科学技术领域的合作和人员交往。三是以网络安全为由对其他领域的合作设限。按照这种“泛网络安全化”的逻辑，中美之间的大量合作都可能因所谓的“网络安全问题”而停止。

相比较美国的“泛网络安全化”政策，中国总体采取了克制、理性的态度来应对。但在美国咄咄逼人的政策下，中国政府也不得不以必要的措施来维护己方利益，将美方政策作为中国网络安全政策的重要考量因素。如在2019年5月发

① Milo Medin and Gilman Louie. The 5G Ecosystem: Risks & Opportunities for DoD. Defense Innovation Board Report, April 3, 2019, pp. 15 – 23.

② 孙海泳：《美国对华科技施压战略：发展态势、战略逻辑与影响因素》，载于《现代国际关系》2019年第1期。

③ 鲁传颖：《网络空间安全困境及治理机制构建》，载于《现代国际关系》2018年第11期。

布的《网络安全审查办法（征求意见稿）》第十条中规定，产品和服务存在受到政治、外交、贸易等非技术因素导致供应中断的可能性，以及产品和服务提供者受外国政府资助、控制等情况需要进行网络安全审查。[①] 该条款明显是为了回应美方近来对中国采取的出口管制措施。另外，中国强调在核心技术、产品上降低对美国的依赖，加大对芯片、操作系统、软件等研发的支持和投入。总体而言，中方的举措更多是应对美国“泛网络安全化”政策的挑战，化解风险的同时进行一定程度的反制。

第四节　推进国际网络安全治理机制建构的战略

一、重新定位中美关系建立网络规范

主观上的威胁认知与客观存在的网络安全复杂性、不确定性和脆弱性结合，加剧了发生网络冲突的风险程度，给中美关系带来新的不确定性。而中美两国经济和社会又高度依赖网络空间，网络空间分裂以及网络冲突带来的风险对双方而言都难以承受。这就需要双方从战略高度重新定位中美网络关系，维护其稳定。[②]

（一）重新定位中美网络关系的合作方向和目标

在中美关系以及网络安全形势已发生重大变化背景下，中美网络关系需要将稳定作为新的定位，这对于处理和应对好跨领域、跨部门的中美网络安全挑战具有重要意义。明确定位可以让双方能够就合作的目标和范围达成共识，帮助决策团队快速开展对话交流，并取得成果。而定位不清晰或者不准确则容易使双方的网络安全决策团队面临较大的内部和外部挑战，如在内部面临其他部门的抵制，难以协调不同的部门采取统一立场，会影响对话结果的落实。而如果双方在对话中的目标和方向差异过大，会影响对话的有效性。2015 年，中国提出要将网络安全打造成中美合作的新亮点，这对于当时双方达成共识，加强网络安全执法合作具有重要指导意义。

① 国家互联网信息办公室：《网络安全审查办法（征求意见稿）》，2019 年 5 月。

② Morgan Wright. Winter (in cyberspace) is Coming, The Hill, April 3, 2019, https://thehill.com/opinion/cybersecurity/432432 – winter – in – cyberspace – is – coming.

重新定位中美网络关系应成为指导双方合作的基础。作为网络空间中的两个重要国家，中美尽管存在重大分歧，但并不希望发生网络冲突并引发重大危机，也不能承受网络空间分裂的后果，网络空间分裂会破坏双方的商业、科技和产业生态，并给经济带来难以承受的损害。在相互视为主要威胁来源和竞争对手的情况下，将维护网络空间稳定作为新的定位既能反映当前的现实，也能够指导双方决策团队开展合作。稳定意味着不失控，从理论上来说需要从正反两方面来维护：一是减少自身行为对稳定的冲击，建立双方认可的网络规范；二是建立完善的制度体系，确保受到冲击后制度能够发挥维护稳定的作用。

（二）减少网络行动对于中美网络关系稳定的冲击

建立网络规范，特别是负责任的国家行为准则是网络空间全球治理的重要目标，也是联合国信息安全政府专家组的核心任务。中美在打击网络商业窃密领域所达成的共识，也被视为一种重要的网络规范。[①] 国际社会在构建网络规范的进程中面临的主要挑战是网络规范难以被严格遵守。一方面，由于网络规范本身就是非约束性、自愿遵守的，很多国家并不相信对手会遵守规范，从而影响了自身遵守规范的动力；另一方面，网络的隐蔽性增加了对国家行为进行核查的难度，造成各方对网络规范的效力缺失信心。[②]

基于共识的网络规范对于维护中美网络关系的稳定，促进双方保持总体上的战略克制有重要意义，而在双边层面建立网络规范的难度较小，且中美在打击网络商业窃密领域的规范制定方面又有成功经验，可以作为合作的基础。鉴于国际社会在网络规范进程中的经验教训，中美应保持网络规范进程的动态性，既要能够反映出网络空间的技术演进和行为动态变化的特点，也要反映双方不断变化的诉求。如黑客干预 2016 年大选后，美国认为干预选举威胁到了其核心利益，对其重大国家安全构成了严重挑战，显然希望能够就这一问题与中方建立相应的网络规范，这就给中美加强在网络规范领域的合作开启了大门。[③] 由于网络行为的隐蔽性会引起对方是否会遵守规范的猜疑，中美还应当建立沟通和反馈机制，通过机制性的对话来促进双方对网络规范的理解，创造鼓励遵守网络规范的气氛。

---

① Martha Finnemore and Duncan Hollis. Constructing Norms for Global Cybersecurity. *American Journal of International Law*, 2016, 110 (3), pp. 425 – 479.

② Michael P. Fischerkeller and Richard J. Harknett. Persistent Engagement, Agreed Competition, Cyberspace Interaction Dynamics, and Escalation, Institute for Defense Analysis Report, May 2018.

③ U. S. Senate Hearings. Foreign Cyber Threats to the United States, January 5, 2017, http://www. armed – services. senate. gov/hearings/17 – 01 – 05 – foreign – cyber – threats – to – the – united – states.

（三）通过预防、稳定和建立信任来构建中美网络安全稳定机制

维护中美网络关系稳定，需建立网络安全预防、稳定和信任机制，以在危机和冲突过程中控制冲突程度，确保危机不会破坏稳定。预防是指通过建立促进网络安全战略意图和政策透明度的机制来避免出现误判。双方可建立政策通报机制，定期交流网络安全关切、网络政策变化、政府应对重大网络攻击事件的响应计划，进一步理解彼此在网络安全上的差异、分歧和共同点。[①] 稳定性机制是指双方出现网络危机时，有相应的预案进行危机管控，使冲突降级。如网络热线机制，可保证在网络冲突爆发时能够及时沟通和响应；部门间对等交流机制，则有助于保持沟通渠道多元化，以促进危机时的紧急处理和协调，防止误判。中美应通过有限合作来增加互信程度。当前中美在网络领域虽处于竞争状态，但双方对于维护全球网络空间战略稳定依旧有强烈的共识。双方可以在全球经济所高度依赖的国际关键基础设施保护方面加强合作。如环球同业银行金融电讯协会（SWIFT）这样的全球性金融信息基础设施一旦遭到破坏，将会对全球经济带来巨大震动，共同维护其安全可以成为中美开展合作、建立信任的起点。此外，网络安全的实质还是技术本身，高标准的信息通信技术产品和服务是加强对网络安全信任的基础。中美双方可以支持世界贸易组织提高信息通信产品全球供应链安全方面的标准，通过限制不安全技术产品的国际贸易来激励、督促全球互联网企业提高产品和服务的安全标准、韧性和规范程度，从基础上减少全球面临的网络安全风险。[②]

中美未来的走向依旧充满不确定性，在新旧战略转换的关键时刻，应当警惕网络安全作为中美对抗前沿对两国政治、安全和外交产生的深刻影响。同时，也要意识到中美重新定位两国间的网络关系并努力维护其稳定，对于双方避免冲突、建立互信，在新形势下缓和甚至是引领中美整体关系未来的走向具有其独特的价值，因此有必要将此作为双方的一项重要工作加以推进。

二、积极推进中欧合作应对错误知觉

错误知觉对于构建良性的网络空间大国关系产生了干扰，影响了中欧在网络

---

① 许蔓舒：《促进中美网络空间稳定的思考》，载于《信息安全与通信保密》2018 年第 6 期。

② Karsten Geier. Norms, Confidence and Capacity Building: Putting The UN Recommendations on Information and Communication Technologies in the Context of International Security into OSCE – Action. *European Cybersecurity Journal*, 2016, 2 (1).

领域的合作。因此，中欧在开展网络合作时，应着重消除错误认知，建立双方在网络领域中的信任。同时，加强对话机制的设计，有针对性地增加合作性举措，以此为基础，构建合作共赢的中欧网络关系，为探索网络空间大国关系良性互动做出示范。

第一，积极消除中欧网络互动中出现的错误知觉。随着网络安全、数字经济的战略性意义不断提升，网络议题在中欧关系中的比重将会不断增加，消除误解、增加合作符合双方的共同利益。首先，要建立理性的中欧网络知识框架。这可以帮助决策者避免受到思维定式和错误知觉的影响，更加客观地看待对方的网络政策和更准确地研判对方的政策意图。[1] 中欧在物理世界的战略、经济、政治和安全领域建立的知识框架难以简单适用于网络空间，还需依据网络空间的特殊属性来构建更具有解释力的认知框架。例如，网络安全是全球共同面临的长期威胁，中欧网络安全合作应充分考虑网络安全的泛在性、全球性等特点，重点关注双方在保护金融、能源和交通等全球关键基础设施安全上的共同责任。上述关键基础设施一旦遭受攻击将会给包括中欧在内的全球经济带来重大危害。网络武器的易扩散性、暗网交易的隐秘性使各国在打击网络恐怖主义、网络有组织犯罪等方面面临很大的技术性挑战，需要加强在技术、执法和信息共享等领域的深度合作。[2] 许多恐怖分子和犯罪组织正是利用了国家间合作困境来规避打击。例如，欧盟的犯罪组织在中国设立服务器来攻击欧盟国家的网络，或是恐怖分子、犯罪组织在欧盟国家设立针对中国的网络犯罪中心等。构建基于网络属性、特性的知识框架对决策者更好地理解中欧网络关系具有重要作用。

此外，网络议题还需具有动态性、实时性和全局性等特点，出现的问题往往复杂多变，从而增加了决策者的认知难度。智库和研究机构提供的“智力支撑”在辅助决策者建立理性的认识框架上具有重要作用。目前，中欧网络领域有大量的问题需要研究，但学术界对此的关注程度却并不高，高质量的研究报告和论文寥寥无几，未能给决策者提供足够的知识。因此，双方的学术机构应加大对中欧网络事务的关注程度，围绕中欧双方的共同利益和网络空间全球治理形势开展合作研究；在理论层面加强对网络空间统一的术语体系、网络空间战略稳定机制、国际法在网络空间上的适用等方面的深入研究。这不仅有助于决策者更加系统地理解网络空间的复杂性和深刻性，同时也能克服双方思维定式导致的错误知觉。在战略层面，双方智库和研究机构可以加大对网络主权、数据

① ［美］罗伯特·杰维斯：《国际政治中的知觉与错误知觉》，秦亚青译，世界知识出版社 2003 年版，第 114～160 页。

② Thomas Rid and Ben Buchanan. Attributing Cyber Attacks. *Journal of Strategic Studies*, 2015, pp. 4 – 37.

主权以及网络空间命运共同体等双方网络空间战略中具有基础性作用的领域的研究，帮助决策者更好地理解对方的决策过程和主要关切。在具体政策层面，可以加大对建立信任措施、保护关键基础设施、数据安全以及负责任国家行为准则等领域的合作路径的研究，为决策者提供一个较为具体、可落实的合作框架。上述研究取得的成果对构建中欧之间客观、理性的知识框架具有重要的参考价值。

其次，要建立更多的信息交流渠道来消除错误知觉。“理智决策……需要主动寻找信息。如果不能捕捉到明显重要的信息，就会导致非理性的信息处理。”① 特别是在网络这一错综复杂的领域，需要中欧双方加强有效沟通，通过对话来获取更多的有价值信息，为理性决策提供依据。现有的中欧网络对话机制与其他领域的政府间对话机制一样，往往采取高峰论坛、圆桌对话等方式。作为典型的政府间对话模式，上述对话机制还不能完全满足网络领域的信息供给。由于网络涉及的议题十分广泛，有大量需要沟通的领域，但对话的参与部门和人员毕竟有限，许多重要的部门和工作人员无法在圆桌和高峰对话中开展有效交流。因此，双方可以探索建立合作点名录，将双方网络领域的负责任对等列入名录，并且为工作层面的对话交流提供指导框架，形成有效的信息交流的制度保障。此外，由于网络的技术性特征强，双方需要的信息获取不仅包括相互了解，还包括一些技术层面的执法信息、情报信息的共享。例如，对网络攻击的调查工作应实时展开，相关有价值的信息也应快速共享。就像地震过后，抢救受害者有“黄金时间”一样，网络攻击的取证工作也会伴随着时间的消逝出现价值递减。一般各国在国内调查时采取 7/24 的应急响应机制，但涉及跨国合作时，往往通过传统外交或国际合作机制，需要国际、国内多个部门之间的审批，基本无法达到有效信息共享。中欧可在双方负责网络安全的机构中建立相应的信息共享机制，如中国的公安、网信部门与欧盟警察、数据保护等机构之间建立专门的网络信息共享机制。

最后，通过加强议程设置来消除错误知觉。网络具有议题广泛、行为体多元的特点，加之欧方有支持“多利益攸关方”治理模式的传统，企业、互联网社群都试图根据自身的利益来影响中欧在网络领域的合作，从而增加彼此合作的协调难度。这就需要双方政府掌握对中欧网络议程设置的主导权，避免受“众声喧哗”的干扰，明确双方合作的战略方向，框定合作的内容，引导企业、互联网社群积极参与，并在合作中寻求利益保障。网络议题的对话十分专业，也极为广

---

① ［美］罗伯特·杰维斯：《国际政治中的知觉与错误知觉》，秦亚青译，世界知识出版社 2003 年版，第 175 页。

泛，在物理世界数字转型的大背景下，几乎所有的议题都可与网络相关。所以议题的选择和范畴对对话合作的有效性而言具有重要意义。具体而言，一方面要为双方的企业、机构之间的交流合作提供对话平台；另一方面，对中欧在网络领域的合作要有全局性的掌控力。特别是避免双方在物理世界的分歧影响中欧在网络领域的合作。因此，中欧双方的对话议题，应尽量围绕网络空间中出现的新问题、新机遇开展，而非将原本在物理世界就分歧很大的议题拿到网络领域进行讨论。如双方在构建数字贸易规则、保护全球关键基础设施领域、负责任的国家行为准则等领域合作的可能性，要远远大于意识形态等双方长期以来具有很大分歧的领域。

第二，通过在重点议题中的相互理解来建立信任。中欧网络关系中有一些关键的议题对于双方建立互信具有重要意义，如国际法在网络空间适用的问题、打击网络犯罪的全球性法律文本协定等。网络空间国际法不仅是欧盟关注的重点议题，也是中国高度重视的领域，中欧之间可以就网络空间国际法领域涉及的重要议题如网络主权、人权问题开展更多的对话。[①] 妥协和合作是外交谈判永恒的艺术。在物理空间中，国际社会在主权和人权问题上也存在并不完全一致的看法，《联合国宪章》和《联合国人权公约》作为两份重要的国际法准则也有着不同的侧重。中欧可以通过加深相互理解，推动在网络主权和网络人权问题上取得平衡。此外，中欧还可以围绕打击网络犯罪的国际立法进程开展合作，探索如何在“联合国打击网络犯罪政府专家组”和“布达佩斯网络犯罪公约”之间取得共识。双方可以探讨将“布达佩斯网络犯罪做公约”的一些重要条款作为专家组机制的谈判基础，也可以将欧盟在打击网络犯罪领域的实践作为联合国开展全球性打击网络犯罪能力建设的基础，探索将区域性公约在文本和实践领域与联合国的合法性、程序正当性结合，为打击全球网络犯罪作出贡献。此外，在反对网络空间军事化领域，加强联合国在网络安全溯源等方面的合作，中欧双方立场相近，可以共同推动联合国和区域性组织发挥积极作用，为国际社会提供维护网络空间和平稳定的制度方案。

第三，通过网络领域的务实合作增加共识。双方政府在发挥战略协调作用的同时，还要为彼此的网络安全产业、技术和人才提供交流的平台，为双方数字经济发展创造机遇。如为了应对网络安全人才的稀缺性问题，中欧双方可积极推进网络安全领域的人才交流与合作，成立相应的网络人才合作工作组。中方近年来开展了网络安全一级学科和建设一流网络安全学院的发展计划，这在

① Madeline Carr. Power Plays in Global Internet Governance *Millennium*: *Journal of International Studies*, 2016, 15 (2), pp. 640 - 659.

全球具有一定的创新性，中欧双方可围绕网络安全的高等教育开展合作，鼓励双方的网络安全学院加强机制性合作，互派访问学者、交流学生。[①] 此外，中欧双方都有针对网络安全意识的活动，如中国的网络安全宣传周和欧洲的网络安全月。双方开展了许多类似的活动，可进一步加强这些机制之间的合作。目前，中方的网络安全宣传周邀请了大量来自欧洲的官员、学者和企业参与，欧方也可采取同样的举措，邀请来自中方的官员、学者和企业参与欧方网络安全月相关活动。

① 中央网络安全与信息化领导小组办公室秘书局、教育部办公厅：《关于印发“一流网络安全学院建设示范项目管理办法”的通知》，2017 年 8 月 14 日。

第八章

平台经济创新与社交媒体治理

进入21世纪，数据技术的发展使传媒生态不断变化，产业边界日渐消融，互联网平台逐渐成为信息整合与资源配置的新场域，由此而出现的平台经济等热点也成为学界业界关注的前沿议题。平台经济以数字技术为支撑，体现了网络虚拟、资源集聚和规模效应等特点。互联网平台吸引了大量消费者/受众和生产者。数字技术将各方连接，建立流动性市场，同时创建数字渠道，匹配消费者/受众与生产者之间的信息流动与商品交易，从而创造商业与社会价值。在信息传播中，平台经济呈现出海量传播与流量导向等特点，而其所带来的产业垄断和信息霸权等问题更是引发了巨大的社会关注。

第一节 从传媒经济到平台经济

在互联网科技和数字经济的助推下，媒体产业成为驱动全球经济健康发展的关键引擎，并逐步转型为依托消费者需求驱动的娱乐媒体综合生态系统。在媒体融合的大浪潮中，媒体企业、科技公司和通信商纷纷借势远航，试图将社交媒体与电子商务、娱乐体验的关联性发挥到极致。媒体市场也随之迎来了重要的生存挑战和发展机遇：视频网站、电视台和社交网络纷纷争夺传统体育、电子竞技的转播权；谷歌、Facebook 等社交媒体和传统广告公司在数字户外广告服务领域展开竞争；新闻媒体则向视频生产企业转型；甚至汽车制造商和广播电台携手进军内容生产领域。这预示着未来媒体市场将会面临更为激烈的竞争。

受全新技术经济范式的影响，媒体企业原有的边界在进一步消解，媒体融合已经成为业内不可忽视的重要趋势，全球资金加快流向社交媒体等新兴市场，商业模式的变革成为主导未来媒体产业发展的关键。

一、市场价值流向平台型媒体

互联网良好的发展势头加速了媒体业的数字化进程，平台型媒体成为用户使用时长增加和消费水平提高的最主要受益者，市场价值不断向其流动，以微信、今日头条、抖音为代表的平台型媒体在内容生产、分发和用户反馈等方面发挥着越来越重要的作用。

在数字经济时代，用户的触媒习惯与日常生活的联系愈发紧密和融合，不同使用场景之间的联动和衔接也更加频繁。随着创新扩散的推进，用户媒介素养愈加提高，每个用户都将搭建出最适合自己的触媒矩阵，未来互联网化的场景分工将更加清晰。因此，从未来的媒体市场格局看，单一型媒体将逐渐丧失竞争优势，平台型媒体将抢占更多的用户流量和市场规模，并在马太效应下逐步形成寡头垄断局面。以短视频行业为例，当前市场正呈“倒三角”结构：以抖音、快手、秒拍和西瓜视频等为代表的头部平台约占70%的市场份额，而腰部平台和长尾平台的市场份额之和仅占30%。[①] 形成该市场结构主要是由于市场日趋成熟，用户爆发式增长的红利期已结束；初创企业的准入门槛不断提升，长尾平台逐渐被吞并或淘汰，而头部平台的优势不断凸显，将争夺的焦点转移至垂直细分市场。

随着泛娱乐产业深度融合的进一步发展，平台型媒体也将不再局限于提供单一的内容服务，而是打造更加综合性的娱乐内容和周边服务。一些网络视频平台已经在内容创作方面与动漫、网络文学、游戏等其他泛娱乐企业进行业务布局、合作，并在App中移植相关的内容，以方便用户娱乐和消费；在周边服务方面，爱奇艺还针对明星粉丝圈成立了泡泡前线空间动态、爱奇艺“尖叫之夜”等一系列明星粉丝社群和活动，为粉丝提供实时交流明星动态的空间场所，打造高黏性的明星周边和社交服务，以此来获得更大的市场规模和更高的经济效益，牢牢把控用户的需求和市场价值流动的趋向。

① 艾瑞咨询：《2018年中国短视频营销市场研究报告》，2018年12月3日。

二、平台作为产业研究的创新前沿

20世纪中叶，传媒经济学作为应用经济学研究的新兴领域受到来自学界业界的不断关注，彼时传媒发展正面临很多争议性的产业议题。在美国，广播电视业的快速发展带来了市场资源配置与垄断竞争方面的争议，如何在明晰市场结构和产权关系的基础上提高竞争效率？在欧洲，公共服务体制为保障媒体的公共属性提供了思路；然而，如何在提供公共服务的同时调动市场积极性，使商业广播电视与公共服务媒体合作共存，也成为在规制与管理层面频繁探讨的议题。

强劲的产业需求之下，对传媒经济研究的兴趣被迅速激发，一大批卓越学者聚焦传媒产业，建构了传媒经济学研究的多视角范式，开启了传媒经济学快速发展的时代，也形成了诸多具有代表性的研究成果。从现实中发掘问题，基于对产业的观测来探讨并解决问题，是推动产业经济研究的关键。传媒经济学的发展无疑证明了这一点：这一领域的研究根植于产业实践，面向社会发展，为解决产业实际问题提供了理论思路与科学方法，成为指导传媒社会发展、产业规制和传媒企业成长的关键性学科。

产业社会发展中的这些新议题为传媒研究指出了方向，而在推进这些研究的过程中，需要我们面向产业，打破固有的学科藩篱，进一步整合视角，运用创新思维。经济学家罗纳德·科斯（Ronald Coase）在总结自己的成就时曾提到，他从未接受过经济学的专门课程训练，这使他的思维不受任何约束，不拘于某个学科的固定思路，而是更有问题导向性、实用性与创新性。

传媒经济学研究受惠于来自不同学科领域的理论探讨、方法引导与思想贡献，这使其成为博采众长、基于应用、服务实践的交叉性学科。从传媒经济到平台经济，媒介社会发展不断带来新的议题，而面对这些前沿议题，我们需要根植产业的沃土，也需要打开眼界、革新思路，不拘于一隅、不怀挟偏见、不固守成规。

第二节　平台商业模式：社交媒体上的新闻媒体

新闻媒体是新闻信息内容生产的专业性机构。在社交网络时代，新闻媒体纷纷布局社交网络，以期借助社交平台传播新闻资讯，促进组织机构发展。从内容产品、传播渠道以及用户关系三个角度考察国外新闻媒体运用社交媒体传播的商业模式创新问题，可以发现，在“内容—渠道—关系”的商业模式框架下，国外媒体分别展开了以“定制化推送”“多平台嵌入”以及“智能对话”为特征的创新策略，起到了增加新闻内容吸引力、拓展受众群体以及深化媒体与用户关系的效果，在整体上形成了一个以“媒体与人相联结”为特征的商业模式。

一、新闻媒体与商业模式

新闻媒体（News Media）是新闻信息内容生产的专业性机构，亦被称为“大众媒体”（Mass Media），以强调其受众的广泛性特征。新闻媒体在提供新闻资讯内容的同时也服务市场与公众，因此新闻媒体既需要把关内容生产，遵循媒体社会规范，也需要不断创新，实现经济社会价值，而后者是其在市场经济环境中持续发展的重要条件。

近年来，社交网络在新闻分发过程中扮演了日渐重要的角色。在国外，以Twitter为代表的社交媒体表现出愈发明显的媒体属性，越来越多的信息借助社交平台进行传播。[①] 长期以来作为新闻生产以及分发机构的传统新闻媒体日趋转型为一种“信息中介”，而社交网络则成为新的信息发布终端，对分发渠道的分析逐渐成为新闻生产过程中的轴心环节。[②] 在这样的背景之下，传统新闻媒体的发展面临着前所未有的机遇与挑战，如何面对挑战、把握机遇、整合资源以形成有效的商业模式来实现组织的可持续发展，便成为在传媒管理研究与实践中亟待探讨的议题。

商业模式是组织管理中的核心要素，也是企业创造价值的基本机制。对于商业模式的研究与探讨可以帮助传媒企业谋划获取资源、组织资源以及利用资源的方式，最大化地创造社会与商业价值。对于新闻媒体来说，商业模式所关注的重点包括信息内容的生产方式、新闻产品的传播渠道，以及与市场和受众连接的沟通手段等，涉及对组织中各要素的规划与盈利模式的构建。如何根据媒体环境的变化来不断调整与创新商业模式，是新闻媒体管理中需要考虑的重要问题。Web2.0技术不仅使社交媒体得到了迅速发展，这一具有颠覆性的技术手段也改变了新闻媒体的经营逻辑，传统的新闻媒体商业模式亟须创新。

---

① Kwak H., Lee C., Park H., et al. What is Twitter, a Social Network or a News Media?. *Proc. International Conference on World Wide Web*, 2010, pp. 591 - 600.

② 常江：《新闻生产社交化与新闻理论的重建》，载于《湖北大学学报（哲学社会科学版）》2017年第44期第6卷。

（一）社交网络时代的新闻媒体

新闻媒体是生产新闻信息产品的专业性机构。在市场经济环境下，新闻媒体在进行公共服务实现社会价值的同时，也遵循着市场规律，希望通过提升受众关注度来获取更高的商业价值。

我们所关注的新闻媒体主要包括两种类型，其一是以《纽约时报》和《卫报》为代表的国外传统新闻媒体，这类媒体主要专注于内容生产。数据显示，社交网络时代70%的原创新闻内容仍然由传统媒体完成。[①] 其二是以《赫芬顿邮报》为代表的新型媒体机构，这类机构旨在整合传统新闻媒体的内容，通过内容重组来实现新闻再生产。

随着科技进步以及社会发展，传媒格局发生了深刻变革，社交网络逐渐成为传媒产业中不可忽视的重要力量。信息技术的发展进一步拓展了网络的移动性与连接性，进而改变了人们获取新闻资讯的方式。社交平台的开放、互动以及个性定制的特点更加符合受众的信息获取习惯。皮尤研究中心的一项调查显示，2017年有67%的美国成年人在社交网络上获取新闻，高于2016年的62%。[②]

面对这一趋势，无论是传统新闻媒体还是新型媒体机构，都逐渐意识到进入社交网络或能让新闻媒体获得新的发展契机。比如以《纽约时报》和《华尔街日报》为代表的传统媒体开始在更多的社交平台上开展新闻业务，以期使新闻内容获得更好的传播效果。[③] 在这一背景下，如何运用好社交平台为新闻媒体创造价值成为亟待探讨的议题。

（二）媒体商业模式内涵

商业模式是企业创造价值的基本机制，具有构造、解释以及启发组织生产活动的功能。[④] 近年来传媒产业竞争日趋激烈，其竞争核心已经由单纯的内容竞争变成了商业模式的较量，可以说，传媒产业的每一次发展都伴随着商业模式的创新。

既有研究从不同角度对商业模式进行了定义，奥佛尔（Afuah）与杜斯

---

① 彭增军：《谁来豢养看门狗：社交网络时代新闻媒体的商业模式》，载于《新闻记者》2017年第1期。

② 《67%的美国成年人在社交媒体上看新闻》，中国互联网数据咨询中心，http://www.199it.com/archives/631374.html。

③ Emily Bell. Who Owns the News Consumer: Social media platforms or publishers?. *Columbia Journalism Review*, https://www.cjr.org/tow_center/platforms_and_publishers_new_research_from_the_tow_center.php.

④ 丹尼斯·麦奎尔、斯文·温德尔：《大众传播模式论》，上海译文出版社2008年版，第3页。

(Tucci)将商业模式视为一套进行资源整合的方法，通过资源配置来为用户提供更具价值的产品;[①] 托马斯（Thomas）认为商业模式的关注点在于机构的运营与组织方式，涉及供应商、客户、渠道、资源等诸多要素的组织问题;[②] 马哈德万(Mahadevan)则从盈利的角度定义了商业模式，他将互联网背景下的商业模式视为组织价值流、收益流以及物流的混合体。[③] 还有学者将商业模式定义为一整套系统，比如哈佛大学管理学家玛格丽塔（Magretta）认为，商业模式是一个组织系统，关注的是组织内各个单元如何匹配与合作的问题。[④]

虽然商业模式的内涵与定义呈现多元，但就总体而言，这一概念旨在从整体上来解释组织的经营逻辑，其最终目的在于帮助组织创造价值,[⑤] 从而获得竞争优势。[⑥] 比如，使组织获得新的受众资源、[⑦] 实现由技术投入到社会价值的转化,[⑧] 以及提升盈利能力等。[⑨]

媒体商业模式是对媒体价值创造以及实现方式的概括与描述。[⑩] 对新闻媒体而言，商业模式所创造的价值主要体现在提升受众对其新闻资讯内容的关注度，提高数字流量，以及促进营收增值等方面。在当下的媒介环境中，新闻媒体作为传统的内容提供商仍然遵循着“流量为王”的发展逻辑，在愈发激烈的竞争中抢夺受众的注意力资源，继而将注意力转为流量，再将流量变“现”。[⑪] 媒体的受关注程度在很大程度上影响了媒体营收状况，不过就现阶段而言，对新闻媒体商业模式的思考与创新在很大程度上仍需围绕“流量”展开,[⑫] 具体表现为提高用

---

① Afuah, A., Tucci, C. L. *Internet Business Models and Strategies: Text and Cases*. New York: McGraw - Hill, 2001, P. 4.

② Thomas R. Business Value Analysis: Coping with Unruly Uncertainty, *Strategy & Leadership*, 2013, 29 (2).

③ Mahadevan B. Business Models for Internet - Based E - Commerce: An Anatomy. *California Management Review*, 2000, 42 (4).

④ Magretta J. Why Business Models Matter. *Harvard Business Review*, 2002, 80 (5).

⑤ Zott C., Amit R and Massa L. The Business Model: Recent Developments and Future Research. *Social Science Electronic Publishing*, 2011, 37 (4).

⑥ Teece D. J. Business Models, Business Strategy and Innovation. *Long Range Planning*, 2009, 43 (2).

⑦ Mitchell D., Coles C. The Ultimate Competitive Advantage of Continuing Business Model Innovation. *Journal of Business Strategy*, 2003, 24 (5).

⑧ Chesbrough H., Rosenbloom R S. The Role of the Business Model in Capturing Value from Innovation: Evidence from Xerox Corporation's Technology Spinoff Companies. *Social Science Electronic Publishing*, 2002, 11 (3).

⑨ 王翔、李东、张晓玲：《商业模式是企业间绩效差异的驱动因素吗？——基于中国有色金属上市公司的 ANOVA 分析》，载于《南京社会科学》2010 年第 5 期。

⑩ 于正凯：《价值与关系：网络媒体商业模式研究》，复旦大学 2013 年版，第 25 页。

⑪ 黄楚新：《“互联网 + 媒体”——融合时代的传媒发展路径》，载于《新闻与传播研究》2015 年第 9 期。

⑫ 罗昕、李怡然：《互联网时代的媒体形态变迁与商业模式重构》，载于《现代传播（中国传媒大学学报)》2017 年第 39 期第 10 卷。

户点击量、阅读率以及用户黏性等，而对“流量变现”的实践尚且处于探索与尝试阶段。

社交网络的蓬勃发展催生出新的商业机遇，传统的“以供给为导向”的商业逻辑逐渐被“以需求为导向”的新模式所取代，人们依据不同的需求，形成不同的偏好，产品研发也由围绕“物”转向围绕着“人”而展开。[①] 这意味着，在新闻媒体与社交网络的结合中，需要应用新技术和新思维，来探寻新闻产品内容生产与市场流通的新路径，[②] 从而提升受众关注程度，提高新闻产品流量，进而获得商业价值。

（三）新闻媒体商业模式的分析框架

关于商业模式的构成维度问题，面对不同的分析对象存在着不同的分析框架，比如约翰逊（Johnson）与克里斯滕森（Christensen）从宏观上将商业模式划分为客户价值、关键过程、关键资源以及盈利方式 4 个维度。[③] 奥佛尔与杜斯在微观层面上将企业的商业模式概括为客户价值、定价策略、收入来源以及关联活动等要素。[④] 乔卫国则在《商业模式创新》一书中强调，商业模式需要从产品、渠道、客户关系等 9 个维度进行考量。[⑤]

对于媒体而言，皮卡德（Picard）从 4 个方面分析了媒体的经营管理问题：用户、广告商、赞助商以及企业与企业之间的（B2B）业务。[⑥] 彼得斯（Peters）等人则搭建了传媒行业的商业模式框架，主要考虑了媒体价值主张、消费者关系、渠道、媒体内容、成本结构，收入流等维度，这一框架主要针对“传媒产业”这一宏观概念而言，不同类型的媒体在商业模式维度的考量中还会各有侧重。[⑦]

具体到新闻媒体，如前所述，作为内容提供商，国外新闻机构对于“流量变现”的实践尚处于探索阶段，现阶段新闻媒体的社交媒体发展路径仍然以流量逻

---

① 罗珉、李亮宇：《互联网时代的商业模式创新：价值创造视角》，载于《中国工业经济》2015 年第 57 期第 1 卷。

② 杭敏：《国际财经媒体发展研究》，中国财政经济出版社 2016 年版，第 171 页。

③ Johnson M. W. , Christensen C. M. Reinventing Your Business Model. *Harvard Business Review*, 2008, 35 (12).

④ Afuah A. , Tucci C. L. *Internet Business Models and Strategies*: *Text and Cases*. New York: McGraw - Hill, 2001, p52.

⑤ 乔为国：《商业模式创新》，上海远东出版社 2009 年版，第 38 页。

⑥ Picard R. *The Economics and Financing of Media Companies*. New York: Fordham University Press, 2011, P. 34.

⑦ Peters F. , Kleef E. V. , Snijders R. , et al. The Interrelation between Business Model Components - Key Partners Contributing to a Media Concept. *Journal of Media Business Studies*, 2013, 10 (3).

辑为支撑，关注点主要在于如何提高用户对媒体内容的关注程度。因此，在社交网络环境的大背景下，结合新闻媒体的特殊性，我们构建了“内容—渠道—关系”的三维框架来分析国外新闻媒体的商业模式，通过新闻媒体在实践中的经营策略与手段，分析其资源整合与商业运作逻辑（见图8-1）。以下则分别从这三个维度展开对国外新闻媒体商业模式创新策略进行的具体分析。

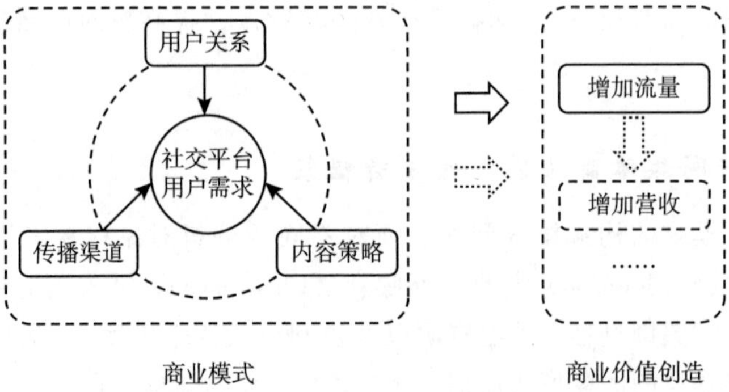

图8-1 社交网络时代新闻媒体商业模式的三维分析框架

二、内容策略：“定制化推送”满足用户偏好

在内容设计层面，不少国外新闻媒体针对不同的社交平台特征来定制推送的新闻内容，使内容尽可能贴近用户需求，满足用户阅读偏好。在内容设计上凸显了“媒体内容与人相联结”的逻辑，使新闻内容产生了良好的传播效果。

“定制化推送”策略主要考虑了两方面的问题：其一是媒体内容的选择要和用户需求相匹配；其二是媒体内容的呈现方式要符合用户偏好。以《每日电讯报》为例，2017年《每日电讯报》联合色拉布（Snapchat）平台进行新闻推送，针对Snapchat平台的结构与特点，打磨新闻产品，为该平台生产独家内容，从而获得了稳定的年轻读者群。Snapchat是一款“阅后即焚”的照片分享应用，用户通过动画和视觉语言来进行沟通，每一条图片只有1~10秒的生命周期，之后便会自动消失，这种新鲜的社交模式深受25岁以下年轻人的追捧。

一方面，从内容选择上看，为了吸引年轻用户，《每日电讯报》在Snapchat上发布的新闻尽可能贴近青年群体需求，努力寻找严肃新闻与年轻人之间的连接点。比如在“爸爸妈妈的银行”（Bank of Mum and Dad）的选题中，《每日电讯报》塑造了一个名为菲尔（Phil）的主人公，菲尔从上大学起就受到来自父母的财务支持，在父母的资助下，他完成了学业并购买了二手车。《每日电讯报》将这一过程中产生的花销进行了计算，向青少年讲述了理财的原理以及重要性，这部分内容得到了很多年轻人的关注。

另一方面，从呈现方式看，《每日电讯报》的推送中包含了大量的视觉元素。比如，在英国哈里王子结婚的当天，《每日电讯报》在Snapchat上推出了皇室婚礼专题，基于大量的视频和照片，发布了20多篇图片故事，报道内容涉及新娘的婚纱选择、王室的私人宴请以及报道花絮等。这一系列报道获得了很好的传播效果，使《每日电讯报》在Snapchat上的用户数量增长了50%左右。①

同样，《纽约时报》在Snapchat上的报道也以轻松幽默的风格为主。在2016年里约奥运会期间，为了贴近青年群体的阅读习惯，制造一种轻松随意的阅读的氛围，《纽约时报》在报道的视觉风格上进行了精心设计，比如，在现场照片中通过潦草的手绘风格，配合绘文字（emoji）表情以及色彩鲜艳的文字，对奥运场馆的体操设施进行解读，这一方式深受年轻人喜爱。

在内容设计层面的"定制化推送"策略建立在"媒体内容与人相联结"的商业逻辑之上，以社交媒体用户的阅读偏好为核心，有针对性地策划新闻选题，有组织地编排新闻内容，使内容与平台的联结产生了"1 +1 >2"的效果。

三、渠道策略："多平台嵌入"搭建社交媒体矩阵

在渠道层面，一些创新的新闻媒体通过"多平台嵌入"的方式搭建了社交媒体矩阵，拓展和读者的联结路径，增加外部推送机会，以期使内容覆盖更多受众。这些渠道策略在传播途径上凸显了"媒体渠道与人相联结"的逻辑，提高了新闻内容的受关注范围，为新闻媒体赢得了新的受众资源。

社交媒体的发展带来了传统媒体"渠道失灵"的问题，传统的新闻推送渠道已难以满足传播需求，新闻机构开始在多家社交平台上开设账号，突破渠道制约。2017年，哥伦比亚新闻学院对9家美国新闻机构的社交媒体的布局情况进行了统计，平均而言，每家媒体机构在17个社交平台上开通了账号，而时下流行于美国的社交平台一共有21家，这一数据表现出媒体明显的多平台嵌入倾向。②当下媒体对社交媒体的依赖程度日益增强，新闻内容嵌入社交平台这一模式贴合了受众在阅读平台选择上的习惯，凸显了用户偏好在媒体商业模式选择中所扮演

① Marcela Kunova. How the Telegraph is Reaching Teenagers with News Stories on Snapchat Discover, Journalism. co. uk, https://www. journalism. co. uk/news/how - the - telegraph - is - reaching - teenagers - with - news - stories - on - snapchat - discover/s2/a724198/.

② Emily Bell. Who Owns the News Consumer: Social Media Platforms or Publishers? Columbia Journalism Review, https://www. cjr. org/tow_center/platforms_and_publishers_new_research_from_the_tow_center. php.

的中心角色。

从渠道策略的角度来看，内容嵌入有助于提高新闻内容的受关注程度。以媒体与 Facebook 的联结为例。2015 年 5 月，社交网络公司 Facebook 正式上线了"新闻快读"（Instant Articles）功能，新闻机构可以通过 Facebook 的相关接口直接发布文章。这一模式具备两方面的优势，其一，Facebook 的"新闻快读"在内容层面具备一种原生性（Native Facebook Content）。① 新闻媒体将这些内容嵌入到 Facebook 的内容生态中，与社交网站的内容和风格融为一体，不打扰用户的使用体验。其二，在"新闻快读"模式下，用户点击 Facebook 上的新闻链接，网页会跳转到媒体自身的网站，媒体机构在发布内容的同时也提高了自身的"可见度"。② Twitter、苹果、谷歌以及 Snapchat 等平台随之开通了类似的功能，数据显示如果一个节目在 Twitter 上的转载量提高 8.5%，电视的收视率即可上升 1%。这说明社交平台在这一过程中扮演了"窗口"的角色，借助社交平台可以提升媒体内容的受关注度，进而提升内容传播效果。

另外，"多平台嵌入"便于媒体机构拓展新的读者群，是一种媒体为找寻新的受众资源的有益尝试。近年来，新闻媒体开始向更为多元的社交平台进军，比如《华盛顿邮报》开始联合社交游戏平台 Twitch 进行新闻推送。Twitch 是一个很受青年人欢迎的游戏直播网站，同时又具有很强的社交性，发布者可以和用户进行实时交流，吸引了越来越多的非游戏内容发布者的入驻。2018 年 4 月，马克·扎克伯格由于信息安全问题接受国会质询，《华盛顿邮报》在 Twitch 上对听证会进行了直播，当天有 38 万人观看，观看次数达 170 万次。相比而言，作为当日最热门的游戏直播频道的《堡垒之夜》（Fortnite）仅仅获得了 20 万次的观看量。③ Twitch 的核心用户年龄在 18 ~ 34 岁，作为传统的严肃性新闻媒体，《华盛顿邮报》此举拓展了用户群体，积累了年轻用户资源。

"多平台嵌入"的渠道策略旨在从信息传播渠道层面建立媒体与人的联结，将社交平台视为"窗口"，通过不断拓展外部推送机会来扩大新闻内容的传播范围，并尝试拓展新的受众群体，以创新的平台与渠道方式来吸引受众，具备一定的探索与实践价值。

---

① Emily Bell. Who Owns the News Consumer：Social Media Platforms or Publishers? Columbia Journalism Review，https：//www. cjr. org/tow_center/platforms_and_publishers_new_research_from_the_tow_center. php.

② Joe Lazauskas. 7 Things You Need to Know About Facebook Instant Articles，The Content Strategist，https：//contently. com/strategist/2015/05/13/7 - things - you - need - to - know - about - facebook - instant - articles/.

③ Lucia Moses. The Washington Post is Starting a Channel on Amazon-owned Twitch，Digiday，https：//digiday. com/media/washington - post - starting - channel - amazon - owned - twitch/.

四、用户关系："智能对话"与读者建立社交连接

在用户关系层面，越来越多的国外新闻媒体在人工智能技术的支持下与受众展开直接对话，在实践中凸显了"媒体平台与人相联结"的商业逻辑，传统的以"留言—回复"为特点的人机交互模式日渐被更为智能的交流方式所取代。这一策略使新闻媒体可以直接与读者"交朋友"，拉近了媒体和读者之间的关系。

社交媒体是承载对话机器人系统的重要平台，聊天系统的介入为新闻机构和社交媒体的联结提供了另一种可能性。自2016年起，Skype、Line、Facebook等相继开发出聊天机器人程序，随后这些程序陆续对媒体开放。[①] 数字媒体Digiday在2017年的调研显示，47%的媒体人员会在工作中采用新闻聊天系统。[②] 新闻媒体依托嵌入在社交网络中的聊天机器人程序与读者展开"直接"对话，通过"聊新闻"的方式真正建立起媒体和用户之间的社交连接。

从用户关系维度出发，"智能对话"主要在两个方面创新了媒体与用户之间的关系：其一，媒体与用户之间由信息供应转变为了一种对话交流，彼此之间的"交流感"大大提升；其二，聊天机器人程序丰富了媒体和用户之间的联结方式，使得媒体由单纯的信息提供者变成了服务者。

以Facebook开发的Messenger聊天平台为例，聊天机器人程序在媒体和用户之间塑造了一种的"交流感"。首先在界面处理上，媒体机构的"头像"出现在Messenger聊天平台的右侧，如果这一平台的负责人刚好处于工作状态，那么在头像下方就会出现"Messenger在线"的提示，模拟出一种对方恰好在场的交流感。其次，媒体机构会在聊天软件中会有意突出记者本身的角色，以记者为主体开展对话业务，让"人机互动"变为一种"人际交流"。比如在2016年美国大选期间，《纽约时报》在Facebook Messenger上专门打造了一款聊天程序，通过模拟时政记者尼克·康菲索尔与读者的对话过程来表达观点。[③] 最后，聊天程序通过细节的处理来拉近媒体与用户之间的距离。比如在2016年初，英国广播公司（BBC）旗下的西班牙语广播蒙多（BBC Mundo）发布了聊天机器人系统Mundo Messenger bot，这一系统会针对每一个用户来定制回复内容，在打招呼时可以自动称呼用户在Facebook上的昵称，提高对话过程中的亲近感与交流感（见图8-2）。[④]

---

①②③ David Amrani. Digiday Research：Attack of the chatbots，Digiday，August 7，2017，https：//pubtechgator. bmj. com/2017/08/digiday-research-attack-of-the-chatbots/.

④ BBC NewsLab. Behind the BBC'S Messenger News Bot，http：//bbcnewslabs. co. uk/2016/11/16/mundo-for-messenger/.

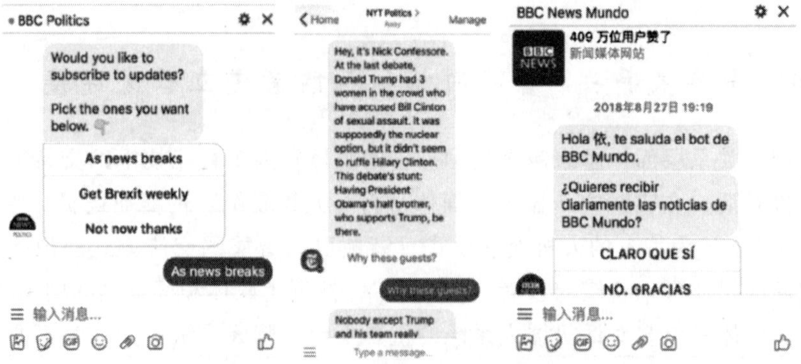

图 8-2　新闻聊天机器人程序

人工智能技术的应用还丰富了在媒体和用户之间的联结方式，比如《卫报》曾开发了一款智能互动型烹饪聊天程序助理厨师（Sous - Chef），用户将食材输入到对话框中，Sous - Chef 就可以为读者提供烹饪建议；《赫芬顿邮报》也曾推出了一款机器人，帮助用户选择网飞（Netflix）上的影视资源。这说明聊天程序的出现有助于媒体扩大业务范围，媒体的功能不再仅仅体现于新闻供应，同样具有服务价值。社交平台的特质复兴了媒体的服务功能，聊天机器人程序得以让媒体的服务型内容以"闲聊"的方式渗透到用户生活，为媒体和用户关系的建立提供另一种可能性。

因此，从构建用户关系的角度来看，建立在"媒体平台与人相联结"的逻辑之上"智能对话"策略拉近了媒体与受众的关系，增加了新闻内容接受过程中的趣味性与互动性；在"聊新闻"的过程中不仅构建了媒体与用户之间的新型关系，还增加了用户黏性。

五、"媒体与人相联结"商业模式

以上从内容策略，传播渠道和用户关系三个维度分析了国外新闻媒体联结社交网络的创新举措。"内容—渠道—关系"的框架对应定制化推送、多平台嵌入以及"智能对话"的策略，起到了增加新闻内容吸引力、提高传播效果、拓展受众群体以及深化媒体与用户关系的效果，由此在整体上形成了一个以"媒体与人相联结"为特征的商业模式。

研究发现，新闻媒体与社交网络的结合旨在通过技术支撑形成媒体与人的联结；在"以需求为导向"的大的经营理念之下，"内容—渠道—关系"分别在媒体内容、媒体渠道以及媒体平台上完成了新闻媒体与受众需求的匹配，通过对社交网络这种新的信息分发渠道进行分析与总结，为新闻媒体的经营发展创造了价值。表8-1从内容、渠道和用户关系维度进行了归纳，概括了商业模式创新中的不同聚焦点与实现策略，以及在价值提升方面的效果。

表8-1　　国外新闻媒体联结社交网络的商业模式创新

商业模式构成维度	聚焦	实现策略	实现价值
内容策略	内容与人相联结	新闻内容的定制化推送等	提高新闻内容传播效果
传播渠道	渠道与人相联结	传播渠道的多平台嵌入等	获取新的受众资源
用户关系	平台与人相联结	在人工智能技术支持下实现媒体与人直接对话等	深化媒体与用户关系

就新闻媒体和社交平台的关系而言，传统传媒内容生产的边界正日渐消失，新闻媒体和社交平台的融合趋势日益增强，[①] 而融合的结果就是二者的关系由彼此竞争转变为相互合作。进一步而言，新闻媒体不再仅仅是内容提供商，而日趋成为一个主动的，能够有规律、有组织、有选择地运用社交网络进行新闻策划与分发的机构。在"媒体与人相联结"的商业逻辑之下，社交网络表现出越来越强的媒介属性，而新闻生产也日趋社交化。在这样的背景之下，有必要从内容、渠道与用户关系等层面对新闻的生产以及分发进行重新设计，从而实现新闻媒体的商业模式创新。

值得注意的是，传媒运营目的是经济与社会价值的创造，然而，目前的商业模式创新更多地停留在提升内容点击率、阅读量以及吸引受众关注等层面，在"流量变现"方面仍然存在不足，尚未形成带来稳定商业价值的"流量变现"模式。因此，如何通过商业模式创新来拓展媒介营收渠道，在吸引受众关注的同时创造更多经济价值是需要我们进一步探讨的问题。

综上，新闻媒体利用社交平台资源，形成了以"媒体与人相联结"为特征的商业模式，提升了传播效果，获取了新的受众资源，深化了媒体与用户的关系。这一模式对传媒发展实践提供了启示：在社交网络时代，媒体机构需要了解社交平台的受众属性、平台优势以及技术特征，以用户需求为导向，创新商业模式，让社交网络真正变成新闻媒体发展的软利器。诚然，虽则媒体与平台日益融合在提高流量方面为媒体发展创造了机遇，我们也需要在实现最终的"流量变现"方面进一步探索，因为考察商业模式成功与否的核心要素还在于是否能带来可持续性的稳定营收，而这也将是我们未来继续探讨的主要议题。

① 彭兰：《正在消失的传媒业边界》，载于《新闻与写作》2016年第2期。

第三节　平台传播策略：社交媒体跨国报道

随着社会经济的快速发展，经济报道的重要性不断凸显。商品、服务以及生产要素愈加频繁的跨国流动使得经济议题的国际化特性越发明显。这就需要我们在进行经济报道时不仅考虑国内受众的信息获取诉求，也要兼顾国际传播的规律特征。

近年来，社交媒体为经济议题的传播开辟了新的国际化场域。相较于传统媒体而言，社交媒体对受众的影响更加迅捷。在全球范围内，以 Twitter 为代表的新闻类社交媒体正逐步成为集聚新闻内容和传播信息资讯的主要社会化平台。统计显示，Twitter 平台上 85% 的话题都由新闻媒体账号产生，这意味着 Twitter 已表现出了非常明显的新闻媒介属性。[①] 为加强国际报道与传播能力，更好地在国际场域发声，不少国内主流媒体也纷纷开设 Twitter 账号，以期在辐射层面与国际接轨。以 Twitter 为代表的新闻类社交媒体平台正逐渐成为国内主流媒体影响海外受众议程的新阵地。主流媒体在 Twitter 平台上发布助力中国经济社会发展的时事新闻资讯，一些突发事件和热点话题也借助 Twitter 平台进行国际传播，而经济议题也成为其中的重要组成部分。

一、海外社交媒体平台上的经济议题

整体而言，关于主流媒体如何在海外社交媒体平台进行经济议题传播的探讨主要涉及两个层面的问题：其一是国内主流媒体如何运用社交媒体平台进行国际传播；其二是经济议题在传播过程中的特殊性。

针对第一个问题，数据显示，2018 年全球使用互联网的网民数量已经超过 40 亿，[②] 新加入的网民用户显现出了年轻化、多元化以及多极化的特点，这意味着未来的国际媒体需要朝着信息平等、公众参与和数字化转型的方向转变。2017 年美国皮尤（Pew）研究中心的调查结果显示，国际社会对中国的看法可谓是

---

① Kwak, H., Lee, C., Park, H. and Moon, S. What is Twitter, a Social Network or a News Media? *Proceedings of the 19th International Conference on World Wide Web*. Raleigh, North Carolina, USA: ACM Press, April, 2010, pp. 591 - 600.

② Digital in 2018: World's Internet Users Pass the 4 Billion Mark, https://wearesocial.com/blog/2018/01/global-digital-report-2018.

“喜忧参半”，过半民众对中国议题的态度积极乐观，但与此同时，也有相当一部分涉华议题存有较大争议。[①] 因此，我们当前的外宣工作面临着“机遇与挑战并存，机遇大于挑战”的局面，在这一背景下，适时适度的国际传播策略或能起到影响甚至扭转舆论的作用。现有研究指出，在国际传播的建设中，中国媒体在拓展信息传播渠道的同时，还需要进一步加强自身的叙事能力，比如采取“策略性叙事”（strategic narratives）的方式，在传播过程中对议题所蕴含的价值观进行“包装”，引导受众按照传播主体的意图进行解读，以期提升传播效果，这同时也意味着国内媒体的国际传播策略仍然具有提升和探讨的空间。[②]

第二个问题，经济议题本身具有特殊性，除了影响范围广以及议题具有重要性之外，经济新闻还往往具有一定的阅读门槛。为了便于读者理解，越来越多的媒体开始将信息图像和互动技术应用到经济新闻当中，[③] 这就为经济新闻的呈现形式提出了更高的要求。有必要在事实层面的基础之上，关注报道形式层面的问题。

此外值得注意的是，情感成为传播学领域的一个新的研究重点，[④] 因此，当谈及社交媒体上的信息传播时，亦不能忽视信息传播中所夹杂的情感特征。在社交网络时代，信息传输与情感表达的地位等量齐观。[⑤] 舆论场中至少存在四种占主导地位的情感：愤怒、伤心、恐惧和焦虑，反过来，这四种情感也在很大程度上影响了受众认知。[⑥]

以“中美贸易摩擦”议题为例，人民日报社（@ PDChina）、新华社（@ XHNews）和中央电视台（@ CGTNOfficial）三大主流媒体在 Twitter 平台上合力发声，对该事件进行了追踪报道，呈现为经济议题在海外社交媒体平台上报道与传播的典型性案例。

2018 年 3 月 23 日，美国总统特朗普签署对华贸易备忘录，宣布将有可能对

---

① Pew research, Globally, More Name U. S. Than China as World's Leading Economic Power, 2017, http: //www. pewglobal. org/2017/07/13/more - name - u - sthan - china - as - worlds - leading - economic - power/.

② 史安斌、廖鲽尔：《国际传播能力提升的路径重构研究》，载于《现代传播（中国传媒大学学报）》2016 年第 38 卷第 10 期。

③ 杭敏：《传统媒体财经报道中的信息图像可视化——以华盛顿邮报为例》，载于《新闻与写作》2015 年第 1 期。

④ Serrano - Puche, Javier. *Emotions and Digital Technologies: Mapping the Field of Research in Media Studies.* London: LSE, 2015.

⑤ 史安斌、邱伟怡：《社交媒体环境下危机传播的新趋势新路径——以“美联航逐客门”为例》，载于《新闻大学》2018 年第 2 期。

⑥ Jin, Y., Pang, A. and Cameron, G. T. Toward a Publics-driven, Emotion-based Conceptualization in Crisis Communication: Unearthing Dominant Emotions in Multi-staged Testing of the Integrated Crisismapping (ICM) Model. *Journal of Public Relations Research*, 2012, 24 (3), pp. 266 - 298.

由中国进口的600亿美元商品加征关税，同时限制中国企业对美投资并购。这成为“中美贸易摩擦”议题开始引发关注的一个引爆点。到当地时间2018年5月19日，中美两国在华盛顿就双边经贸磋商发表联合声明，在减少美对华货物贸易逆差等六个方面达成共识，这成为标志该事件告一段落的另一时间点。[①] 为此，我们选择在这两个时间点内对三大主流媒体就“中美贸易摩擦”议题所进行的一系列Twitter报道进行观测与分析，以探索经济议题在海外社交媒体平台传播的特点与规律。

为进一步具体观测，我们应用Social Bearing[②] 和Social Mention[③] 平台进行了分析。Social Bearing是针对Twitter开发的社交媒体情感分析平台，能够展现Twitter上关于某一议题的讨论情况与情感走向。该平台数据结果表明，在事件爆发10天之后（即3月23日~4月2日），约35%的网民对该议题持负面态度，讨论的高频词汇集中于“conflict”“war”以及“tensions”等指代矛盾与冲突的表述。

Social Mention则是一个综合性社交媒体分析平台，旨在关注某一议题在社交媒体上的讨论热度（strength）与范围（reach）。数据分析发现，该事件发生一个月后（即3月23日~4月23日），议题在社交媒体（包括Twitter，Facebook以及YouTube等）平台上被提及的概率仍然高达16%，影响范围为52%（strength=16%，reach=52%）。这意味国际受众对中美贸易摩擦的讨论热度高、范围广，同时也存在着较为严重的负面舆情，这些都对主流媒体在海外社交媒体平台的报道与传播提出了挑战。作为中国对外传播的重要窗口，主流媒体在社交媒体平台上究竟应该如何报道，选择怎样的形式来呈现经济议题，以及如何进行有效传播，诸此种种都是值得探讨的研究性议题。

我们选择从经济议题报道的内容与形式两方面入手，对三大主流媒体的Twitter报道进行统计分析——在内容层面观测报道框架与信源选择，在形式层面分析新闻呈现方式与互动形式——以期为经济议题在海外社交媒体平台上的报道与传播提供策略性建议。

---

① 2018年7月6日，中方外交部发言人表示将对美部分输华商品加征关税，标志着中美贸易摩擦扩大化。鉴于此事件仍在不断发酵，本文以2018年3月23日至2018年5月20日作为一个完整的事件周期进行分析，重点探析在此阶段内主流媒体在社交媒体上的报道策略。

② Social Bearing是一个针对Twitter开发的社交媒体情感分析平台，能够分析近9天内Twitter上关于某一议题的讨论情况，获取自https://socialbearing.com。

③ Social Mention是一个综合性社交媒体分析平台，能够分析议题在社交媒体平台上的讨论热度与范围，参见http://socialmention.com。

二、三大央媒“中美贸易摩擦”Twitter报道分析

在 Twitter Search 平台[①]上以“US trade”“U. S. trade”以及“trade war”为关键词，对三大主流媒体的 Twitter 账号（@ PDChina、@ XHNews、@ CGTNOfficial）进行了检索，时间范围为 2018 年 3 月 23 日 ~ 2018 年 5 月 20 日，检索得到 262 条消息，通过进一步阅读，筛选出 241 条与“中美贸易摩擦”直接相关的推文作为样本进行分析。

我们首先对三大央媒的 Twitter 报道进行词频统计，以 4 月 16 日为时间节点将事件分为前后两个时期。2018 年 4 月 16 日，美国商务部宣布对中兴通讯进行制裁，中兴通讯被禁止以任何形式从美国进口商品。4 月 19 日，针对此事件商务部表示中方将密切关注事件进展，随时准备采取必要措施维护中国企业权益，暗示着中美贸易摩擦继续升级。我们对 241 条推文报道按照时间排序，以 4 月 16 日为事件节点，将推文分为“事件前期”和“事件后期”两部分，剔除核心词“China”“Chinese”“US”以及“U. S. ”之后，运用 Python 对其余推文进行词频分析（见图 8 – 3）。整体而言，trade、war、tariff 是出现频率最高的词汇，勾勒出了围绕关税而展开的中美贸易摩擦图景。从报道关键词所呈现出来的趋势来看，对比事件前期与后期的关键词，高频词由 trade tension，trade deficit 转为 trade talk，从侧面显示出了随着贸易摩擦升级，中国希望通过对话（trade talk）等手段解决贸易纠纷的意愿，而这一特征在事件后期越发明显。此外，中兴事件之后，来自中国官方的声音越发凸显，“vice premier”一词成为出现频率较高的关键词之一，即主流媒体逐渐聚焦于中方首席谈判代表（vice premier Liu He），表达了中国希望以和平手段解决中美贸易摩擦的态度与立场。

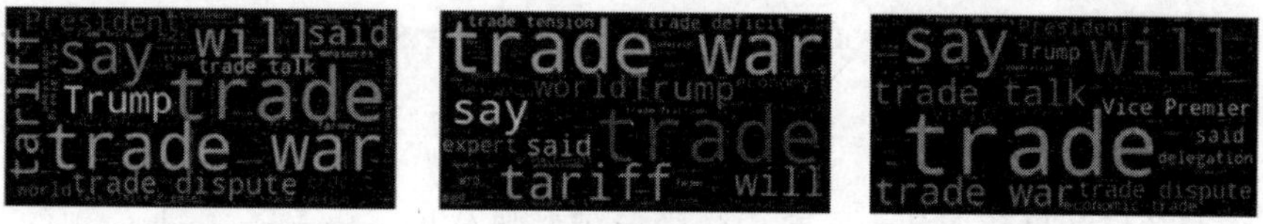

整体 3月23日~5月20日　　事件前期 3月23日~4月16日　　事件后期 4月17日~5月20日

图 8 – 3　三大央媒“中美贸易摩擦”推文词云

从三大央媒对中美贸易摩擦 Twitter 报道的整体情况来看，近一个月内，人民日报社在 Twitter 平台上发稿 48 条，单日最高发文量 3 条（3 月 24 日、3 月

① Twitter 搜索（Twitter Search），https://twitter.com/search – home。

26、4月5日、5月8日及5月19日)；新华社在Twitter平台上发稿115条，单日最高9条（4月9日），中央电视台在Twitter平台上发稿78条，单日最高8条（5月20日）（见表8-2）。最高发文量的出现时间大多集中于事件伊始或其重要节点：比如4月5日，特朗普要求美国贸易代表额外对1 000亿美元中国进口商品加征关税，此举加剧了贸易摩擦的态势。此外，新华社的最高发文量出现于4月9日，虽然没有明显的事件驱动特征，但是该组报道通过一系列分析性文章凸显了中方对贸易摩擦的隐忧，以及希望尽早解决此次贸易摩擦的心愿。

表8-2　　三大央媒对中美贸易摩擦在Twitter上的发稿统计

媒体	发稿总量（篇）	单日最高发稿量（篇）	单条最高获赞数目（次）	单条最高转推数目（次）
人民日报社（@PDChina）	48	3	518	280
新华社（@XHNews）	115	9	6 800	777
中央电视台（@CGTNOfficial）	78	8	1 200	81

三家媒体的单条最高获赞数目均超过500个，其中新华社于4月9日发布的推文“What's up with this U. S. -China trade ‘war’? We head to Boao to discover if it's bluff, and what it could mean to you.”（中美贸易摩擦现状如何？我们为您一探究竟）获得了6 800个赞以及777次转推。该条推文对参加博鳌亚洲论坛的各国代表进行了采访，以视频形式呈现出代表们对此次贸易摩擦事件的看法，表达了世界各国希望以协商形式解决贸易冲突的愿望，获得了网民的高度认可与积极回应。下面，我们将进一步从内容和形式两方面对三大央媒的Twitter报道进行具体分析。

（一）内容层面

从内容层面来看，三大央媒在报道框架与新闻信源使用中都存在着一些明显的特点。

1. 报道框架

在对传播效果的评估中，我们常常运用框架分析（framing analysis）的方式来进行研究。戈夫曼首次将框架的概念引入传播学中，他认为，框架为事件提供了一种原始解释（original interpretation）的范式，人们往往需要依赖一套策略和框架来理解外部世界，[1] 而新闻本身就给人们提供了一套认识和理解世界的路径，

① Goffman, E. *Frame Analysis: An Essay on the Organization of Experience.* New York: Harper & Row, 1974, P.21.

通过对新闻事件的选择、加工与阐释，使之置于特定的意义体系之内。[①] 框架分析不仅关注受众在想什么，还关注受众怎么想，即媒体报道如何影响人们对某一议题的价值判断。[②] 关于新闻框架分析的研究主要包括两种路径：其一是将框架作为自变量，考察框架对受众认知以及态度的影响；其二是将框架作为因变量，关注框架的建构方式与过程。[③] 我们采取第二种研究路径，旨在分析三大央媒在Twitter报道中，对中美贸易摩擦议题所呈现的报道框架。

理性与情感构成了人类两种基本的认知系统。[④] 近年来在进行框架分析时，学者们开始关注新闻事实框架和情感话语上的映照关系。事实框架强调的是证据与材料，依赖于直接存在的客观事实；情感框架是一种具有倾向性的文本与对话，通过特定的情感词与情感强度的选择性表达，来加强文本的劝服效果。[⑤] 不同的媒介形态往往对应着一定的话语体系，社交媒体平台为信息的情感化表达赋予了一定的合法性，网络环境逐渐成为最能体现情感的空间属性、适合情感表达的平台。[⑥] 在社交媒体中，公共空间与私人空间的边界逐渐消解，使得理智与情感不再截然对立。[⑦] 情感化表达也由此成为社交媒体上主流的叙事方式之一，研究显示，诉诸情感化表达的正文容易获得受众更高的点赞量，即获得读者更多的认同，产生更好的传播效果。[⑧] 在某种程度上，情绪化传播也是公众的现实诉求，是公众真民意的一种表达方式。以Twitter为代表的社交媒体具有一定的媒介属性，尤其是以传播媒介的名义开通的社交媒体账号，其功能更接近于向公众提供信息服务。但是除此之外，与其他的社交媒体一样，Twitter还具有市民性、透明性以及整合性等特征。[⑨] 这意味着，以微观视角切入、从小人物视角出发，带有故事性的信息或能获得更好的传播效果。综上所述，在考虑主流媒体在社交媒体上的报道框架时，有必要同时兼顾事实和情感两个层面，并进一步关注报道视角层面的差异。

通过对241条推文所进行的分析，我们发现三大央媒对此次贸易摩擦事件的

---

① 潘忠党：《架构分析：一个亟需理论澄清的领域》，载于《传播与社会学刊》2006年第1期。

② 陈阳：《框架分析：一个亟待澄清的理论概念》，载于《国际新闻界》2007年第4期。

③ Scheufele, D. A. Framing as a Theory of Media Effects. *Journal of Communication*, 1999, 49, pp. 103 - 122.

④ 刘涛：《元框架：话语实践中的修辞发明与争议宣认》，载于《新闻大学》2017年第2期。

⑤ 罗昶、丁文慧、赵威：《事实框架与情感话语：〈环球时报〉社评和胡锡进微博的新闻框架与话语分析》，载于《国际新闻界》2014年第36卷第8期。

⑥ Serrano - Puche, Javier. *Emotions and Digital Technologies: Mapping the Field of Research in Media Studies*. London: LSE, 2015.

⑦ 卢嘉、刘新传、李伯亮：《社交媒体公共讨论中理智与情感的传播机制——基于新浪微博的实证研究》，载于《现代传播（中国传媒大学学报）》2017年第39卷第2期。

⑧ 冯杰、唐亚阳：《社交媒体情感化表达与传播效果的关系——以微信公众号文章情感化表达为例》，载于《新闻界》2017年第2期。

⑨ 任孟山、朱振明：《试论伊朗"Twitter革命"中社会媒体的政治传播功能》，载于《国际新闻界》2009年第9期。

Twitter 报道呈现出事件进展、事件影响和事件立场三大框架，在三大框架内又区分为几个次级框架（见表 8－3）。

表 8－3　三大央媒对中美贸易摩擦 Twitter 报道的框架分析

<table>
<tr><th>框架</th><th>比例
（%）</th><th>平均转发数
（次）</th><th>平均获赞数
（次）</th></tr>
<tr><td>事件进展框架
①中美贸易制裁与反制裁措施；②贸易摩擦动因分析；③解决贸易摩擦的措施</td><td>30</td><td>29</td><td>115</td></tr>
<tr><td>事件影响框架</td><td rowspan="3">38</td><td>31</td><td>167</td></tr>
<tr><td>宏观视角：①贸易摩擦对中美经济造成不利影响；②贸易摩擦对世界其他经济体造成不利影响</td><td>29</td><td>157</td></tr>
<tr><td>微观视角：①贸易摩擦对学生、农民等生活造成不利影响；②贸易摩擦对企业发展造成不利影响</td><td>36</td><td>193</td></tr>
<tr><td>事件立场框架
①表明中国正在积极寻求各种方式解决/避免贸易摩擦；②中国坚决捍卫本国利益；③他国/国际不希望中美贸易摩擦升级</td><td>32</td><td>53</td><td>234</td></tr>
</table>

事件进展框架是指中美双方围绕此事件所开展的一系列措施，以事实型的新闻报道为主，这类报道往往集中出现在事件的转折点上，在时间顺序上先于其他两类框架，起到推进事件发展的基础性作用，并伴随着少量的关于事件进展动因分析的文章。比如新华社推文“What is the U. S. anxiety behind escalating trade tensions with China?”（美方为何推动中美贸易摩擦升级？），推文通过链接指出，美国此举影响了中国的经济发展以及科技进步。

事件影响框架以分析类推文为主，旨在剖析此次事件对中美双方以及相关各国所造成的影响。在这一框架中，推文的报道视角逐渐下移，由对宏观经济形势造成的影响逐渐聚焦到对百姓日常生活带来的影响。比如人民日报社推文“Trade war would hurt everybody, especially the daily life of the American middleclass people, the American companies and the financial market”，旨在表明贸易摩擦没有赢家，每一方都将遭受不利影响。

事件立场框架是指世界各国对此次事件的认识和所抱有的态度。此类推文通常会嵌入情感，三大央媒利用这一框架表达了中国捍卫本国利益的决心，以及希望通过和平方式解决此次摩擦的态度。比如，新华社推文“China strongly condemns and firmly opposes the U. S. tariff. ”（中国强烈谴责并坚决反对美方加征关税。），鲜明地表达了中国的立场；再如，人民日报社推文“China urged the US to revoke protective measures that violated@ wto rules. ”（中国敦促美国撤销违反世贸组织规则的保护性措施），表明中国旨在解决/避免此次贸易摩擦升级。上述两条推文均获得了较高的点赞数，这意味着国际受众认可中方捍卫自身利益的举措，并希望尽可能避免贸易摩擦的加剧与升级。

综上，整体而言，“进展—影响—立场”三个框架构成了一个有机统一的整体，从事件进展框架到事件立场框架，三者层层递进，显示了由事件框架向情感框架的过渡与转变。事件进展框架具备事实框架的特征，即依赖于证据、材料与客观事实；事件立场框架则表现出了情感框架的色彩，关注事件双方对此事的态度与评价；而事件影响框架则强调的是基于事实基础之上的分析与讨论，对事件影响的剖析也在一定程度上表达出了情感立场。

从框架使用比例来看，央媒对进展框架（30%）、影响框架（38%）和立场框架（32%）使用的比例基本持平。这说明：其一，经济类议题具有明显的事件驱动型特征，只有在澄清事实的基础之上，对议题的分析以及情感态度的表达才具有意义；其二，三大央媒在报道策略上已经将 Twitter 视为一个进行事件剖析以及情感表达的平台，在保证新闻客观性及专业性的同时，希望通过对事件的剖析来引导舆论走向。

从受众反馈层面来看，立场框架往往会获得受众更多的转发以及点赞次数，产生较好的传播效果。我们对报道框架和转发以及点赞次数进行了分析，结果显示，采用立场框架的推文所获得的点赞数为 234 次，显著高于事件进展框架（115 次）以及事件影响框架（167 次）；在平均转发数方面也展现出类似特征。

值得注意的是，在影响框架中，如果报道视角聚焦于贸易摩擦对民众或者企业发展所造成的影响，则将更加容易获得受众的共鸣。比如央视推文“Chinese students，US universities impacted by trade tensions. ”（中美大学生受到中美贸易摩擦的影响。）获得了 1 200 次点赞，该推文以留学生在此事件所受到的影响为报道落点，获得了网友的极大关注和强烈好评。

2. 新闻信源

研究所基于 241 条推文的统计中，有 167 条推文标明了信息来源。我们从信源来源国（区域）以及信源身份两个维度对其进行划分：从来源国（区域）的角度来看，主要分为中方、美方以及他国/国际信源三类；从信源身份角度看，可以分为官方、专家和企业/百姓信源。

以国家/区为标准，将信源分为中方、美方、中美双方以及他国/国际信源，对其进行方差分析（见表 8－4）。首先从信源采用的频率来看，不同信源的转发频数并没有表现出显著差异，数量上来看中方信源所占比重最大（47%），而国际信源占较低（19%）；其次从受众的点赞数量来看，相较于中方信源和美方信源，采用国际信源的推文在点赞数以及转发量方面更具优势，并且在统计学上表现出了显著差异，即使用他国/国际信源进行报道时，获得的点赞数要显著高于使用中方信源与美方信源的点赞数（见表8－5）。这说明，对于这样一个具有全球性影响的议题，国际受众更倾向于听到非事件主体国的声音，这使得采用他国信源的推文更受欢迎。此外值得注意的是，有两条推文在140字的内容中同时展现了中方信源和美方信源，并获得了受众较高的关注及评价。这说明在有限的字数中展现多方信源，将成为提升传播效果的途径之一。

表8－4　三大央媒对中美贸易摩擦 Twitter 报道的方差分析

（I）信源	（J）信源	转发数差（I－J）	显著性	点赞数差（I－J）	显著性
他国/国际信源	中方信源	15	0.269	249	0.033*
	美方信源	23	0.125	280	0.024*
	同时展现中美双方	1	0.971	219	0.578
官方信源	专家信源	18	0.137	106	0.293
	企业/百姓信源	6	0.644	86	0.486

注：双尾检验，* <0.05。

表8－5　三大央媒对中美贸易摩擦 Twitter 报道的描述统计

信源		所占比例（%）	平均转发数	平均获赞数
按照国家/区域划分	中方信源	47	38	127
	美方信源	33	30	96
	同时展现中美双方	1	52	157
	他国/国际信源	19	53	376
按照信源身份划分	官方信源	63	43	198
	专家信源	23	25	92
	企业/百姓信源	14	37	112

以信源身份为标准，将信源分为官方信源、专家信源以及企业/百姓信源时，对其进行方差分析。虽然从统计上来说，以上三类信源所获的转发数和点赞数并

没有表现出显著差异，但是整体而言，数据显示官方信源所占比重最大（63%），且能获得较多的转发（43 次）以及点赞（198 次）数量，由此反映出了受众对官方信源权威性的认可。在信息量庞大、内容质量参差不齐甚至真假难辨的社交媒体上，官方所发布的信息以及所持有的立场会引起受众的广泛关注，因此，传递官方权威声音也是主流媒体在经济议题传播中的重要职责。

（二）形式层面

1. 呈现方式

我们同时从推文的形式和长度两个层面分析了央媒 Twitter 报道的呈现方式（见表 8－6）。

表 8－6　三大央媒对中美贸易摩擦 Twitter 报道的形式分析

推文		所占比例（%）	平均转发数	平均获赞数
推文形式	视频新闻	24	49	255
	文字/文字链接	76	34	147
推文长度	一句话推文	36	45	282
	长推文	64	34	118

从推文形式上来看，文字类的推文报道占据主流（76%），这一形式的典型特征是以一条 140 字以内的推文搭配一篇原文链接。推文起到了提示与导读的作用——不仅高度凝缩了链接文章的内容，同时还可以通过在语言上适度地创造和发挥来提高受众的关注程度。另有 24% 的推文实现了文字和视频的综合运用，推文主体以严肃的新闻视频的形式呈现出来。从转发以及点赞数量的均值上来看，以视频形式呈现的新闻具有更高的转发以及获赞数量。

从推文长度来看，36% 的推文使用了“一句话推文”形式，即在推文链接之前，只用一句话言简意赅地指出连接原文的内容，或者在推文中使用疑问句等形式吸引受众点开原文。统计分析表明，“一句话推文”的获赞数量显著高于长推文，说明在 Twitter 平台上，言简意赅的表达方式更受欢迎。

2. 互动形式

互动性是社交媒体平台最为显著的特征之一。在此次报道中，三大央媒的互动形式主要体现在技术与话语两个层面。

技术层面包括两方面，其一，为通过 Twitter 的评论、转发以及点赞功能实现网友和媒体之间的互动。这是一种在技术支持的条件下，客观形成的互动形式。其二，为在推文中使用@功能，在 Twitter 账号之间形成照应与联动。如人民日报社在推文“Negotiation has principles including showing respect for@ wto rules.”（谈判应遵守 WTO 的有关规定）中通过@ wto 官方账号的方式，进行了一次互动形式的有益尝试，此条推文获得了网友们 99 次点赞，效果良好。

话语层面的互动是指通过在推文中使用“you”“we”等人称代词与受众展开“对话”。比如，新华社在推文中使用“Watch and leave your comments below.”（请您观看并评论）等提示语直接呼吁网友对此事进行评论。在另一条推文中则使用“What it could mean to you?”（这对您意味着什么？）的问句，将新闻焦点直接落在读者身上，探讨该事件会对屏幕前的“你”产生何种影响。此条推文获得了 6 800 次点赞以及 777 次转发，得到网友的广泛关注与积极响应。

然而，我们也可以看到，除了基于技术支持而存在的评论、转发和点赞的互动形式之外，央媒主动发起的具有互动感的推文仍然较少，因此，在面对复杂多变的国际舆论环境时，推进主流媒体在与受众积极互动方面还需要进一步探索。

三、经济议题在海外社交平台上的报道策略

总体来看，央媒对此次贸易摩擦的 Twitter 报道在“进展—影响—立场”三大框架下展开，三者环环相扣，层层递进，显示出由事件澄清到意见引领的逻辑，构建了经济议题报道的整体框架。结合上述分析，我们建议，经济议题在海外社交平台的报道策略应在整体上遵循“澄清事实、引导舆论”的原则，同时降低报道视角，从微观视角切入，适度采用带有情感的以及更具“人情味”的表达方式，在呈现方式上注意视觉手段以及数据化的综合运用（见图 8－4），并且需要密切关注社交场域舆论走向，及时调整报道策略。

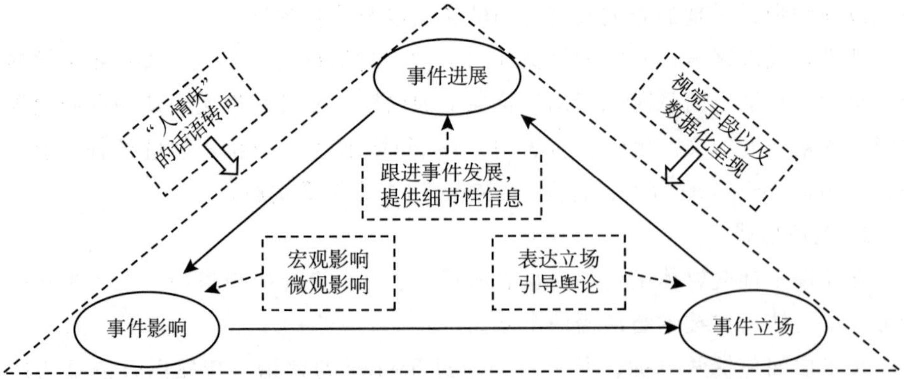

图 8－4　经济议题在海外社交平台上的报道策略

（一）澄清事实，引导舆论走向

在海外社交媒体平台上进行经济议题的报道与传播，澄清事实，引领意见，引导舆论走向是主流媒体的重要责任。首先，社交媒体的即时性和开放性为主流媒体澄清事实提供了条件，主流媒体应在事件的关键节点及时发声，并在事件发展过程中随时提供权威的细节信息，及时修正传播过程中出现的信息偏误。分析显示，在此次中美贸易摩擦的报道策略中，事件框架和情感框架相互映照，在基本事实的基础之上，通过情感话语来构建意义，表达立场。一方面，推文表现出了一定的事件驱动特征，通过“事件进展”框架不断地提供细节性信息，为事件影响的分析和事件立场表达奠定基础；另一方面，主流媒体在事件分析的基础之上，坚定地表达出了中方的立场和态度，凸显了中方的情感倾向。

其次，在网络媒体环境下，新闻内容实现了从“倒金字塔”结构（inverted pyramid）向“斜金字塔”结构（tumbled pyramid）的转变，信息不再按照重要性原则进行排序，而是依据信息内容的丰富程度来重新组织。[①] 对于经济议题而言，主流媒体在提供基础性信息之后，可以进一步补充解释性、情景性和探索性的细节；这样可以在即时更新内容的同时，深化对新闻事实的阐述。此外，全球化背景下的经济事件呈现出“内外联动”的特征，因此在信源的选择上也应力求多元且客观，这些都将为议题的分析以及立场的表达奠定基础。

最后，在复杂多变的国际舆论环境中，中国媒体更应坚定立场，引领意见，引导舆论走向。随着中国经济的崛起以及汉语在世界范围内的普及，长期以来以英语为主导的信息传播秩序将被改变。数据分析显示，中国主流媒体的报道已经成为国际涉华议题的主要信息来源之一。[②] 中国立场与态度或将借助国际媒体的力量得到“放大”。上述研究表明，中国已经具备了一定的议题管理以及舆论引导的基础条件，央媒理应借此契机鲜明地表达立场并发挥意见引领的作用。

（二）“人情味”的话语转向

不同的媒介平台都与特定的话语体系相匹配，社交媒体平台的话语特征是具有人情味以及情绪色彩的。本研究分析表明，在社交媒体平台上，采用降低报道视角、关注百姓生活、表达鲜明立场、适度展露情感等手段可以使议题获得更好

---

① Canavilhas, Joo. Web Journalism: From the Inverted Pyramid to the Tumbled Pyramid, 2006, Retrieved from http://www.bocc.ubi.pt/pag/canavilhas-joao-inverted-pyramid.pdf.

② 相德宝、张璐：《Facebook上的涉华内容特点分析》，载于《对外传播》2012年第9期。

的传播效果。

"人情味"（conversational human voice）是网络语言最主要的特征之一。如果媒体能够以日常人际交流的方式与受众展开对话，那么就可以被视为一个具有"人情味"的媒体。[①] 同样，新闻传播的演进过程也经历了由"吾牠关系"到"吾汝关系"的转变。[②] 如此种种都体现出技术演进之后传播方式的回归，即对人际传播的诉求。

一方面，在关注宏观趋势的同时，央媒的报道视角有必要向微观的、个体的以及老百姓所关心的议题上转移。社交平台上的交流方式是大众化的，在保证媒体话语的严肃性和权威性的基础上，主流媒体的社交账号可以尝试着以一个真真切切的"人"的姿态与网友进行对话与交流，从而有效拉近媒体与受众之间的距离，此时屏幕另一端的央媒不再是一个遥远而抽象的概念，而是一个关心"我"的好友。

另一方面，央媒可以在海外社交平台上进行适度的情感化表达。社交媒体上的信息不仅体现了内容本身，同时还显现出"人"的价值判断和情感倾向。社交媒体可以为央媒的态度表达提供空间，能够满足受众的情感诉求；此外，社交平台上发布的内容往往短小精悍，难以承载深度的分析性言论，这就使得诉诸情感的方式更加可行。

（三）视觉手段和数据方式具有发展空间

本研究分析表明，采取视频手段报道的推文获得了更多的点赞和被转发量。这意味着视觉手段在经济议题传播中具有更大优势与发展空间。

一方面，经济议题本身具有专业性，从而带来一定的阅读门槛。相较于枯燥的文字形式，视频新闻对受众的理解能力要求更低，可以使艰涩的专业内容变得更加通俗易懂。新闻内容可以不是自己"看"出来的，而是别人给你"讲"出来的。因此，视觉手段有利于消解受众由于理解程度有限而对某些经济议题产生的抵触情绪，进而打破受众在内容选择时所形成的"信息茧房"，提高经济议题的受关注程度。

另一方面，视觉手段是一种更加贴近人际传播的表达方式，具有生动性、戏剧性，并且更加容易唤起受众的情感，引发读者共鸣。视觉手段将曾经隐藏于后

---

① Kelleher, T. Conversational voice, Communicated Commitment, and Public Relations Outcomes in Interactive Online Communication. *Journal of Communication*, 2010, 59 (1), pp. 172 - 188.

② 史安斌、钱晶晶：《从"客观新闻学"到"对话新闻学"——试论西方新闻理论演进的哲学与实践基础》，载于《国际新闻界》2011 年第 33 卷第 12 期。

台的受访者表情、衣着和语气等信息展现出来，使得信息内容更加丰富。[①] 比如，在此次事件的报道中，新华社对参加博鳌亚洲论坛的各国代表进行了采访。从视频中受访者的语气、语调以及表情，观众即可生动感知相关各国对此次贸易摩擦升级的隐忧。

同时，数字的使用以及数据化的表达方式也可以帮助提升经济性议题的报道与传播效果。数据分析有助于我们在经济报道中提出问题，发现新闻点，也可以帮助我们发现议题的关联性，提供多元的解读视角，乃至预测事件的未来发展趋势。[②] 同时，通过数据可视化技术的应用，还可以进一步增加报道中的融合性体验。[③] Twitter 平台由于其文体和字数篇幅特点，对数据化新闻的直接呈现有限，但是，通过链接等其他途径来实现数据可视化表达也将会是行之有效的报道与传播方式。

（四）密切关注社交场域舆论走向，及时调整报道策略

我们分别于 4 月 2 日、4 月 9 日、4 月 23 日以及 5 月 21 日在 Social Bearing 以及 Social Mention 平台上以“Sino－US trade”为关键词进行了检索，对某一时间段内网民对“中美贸易摩擦”事件的态度进行情感分析。

数据显示，在这一轮事件中，随着时间的推移网民对该事件的讨论热度逐渐降低，网民发布的推文情感在整体上呈现出由“消极”到“积极”的转变。4 月 23 日之前的检索结果显示，对此事件持消极态度的推文比例均在 30% 以上，而到了事件后期，中美两国在减少美对华货物贸易逆差等六个方面达成共识，网民对此轮贸易摩擦事件的态度也有所改观，5 月 21 日的数据显示，持悲观情绪的推文比例下降到 17%，整体舆情逐渐向好，但仍存在负面声音。

对于主流媒体而言，以 Social Bearing 和 Social Mention 为代表的舆情分析平台为媒体从业者把握国际舆情走势提供了良好的技术支持，面对复杂多变的国际舆论环境，媒体从业者理应密切关注社交场域舆论走向，进而及时调整报道策略，以期在进行新闻报道的同时，对网民的情绪进行有针对性的回应。

综上，经济议题在社交平台上的报道与传播策略是一个值得深入探索的研

---

① ［美］约书亚·梅罗维茨：《消失的地域：电子媒介对社会行为的影响》，肖志军译，清华大学出版社 2009 年版。原书 Meyrowitz，J. *No Sense of Place*：*The Impact of Electronic Media on Social Behavior*. New York：Oxford University Press，1985。

② 杭敏、Liu，J.：《财经新闻报道中数据的功用——以彭博新闻社财经报道为例》，载于《新闻记者》2015 年第 2 期。

③ 杭敏：《融合新闻中的沉浸式体验——案例与分析》，载于《新闻记者》2017 年第 3 期。

究议题，既具有学术探讨的理论价值，也有实际应用的实践意义。我们应该对经济议题在社交媒体平台上的报道方式与传播效果进行更加细致的观察与更加客观的分析，充分尊重科学传播规律，引入数字技术与前沿科技，创新报道内容与传播方式，使新媒体场域下的新闻报道与信息传播更好地服务于经济与社会的发展。①

第四节　平台隐私治理：大数据中的社交媒体

随着社交媒体的发展，隐私问题逐渐成为焦点。《中国网民权益保护调查报告 2016》显示，54% 的网民认为个人信息泄露严重。② 据不完全统计，中国个人信息泄露数达 55.3 亿条，平均每个人有四条相关个人信息泄露。③ 有高达 48% 的网民表示自己很担忧社交网络中的隐私安全。④ 中国社科院的调查显示，个人隐私保护的议题是互联网治理中亟须解决的首要问题。⑤ 另有研究指出，出于对隐私泄露的担忧，2017 年有 40% 的用户至少卸载了一个社交媒体软件。⑥

一、社交媒体时代的隐私隐患

隐私并不是单指那些被故意隐藏的，不可能出现在公众视野之中的信息，更多的是指个人能够决定哪些信息可以公开以及向谁公开。⑦ 具体来说，可以将其

① 杭敏、原洋：《经济新闻的议题类型与传播规律研究——以 2017 年全国两会期间的经济报道为例》，载于《新闻战线》2017 年第 11 期。

② 《中国网民权益保护调查报告 2016：54% 的网民认为个人信息泄露严重》，2018 年 6 月 22 日，http：//www. isc. org. cn/zxzx/xhdt/listinfo – 33759. html。

③ 《“黑市”与“黑客”侵蚀大数据安全　专家表示，技术创新与完善法制是解决数据安全的两大关键》，载于经济参考报 2018 年 2 月 8 日。

④ Liberty Global：The Value of our Digital Identity。

⑤ 殷乐、李艺：《互联网治理中的隐私议题：基于社交媒体的个人生活分享与隐私保护》，载于《新闻与传播研究》2016 年第 b12 期。

⑥ Lucy Handley. Four in 10 People Have Deleted a Social Media Account in the Past Year Due to Privacy Worries，Study Says，June 18，2018，https：//www. cnbc. com/2018/06/18/people – are – deleting – social – media – accounts – due – toprivacy – worries. html? __source = twitter% 7Cmain.

⑦ ［美］菲利普·帕特森、李·威尔金斯：《媒介伦理学：问题与案例》，李青藜译，中国人民大学出版社 2006 年版，第 135 页。

分为信息隐私、通信隐私、空间隐私以及身体隐私。[①] 这些隐私对于人们的生活至关重要，它使得“我”和“他人”区分开来，让我觉得自己才是私人信息的合法拥有者。[②] 随着社交媒体技术的发展，隐私一词的内涵也变得有所不同：传统的隐私问题主要是指私密的、敏感的、非公开的个人信息，[③] 而新的隐私问题则发生在公开的、共享的、原本不敏感的信息之中——我们关注的不是信息是否公开，而是信息能否受到我们的控制。[④] 多数时候当我们谈到保护隐私这个问题时，并不是要保护丑闻，而是要保护一些平凡单调的事物。[⑤]

社交媒体上，用户的隐私隐患主要表现为以下两方面。

其一，社交媒体逐渐显示出了公共化的趋势，陌生的好友越来越多，我们在社交媒体上分享的内容存在着被陌生人窥视的风险，网民与网民之间形成了一种窥视与被窥视的拉锯战。以微信为例，截至2016年底，微信月活用户达8.89亿人次，45%的用户具有200位以上的微信好友，拥有超过500位好友的用户占13.5%。[⑥] 据此估算，至少有一半用户在微信上拥有的好友数量已超越了“邓巴数字”[⑦]。以微信为代表的社交媒体重塑了人们的社交生活，并重新定义了“朋友”一词的含义：一方面“朋友”的门槛标准降低了，从知己到只联系过一次的陌生人，都能以“好友”的身份进入朋友圈；另一方面，“朋友”的社交价值和情感价值不断消解，转而成为一个只具有操作性功能的专有称谓。[⑧]

其二，社交网络中受众的信息变成了一种更加高级的可以被买卖的产品，精准推送背后的逻辑是用户隐私数据的二次售卖，大数据技术使得网民置身于一个“全景敞视”的数字监狱中，在用户和技术之间的这场不平等抗争中，使用者的隐私成了最大的牺牲品。在社交网络里，每个人都被抽象成了一个号码，存储了这些号码，就相当于存储了一个人的种子，这个人的全部信息都可以在这个号码中萌芽。[⑨] 这意味着，即使我没见过你，我也可以通过你的朋友圈获取相关信息，

---

① Banisar D., Davies S. Global Trends in Privacy Protection: An International Survey of Privacy, Data Protection, and Surveillance Laws and Developments. *Journal of Computer&Information Law*, 1999, 18 (1), pp. 3-111.

② Petronio, S. *Boundaries of Privacy: Dialectics of Disclosure*. New York: State University of New York Press, 2002, P. 1.

③ 李兵、展江：《英语学界社交媒体“隐私悖论”研究》，载于《新闻与传播研究》2017年第4期。

④ 吕耀怀：《信息技术背景下公共领域的隐私问题》，载于《自然辩证法研究》2014年第1期。

⑤ ［美］杰夫·贾维斯：《公开——新媒体时代的网络正能量》，南溪译，中华工商联合出版社2013年版，第128页。

⑥ 企鹅智库：《2017年微信用户生态研究报告》，2017，http://www.sohu.com/a/138987943_483389。

⑦ 邓巴数字又称为150定律，认为一个人维持紧密人际关系的人数最多为150人，其中一般朋友上限50人，亲密（包括可倾诉对象）的朋友上限15人，最信任朋友（包括至亲）上限5人。

⑧ 蒋建国：《微信朋友圈泛化：交往疲劳与情感疏离》，载于《现代传播》2016年第38期第8卷。

⑨ 汪民安：《机器身体：微时代的物质根基和文化逻辑》，载于《探索与争鸣》2014年第7期。

甚至依靠大数据向你推送让你感兴趣的内容。在大数据的支持下，用户的每一次搜索行为都会留下痕迹，记忆成为“默认值”，而删除遗忘反而成了一种权利。[①]

二、网民与网民：逐渐失控的隐私边界

桑德拉·佩特罗尼奥（Sandra Petronio）用“隐私边界”（Privacy Boundary）这一个概念来区分属于公领域以及私领域的信息，佩特罗尼奥关于隐私边界的论述成为理解在线人际传播的重要理论基础。[②] 佩特罗尼奥认为隐私管理的核心就在于协调隐私边界（Boundary Coordination Operations）。她进而提出用以管理隐私边界的三条规则：控制边界链接（Boundary Linkages）、掌握边界渗透（Boundary Permeability）和明晰边界所有权（Boundary Ownership），上述三者分别对应着“向谁说”“说什么”和“如何控制”的问题，但是在社交媒体上，这三条规则都面临着失控的风险。

首先，“边界链接”意味着我们在管理隐私时需要考虑披露对象的问题，然而社交媒体上的边界链接变得更加被动，让谁加入自己的好友圈并非完全由社交情感所决定。Web2.0 是一种开放的、具有弹性的以及不断延展的关系网络。真正值得关注的并不是连接的频率或强度，而是连接的动因，比如社交需求、认同需求、利益需求以及信息需求等。由于不同动因的存在，“强关系”与“弱关系”的边界逐渐模糊，比如可能基于某种利益需求，“弱关系”也可迅速成为“强关系”。[③] 然而，这种“强关系”并没有增强朋友圈的信任感和安全感，反而更有可能让自己的隐私暴露给“熟悉的陌生人”。和线下交往不同的是，线上的关系网络是难以抹除的，除非特地删除“好友”，否则所有联系过的人都将保留在自己的社交网络中。这意味着，面对众多的、异质的、由于不同原因而被纳入自己社交圈的“好友”，网络用户很难控制“向谁说”这样一个问题。据此，以“微信”为代表的社交媒体用好友认证、分组管理等功能来保护隐私，然而这一操作增加了社交成本，其结果是令用户产生社交倦怠进而造成用户的流失。[④]

---

① 周丽娜：《大数据背景下的网络隐私法律保护：搜索引擎、社交媒体与被遗忘权》，载于《国际新闻界》2015 年第 37 期第 8 卷。

② 徐敬宏、张为杰、李玲：《西方新闻传播学关于社交网络中隐私侵权问题的研究现状》，载于《国际新闻界》2014 年第 10 期。

③ 彭兰：《“连接”的演进——互联网进化的基本逻辑》，载于《国际新闻界》2013 年第 35 期第 12 卷。

④ 黄莹：《语境消解、隐私边界与“不联网的权利”：对朋友圈“流失的使用者”的质性研究》，载于《新闻界》2018 年第 4 期。

其次，“边界渗透”是指隐私内容的拥有者有能力决定隐私的边界应该开放或封闭到什么程度，即在多大程度上向外界展露自己的个人信息。① 随着社交技术的普及，越来越多的网民已经将“晒”信息视为一种生活方式。2009 年，一项基于 Facebook 的研究显示，99.3% 的网民会在社交网站上使用真实姓名，97.4% 的人在社交网站上暴露了自己的学校信息，92.2% 的人暴露了生日，83.1% 的人暴露了邮箱地址，98.7% 的人暴露了自己的照片。② 有学者从涵化理论的视角研究了社交媒体的使用如何影响了人们的隐私观念，分析显示，社交媒体的使用会促使网民产生一种更为开放和包容的隐私态度（relaxed privacy attitudes），进行更多的自我揭露。③ 此外，在使用社交网络过程中所获得的满足感，也会促进用户产生更多的自我披露行为。④ 这意味着，虽然社交媒体用户对隐私泄露的风险心知肚明，但是却没有停止自己“晒”信息的行为，这一现象被称为隐私悖论（Privacy Paradox）。⑤ 目前关于隐私悖论的研究大多基于功利主义视角，悖论之所以产生，是因为个人信息的披露可以带来某种切实的利益：比如为了满足信息和娱乐需求，为了维持人际关系，为了获得更多的社会资本以及为了进行在线的印象管理。⑥ 网民的“边界渗透”程度并非受到个人意志控制，而是反过来被社交网络所“支配”。与此同时，用户对社交媒体上的隐私泄露问题还表现出明显的第三人效应：用户明知道社交媒体中存在隐私安全问题，却认为隐私被入侵的风险不会发生在自己身上。⑦ 总之，社交网络的使用促进了隐私边界的渗透，让用户更倾向于将隐私内容公开化，这就使得越来越多的隐私处于暴露的风险之中。

最后，“边界所有权”规定了对隐私数据的使用权限问题，而社交网络拓展了隐私边界的所有权，进而引发“何处是边界”的追问。通常来说可以从两个层面来定义隐私的所有权，其一是谁正当地拥有信息；其二是谁有能力去控

---

① Petronio, S. *Boundaries of Privacy: Dialectics of Disclosure*. New York: State University of New York Press, 2002, P. 1.

② Young A. L. Quan - Haase A: Information Revelation and Internet Privacy Concerns on Social Network Sites: A Case Study of Facebook, International Conference on Communities and Technologies. *ACM*, 2009, pp. 265 - 274.

③ Tsay - Vogel M., Shanahan J., Signorielli N. Social Media Cultivating Perceptions of Privacy: A 5 - year Analysis of Privacy Attitudes and Self-disclosure Behaviors among Facebook Users. *New Media & Society*, 2016.

④ Zhang W., Huang P. How Motivations of SNSs Use and Offline Social Trust Affect College Students' Self-disclosure on SNSs: An investigation in China. *General Information*, 2011.

⑤ Barnes S. B. A Privacy Paradox: Social Networking in the United States, 2006, 11 (9).

⑥ 李兵、展江：《英语学界社交媒体“隐私悖论”研究》，载于《新闻与传播研究》2017 年第 4 期。

⑦ 徐剑、商晓娟：《社交媒体国际学术研究综述——基于 SSCI 高被引论文的观察》，载于《上海交通大学学报：哲学社会科学版》2015 年第 23 期第 1 卷。

制信息。[①] 有些时候拥有信息的人并没有控制信息的能力。[②] 比如自己的信息可能会被社交圈中的朋友所披露，数据显示96.1%的网民承认曾经在自己的社交账号上暴露过他人的照片。[③] 这意味着，如果从“拥有信息”以及“控制信息”两个维度进行考量，隐私边界将划分为两个部分，其一是私有边界（personal boundary），即只有本人知晓这部分信息，并有权对其进行处理；其二是共有边界（collective boundary），即除了自己之外，他人也知道的关于自己的信息，这时的隐私就变成一个共有物品（co-owners）。社交网络极大地拓展了隐私的共有边界，拥有自己隐私信息的人不仅是熟人、朋友，还可能有陌生人。也就是说，经过几轮转发之后，曾经小范围流传的私密信息也有可能会传到陌生人手中，与自己不熟悉的人也成为自己隐私的一部分共有者。在社交媒体上，我们无法控制我们的观众，照片分享网站Flickr允许网民在照片上贴上标签，这就使得在网上找到一张属于某个人的照片要容易很多，成千上万能够上网的人都可以查到你曾经上传的信息。[④] 可是这部分人究竟是谁？个人的隐私信息究竟会传播到哪里？谁将和我共同拥有我的隐私？对于大部分网民来说仍然是无法估算的。我们在社交媒体上遇到的是一种想象的观众（imagined audience），[⑤] 同时还因为想象的认知局限与偏差而遭受挫败。[⑥]

网民与网民之间在隐私问题上所表现出来的张力同样反映出另一个问题——如今我们无法界定社交媒体属于公领域还是私领域。[⑦] 一方面人们不断地在社交网络上公开自己的信息，但是另一方面又会出于对隐私的担忧而设置分组。可见，公私界限的混淆使得网民和网民之间的隐私边界变得更加复杂甚至失控。[⑧]

---

① Petronio, S. *Boundaries of Privacy: Dialectics of Disclosure*. New York: State University of New York Press, 2002, P.99.

② Petronio, S. *Boundaries of Privacy: Dialectics of Disclosure*. New York: State University of New York Press, 2002, P.105.

③ Young A. L., Quan – Haase A: Information Revelation and Internet Privacy Concerns on Social Network Sites: A Case Study of Facebook, International Conference on Communities and Technologies. *ACM*, 2009, pp.265 – 274.

④ ［英］维克托·舍恩伯格：《删除：大数据取舍之道》，袁杰译，浙江人民出版社2013年版，第150页。

⑤ Marwick A. E., Boyd D. I Tweet Honestly, I Tweet Passionately: Twitter Users, Context Collapse, and the Imagined Audience. *New Media & Society*, 2010, 20 (1), pp.1 – 20.

⑥ 董晨宇、丁依然：《当戈夫曼遇到互联网——社交媒体中的自我呈现与表演》，载于《新闻与写作》2018年第1期。

⑦ Gillen J., Merchant G. Contact Calls: Twitter as a Dialogic Social and Linguistic Practice. *Language Sciences*, 2013, 35 (1), pp.47 – 58.

⑧ 袁梦倩：《“被遗忘权”之争：大数据时代的数字化记忆与隐私边界》，载于《学海》2015年第4期。

三、用户与技术：大数据的隐忧

社交网络中的隐私保护问题不仅是网民与网民之间的博弈，也是用户和技术之间的抗争。某种程度上，我们害怕的并不是失去隐私，而是单方面的失去——也就是说，我们无法监视那些监视我们的人。[①]

个人隐私数据存在着巨大的价值，欧盟委员会消费者事务专员梅格丽娜·库内娃（Meglena Kuneva）曾经说过："个人信息是互联网世界新的石油，也是数字世界新的流通货币。"[②] 大数据比用户自己还要了解用户，数据监测为精准推送提供了可能性。

早在20世纪60年代，第一代数字存储器在美国风靡时就遭到了艾伦·威斯汀（Alan Westin）和阿瑟·米勒（Arthur Miller）等学者的坚决反对，他们认为这些存储器侵犯了信息隐私。[③] 用户每一次搜索行为都会留下痕迹，这些痕迹可以被概括为数字脚印（digital footprint）和数据影子（data shadow）两种形态，前者是用户自己留下的数据痕迹，而后者是其他人建立的有关使用者的数据。两者相比，数字影子的增长速度要快于数字脚印。[④] 这说明，社交媒体上隐私边界的失控和数字记忆特征的叠加，放大了隐私泄露的可能性，社交媒体平台本身对用户数据的收集，第三方机构对用户数据进行追踪以及数据贩卖问题，都增加了隐私泄露的风险。[⑤] 用户披露、数据监视及信息不对等问题也有可能造成隐私侵权问题。[⑥] 数据整合对隐私的穿透力不是"1 + 1 = 2"，在很多情况下是大于2的。[⑦] 一方面，在大数据技术的支持下，人们不经意间的信息披露都会为日后的隐私泄露造成隐患。社交网络记住了人们想要忘记的东西。[⑧] 这就使得人们不得

---

① ［美］约书亚·梅罗维茨：《消失的地域：电子媒介对社会行为的影响》，肖志军译，清华大学出版社2002年版，第313页。

② Koops B. J. Forgetting Footprints, Shunning Shadows: ACritical Analysis of the "Right to Be Forgotten" in Big Data Practice. *Social Science Electronic Publishing*, 2013, 8, pp. 229 – 256.

③ ［英］维克托·舍恩伯格：《删除：大数据取舍之道》，袁杰译，浙江人民出版社2013年版，第148页。

④ Fomenkova G. I. For Your Eeyes Only? A Do Not Track Proposal. *Information & Communications Technology Law*, 2012, 21 (1), pp. 33 – 52.

⑤ 孟小峰、张啸剑：《大数据隐私管理》，载于《计算机研究与发展》2015年第52期第2卷。

⑥ 涂子沛：《大数据》，广西师范大学出版社2012年版。

⑦ Andrea Peterson. What People Want Forgotten Online: Social Media Posts, https: //www.bendbulletin.com/business/3737562 – 151/what – people – want – forgottenonline – social – media – posts.

⑧ ［英］维克托·舍恩伯格：《删除：大数据取舍之道》，袁杰译，浙江人民出版社2013年版，第25页。

不“带着历史记录生活”，遗忘变成了例外而记忆却成为常态，记忆与遗忘的斗争，构成了数据的核心矛盾。[①] 谷歌分析显示，如果人们获得了清除网络数据的机会，会选择首先清除人们在社交网站上留下的痕迹。[②] 用户 9% 的信息删除请求都指向以 Facebook 和 Twitter 为首的社交媒体。[③] 舍恩伯格在《删除：大数据的取舍之道》中记载了这样一个案例：2006 年一位单身母亲准备应聘一名教师，然而她心仪的学校拒绝了她的请求，原因是她曾经在 MySpace 的主页上发布了一张喝醉酒的照片，这张图片被学校的另一名老师发现并举报给学校，于是校方认为这名应聘者不具备成为一名教师的资格。自然的遗忘是一种天赋也是一种优势，它赋予人们忘掉过去以及重新开始的可能性，但是精确的数字记忆将人们做过的每一件事都记录下来，迫使人们不得不为过去做过的事情负责。社交网站曾经以一种允许网民“自由表达”的姿态迅速崛起，然而当热度消散，当用户回归理性，越来越多的人逐渐意识到社交网站从来就不是一个适合张扬个性的地方，数字记忆的特征使得社交网站上写着“我的空间”以及“我的主页”的栏目变得形同虚设，“自由”的背后是更深刻的“不自由”。网购共享网站 Blippy 的联合创始人说，你放在互联网上的信息就像是文身一样，它会永远在那里，不会消失。[④] 无论是个人的还是公开的，无论是线上还是线下，用户都不敢让自己在言行方面轻佻妄动。[⑤]

另一方面，周密的数据监视使得数据加工者能够基于人们同意公开的数据生产以及推测出未经人们同意公开的信息，这一技术迫使个人丧失了对这部分信息的控制权。[⑥]

在大数据时代，从用户在网络中披露的个人信息，到网民在搜索中留下的数据痕迹都被一一记录在案。一条关于个体的孤立的信息通常并不能透露出什么，但是当社交媒体上的大数据汇集了很多信息之后，就开始展露一个人的个性了。[⑦] 即使数据是匿名的，大数据也可以通过与其他信息的交叉比对，实现“去匿名

---

① ［英］维克托·舍恩伯格：《删除：大数据取舍之道》，袁杰译，浙江人民出版社 2013 年版，第 23 页。

② 黄霄羽、王墨竹：《我的记忆谁做主？——社交媒体信息“数字遗忘权”的权责主体探讨》，载于《北京档案》2016 年第 4 期。

③ 胡泳：《从敞视、单视到全视》，载于《读书》2008 年第 1 期。

④ ［美］杰夫·贾维斯：《公开——新媒体时代的网络正能量》，南溪译，中华工商联合出版社 2013 年版，第 170 页。

⑤ 郝庭帅：《当代社会生活的大数据化：困境与反思》，载于《社会发展研究》2014 年第 3 期。

⑥ Joshua Fairfield, Hannah Shtein. Big Data, Big Problems: Emerging Issues in the Ethics of Data Science and Journalism. *Journal of Mass Media Ethics*, 2014, 29 (1), pp. 38 – 51.

⑦ ［美］杰夫·贾维斯：《公开——新媒体时代的网络正能量》，南溪译，中华工商联合出版社 2013 年版，第 269 页。

化”（de-anonymization）。[1] 2018年初，剑桥分析公司（Cambridge Analytia）未经授权访问了5 000万用户的Facebook资料，通过数据分析来影响选民意愿，协助特朗普赢得大选。在这一过程中，分析Facebook用户的点赞、浏览以及转发等行为即可分析出用户的政治倾向。这些点赞行为是用户认为可以公开的信息，用户也允许他人看到自己的留言以及转发内容，然而并不是所有用户都会在社交平台上直接公开自己的党派立场，这意味着剑桥分析解读出来的关于个人政治倾向的信息是未经用户同意的，甚至是用户不想让别人知道的。

当我们面对着屏幕说话时，每个人可能都会异常真实。定义人们的不仅仅是基本的人口统计学变量，还有偏好、习惯、行为以及情绪等，通过社交网络上的数据，机器正在试图一步一步地接近一个更真实的用户图景。当数据监视变得愈发容易，互联网用户仿佛住进了数字圆形监狱。圆形监狱的特点在于“可见的”及“不可确知的”，即网民们逐渐意识到自己正在受到监控，但是任何时候都看不到监视者的影子。[2] 互联网的监视是“审慎”的，因为它始终在沉默中发挥作用，数据分析的过程没有声音，它不会提醒你究竟发生了什么，在这片沉默的战场上大数据在不经意间就完成了周密的监视任务。[3] 甚至有观点认为，在大数据全景敞视的监视之下，我们已经到了“后隐私”（postprivacy）时代，这一时期表现出了一种消极的隐私观，即我们应该主动放弃隐私，采取一种放任自由的态度来面对隐私泄露问题。[4]

如今，社交媒体平台已经意识到用户对隐私安全的担忧，开发出分组管理、屏蔽、撤回以及删除等功能，然而在大数据面前，这些功能只能算是一种“安慰剂”，数据痕迹仍然被完整地记录在后台中。甚至有研究指出，当人们意识到可以通过技术手段对信息内容进行更好的保护时，就会增大隐私披露的频率和程度。[5] 这意味着，这些用以保护隐私免于泄露的功能反而会收到适得其反的效果，增大隐私泄露的风险。

然而值得注意的是，虽然大数据的监视是周密的，却是不完整的。监视的内容仅仅是数字存储器中捕捉到的一些片段而已，不以数字形式存储的内容被排除

① ［法］米歇尔·福柯：《规训与惩罚》，刘北成、杨远婴译，生活·读书·新知三联书店2007年版，第226页。

② Burkart P. Post – Privacy and Ideology，2014，P. 226.

③ Burkart P. Post – Privacy and Ideology，2014，P. 220.

④ Brandimarte L.，Acquisti A.，Loewenstein G. Misplaced Confidences：Privacy and the Control Paradox. *Social Psychological & Personality Science*，2012，4（3），pp. 340 – 347.

⑤ Rafail P. Nonprobability Sampling and Twitter：Strategies for Semibounded and Bounded Populations. *Social Science Computer Review*，2017.

在外，总有一部分人性无法用数据解释。[①] 研究指出，运用大数据技术对 Twitter 上的标签（hashtag）进行数据抓取时会存在数据偏误，这些标签内容并不能完整地反映出用户的网络行为。[②] 因此，大数据分析出来的个人隐私可能是一个扭曲的拼图，数据对隐私的挖掘不是一个“再现”和“还原”的逻辑，而是存在着某种程度的“创造”和“想象”。这说明，大数据究竟能从网民发布的碎片化信息中整合出什么意义，是用户无法控制的。一方面，无法控制意味着一种不可知性，另一方面，无法控制也意味着一种和现实的不相符。

四、社交媒体中的隐私管理：节制与规制

在社交媒体上，隐私不仅仅意味着信息是否公开，也关乎信息的控制权以及被解读的方式。社交媒体中网络用户的隐私困境主要表现为两个方面，其一是网民与网民之间在窥视与被窥视过程中的隐私博弈，其二是用户与技术在数据监视背景之下的抗争。针对上述两个问题，对社交媒体用户隐私的管理可以从两个方面入手：网络用户本身的数字化节制，以及国家在政策层面进行规制，前者在源头上进行保护，后者在制度上提供支持。

数字化节制是指我们在社交网络中披露信息时应该持有一种更加审慎的态度，降低信息披露的程度，并尽可能远离那些会产生信息泄露的互动。减少信息披露的程度和范围也就意味着从源头上减少了隐私泄露的可能性。个人在应对隐私管理的问题中扮演了中心角色，当面对风险和隐患时，我们理应先试着学会审查自己，而不是选择承担不可预料的后果。[③] 然而，在社交媒体时代，“数字化表演”变成了一种集体现象，每个人不是在看别人的状态，就是在发状态或者在发状态的路上，大数据技术对表演者的隐私侵犯引起了表演者的隐私恐慌。[④] 谷歌前 CEO 埃里克·施密特（Eric Emerson Schmidt）说：“如果你不想让别人知道一件事，或许你从一开始就不应该做。”此外，通过某些技术手段也可以促使网民实现数字化节制，懒惰和不理性是人之常情，大多数网络用户会懒得修改默认

---

① ［法］维克托·舍恩伯格：《删除：大数据取舍之道》，袁杰译，浙江人民出版社 2013 年版，第 153 页。

② 王波伟、李秋华：《大数据时代微信朋友圈的隐私边界及管理规制——基于传播隐私管理的理论视角》，载于《情报理论与实践》2016 年第 39 期第 11 卷。

③ ［法］维克托·舍恩伯格：《删除：大数据取舍之道》，袁杰译，浙江人民出版社 2013 年版，第 159 页。

④ ［美］理查德·泰勒：《助推》，刘宁译，中信出版社 2009 年版，第 93 页。

选项，因而精心设计默认选项或有助于社会发展。[①] 比如，修改社交媒体上的默认设置，使得个人隐私需要"通过努力才被设置为公开信息"。遗憾的是，如今某些社交媒体在这方面的规定则刚好相反，在 Facebook 的界面上，"默认设置是公开的，要通过努力才能将其变为隐私"。[②] 这意味着隐私泄露的风险被进一步加大了。

此外，在用户和技术的抗争中，国家层面的规制给用户的隐私保护提供了另一种可能性。2012 年欧洲议会和理事会首次提出了数据主体应该享有"被遗忘权"（Right to Be Forgotten），这一权利包括三个层面的含义：一是在合理的情况下要求清除历史数据的权利；二是要求历史清白（clean slate）的权利，即有权利要求停止数字记忆的永恒性，让用户有机会全新开始；三是用户拥有自由表达的权利。[③] 2018 年 5 月 25 日，欧盟《通用数据保护条例》对欧盟全体成员国正式生效。《通用数据保护条例》规定用户有权"被遗忘"，网络用户可以要求企业删除不必要的个人信息，比如，用户在搜索引擎上搜索自己的名字，发现了一条很早之前的有关自己的债务信息，网民有权利要求对方删除链接，让公民有权利对信息采集说"不"。与之类似的是，2017 年 6 月 1 日开始施行的《中华人民共和国网络安全法》中第四十五条明确规定：保护个人隐私和商业秘密，不得泄露、出售或向他人提供。以期从国家政策层面对公民信息进行保护。

社交网络技术的普及以及大数据技术的发展逐渐成为社会转型的助推器，在经历了社交媒体的"狂欢"之后，逐渐回归理性的受众开始担忧社交媒体平台上的隐私问题。数字节制和国家规制的有机结合，或能缩短社会转型的"阵痛期"。总之我们需要意识到，隐私是一种伦理上的自知，我们需要知道符合当下社会环境的隐私规范，这样我们才能更好地理解什么时候一些事情要私下里说，什么时候信息在未经允许的情况下不能被使用，以及怎样给予人们对信息更多的控制权。[④]

---

① Koops B. J. Forgetting Footprints, Shunning Shadows: A Critical Analysis of the "Right to Be Forgotten" in Big Data Practice. *Social Science Electronic Publishing*, 2013, 8, pp. 229 – 256.

② ［美］杰夫·贾维斯：《公开——新媒体时代的网络正能量》，南溪译，中华工商联合出版社 2013 年版，第 133 页。

③ Fomenkova G. I. For Your Eyes Only? A Do Not Track proposal. *Information & Communications Technology Law*, 2012, 21 (1), pp. 229 – 259.

④ ［美］杰夫·贾维斯：《公开——新媒体时代的网络正能量》，南溪译，中华工商联合出版社 2013 年版，第 269 页。

第九章

网络信息内容治理

数字时代里，在网络空间信息内容治理层面，各国对权力责任、隐私保护等有截然不同的看法，但却苦于没有国际协调机制，不得不依赖于网络平台的社区规则自制自律。数字时代，谷歌、百度等搜索引擎，YouTube、优酷等音视频网站，Facebook、微博等社交媒体冲到信息传播的最前线，充当报纸杂志、广播电视等所有传统媒体的内容传播平台，动辄汇聚数以亿计的用户群体，释放出巨大的影响力，在为底层和草根赋权的同时，也不可避免地沦为大国博弈的工具。

第一节　网络信息内容治理的挑战

大众媒介时代，国际传播的结构性问题已经是国际关系和网络信息内容传播的焦点问题。私营企业主体的崛起和民间草根力量的壮大，补齐了国际传播的短板，以世界民众喜闻乐见的方式传达了中国新时代治国理政的具体效果。这些新兴力量代表着国际传播领域的先进生产力，为克服中国在国际传播领域面临的结构性挑战奠定了基础。中国国际传播能力建设走出了“无米下锅”的尴尬局面，拥有了新平台、新维度。

然而，中国在国际传播领域仍然存在艰巨的挑战，主要表现在渠道、技术、利益及思想四个方面。

第一，在传播渠道方面，西方以国家安全和意识形态为借口遏制中国软实力的崛起，封锁中国的对外传播渠道。例如，美国领导的西方保守政治力量对中国做出收紧记者签证、撤销官方媒介播出执照、官方媒介社交媒体账号加注标签、限制海底光缆投资、撤销电信运营商运营执照、封杀或限制中国私营明星企业等一系列激进措施。

第二，在传播技术方面，数字时代的国际传播挑战比传统时代更加错综复杂。除了来自渠道和平台的挑战之外，还有来自智能技术的挑战。智能技术可以用来批量生产、传播假新闻、假评论。

涉及种族、宗教等敏感事件的信息内容之所以能够造成巨大的影响，背景因素是互联网对这些事件的无限扩散与扩大。

西方干涉中国内政也已经落实到代码、算法等技术领域。在涉及主权问题上，Facebook、Twitter 等社交媒介平台一方面在代码层面较大规模地封禁中国用户，阻挠事实真相的传播；另一方面任由散布假消息的其他账户存在并壮大，且利用自身算法机制加以推动。

第三，在利益方面，西方行动的背后既有植根于殖民时代的思想根源，也有一条与传统及新兴军工利益集团密切相关的利益动员路径。美国传统的军工复合体和新兴的网络军工复合体需要不断夸大乃至制造威胁，作为自己存在和扩张的理由。在这个复合体的辐射范围内，军火商、国会、五角大楼、保守派智库以及媒介均受益于冲突和高额的国防开支，它们各司其职，巧妙互动，构成利益集团运转的元规则。

中国成为美国在物理及网络空间树立的现成假想敌。各种版本的“中国威胁论”是这个利益集团生存的理论基础。

第四，在文化方面，1993 年，亨廷顿（Samuel P. Huntington）在《外交》杂志上发表文章，提出文明冲突论的看法。亨廷顿表示，世界政治正在进入一个新的模式，在这个新的世界中，冲突的根本来源不再主要基于意识形态或经济，而是主要基于文化和文明。“文化将成为人类的主要隔阂和冲突的主要来源”“文明之间的冲突将主导全球政治”①。

文明冲突论为嗜血而生的军工集团撰写了新政治纲领，两者恰属西式世界观在思想和军事阵线上的典型代表，并在东欧剧变这个关键的背景时刻走到了一起。文明之间是否真正存在内生的、不可调和的矛盾？还是美国领导的西方首先制造了这些矛盾，然后利用自己的舆论机器宣称这些矛盾真正存在？是世界上所有文明都存在问题，还是西方所代表的文明存在问题？事实的真相恐怕是文明冲突论提供了西方世界观的新剧本，美国按照这个新剧本来制造冲突、改造世界。

---

① Samuel P. Huntington, The Clash of Civilizations? *Foreign Affairs*, 1993, 72 (3).

第二节　网络信息内容治理的三个视角

网络信息内容治理是网络空间全球治理中最棘手的主题之一，主要涉及国防、网信、新闻、出版、广电等部门。由于各国所处历史、文化、安全语境迥异，经济社会发展阶段参差不齐，人们对社会责任、自由流通与隐私保护的看法差异巨大，各国在网络信息内容治理方面难以达成共识，急需删繁就简，厘清核心争议，搭建统一治理框架。

一、国际法视角

第一个是国际法视角，即从国际法角度思考网络信息内容全球治理，通过阐释及引述国际法条款来占领这场辩论的道义制高点。

国际法领域已经有一些零散的知识与法律条文储备，但是究竟引述哪个条约以及条约的哪项条款，如果平衡引述，如何贯彻落实，都是具有争议的话题。1948 年，联合国大会通过的《世界人权宣言》的第 19 条规定："人人有权享有主张和发表意见的自由；此项权利包括持有主张而不受干涉的自由，通过任何媒介和不论国界寻求、接受和传递消息和思想的自由。"①

1966 年，联合国大会通过的《公民权利及政治权利国际公约》第 20 条第 2 款表示："任何鼓吹民族、种族或宗教仇恨的主张，构成煽动歧视、敌视或暴力者，应以法律加以禁止。"② 这些国际法内容从来没有被落实，未来如何平衡引用这些条文成为焦点。

二、学术视角

第二个是学术视角，从学术角度重新追溯、反思网络信息内容治理的西方思想根源，探讨发展中国家的学术立场。

① 联合国：《世界人权宣言》，1948 年 12 月 10 日，https：//www. un. org/zh/about - us/universal - declaration - of - human - rights。

② 联合国：《公民权利及政治权利国际公约》，1966 年 12 月 16 日，https：//www. ohchr. org/CH/ProfessionalInterest/Pages/CCPR. aspx。

1956 年出版的《报刊的四种理论》是美苏对抗语境下诞生的典型学术著作。作者威尔伯·施拉姆（Wilbur Schramm）等将所有非西方的媒介制度污蔑为“极权主义体系”“威权主义体系”，将西方模式美化为“自由主义理论”“社会责任理论”。直至 1984 年，阿特休尔（Herbert Altschull）在《权力的代言人》一书中做出较为客观中立的分类。书中表示“报纸、杂志、广播、电视并非独立的行为主体”“所有报业体系中的新闻媒介都是政治、经济权力的代言人”[①]，媒介制度的本质没有区别，媒介制度没有好坏之分，只有发达与发展中之分，他较为客观地描述了媒体的职能。1995 年出版的《最后的权利：重议报刊的四种理论》与 2009 年出版的《媒介规范理论》更为系统地指出了《报刊的四种理论》的谬误。

尽管如此，《报刊的四种理论》的主张仍然代表西方的主流意见。这种对抗式思维模式源于西方对世界的看法中混合了几个世纪的殖民思维、20 世纪 60 年代到 80 年代的冷战思维、20 世纪 90 年代兴起的文明冲突论，难以撼动，构成了网络信息内容全球治理的最大挑战。

随着经济和政治理想的重新整合，网络空间信息内容治理的镜像愈加复杂。但是，不管各种力量和话语如何交织，从传统媒介到互联网，全球治理的现实依然奉行残酷的丛林法则。政治与市场的同盟已经根深蒂固，并且正在借助新的技术手段不断加固它们之间的同盟，要挑战这种攻守同盟，个体的呼喊已经贫乏无力，联合起来才有出路。

传统媒介与互联网全球治理研究学者的使命是既坚持科学的方法，又仰望头上的道德星空，通过合理的标准尽可能独立地进行是非判断。发展中国家的学者更是既要认清全球语境，也要熟悉国内语境，要理清两者之间的内在联系，不仅如此，在许多治理问题上，还需要坚定民族和国家的立场，甚至提出合理应对外部挑战的建议。

三、共同体视角

第三个是共同体视角，通过阐释习近平总书记网络空间命运共同体精神，将共同体思想、天下理论及文明尊重论作为中国参与网络信息内容全球治理的指导思想。

2013 年以来，中国逐渐摸索出一整套观念体系，形成了较为完整的全球治

① ［美］沃纳．赛佛林、小詹姆斯·坦卡德：《传播理论起源、方法与应用》，郭镇之译，华夏出版社 2000 年版，第六章。

理理念，恰好能够指导我国参与网络信息内容全球治理。2014 年 3 月 27 日，习近平总书记在联合国教科文组织总部发表讲话，倡导推动文明交流互鉴①，阐述了中国对文明、文化以及宗教的基本观点。习近平总书记指出："文明交流互鉴不应该以独尊某一种文明或者贬损某一种文明为前提。要了解各种文明的真谛，必须秉持平等、谦虚的态度。如果居高临下对待一种文明，不仅不能参透这种文明的奥妙，而且会与之格格不入。历史和现实都表明，傲慢和偏见是文明交流互鉴的最大障碍。"②

2017 年 3 月 1 日，中国政府发布《网络空间国际合作战略》（以下简称"战略"），概括了中国的网络空间全球治理观念，阐释了习近平总书记提出的"网络空间命运共同体"思想和"网络安全""数字经济""文化交流"等附属概念之间的关系。网络空间命运共同体是最高的、首要的、总体的概念，是全球互联网治理和国际合作的逻辑起点，强调文明、文化、国家之间的平等地位，体现对共识、理想、价值、新文明的追求。习近平总书记关于网络空间命运共同体的讲话被放在战略的最前面引述。

因此，网络空间命运共同体是个提纲挈领式的顶层设计，包含安全、经济、人文等方面的理念。从经济上讲，互联互通对中国经济发展有百利而无一害。数字经济合作是战略的六大目标之一。从安全上讲，网络主权是维护网络空间和平的法律工具。当霸权国家、上游国家滥用网络空间、违背共同体精神的时候，中下游国家可以借助国家主权保护自身，维护网络空间和平。战略提倡和平原则和主权原则。战略表示中国支持互联网的自由与开放，充分尊重公民在网络空间的权利和基本自由，还表示要利用互联网促进人类文明进步。

《网络空间国际合作战略》强调合作与平等。中国外交部官员表示，武力威慑、经济制裁等传统理念、做法、学说不能简单照搬到网络空间来，这不能从根本上解决问题，反而会破坏网络空间的繁荣和稳定，损害各国之间的互信。中国外交官员还表示，网络空间安全是共同的、综合的，追求单方面的、绝对的安全是不可行的，也是不现实的，世界大国应该发挥正面的积极示范作用。

实际上，中国网络空间命运共同体的主张是从世界观的角度提出来的，传承于独特的天下制度理念，在中国拥有稳固的传统和文化根源。中国社会科学院哲学研究所研究员赵汀阳认为，从世界观上看，中国人跟这个世界是和解的，承认

---

① 《习近平这场重磅演讲，集中谈了这件大事》，《人民日报》百家号，https：//baijiahao. baidu. com/s?id = 1632292044685290872&wfr = spider&for = pc。

② 《习近平在巴黎联合国教科文组织总部的演讲》，人民网，2014 年 3 月 28 日，http：//politics. people. com. cn/n/2014/0328/c1024 - 24758504. html。

世界文明和文化的多样性，包容他者。[①] 中国有“非我族类其心必异”的说法，但是中国没有去征服他者的冲动。中国希望他者接受自己的文化理念，但是中国没有强迫他者接受的欲念。中国人认为世界无外。它就只有内部而没有不可兼容的外部，也就只有内在结构上的远近亲疏关系。尽管和所有地域一样，中国也自然而然地会有以自己为中心的“地方主义”，但仅仅是地方主义，并没有清楚界定的和划一不二的“他者”以及不共戴天的异端意识和与他者划清界线的民族主义。于是，与本土不同的他乡只是陌生的、遥远的或疏远的，但并非对立的、不可容忍的和需要征服的。对于天下，所有地方都是内部，所有地方之间的关系都以远近亲疏来界定，这样一种关系界定模式保证了世界的先验完整性，同时又保证了历史的多样性，这可能是唯一能够满足世界文化生态标准的世界制度。

赵汀阳分析了西方式分裂的、对立的思维模式，认为西方难以提出对世界负责任的规则，认为中国的天下理论最适合担此重任。中国的世界观，即天下理论想象的是一种能够把文化冲突最小化的世界文化制度，而且这种文化制度又定义了一种以和为本的世界政治制度。文化制度总是政治制度的深层语法结构，亨廷顿也意识到了这一点，所以在文明关系上重新理解了国际关系，可是他只看到了冲突，这毫不意外，因为这只不过是主体性思维和异端模式的通常想法。[②]

总之，中国认为网络空间是各个文明、文化、国家交流最为广泛的通道，认为在新的空间应该避免重复各国在传统空间所走的弯路，不应复制传统空间中的武装化倾向和格格不入的敌我势力划分；在世界观上，中国秉持一种和解主义思想，希望做到各文明、文化、国家之间的相互尊重、和平共处。这也应该成为中国处理跨境内容争议的基本准则。

第三节　网络信息内容治理的经验与探索

一、不结盟运动国家与国际信息新秩序

传统媒体时代，跨境信息流动是国际关系和新闻传播研究的焦点问题。芬兰

① 赵汀阳：《“天下体系”：帝国与世界制度》，载于《世界哲学》2003年第5期。

② 赵汀阳：《天下体系：世界制度哲学导论》，江苏教育出版社2005年版，第84页。

坦佩雷大学教授诺顿斯登（Kaarle Nordenstreng）和瓦瑞斯（Tapio Varis）研究了20世纪六七十年代电视节目的国际流通，对世界上近50个国家的电视节目进行调查之后，认为电视节目的国际流通是个单行道，主要是从美国、英国、法国、西德等发达国家流向东欧以及亚非拉等发展中国家。这构成了国际信息流通不平衡的关键论据，开启了后续一系列的“流通”与“渠道”研究。[①]

20世纪70年代末，新崛起的政治力量——不结盟运动国家以此为证据，在联合国发起了“国际信息新秩序”运动。不结盟运动萌芽于1955年在印度尼西亚万隆召开的亚非会议。这次会议确立了国际传播史上令人耳目一新的外交原则和平共处五项原则：互相尊重主权和领土完整、互不干涉内政、平等互惠、和平共处以及互不侵犯。[②] 这些被用于解决中印边界冲突的原则被引入多边关系，奠定了不结盟运动国家之间的合作基础。1961年，不结盟运动国家第一次峰会在贝尔格莱德召开，东西对峙的国际政治中从此正式诞生了一个新的维度——南方发展中国家。

1973年，不结盟运动国家第四次峰会在阿尔及尔召开。会议拟定了国际经济新秩序的框架，要求重组国际贸易体系提高发展中国家的经贸谈判实力。按照这次会议的精神，不结盟运动国家中的石油输出国组织（OPEC）抬高油价，控制石油产量，采取统一定价，扼住了西方国家的经济命脉，直接造成了1973年世界石油危机，第一次显示了这个阵营积攒的经济影响力。阿尔及尔会议还认识到，“帝国主义的行为不仅仅局限于政治与经济领域，还涉及文化与社会领域”，因此会议呼吁“在大众传播领域采取一致的行动”。[③]

1974年，在国际信息新秩序正式提出之前，亚非拉国家合力在联合国通过了国际经济新秩序宣言，致力于打造第一世界与第三世界之间平等的经济关系。具体来说，国际经济新秩序提出五个分阶段的诉求：

（1）提倡更加有利于第三世界的贸易条款，例如在南北贸易方面拥有更优惠的贸易条件；

（2）提倡第三世界国家占有更多的生产资源，例如资本、劳动力、管理等方面的资源；

（3）提倡促进第三世界国家之间的贸易交流，即促进南南贸易；

（4）提高第三世界国家在第一世界国家占有的市场份额，即促进南方对北方的反向贸易渗透；

---

① Nordenstreng K., Varis T. *Television Traffic*: *One-way Street*. UNESCO, 1974, pp. 31 - 36.

② 《中国第一次提出“和平共处五项原则”》，光明网，https://www.gmw.cn/03zhuanti/2004-00/jinian/50zn/50yj/yj-01.htm。

③ 1973年8月，阿尔及尔会议摘要，International Journalism Institute 资料，第94页。

（5）增加第三世界国家在世界经济机构中的影响力，例如增加在世界银行、国际货币基金组织的发言权。[①]

国际经济新秩序与国际信息新秩序是一对孪生姐妹。两者构成了这段国际传播历史上两个互相平行的过程，是互相依存的唇亡齿寒关系。1976 年 3 月，不结盟运动国家在突尼斯召开了信息问题研讨会。在这次会议上，首次诞生了国际信息新秩序的提法。这体现在会议委员会的报告当中："考虑到当今世界恃强凌弱的信息体系，不结盟运动国家有责任与其他发展中国家一道努力，改变这个不平等现状，实现信息领域的去殖民化，发起国际信息新秩序。"[②] 总体来说，国际传播学者将不结盟运动国家在信息方面提出的基本诉求分为三个方面：

（1）各国传播实力相差悬殊，发展中国家缺乏表达自己声音的能力。1970 年，发展中国家当中每千人拥有 32 份报纸以及 9 台电视机，而在发达国家中，这两个数字分别是 314 份和 237 台。双方之间的比例约为 1∶10 和 1∶25。

（2）国际信息流通不平衡，国际信息流通是一个从发达国家流向发展中国家的单行道。

（3）西方媒介充斥着对发展中国家的片面扭曲报道。西方媒介只关注负面的、突发的、琐碎的事件，任意涂抹发展中国家的现实，不必承担任何责任。

1976 年 7 月，不结盟运动国家在新德里召开部长会议。新德里会议上产生的《信息领域去殖民化宣言草案》描述了当时不平衡、不公正、不民主的国际传播格局：

第一，当前全球信息流通存在严重的不足与不平衡。信息传播工具集中于少数几个国家，绝大多数国家被迫消极地接收来自中心国家的信息。

第二，这种现状延续了殖民主义时期的依附与主导关系。人们应该知道什么、通过什么方式知道，对这些问题的判断与决策权掌握在少数人的手中。

第三，当前的信息发送实力主要掌握在少数发达国家的少数通讯社手中。世界上其他地方的人民不得不通过这些通讯社来理解对方甚至自身。

第四，政治领域与经济领域的依附性是殖民主义的产物。信息领域的依附性也是如此，这反过来又限制了发展中国家的政治与经济进步。

第五，信息传播工具掌握在少数国家的少数人手中，在这种条件下，信息自由只是这些人按照自己的方式进行宣传的自由，从而剥夺了其他国家的其他人的权利。

---

① Breda Pavlic，Cees Hamelink. *The New International Economic Order*：*Links between Economics and Communications*. UNESCO，1985.

② Nordenstreng K.，Manet E. G. ed. New International Information and Communication Order：Sourcebook. *International Organization of Journalists*，1986，P. 282.

第六，不结盟运动国家尤其是这种现状的受害者。在集体与个体层面，他们追求世界和平正义、追求建立平等的国际经济秩序的努力要么被国际新闻媒介低调处理，要么被误读。他们的团结精神被破坏，他们追求政治经济独立与国家稳定的努力被任意诋毁。

上述第一、三、五、六条表明了不结盟运动国家在新秩序运动中的三大主要诉求：各国传播实力相差悬殊、国际信息流通不平衡以及西方媒介对发展中国家的片面扭曲报道。第二、第四条交代了这三大诉求的历史背景——殖民主义。1976 年 8 月，不结盟运动国家在科伦坡召开第五次峰会。出席会议的最高国家首脑正式批准了《信息领域去殖民化宣言草案》。这次会议重申突尼斯会议与新德里会议的精神，并认为“不结盟国家与发达国家的传播实力相差悬殊，而且这种差异仍在不断扩大，这是殖民历史的遗产”，强调“建立国际信息新秩序与建立国际经济新秩序同等重要”。不结盟运动国家提出的这些问题直面国际传播的真相，即便站在数字时代进行回顾，仍然让人振聋发聩。

美国等西方国家不承认这些指控，然而，为了防止发展中国家利用联合国及其附属组织中的多数席位通过于己不利的决议，加上身处经济危机中无暇他顾，其在 20 世纪 70 年代末期主要采取了安抚、对话的策略。但是到了 20 世纪 80 年代，美国里根和英国撒切尔政府上台之后，其代表的保守势力毫不掩盖地执行单边主义外交政策，利用西方商业媒介的主导地位，将国际信息新秩序定义为美苏意识形态斗争，而非南北信息流通之争，从而在本国制造了敌视新秩序的民意基础。

1984 年，美英正式退出新秩序的主要平台——联合国教科文组织，这标志着建立国际信息新秩序的失败。东欧剧变之后，国际社会更是对信息平衡流通这个敏感词噤若寒蝉。资本的全球化力量横扫一切，信息自由流通原则强势回归。国际信息新秩序留下三份重要遗产：《大众媒介宣言》、国际发展传播计划、《麦克布莱德报告》，但没有形成针对媒体内容的具有约束力的国际条约。国际信息新秩序失败的原因有很多，发展中国家忽视信息传播技术未来发展潮流、不与底层草根力量建立联系等都是重要原因。但从 20 世纪 70 年代末到 80 年代初，中国励精图治，奉行以经济建设为中心的基本国策，埋头做事，抓住了宝贵的发展机遇，与美国建立了准盟友关系。及至 20 世纪 90 年代末、21 世纪初，中外国际传播学者在反思国际经济新秩序与国际信息新秩序时，意外地发现：中国已经从第三世界的阵营中脱颖而出，在经济等硬实力层面大大增强，但在软实力方面距离实现国际信息新秩序的目标仍任重道远。

二、国际信息新秩序的三个主要产物

(一)《联合国教科文组织大众媒介宣言》

1978 年，联合国教科文组织第 20 次全体会议成立了东方阵营、西方阵营、南方阵营三方工作组。在会议召开之前，三大阵营已经各自提交了“西方文本”“社会主义文本”以及“不结盟运动国家文本”。这是冷战时代的独特会议分组和工作方式，到了现在关于互联网治理的国际辩论，我们可以看到更加灵活、多样的分类，商业力量和公民社会组织均被编入其中，从这些会议程序中，可以看到国际传播格局的变化。联合国教科文组织 146 个成员国全票通过了该文件。经过八年的艰苦谈判，《联合国教科文组织大众媒介宣言》（以下简称《大众媒介宣言》）终于诞生。

《大众媒介宣言》的完整名称为《有关大众媒介为加强和平与国际共识、为促进人权以及为反对种族主义、种族隔离与战争煽动而做贡献的基本原则宣言》。哈梅林克（Cees Hamelink）认为，这份宣言的最大特点是缺少上升为法律文件的特点。哈梅林克提出了衡量某项宣言的法律意义的三个标准：“该宣言是否获得一致通过；该宣言的措辞是否具备鲜明的、约束性的风格；该宣言在通过之后是否在接下来的辩论当中被广泛引用，用来阐释现有的法律准则。”①

哈梅林克使用这三个标准来衡量《大众媒介宣言》的法律意义，得出的结论是“极差”。确实，该宣言获得各国一致通过，但是，这个事实本身是大打折扣的。西方国家抱怨该宣言没有体现足够的媒介自由，南方、东方国家抱怨该宣言过于纵容媒介报道自由。这份宣言能够得到一致通过的关键原因是它在措辞上的模棱两可。② 但是，“模棱两可”这个诊断也是从当时语境下得出的结论。

从现在回头来看，《大众媒介宣言》提倡尊重所有国家、民族和个人的权利和尊严，提倡媒介责任和媒介伦理，并且得到 146 个成员国的全票通过，已经是最为勇敢、进步的国际传播政策文本之一。至少，它在关注媒介和传播的核心命题。诺顿斯登总结道：“除了隔离主义之外，其他所有问题至今依然存在。事实上，媒介中的种族主义和排外主义问题要比三十年前更加严重。种族和宗教仇视言论以及战争宣传不仅仍然体现在政治言论中，还作为当下世界活生

---

①② Cees Hamelink. MacBride with Hindsight. In：Peter Golding，Philip Harris ed. *Beyond Cultural Imperialism：Globalization. Communication &. the New International Order*. Sage，1997，P. 73.

生的现实，存在于战乱地区以及北方中心国家。"① 虽然《大众媒介宣言》没有被升级为法律文本，也没有被广泛引述，但是即便是它从文件故纸堆里渗透出来的一点儿光亮，已经足够让大量眼下被技术和商业逻辑霸占的国际传播文本黯然失色。

除了通过《大众媒介宣言》之外，联合国教科文组织第20次全体会议还通过了两个重要决议：4/9.1/3决议与4/9.4/2决议。前一个决议进一步扩大了传播问题研究国际委员会（麦克布莱德委员会）在1976年被赋予的使命。在肯定了麦克布莱德委员会递交的中期报告之后，该决议要求该委员会16个成员在准备该报告最后文本时，提出具体的、实际的建议，以便建立一个更加公正、有效的世界信息秩序，这是联合国教科文组织在麦克布莱德委员会问题上的后续行动。后一个4/9.4/2决议是能够给不结盟运动国家带来具体物质利益的决议。该决议要求联合国教科文组织总干事在这次全体会议之后，召集一次政府间会议，就发展传播的活动、需求以及计划，广泛征求意见。

通过在《大众媒介宣言》方面的让步，不结盟运动国家换来了美国物质援助的承诺。美国赴联合国教科文组织代表团团长莱因哈特（John Reinhardt）在会前就呼吁开展切实行动，对美国认为合理的地区进行援助，具体包括职业培训、技术移植等。这是美国在信息领域实施的"马歇尔计划"。4/9.4/2决议就是这种物质承诺的体现。根据此决议，1980年4月，政府间会议顺利召开，会议建议在联合国教科文组织21次全体会议上成立发展传播国际项目（International Program for the Development of Communication）。

（二）《麦克布莱德委员会报告》

1980年9月，联合国教科文组织第21次全体大会在贝尔格莱德召开。这次会议不仅按照上次全体会议的决议正式成立了发展传播国际项目，而且根据本次会议提交的《麦克布莱德报告》，进一步理清了新秩序的具体含义，这体现在4/19决议的内容当中：

> 第一条 世界信息与传播新秩序可以建立在下列基础之上：(1) 消除当前局势下的传播不平衡与不平等。(2) 消除公共、私有垄断与过度集中造成的负面效果。(3) 消除对信息自由、平衡、广泛流通构成障碍的内部与外部因素。(4) 信息来源与渠道的多样化。(5) 媒介与信息自由。(6) 记者与媒介从业人员的自由以及与伴随这种自由的责任。

---

① ［芬兰］拉·诺顿斯登：《世界信息与传播新秩序的教训》，徐培喜译，载于《现代传播》2013年第6期。

(7) 发展中国家自身传播的能力的提高。这些提高尤其体现在设备、员工、基础设施方面，通过这些努力使其媒介适应自身传播需要。(8) 发达国家应该真诚地帮助发展中国家实现这些目标。(9) 尊重每个民族的文化身份，尊重每个国家向世界表达自身利益、观点以及社会文化价值观的权利。(10) 尊重所有民族在平等、正义、互利基础上参与国际信息流通的权利。(11) 尊重公众、各种族、社会群体以及个人获取信息、参与传播过程的权利。

第二条　世界信息与传播新秩序应该建立在国际法基本原则之上，例如《联合国宪章》的内容。

诺顿斯登观察到，尽管第一条列举概括了新秩序的基本诉求，但是由于使用了“可以”二字，条目中的内容表达的仅仅是可能性，因此是亲西方的立场。第二条使用了“应该”二字，认为国际信息流通应该尊重国家主权与多边协商，因此却是亲南方或东方立场。①

（三）发展传播国际项目

发展传播国际项目也值得简要论述。这个项目是一件返祖产品，传播结构问题再次被置换成一个技术援助平台。这是西方国家为了捍卫核心利益做出的一种点缀性的补偿。早在20世纪60年代，技术援助作为一种发展理论已经被证实存在缺陷，一些发展中国家意识到这种方式甚至加重了针对发达国家的依附性。在国际传播政策的辩论中，技术援助成为西方国家转移发展中国家注意力的标准化操作。一旦发展中国家对于国际传播方面根本的、结构性问题提出了质疑，西方国家就“伸出技术援助之手”，诱使发展中国家放弃这方面的要求。

到了21世纪之初的信息社会世界峰会，数字团结基金项目简直就是发展传播国际项目的翻版。但是，由于新兴国家的崛起，美国已经无法像在新秩序辩论中那样用技术援助来维持自己在互联网治理方面的核心利益，只有将互联网争议在政治上进行无限的上纲上线，才能继续遮掩下去。回到发展传播国际项目上来，尽管只是一个技术援助项目，但在实际操作中，由于联合国教科文组织本身并未沦落，故而这个项目仍然取得了一定的成果。

自该项目1980年成立迄今，一共募集了上亿美元的资金支持在140多个发展中国家中展开的巧1 500多个项目。2010～2012年的出资国包括安道尔共和

① Nordenstreng K. The Context：Great Media Debate. In：Biernatzki W E. Vincent，Richard C.，Kaarle Nordenstreng，and Michael Traber（eds.）. Towards Equity in Global Communication：MacBride Update. *Communication Research Trends*，1999，19（4）.

国、印度、瑞典、比利时、以色列、瑞士、丹麦、荷兰、美国、芬兰、挪威、法国以及西班牙13个国家。发展传播国际项目甚至资助了中国传媒大学翻译和评估“媒介性别敏感指数”，并在2012年启动了“提高中国大众媒介性别意识”项目。[①]

三、主要国家的治理探索

从各国来看，新加坡和中国已经初步完成了网络信息内容立法和监管机构改革，不断调试、执行数字时代的治理规则，率先明确了平台和用户需要承担的责任。与此相反，美国和英国当下虽然正在进行内容立法与机构改革，但尚未详细定义网络信息内容平台的责任，处于探索和过渡阶段。

2019年4月，英国出台《网络有害内容白皮书》（Online Harms White Paper），宣告网络信息内容自律时代结束，新时代即将到来。《网络有害内容白皮书》建议明确平台责任，对于不尽职的企业实施惩治，包括罚款、中断网络服务、阻止网站或App访问、提交司法、追究民事或刑事责任等。英国政府通过《网络有害内容白皮书》为未来立法做准备，经相关团体讨论之后将形成法案提交国会。英国政府于2003年颁布了《通信法》（Communications Act），并成立了通信办公室。2019年，《网络有害内容白皮书》提议成立新的独立监管机构来规范网络空间，其主要职责将包括执行新监管框架，制定执业守则，监督互联网公司执行用户协议，惩治不尽职公司等。[②]

同英国相似，美国网络信息内容治理处于探索阶段，正在辩论如何以立法形式落实网络信息内容平台的责任，这集中体现在对1996年通过的《通信内容规范法》（Communications Decency Act，CDA）第230条的存废之争上。《通信内容规范法》第230条豁免了网络信息内容平台针对用户上传内容的责任，对内和对外两大危机因素导致了第230条的存废之争。对外，2016年，美国总统大选造成社交媒体恐慌，美国担心外部势力通过社交媒体干涉美国政治稳定，美国国会和行政部门极力要求社交媒体平台更加严格地审核网络信息内容，美国联邦贸易委员会与Facebook最终达成50亿美元和解协议。对内，2018年，美国联邦调查局以涉嫌“协助卖淫”与“洗钱”为名，查封了Backpage网站，逮捕了网站核心领导层，罚没其近10亿美元财产，第230条在为此类平台护航20年之后，无力继续为其提供法律庇护。

① UNESCO，http://www.unesco.org.

② 周丽娜：《英国互联网内容治理新动向及国际趋势》，载于《新闻记者》2019年第11期。

2019 年 5 月，新加坡国会通过《防止网络虚假信息和网络操纵法案》（Protection from Online Falsehoods and Manipulation Bill，POFMA）。该法案旨在保护社会免受网络虚假信息侵害，提高网络政治广告和相关事项的透明度。政府有权要求个人或网络信息内容平台更正或撤下具有“政治目的导向”和“危害公共利益”的虚假信息，拒绝遵守法案的网络平台可被判高达 100 万新元的罚款。恶意散播假信息、企图损害公共利益的个人，可被判入狱 10 年，罚款可高达 10 万新元。

中国对网络信息内容治理独具特点。中国的《侵权责任法》《网络安全法》规定网络信息内容平台和用户都要对内容承担责任。中国对网络信息内容服务提供者进行所有权限定，多部门协同治理，对网络信息内容服务平台和用户两大主体进行双重追责，同时主张“积极健康、向上向善”等道德要求，提出“正能量、主流价值导向”等政治要求。2019 年 12 月，国家互联网信息办公室发布《网络信息内容生态治理规定》，将“网络暴力、人肉搜索、深度伪造、流量造假、操纵账号”等具体行为列为违法活动①。

尽管多个国家纷纷出台有关网络信息内容的法规，但是谷歌、Facebook、Twitter、亚马逊等互联网巨头均集中在美国，这场辩论主要是世界各国政府与美国互联网巨头之间的谈判。一方面，仇恨言论、极端主义、色情内容、假新闻充斥全球网络，现状已经难以维持；另一方面，在这场谈判尘埃落定之前，《美利坚合众国宪法》第一修正案、《通信内容规范法》第 230 条以及美国超级内容平台的用户条款仍是主要的全球规则。

未来主要有两大反思。第一，各国未来将出台更多互不兼容的规则，如何在国际层面沟通协调、建立相对统一的标准成为焦点问题。第二，这种愈加收紧的监管趋势有可能对数字经济繁荣造成实质损害，需要建立更加新颖的制度设计与监管机制，对此进行平衡。

---

① 《〈网络信息内容生态治理规定〉进入实施阶段》，载于《中国信息安全》2020 年第 2 期。

第十章

数据跨境流动治理

全球数据量的爆发式增长使得数据实际上成为一种生产要素。在数字经济浪潮下，数据跨境流动规制不再仅仅是一个公民权利保护的问题，而是关乎国家安全、国民经济发展与国家竞争力的重大决策，是国际贸易规则竞争的新阵地。数据的跨境规制与各个国家的技术发展水平相关，欧美发达国家处于强势地位，因此原则上鼓励数据自由流动，而新兴国家信息技术能力相对较弱、安全需求强烈，更加倾向于数据本地化的政策。

第一节　数据作为新的生产要素

根据国际权威机构 Statista 的统计和预测，2020 年全球数据产生量预计达到 47ZB（Zettabyte，泽字节），而预计到 2025 年，这一数据将达到 163ZB，相比 2016 年的 16.1ZB 增加 10 倍；而到 2035 年，这一数字将达到 2 142ZB[①]，这相当于需要 337.44 亿吨的硬盘来存储，一艘 56 万吨的诺克耐维斯号巨型海轮需要运输 59 964 次才能将这些数据运送到目的地。2016 年二十国集团（G20）杭州峰会发布的《二十国集团数字经济发展与合作倡议》就曾指出，数字化的知识和信

① 中国信通院：《2020 中国信通院大数据白皮书》，2021 年 12 月，http：//www.caict.ac.cn/kxyj/qwfb/bps/202012/P020210208530851510348.pdf。

息成为关键生产要素，全球已经跨入了数字经济时代。[①]

数据量的爆发式增长恰恰为数字经济的发展和扩张提供了坚实的基础。习近平总书记在2017年中共中央政治局第二次集体学习时强调："要构建以数据为关键要素的数字经济。"[②] 全球数字经济蓬勃发展，数字经济在国民经济中的占比越来越高。通过对全球47个国家的数字经济发展测算发现，美国、德国、英国数字经济在GDP中占比均超过60%。美国数字经济蝉联全球第一，达到13.6万亿美元；而我国数字经济规模位居第二，为6.16万亿美元，在GDP中占比38.6%。[③]

在这样的发展势头和背景下，数据实际上成为一种生产要素。党的十九届四中全会就首次提出将数据作为生产要素参与分配。2020年，4月9日发布的《中共中央、国务院关于构建更加完善的要素市场化配置体制机制的意见》，将数据和土地、劳动力、资本、技术等传统生产要素并列，明确了数据这一新型生产要素的重要地位。[④] 生产要素是一个历史范畴，随着经济社会的发展而不断演进。在不同的经济形态下，它有着不同的构成和不同的作用机理。新生产要素的形成，会驱动人类社会迈向更高发展阶段。[⑤] 农业经济以劳动力、土地为核心生产要素，工业经济以资源、技术和资本为核心生产要素，而数字经济是以数据和信息技术为核心生产要素。[⑥]

数据要素的巨大价值和潜能可分为三个层次：第一个层次，数据是"新资源"，相比较于石油等取之可竭的物理性的资源，数据是一种高增长性的资源。第二个层次，数据是"新资产"，数据按照主体可以分为个人数据、企业数据和政府数据，成为个人、企业乃至国家资产的重要组成部分。对于个人而言，数据往往和个人的信息存储相关，涉及隐私权、人格权、财产权；企业数据包含了企业在生产、经营过程中的大量数据，涉及企业的战略和核心竞争力；政府数据一方面对内通常被视为公共资源，另一方面对外又是国家的重要资产，是国际竞争

---

① G20官网：《二十国集团数字经济发展与合作倡议》，2016年9月20日，http://www.g20chn.org/hywj/dncgwj/201609/t20160920_3474.html。

② 《习近平主持中共中央政治局第二次集体学习并讲话》，2017年12月9日，http://www.gov.cn/xinwen/2017-12/09/content_5245520.htm。

③ 《数字经济蕴含巨大发展潜力》，新华网，2021年9月6日，http://www.xinhuanet.com/tech/20210906/ea12038350c944dbac4fab3f4ad3250c/c.html。

④ 《中共中央　国务院关于构建更加完善的要素市场化配置体制机制的意见》，中国政府网，2020年4月9日，http://www.gov.cn/zhengce/2020-04/09/content_5500622.htm。

⑤ 闫德利：《数据何以成为新的生产要素》，2021年5月12日，https://mp.weixin.qq.com/s/MXO-FKA4K5c01FNPABR1NUg。

⑥ 崔保国、刘金河：《论数字经济的定义与测算》，载于《现代传播（中国传媒大学学报）》2020年第4期。

的重要依托。第三个层次，数据是“新资本”。[①] 2016 年 3 月，在麻省理工科技评论与甲骨文公司联合发布的《数据资本的兴起》研究报告中指出，数据已经成为一种资本，和金融资本一样，能够产生新的产品和服务。在数字经济时代，数据是一种资源和资本，是各方追逐的对象。[②]

第二节　数据跨境流动规制的核心：数据本地化

一、数据跨境流动规制的核心问题

一场围绕数据跨境流动规制的全球大辩论和国际规则大博弈正在展开。在数字经济浪潮下，数据跨境流动规制不再仅仅是一个公民权利保护的问题，而是关乎国家安全、国民经济发展与国家竞争力的重大决策，是国际贸易规则竞争的新阵地。2019 年 7 月，二十国集团（G20）大阪会议《G20 贸易及数字经济部长的声明》提出“信任的数据自由流动”，数据跨境流动规则成为全球数字经济贸易的核心议题，[③] 各大国之间的规则竞争激烈展开。其中，数据跨境流动议题中核心的数据本地化（Data localization）不是一个短期出现的现象，而是一个随着全球化深入而日益深远的挑战。[④] 在全球科技竞争日趋激烈、国家间信任日益减弱的大背景下，数据本地化趋势将进一步凸显。

数据跨境流动问题深度交织于国际贸易、地缘政治以及国际互联网治理规则设计等全球治理议题之中，正如有研究者指出，在当前网络空间治理政策中，没有哪类议题能够像数据跨境流动一样，包含如此之复杂的讨论维度：数据主权、

---

① 罗培、王善民：《数据作为生产要素的作用和价值》，2020 年 6 月 4 日，https：//mp. weixin. qq. com/s/E6wnsXBCm2GKpcDEdQUY9g。

② 叶雅珍、刘国华、朱扬勇：《数据资产相关概念综述》，载于《计算机科学》2019 年第 11 期。

③ 根据麦肯锡的数据，2004～2014 年，数据跨境流动给全球经济贡献了 3% 的增长，2014 年带来 2.8 万亿美元的产值。与数据跨境流动对数字贸易的重要性形成对比的是，目前国际数字贸易规则供给不足，谈判正在各个国际组织中展开，如 WTO、G20 以及其他地区性自由贸易协定。同时，数据跨境流动问题也是当下中美贸易谈判中的焦点问题。参见：McKinsey Global Institute，Digital Globalization：The New Era of Global Flows，March 2016；UNCTAD，Data Protection Regulations and International Data Flows：Implications for Trade and Development，April 2016；柯静：《WTO 电子商务谈判与全球数字贸易规则走向》，载于《国际展望》2020 年第 3 期；等等。

④ Christopher Kuner. Foreword，in W. Kuan Hon，Data Localization Laws and Policy：The EU Data Protection International Transfers Restriction Through a Cloud Computing Lens. *Edward Elgar Publishing*，2017，P. X.

隐私保护、法律适用与管辖乃至国际贸易规则。① 对于解释数据跨境流动规制的动机，人们通常认为个人隐私保护、国家安全、国内执法、产业保护等是数据跨境流动规制的几个常见理由，而且往往将其并列。②③④ 大量的文献分析欧洲近半个世纪的数据跨境流动限制历史，往往落脚到个人信息保护的动机，这种分析虽然对理解欧洲立法提供了有益的智识贡献，但对理解当前的全球数据跨境流动政策来说却具有一定程度的迷惑性。

事实上，正如互联网的根本在于信息的交流，网络空间治理归根到底是对数据的治理。数据跨境流动问题关乎信息的跨国流动和互联网的全球连接，其所规制的对象是国际互联网的核心要素，产生了规范外溢效应，是一个处于国内和国际交叉路口的非常特殊的国际互联网治理问题，本质上是一个国际交往与竞争的问题。

二、从权利保护工具到数据本地化

数据跨境流动规制从20世纪70年代初便是欧美竞争的焦点，20世纪90年代以前由欧洲主导了规则建立，2000年之后美国主动建构美国版的数据跨境流动管理规范，而最近十年以来，全球数据跨境流动规制进入第三次浪潮。过去50年左右的数据跨境流动规制历史中，前40年西方国家主要的关涉价值是个人隐私保护，而后十年随着新兴国家开始对此议题的“觉醒”，纷纷从自己国家发展的角度加入规则建构，数据跨境流动的问题不再仅仅是个人隐私问题，而更是国家财富的争夺。⑤ 在数字贸易背景下展开了新一轮全球大辩论，从隐私权利保

① 王融：《数据跨境流动政策认知与建议——从美欧政策比较及反思视角》，载于《信息安全与通信保密》2018年第3期。

② Anupam Chander and Uyên P. Lê. Data Nationalism, *UC Davis Legal Studies Research Paper*, 2014, 378, pp. 677 – 739.

③ Nigel Cory. Cross – Border Data Flows: Where Are the Barriers, and What Do They Cost? . *The Information Technology and Innovation Foundation* (*ITIF*), May 2017.

④ Jonah Force Hill. The Growth of Data Localization Post – Snowden: Analysis and Recommendations for U. S. Policymakers and Business Leaders. *The Hague Institute for Global Justice*, *Conference on the Future of Cyber Governance*, 2014.

⑤ 将数据作为财富最为典型的是中国和印度。中国国务院2015年发布的《促进大数据发展行动纲要》提出，“数据是国家基础性战略资源”；2019年11月，中国共产党十九届四中全会提出，“健全劳动、资本、土地、知识、技术、管理和数据等生产要素按贡献参与分配的机制”，这是中央首次正式提出数据可作为生产要素按贡献参与分配。2019年6月，印度外交秘书顾凯杰（Vijay Gokhale）召开新闻发布会，针对美国总统特朗普在G20会议上批评数据本地化，表示“数据是国家财富的新形式（new form of wealth），发展中国家需要引起重视”，参见：Data “New form of Wealth”, Take it into Account of Developing Nations' Needs: India, The Economic Times, June 28, 2019。

护规则转移到了数字贸易规则的博弈。

数据跨境流动规制的历史反映出了两种逻辑：前40年主要在于对权利保护工具的设计与争论，近10年来核心在于提出数据本地化的诉求。与此对应，早期的数据是限定在个人信息，如今的数据涉及几乎所有的信息，核心在于具有商业价值的一切可流通信息；当前阶段的行为体发生了很大变化，提出新方案的基本上是新兴国家，其诉求与以往也有很大区别，核心是数据本地化。数据本地化广义上是指对数据跨越国境所采取的各种类型的限制，包含了从附条件的流动到完全禁止。而狭义的数据本地化指要求将数据的储存和处理放在数据来源国境内的数据中心和服务器，根据宽严程度不同的类型，实践中通常有：仅要求在当地有数据备份而并不对跨境提供做出过多限制；数据留存在当地，且对跨境提供有限制；数据留存在境内的自有设施上，不得出境提供；要求特定类型的数据留存在境内；等等。① 为了聚焦于本质逻辑，本书所指的数据本地化是后者，也就是狭义意义上的，核心是要求数据本地存储和处理。目前很多文献在广义意义上使用数据本地化，②③④ 但事实上，“数据跨境流动限制”（Restrictions on cross-border data flows）包含了严苛程度光谱上的各类限制，是更为综合的概念，也是符合众多文献讨论的语境。

数据本地化是数据跨境流动规制的最严苛程度，其动因与其他数据跨境流动限制有本质的区别，而且更具有更深刻的地缘政治意义。数据本地化的根本目的在于对数据所承载的安全和价值进行直接而又极端的控制以实现国家战略，而其他的数据跨境流动限制着眼于设计旨在对附着在数据流上的权利进行保护的政策工具，即国家发展战略——权利保护工具二元政策目的。因此本书的分析是建立在鼓励数据流动和限制数据流动（本地化）两种立场之上的二元极化分析。

三、基于60个国家的经验分析

数据的跨境流动规制与一个国家的技术发展水平有着显著的关系。当面对

① 参考了世界银行《2016年世界发展报告：数字红利》的定义，同时结合李海英和王融的定义做了进一步解释，参见世界银行：《2016年世界发展报告：数字红利》，清华大学出版社2017年版，第310页；李海英：《数据本地化立法与数字贸易的国际规则》，载于《信息安全研究》2016年第9期；王融：《数据跨境流动政策认知与建议——从美欧政策比较及反思视角》，载于《信息安全与通信保密》2018年第3期。

② Anupam Chander and Uyeên P. Lê. Data Nationalism. *UC Davis Legal Studies Research Paper*, No. 378, April 2014.

③ Anupam Chander and Uyên P. Lê. Breaking the Web: Data Localization vs. the Global Internet. *UC Davis Legal Studies Research Paper*, No. 378, April 2014.

④ Christopher Kuner. Data Nationalism and Its Discontents. *Emory Law Journal Online*, 2015, 64, pp. 2089 – 2098.

数据流出其控制的管辖边境时，如果一国技术发展水平高、产业发达、安全威胁不那么紧迫，那么该国采取鼓励数据跨境流动策略，反之，技术发展水平不高、产业不发达、安全威胁紧迫，该国采取紧缩的数据跨境流动策略，具体表现为数据本地化。不过，如果国内产业规模太小、信息通信技术（ICT）发展程度太低，该国往往对国外互联网技术和服务高度依赖，因此无力提出数据本地化诉求。外部环境和自身要素禀赋决定一个国家的对跨境数据流的控制程度，表现为 ICT 技术发展、产业规模、安全需求三个主要因素的强弱引起策略的张弛和收缩。具体来说，具有一定 ICT 产业规模且正处于高速发展中的国家，基于产业和技术发展以及安全的考虑，往往会做出数据本地化的选择。

针对全球主要的 60 个国家，统计一国的数据跨境流动立场与该国 ICT 发展程度和网络安全受威胁程度的关系，形成了分布图（见图 10－1）。在分布图上，纵轴是网络安全受威胁程度（2018），其中得分越高意味着网络安全威胁程度越高，横轴是国际电信联盟（ITU）ICT 发展指数（2017），其中得分越高意味着发展程度更高。欧盟国家的数据跨境流动政策以《通用数据保护条例》和《非个人数据自由流动条例》（Regulation on the Free Flow of Non-personal Data）为代表，虽然强调权利保护，但是原则上鼓励数据跨境流动；由美国领导的亚太经合组织跨境隐私规则体系（CBPRs）倡导数据跨境自由流动，目前有 8 个成员加入，[①] 这两类主体主要落在了右上角的圆圈内。而其中，国内法律政策中明确规定数据本地化的国家，以俄罗斯、中国、马来西亚、印度、伊朗、土耳其、越南、印度尼西亚、尼日利亚 10 个国家为典型代表（图里加粗），全都落在了左下角的圆圈内。[②] 图 10－1 清楚地显示，网络威胁程度较高、ICT 技术发展指数较低的国家或地区更有可能采取数据本地化策略，反之，则倾向于鼓励数据自由流动。

---

① 分别是美国、日本、韩国、新加坡、加拿大、墨西哥、澳大利亚等。

② 安全需求的因素严格来说指的是来自境外的威胁，该模型中的网络安全受威胁得分指标由于包含了国内网络威胁，因此只具高度的相关性，而不是准确的对应关系。如图表显示，俄罗斯和土耳其等国被列为网络威胁较低的国家；但事实上，它们的外部威胁更为紧迫。数据本地化对 ICT 发展和网络安全的影响不会造成两个指数的大幅度变化，也就是并不是因为数据本地化导致了网络安全系数低和 ICT 发展落后的原因，因为跨境数据流只是信息通信技术和互联网的一部分，而且颁布了严格的数据本地化政策也只是最近几年才开始的现象，效果并未充分显现。例如，中国只是通过了法律，但是尚未实际实施这一规定。此外，巴西曾在 2014 年《互联网民法（草案）》中明确规定数据本地化，即使后来并没有通过该规定，但由此可以看出巴西落在了左下角圈的区域，具有数据本地化的动机。

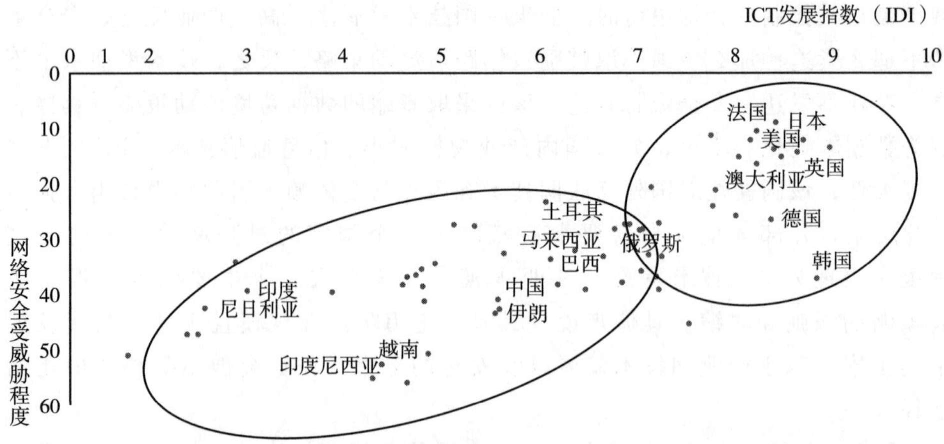

图 10－1　数据跨境流动立场与网络安全受威胁程度和 ICT 发展指数分布

资料来源：网络安全受威胁程度引自 Comparitech 网络安全指数（Cybersecurity Rankings），其综合了 Kaspersky Lab，ITU，CSIS 的数据；ICT 发展指数（ICT Development Index，IDI）引自 ITU，是衡量各国 ICT 发展水平的权威指标。

基于对全球主要国家数据跨境流动的分析，网络威胁程度较高、ICT 技术发展指数较低的国家更有可能采取数据本地化策略，反之，则倾向于鼓励数据自由流动。从全球数据跨境流动规制的实践来看，美国的数据跨境政策由贸易利益驱动，鼓励数据自由流通，核心是维护美国在全球贸易中的主导地位。① 而欧盟从公民权利保护出发，积极推广个人数据充分保护制度，持有限制的数据自由流动立场。总体来看，欧美发达国家处于强势地位，因此原则上鼓励数据自由流动，而新兴国家信息技术能力相对较弱、安全需求强烈，更加倾向于把数据截留在本国境内。

全球互联网带宽占比也印证了这种事实，据统计，2006 年北美占全球带宽总量的97%，2018 年占 85%，而到 2024 年依然占 80%，其中全球大洲之间的带宽容量北美和西欧之间相对于其他大洲来说一直是占据绝对领先地位。② 占据全球流量强势地位的国家往往站在了鼓励数据自由流动的立场，而相对弱势的国家更有可能要求数据本地化。在此逻辑下，世界范围不同的数据经济区正在建立，

① 美国的跨境数据流动管理机构主要集中在贸易领域，主要包括美国商务部、美国联邦贸易委员会、美国贸易代表办公室及美国司法部等，具体分析见付伟、于长钺：《美欧跨境数据流动管理机制研究及我国的对策建议》，载于《中国信息化》2017 年第 6 期。

② Alan Mauldin（TeleGeography）. Back to the Future. *Pacific Telecommunications Council Annual Conference*，January 20－23，2019.

这种竞争正在当下的数字贸易谈判中激烈博弈。[①] 另一个实证经验证据来自正在进行的 WTO 电子商务和数字贸易规则谈判，针对数据跨境流动，参与谈判的 80 个经济体中，不同阵营呈现不同的立场。中国等发展中国家成员普遍倾向于采取限制数据跨境流动措施，将计算机设施本地化、披露或者转让源代码作为在本地开展业务的前提条件，提案中或是未涉及这部分内容，或是强调保留政策空间。美国将跨境数据自由流动和禁止本地化要求视作消除壁垒的关键，欧盟、日本、加拿大等发达经济体与美国的立场基本一致，区别仅在于相较美国更加认同监管的必要性，它们对合法公共政策目标的容忍度较高。[②]

四、有限理性与数据主权

研究者试图建构数据跨境流动规制中的核心议题——数据本地化这一复杂现象的解释框架，提出数据与民族主义叙事结合而成的数据民族主义[③]、作为贸易保护新形式的数字保护主义[④]、抵抗西方霸权的反数据殖民主义[⑤][⑥]等不同角度的理论解释。但是，既有大部分理论缺乏国际关系和互联网治理的视角，对数据本地化的本质未能准确揭示。因此，本部分基于经济学上的“有限理性”和政治学上的“数据主权”的理论，对于数据本地化进行更为合理且本质的解释。

（一）有限理性

数据本地化带来的明显损害[⑦]并不是决策者所能漠视的，但其依然坚持做出了看似不利的选择，经济学家赫伯特·西蒙（Herbert A. Simon）的有限理性理论（Theory of Bounded Rationality）解释了这个令人费解的现象。西蒙用“满意的行为”代替了最大化（maximizing）或最优化（optimizing）行为的古典概念。依据心理学上的证据，他指出，复杂性和不确定性致使全面理性不可能，因此反观

---

① Susan Aaronson and Patrick Leblond. Another Digital Divide：The Rise of Data Realms and its Implications for the WTO. *Journal of International Economic Law*，2018，21（2），pp. 245 – 272.

② 柯静：《WTO 电子商务谈判与全球数字贸易规则走向》，载于《国际展望》2020 年第 3 期。

③ 毛维准、刘一燊：《数据民族主义：驱动逻辑与政策影响》，载于《国际展望》2020 年第 3 期。

④ 张国红：《全球数字保护主义的兴起、发展和应对》，载于《海关与经贸研究》2019 年第 6 期。

⑤ Arindrajit Basu，et al. The Localisation Gambit：Unpacking Policy Measures for Sovereign Control of Data in India. The Centre for Internet and Society，India，No. 19 March，2019，P. 12.

⑥ Rahul Matthan. Colonialism 2. 0 – Truly. SWARAJYA，January 2，2019.

⑦ 数据本地化的经济伤害数据：Matthias Bauer，Hosuk Lee – Makiyama，Erik can der Marel，Bert Verschelde. The Costs of Data Localisation：Friendly Fire on Economic Recovery. European Centre for International Political Economy（ECIPE），March 2014。

"活动者处理能力限度"，提出决策的有限理性。[①] 这种有限理性同样适用于个人和组织，在面对多种备选方案时往往将最优化准则换成了满意性能准则。[②] 根据有限理性理论，政府和公司一样，怀有多重目标，它们并不期待最好或者最优的结果，而是期待"足够"的结果，即足以满足（satisficing）多种目标的需要。[③] 布雷布鲁克和林德布罗姆进一步提出，政策制定者们倾向于把问题分解成各个部分，以便能够进行渐进的或边际的选择，而不是做出影响深远、难以逆转的决策，这是一种实用经验主义的做法。[④] 因此数据本地化对政府来说，虽然不理想但却合理，是具有实用色彩的策略性选择。

（二）数据主权

相对于鼓励数据自由流动的国家来说，选择数据本地化的国家往往有更为复杂的目标要实现，从现实的国家利益到抽象的观念价值，从整体的社会福利到个人的公民权益，具体列出，有国家安全、公民权利保护、执法取证、产业保护、技术发展、国际贸易、外国投资、网络主权等。对于正在快速发展的新兴国家来说，在面临相对较高的网络风险和相对较弱的国内信息技术产业竞争力条件下，优先保障发展和安全是最为重要的目标。为实现此优先目标，在推进数据本地化过程中，该国政府面对外来阻力往往显示出坚定的信念，典型如中国、俄罗斯、印度的数据本地化政策引起了跨国公司、外国政府和国际组织的激烈反对，但是依然得到坚持。经济全球化时代，防御主义往往被批评为贸易保护主义，引起国际社会的反弹甚至制裁。在当前一系列数字贸易谈判中，发达国家将限制数据跨境流动和本地化要求作为重要的数字贸易壁垒，发展中成员则提出"数据国家主义"理由实施此类措施。[⑤⑥]

互联网的根本在于信息的交流，网络空间治理归根到底是对数据的治理。数据跨境流动规制虽然面向国际贸易，但是其本质属性上是一个互联网治理的

---

① ［美］赫伯·特西蒙：《现代决策理论的基石》，杨烁、徐立译，北京经济学院出版社 1989 年版，第 45～57 页。

② ［美］赫伯·特西蒙：《现代决策理论的基石》，杨烁、徐立译，北京经济学院出版社 1989 年版，第 62 页。

③ ［英］苏珊·斯特兰奇：《权力流散：世界经济中的国家与非国家权威》，肖宏宇、耿协峰译，北京大学出版社 2005 年版，第 17 页。

④ David Braybrooke and Charles Lindblom. *A Strategy of Decision*. New York: The Free Press, 1963, pp. 71 – 79.

⑤ Anupam Chander and Uyên P. Lê. Data Nationalism, UC Davis Legal Studies Research Paper, No. 378, April 2014.

⑥ 石静霞：《数字经济背景下的 WTO 电子商务诸边谈判：最新发展及焦点问题》，载于《东方法学》2020 年第 2 期。

议题，遵循一国的互联网治理的基本原则和逻辑。随着互联网演变为网络空间，互联网治理的议题也逐渐从底层的技术协议管理到上层的内容应用开发与经济社会行为规制，互联网治理的属性从技术治理逐步演变到综合的社会治理，国家主权在网络空间逐步确立。此后，网络主权的意义也将从政治逻辑更多地转向实实在在的商业逻辑，即确保本国用户的数据不被国外互联网公司搜集和利用，这不仅体现在各个层面的资本控制，也体现为对跨境数据贸易和服务贸易的限制。[①]

第三节　数字经济下的数据防御主义

一、数据防御主义的现实主义逻辑

数据跨境流动规制本质上是一个国家间的竞争行为，遵循现实主义的博弈逻辑。现实主义学派认为基于国际体系是无政府状态，国家实力不尽相同导致不平等的国际体系结构，因此每个国家需要通过自助战略来确保自身安全。[②] 根据获得安全的最有效途径上的不同，现实主义被划分为“进攻型现实主义”和“防御性现实主义”。[③] 进攻性现实主义者认为国际体系为国家牺牲对手以获得权力创造了巨大的诱导因子，当利益超过成本时，它们就会抓住这一机会。[④] 防御性现实主义则提出，在这个无政府的自助系统中，相对弱的国家往往采取防范措施促使均势得以维持来确保自身的安全，守住权力而不是增加才是国家的目标。如果要纵观历史发展，我们的世界已经从昨日（1945 年前）的进攻性现实主义世界（即大多数国家都是掠夺者）演化到了今日的防御性现实主义世界（即多数国家是温和的）。[⑤]

---

① 胡凌：《信息基础权力：中国对互联网主权的追寻》，载于《文化纵横》2015 年第 6 期。

② Hans Morgenthau. Politics Among Nations：The Struggle for Power and Peace，5th ed.. Alfred A Knopf，1978.

③ Jack Snyder. *Myths of Empire*：*Domestic Politics and International Ambition*. Cornell University Press，1991，pp. 12 – 13.

④ ［美］约翰·米尔斯海默：《大国政治的悲剧（修订版）》，王义桅、唐小松译，上海人民出版社 2014 年版。

⑤ 唐世平：《我们时代的安全战略理论：防御性现实主义》，北京大学出版社 2016 年版，第 144 ~ 145 页。

在数字经济时代下，面对新的技术环境，对于新的生产要素——数据，处于相对弱势的国家采用实用主义的策略以追求国家整体利益的最大化，呈现出数字时代紧缩的立场，抑或称之“数据防御主义”。数据防御主义核心要素在于，面对全球信息技术强弱不均的国家实力结构以及数据往往向强势国家流动的现状，一个国家会采取以守住对自有数据的控制权的自助方式以要确保自身的安全。守住而不是进攻，是数据防御主义的核心特征。这种数据防御主义强调了安全需求，此时的安全是广义上的，即国家安全、经济安全、公民安全，公民，隐私等个人权利保障被纳入了安全范畴。数据含有一国国民和国家的信息，大数据量级更具有强大的信息能力，因此，数据流转到境外控制者手中存在安全风险。① 这种担忧在美国“棱镜门事件”后成为各国不得不面对的现实。②

需要指明的是，这种防御主义区别于保护主义和重商主义。重商主义是极端的贸易保护主义，将贸易和国家权力扩张捆绑在一起，主张排他性贸易机会，历史上带来了殖民主义、帝国主义和与之相关的冲突。数据防御主义虽然带有自我保护的成分，但是更多的是在面对外来强大对手时采取的防卫性措施，并不以限制贸易为目的，更不是要自绝于国际交往。

总的来说，各国在网络空间主权问题上的主张和实践均折射出其当下的核心利益诉求，③ 由此在全球网络空间治理体系中呈现出明显的有利于规则主导国的“非中性”特征④。对“主权”的诉求在某种意义上具有防卫性质，以排他性的绝对权来免除外来的侵犯，但同时也将自己限制在领土边界的范围之内。这种逻辑是典型的防御性现实主义的进路，表现在网络空间和跨境数据流，网络主权和数据主权就成为实现这种数据防御主义的途径。

在有限理性的数据防御主义逻辑下，一个处于相对竞争劣势的国家更有可能采取防卫型的国际互联网治理政策，表现为强烈的网络主权立场。网络主权以及其所包含的数据主权成为数据本地化的叙述方式，也就是说，数据本地化通过对

---

① 全国人大常委会法制工作委员会对《网络安全法》的权威解释中强调：“重要数据如果转移至境外，关键信息基础设施的运营者对其控制力必将减弱，其安全风险将增加”。不过，美国智库信息技术与创新基金会（ITIF）2013 年发布一份报告指出，数据安全不在于存储地，而是怎么保护的法律机制问题。但是棱镜门事件证实了法律和合同的保护并不足以保障数据的安全，特别是涉及国家社会的重要信息而不仅仅是个人信息和隐私的保护问题。参见：杨合庆主编：《〈中华人民共和国网络安全法〉释义》，中国民主法制出版社 2017 年版，第 96 页；Daniel Castro. The False Promise of Data Localization, The Information Technology and Innovation Foundation（ITIF），December 2013。

② Jonah Hill. The Growth of Data Localization Post - Snowden: Analysis and Recommendations for U. S. Policymakers and Business Leaders. The Hague Institute for Global Justice, Conference on the Future of Cyber Governance, 2014.

③ 郎平：《主权原则在网络空间面临的挑战》，载于《现代国际关系》2019 年第 6 期。

④ 张宇燕、任琳：《全球治理：一个理论分析框架》，载于《国际政治科学》2015 年第 3 期。

网络主权的声索而实现。这种逻辑在宣示“数据是国家财富和战略资源”的时候体现得最为典型。

二、数据防御主义下的中国数据本地化

纵观全球实践，欧洲从保护公民隐私出发，建构了由108号公约、95指令和《通用数据保护条例》组成的严密数据跨境监管体系，但原则上依然以鼓励数据自由流动为主；美国从促进贸易角度出发，采取双边与多边数据跨境协议体系大力倡导数据自由流动。中国是鲜明主张数据本地化的国家，而且提出广泛的数据本地化要求，这在世界范围内实际上是特立独行的。中国以法律的形式规定数据跨境流动的本地存储、出境评估制度。

中国数据本地化是一个复杂的政策选择，通过有限理性的数据防御主义理论可以探寻其背后动力和机制。① 需要做出特别说明的是，数据跨境流动规制的主体是国家，其制度设计不可避免地带着国家视角，所以本部分采用有限理性和数据主权为代表的国家进路探寻中国数据本地化的动力运作机制。②

（一）有限理性下的优先选择

中国互联网监管肇因于发展和安全需求之间的政策价值矛盾。③ 事实上，在数字时代，对于数据跨境流动的任何政策都会引起复杂的效应，行政主管部门必须在众多目标中作出取舍。从现实的利益平衡来看，数据跨境流动一项制度即包含着政策制定者的多重考量，得失的考量体现了有限理性的决策逻辑。在现实环境下，保障国家安全和社会安全、保障国内产业和科技发展成为国家优先保护的现实利益。

中国所担心的安全并不仅是数据被恶意利用，更重要的是，这种危险来源于境外势力甚或外国政权的恶意监控，甚至有可能危及国家基本政治制度，在这个意义上，中国对数据安全的警惕主要是从国家核心利益层面出发的，是在总体国

---

① 中国数据本地化的制度动力的进一步分析参见：Jinhe Liu. China's data localization. *Chinese Journal of Communication*，2020，13（1），pp. 84－103。

② 著名中国历史学家费正清从历史和文化的角度指出，一个统一的中国是历来民众为之奋斗的理想，也是中国根深蒂固的传统，只有一个统一的中央政府才能维持这种传统。这点对理解当代中国政治体制以及本文将要分析的关于数据跨境流动规制的制度设计有重要的启发作用。参见［英］费正清等：《剑桥中华人民共和国史》（第14卷：革命的中国的兴起，序言），谢亮生等译，中国社会科学出版社1990年版，第18～25页。

③ 王融：《中国互联网监管的历史发展、特征和重点趋势》，载于《信息安全与通讯保密》2017年第1期。

家安全观的框架下进行的。“没有网络安全，就没有国家安全”，国家安全逐渐统合了网络安全和数据安全概念。这种安全诉求最终体现在对数据相关技术的自主可控要求上，自然表现出一种防御型的互联网政策倾向。

《“十三五”国家信息化规划》等一些国家重要战略提出对科技的自主可控诉求。[①] 因为数字产业竞争力差距的存在，今天世界的基本现实是，数据产业竞争力较弱国家的用户是数据的主要提供者，数据产业竞争力较强的国家的公司则是设备和服务的主要提供者，在不设限制的情况下，数据将自然向少数国家地理疆域之内汇聚。[②] 世界领先的数据存储、大数据、云计算等数据相关的公司大都集中在美国，甚至处于垄断地位，很大程度上的原因在于世界范围内的数据源源不断地流入。中国对自身短板有着清晰的认识，技术产业生态系统不完善，自主创新能力不强，“最大软肋和隐患”是核心技术受制于人，这成为广泛共识。实现技术自主的战略路径是以大数据、物联网、云计算、人工智能等先进的核心技术为推进手段，用网络强国来实现“数字中国”。数据在这个宏大的战略目标中被赋予极为重要的地位，提升到“国家重要的基础性战略资源”[③]。

当然，数据本地化政策也会带来经济发展和对国际贸易的不利影响。[④] 同时，严苛的数据本地化要求有可能会引起对等性保护主义，也就是中国企业的出海很有可能受到其他国家的同等性限制。不久的将来中国互联网企业将大规模走向海外，来自对等性限制的国外市场限制可能是一个重要的挑战。数据本地化显然带来可以预见的负面影响，但是基于有限理性，政策制定者保持了战略目标的优先性。

中国由于巨大的网民数量[⑤]，数据产生量远远高于世界平均水平，根据国际

---

① 在《“十三五”国家信息化规划》文本中，“自主”一词使用频率高达 12 次，在附件中的重点任务分配方案中第一条就是“打造自主先进的技术体系”。

② 上海社会科学院：《全球数据跨境流动政策与中国战略研究报告》，2019 年 8 月。

③ 国务院：《促进大数据发展行动纲要》，新华网，2015 年 9 月 5 日，http：//www. xinhuanet. com/politics/2015 - 09/05/c_1116464516. htm？ from = groupmessage。

④ 麦肯锡指出，数据流动过去十年里给全球 GDP 贡献了大约 3% 的增长，参见 McKinsey Global Institute，Digital Globalization：The New Era of Global Flows。欧盟国际政治经济中心（ECIPE）指出，实施数据本地化立法措施将会使中国 GDP 降低 1. 1%，参见 Matthias Bauer，etc. The Costs of Data Localisation：Friendly Fire on Economic Recovery。数据跨境与国际贸易紧密相连，当做出数据本地化政策要求的时候，往往会产生更深远的贸易保护主义指控。2017 年 9 月，美国向 WTO 贸易服务委员会提交中针对中国网络安全法即相关措施的申辩文件，其中主要指出中国的数据本地化储存措施将会对以跨国贸易服务产生负面影响。参见美国向 WTO 贸易服务委员会提交的申辩文件：WTO，Measures Adopted and Under Development by China Relating to Its Cybersecurity law，S/C/W/374，26 September 2017。

⑤ 截至 2020 年 3 月，中国网民数量达到 9. 04 亿，而截至 2019 年底全球网民数量大约 41 亿，中国超过全球总数的五分之一。参见 CNNIC：《第 45 次中国互联网络发展状况统计报告》，2020 年 4 月；ITU，Measuring digital development：Facts and figures 2019，November 2019。

数据公司（IDC）测算，中国数据产生量几乎占到世界的五分之一。[①] 通过“发挥数据的基础资源作用和创新引擎作用”[②]，服务于建构以数据为关键要素的数字经济，将大量的数据留在国内显然也是一个符合国家战略的现实选择，海量的数据将成为中国科技进步的驱动力，或者说是不可或缺的基本要素，同时也是保障国家安全的直接选择。

（二）数据主权的表达与落地

中国的数据跨境流动规制是网络主权的代表性实践之一，它使网络边界清晰化。数据跨境流动规制立法在网络主权原则的指导下，更多被视为国家内部的互联网管理事务，体现为对数据主权的主张。国家视数据为国家基础性战略资源，自然适用主权原则。因此，用国家疆界画出数据流动的管辖边界被视为国家主权的应有之义。数据本地化是数据主权的规则表达，而数据主权通过网络主权完成了理论建构。

与欧盟和美国的长臂管辖不同，中国是基于管辖权范围而进行规制，这是防御主义的逻辑，与网络主权的逻辑是一致的。《网络安全法》第2条规定，“在中国境内建设、运营、维护和使用网络以及网络安全的监督管理，适用该法”，这一带有明显属地色彩的规定具有自我设限的特征，可限制中国法律的域外管辖，但反过来也会激励监管者采取数据本地化措施，以确保《网络安全法》得以适用。[③] 同时，中国要求在华跨国互联网公司与本地公司合资运营数据存储以及云计算业务便是相关的实际行动。[④] 可以说，这是网络主权原则在立法层面首次得到最全面的贯彻。

网络主权往往是互联网后发国家的自我防护。数据主权作为网络主权核心主张，数据本地化同样带有强烈的防御色彩。也就是在这个意义上，中国坚定地发展自己的数据本地化存储方案并不是要将自己脱离于国际互联网治理体系之外，而是在自我保护的前提下参与国际交往。这种积极的国际交往诉求体现在立法过程和国家合作倡议之中。《网络安全法》立法过程中，有全国人大常委会委员提出，“在限制关键信息基础设施的重要数据在境外储存或者向境外提供的同时，

---

① IDC, The Digital Universe in 2020: Big Data, Bigger Digital Shadows, and Biggest Growth in the Far East, December 2012.

② 习近平：《实施国家大数据战略 加快建设数字中国》，新华网，2017年12月9日，http://www.xinhuanet.com/2017-12/09/c_1122084706.htm。

③ 彭岳：《数据本地化措施的贸易规制问题研究》，载于《环球法律评论》2018年第2期。

④ 近几年，在云计算领域，外国公司纷纷与中国公司合资运营，较为有名的案例如苹果与云上贵州、微软与世纪互联、亚马逊与光环新网等。

也应该考虑国家合作中信息和数据交换共享的需要"[①]。《网络安全法》草案从第一稿就为国际合作留下空间，规定"法律、行政法规另有规定的，依照其规定。"值得关注的是，中国正在积极推进数字丝绸之路建设，加速与"一带一路"沿线国家的数字贸易往来。中央网信办网络协调局负责人在立法说明记者会上指出，《网络安全法》关于数据境内留存和出境评估的规定，不是要阻止数据跨境流动，更不是要限制国际贸易，数据跨境流动是推进"一带一路"建设的必要条件。[②] 2017年6月，中国（贵州）"数字丝路"跨境数据枢纽港启动建设，同年中国主导发起《"一带一路"数字经济国际合作倡议》，旨在拓展"一带一路"国家的数字经济领域合作。数据跨境传输安全管理试点也在国家和地方层面开展探索。2020年，商务部提出"在条件相对较好的试点地区开展数据跨境传输安全管理试点"，指定北京、上海、海南、雄安新区负责推进。

第四节　中国数据跨境流动规制的逻辑

一、意识形态中的技术观和安全观

数据本地化是中国互联网治理的一项重要制度选择，这种重大的制度选择根源于中国社会的认知形态。追根溯源往往能够更清晰地理解当下，从中国人对技术和安全的理解中可以寻找数据规制的底层来源，即从总体国家安全观到数据安全，从技术民族主义到网络强国。强调提升自我技术能力以抵御外来危险的安全防御思想，是中国数据跨境流动规制的认知建构基础。

（一）从技术民族主义到网络强国

科学为民族国家提供了文化脚本，使民族国家按照其规定而行动。[③] 这种文化脚本帮助中国的精英获得了"一个现代民族国家应该是怎么样"的知识，引导

---

① 《十二届全国人大常委会第二十一次会议审议网络安全法草案二审稿的意见》，杨合庆主编：《〈中华人民共和国网络安全法〉释义》，中国民主法制出版社2017年版，第212页。

② 国家网信办：《〈网络安全法〉施行前夕国家互联网信息办公室网络安全协调局负责人答记者问》，中国网信网，2017年5月31日，http：//www. cac. gov. cn/2017 – 05/31/c_1121062481. htm。

③ Drori G. S. , Meyer J. W. , Ramirez F. O. , Schofer E. , eds. *Science in the Modern World Polity*：*Institutionalization and Globalization*. Palo Alto，CA：Stanford University Press，2003.

了中国自清朝结束以来的民族国家建设探索。亦即，对科学和技术的认知在某种程度上就是对民族国家目标的想象。从100多年前的新文化运动，科学与民主分别以“德先生”和“赛先生”进入中国，在之后长达一个世纪的民族国家建设中，中国政治精英对“德先生”没有最终达成共识，但是对“赛先生”却一致认为是使中国强大起来的不可或缺的路径。“富国强兵”是近代以来几代中国人所追求的目标。[①]

在当代中国，信息技术不仅被视作科技和技术进步的最现代的指针，也被认为是中国国家现代化的象征。[②] 正如党中央不断提醒“没有信息化就没有现代化”，必须“用信息化助力实现中华民族伟大复兴中国梦”。而且，科技作为第一生产力，是经济发展的核心动力，经济发展是党执能力建设的重要任务。此种情结或者信念可以被归结为“技术民族主义”，即“对国家安全和经济繁荣来说，技术是最根本的，一个国家的发展政策必须拥有明确的战略支撑，技术必须不惜一切代价本土化，并使技术在整个制度中扩散”。[③] 这种技术民族主义在当下具体表现为“网络强国战略思想”，也就是习近平总书记所提出的“敏锐抓住信息化发展历史机遇，自主创新推进网络强国建设”。

关于数据规则的制定，网络强国战略中除了要求保障基本的网络安全之外，另外两个值得强调的重点便是掌握核心技术和用数字化推动新的发展。正如前面所分析，中国视数据为未来技术发展的驱动力，是自主技术体系建立的基础，所以无论是掌握核心技术还是推进数字化发展都必须充分利用数据资源，基于数据大量外流的现实情况，便有将数据本地化的迫切需求。

（二）从整体国家安全观到数据主权

在充满不确定的外部环境下，中国将对国家安全的严峻形势的认识提高到前所未有的高度。2013年习近平总书记指出：“在互联网这个战场上，我们能否顶得住、打得赢，直接关系我们意识形态安全和政权安全。”[④] 2014年中央国家安全委员会成立，习近平总书记首次提出“总体国家安全观”，要求“以政治安全为根本，以经济安全为基础”，走出一条中国特色国家安全道路。[⑤] 中国特色社

---

① 郑永年：《技术赋权》，东方出版社2014年版，第30页。

② 郑永年：《技术赋权》，东方出版社2014年版，第24页。

③ Evan A. Ferigenbanum, *China's Techno - Warriors: National Security and Strategic Compertition from the Nuclear to the Information Age*. Stanford University Press, 2003, P. 14.

④ 《在全国思想工作会议上的讲话》（2013年8月19日），摘自中共中央党史和文献研究院：《习近平关于总体国家安全观论述摘编》，中央文献出版社2018年版，第103页。

⑤ 《习近平：坚持总体国家安全观 走中国特色国家安全道路》，新华网，2014年4月15日，http://www.xinhuanet.com/politics/2014-04/15/c_1110253910.htm。

会主义道路是中国最大的国情，这就决定国家政治安全至关重要，其中最突出的问题就是意识形态安全。[①] 如果说网络数据是一种信息符号的话，从内容视角来看，网络数据还是一种价值判断，背后体现的是意识形态和伦理的冲突。[②]

有论者指出，数据资源存储和分配及其基础技术由少数超级公司直接控制或由外国政府间接控制，将会因过度集中而形成强大的支配力，足以威胁到国家数据主权安全。[③] 互联网被视为意识形态安全的最大威胁之一。《网络安全法》以总体国家安全观为指导思想，其所要保护的安全是政治、经济、社会的全方位安全，意识形态安全被放在突出的位置。因为数据承载着意识形态内容，数据安全也就关乎意识形态安全和政治安全，特别是美国的棱镜门事件给中国带来极大的警示作用。以及少数超级公司或外国政府通过直接控制数据资源的存储和分配以及相关底层技术的过度中心化和主导权，将威胁到主权数据的安全[④]。

二、中国数据跨境流动规制的立法过程

（一）数据跨境流动法律规制的演进

从历史演进来看，中国数据跨境流动法律规制的形成是在特定的社会条件下逐步形成的，特别是内嵌于中国互联网管理制度的演进之中。这个法律规制演进的过程是从无到有，从无意识到主动管理，是在两条线下交互推进的。

早期中国政府对数据出境监管更多是来自对安全的本能反应，侧重的是行政事务管理。而以 2013 年斯诺登事件为转折点，国家则开始关注数据本身的安全，加速推进信息安全立法。同时，整个立法过程呈现出两条线：一是计算机网络领域的立法；二是重点行业部门的立法。

早在中国正式接入国际互联网之前不久，也就是 1994 年 2 月 18 日，国务院颁布《计算机信息系统安全保护条例》规定，运输、携带、邮寄计算机信息媒体进出境的，应当如实向海关申报。这是最早涉及电子信息出境管理的规定，但是主要针对存储电子信息的物理硬件出境流通，不是当下通过国际互联网传输意义上的数据出境。接入国际互联网后，针对国际联网问题中国出台一系列

---

① 高飞：《中国的总体国家安全观浅析》，载于《科学社会主义》2015 年第 2 期。

② 鲁传颖：《网络空间中的数据及其治理机制分析》，载于《全球传媒学刊》2016 年第 4 期。

③ 肖冬梅、文禹衡：《在全球数据洪流中捍卫国家数据主权安全》，载于《红旗文稿》2017 年第 9 期。

④ 肖冬梅：《在全球数据洪流中捍卫国家数据主权安全》，载于《红旗文稿》2017 年第 9 期。

法规，提出实行“统筹规划、统一标准、分级管理、促进发展的原则”，要求境内计算机信息网络必须通过国家公用网接入国际互联网，不允许私人接入，同时要求国际出入口信道提供单位、互联单位和接入单位，建立相应的网络管理中心，做好网络信息安全管理工作，保存好与其服务相关的所有信息资料，以备国家主管部门检查。这些规定主要从行政管理和安全保护两个角度出发，最主要体现在1996年国务院颁布的《计算机网络国际联网管理暂行规定》和1997年公安部颁布的《计算机网络国际联网安全保护管理办法》两部法律文件中。此外，国家保密局在1999年针对国家秘密信息的国际联网风险也出台专门的管理规定。

进入千禧年，中国在互联网领域颁布了第一个由全国人大颁布的法律即《全国人大常委会关于维护互联网安全的决定》，其前言开宗明义指出，保障互联网的运行安全和信息安全问题已经引起全社会的普遍关注，政府部门必须要增强网络的安全防护能力。但是直到2011年金融行业对个人金融数据出境有明确规定外，其他法律文件并没有进一步明确规定数据出境问题。

从法律文本来看，自1994年到2011年的前半段，数据出境在中国政府看来更多是计算机网络的事务性管理和国家安全问题，这种安全主要指系统安全和国家秘密。这与后半段的针对数据本身的安全的关切存在不同的立法进路。

2011年中国人民银行发布部门规章要求个人金融信息必须在境内储存，而且严格规定出境条件①，这是中国政府首次明确规定了数据本地储存监管措施。同年，保险业也出台部门规章，规定业务数据、财务数据等重要数据应存放在中国境内。② 随后，国家标准制定机构发布关于个人信息保护指南，规定个人信息未经明示同意不得出境③。在接下来几年时间里，征信业管理、人口健康信息管理、地图管理、网络出版服务管理、网约车管理以及云服务经营管理等领域，中国政府先后出台了相关条文要求数据境内储存，严格限制数据出境。但是这些细分行业的规定并不尽相同，禁止数据跨境流动的严苛程度不一。例如《人口健康信息管理办法（试行）》规定“不得将人口健康信息在境

---

① 《人民银行关于银行业金融机构做好个人金融信息保护工作的通知》第六条规定，在中国境内收集的个人金融信息的储存、处理和分析应当在中国境内进行。除法律法规及中国人民银行另有规定外，银行业金融机构不得向境外提供境内个人金融信息。

② 《保险公司开业验收指引》第三条规定，保险公司开业应符合以下条件：（九）信息化建设符合中国保监会要求。4. 业务数据、财务数据等重要数据应存放在中国境内，具有独立的数据存储设备以及相应的安全防护和异地备份措施。

③ 《个人信息保护指南》5.4.5规定，未经个人信息主体的明示同意，或法律法规明确规定，或未经主管部门同意，个人信息管理者不得将个人信息转移给境外个人信息获得者，包括位于境外的个人或境外注册的组织和机构。

外的服务器中存储，不得托管、租赁在境外的服务器”，属于绝对禁止性规定；而《网络出版服务管理规定》则要求“相关服务器和存储设备必须存放在中华人民共和国境内”，但并没有禁止数据出境和境外访问，属于相对禁止性规定。

各行业根据管理需要零零散散地规定了数据跨境流动规则，以2016年《网络安全法》的通过为标志，经过5年时间的酝酿，数据跨境流动规制立法的两条线终于正式在全局性法律层面上汇聚。① 同时，相关部门迅速采取行动，制定了一系列配套规范性文件，细化评估办法，制定国家标准。至此，中国的数据跨境流动法律规制正式成形（见图10－2）。

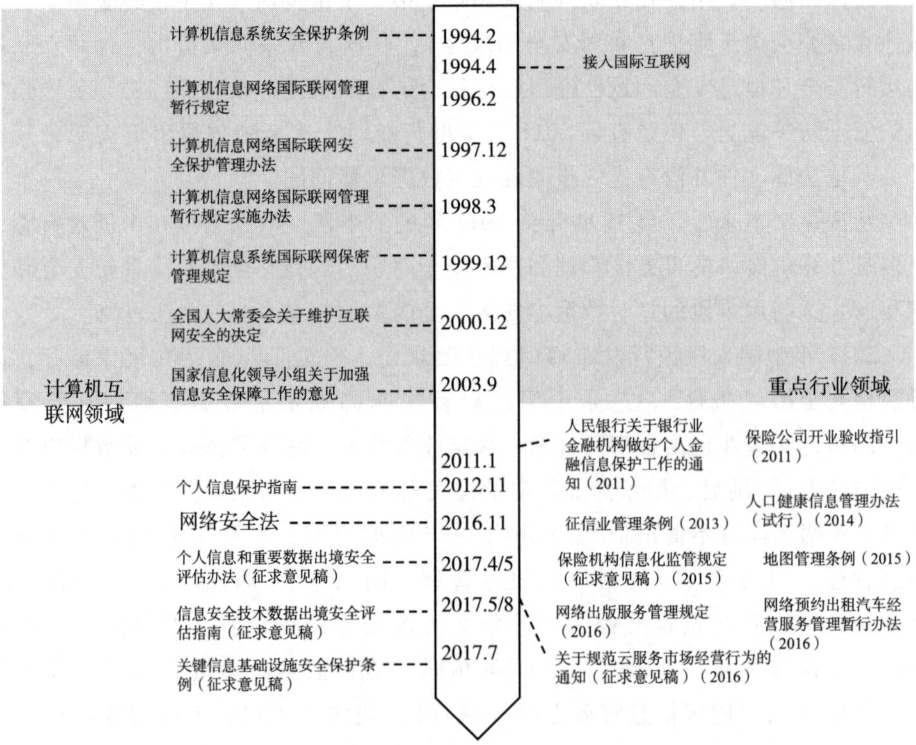

图10－2　中国数据跨境流动法律规制历史演变

① 2015年6月24日全国人大常委会第一次审议《网络安全法（草案）》上，全国人大常委会法制工作委员会做了《关于〈中华人民共和国网络安全法（草案）〉的说明》，其中指出“本法是网络安全管理方面的基础性法律，主要针对实践中存在的突出问题，将近年来一些成熟的好做法作为制度确定下来，为网络安全工作提供切实法律保障。对一些确有必要，但尚缺乏实践经验的制度安排做出原则性规定，同时注重与已有的相关法律法规相衔接，并为需要制定的配套法规预留接口。”

（二）机构变革与制度形成

中国网络信息领域长期缺乏基本法律支撑是一个经常遭受诟病的事实。[①] 2012年，“十二五”规划提出“顶层设计”，全面推进各领域改革，强调制度设计的全局性和统筹性。在此背景下，中国互联网立法一直呼吁顶层设计，《网络安全法》是中国网络领域的基础性法律，正是顶层设计的成果。

中国网络管理顶层设计由网信办主导，数据跨境流动的制度架构也是在网信办的主导下进行，这与此前的各部门零散管理呈现出不同的模式。可以说，数据跨境流动规制从侧面印证了中国互联网管理的“政府去中心化”到“再中心化”过程，中国当前的数据跨境流动制度正是“再中心化”的典型产品之一。

早期中国互联网治理呈现出“政府去中心化”特征，也就是多个部门管理的“九龙治水”模式。所谓“九龙治水”是指在2011年国家互联网信息办公室成立以前，中国互联网由国新办、工信部、文化部、新闻出版总署、广电总局等十余部委相关部门，分别负责互联网站的审批、经营项目及内容管理等，分工不明，权属混乱的现象。[②] 这样的多头管理不仅行政成本高，而且还出现职能冲突的情况，滋生部门本位主义[③]。针对这种“九龙治水”的弊病，2014年以习近平总书记为组长的中央网络安全和信息化领导小组成立，强化对网信工作的集中统一领导和统筹协调，标志着互联网发展正式成为国家最高发展战略。中央网信办在多部门联动的“九龙治水”模式之上，构建了新的顶层设计和统筹协调能力，内容管理、网络安全和信息化等几大核心层面相互促进、融为一体。[④] 而且这种集中化进程还在继续推进。2018年3月，中共中央推进深化党和国家机构改革，为了加强党中央对涉及党和国家事业全局的重大工作的集中统一领导，将中央网络安全和信息化领导小组升格为中央网络安全和信息化委员会，进一步强化了网络信息领域的集中领导。[⑤]

网信办的有效运作为中国数据跨境流动规制的统一化进程提供了保障。2013

---

① 在2016年《网络安全法》之前，中国网络信息领域专门的法律只有3个，即2000年《全国人民代表大会常务委员会关于维护互联网安全的决定》、2004年《电子签名法》和2012年《全国人民代表大会常务委员会关于加强网络信息保护的决定》。

② 国务院新闻办公室：《国家互联网信息办公室设立》，最后访问时间2018年6月11日，http://www.scio.gov.cn/zhzc/8/5/Document/1335496/1335496.htm。

③ 李遵白：《社会化网络时代中国互联网管理的元政策分析》，载于《前沿》2011年第1期。

④ 方兴东：《中国互联网治理模式的演进与创新——兼论“九龙治水”模式作为互联网治理制度的重要意义》，载于《人民论坛·学术前沿》2016年第3期（下）。

⑤ 新华网：《中共中央印发〈深化党和国家机构改革方案〉》，2018年3月26日，http://www.xinhuanet.com/politics/2018-03/21/c_1122570517.htm。

年网信办牵头启动了网络安全法专项立法，数据跨境流动也从行政规范进入法律规范的整体设计，因此数据跨境流动问题也得以从全局性角度加以审视，国家利益和个人权益的保护以及安全和发展的平衡将在党中央集中统一领导下得到充分的考量。从这个意义上说，“政府再中心化”为数据跨境流动的制度设计提供了历史性机遇，但是否实现理想的顶层设计依然有待实践考验。

三、中国数据本地化的驱动力

（一）现实利益的权衡

学者王融认为，“在当前网络空间治理政策中，没有哪类议题能够像数据跨境流动一样，包含如此之复杂的讨论面向：数据主权、隐私保护、法律适用与管辖，乃至国际贸易规则”[①]。从现实的利益平衡来看，数据跨境流动一项制度即包含着立法者的多重考量，包括国家安全、个人信息保护、产业利益和技术发展。

安全是立法者最重要也是最直接的反应。在“没有网络安全，就没有国家安全”的口号式话语的不断提醒下，数据安全、网络安全、国家安全被越绑越紧。国家安全逐渐反噬网络安全和数据安全概念，最终呈现出国家安全统领了个人隐私和商业秘密保护的局面。2016 年发布的《国家网络空间安全战略》指出，网络安全的全面威胁国家和社会：“网络渗透危害政治安全”“网络攻击威胁经济安全”“网络有害信息侵蚀文化安全”“网络恐怖和违法犯罪破坏社会安全”。

先前的研究表明，当今大多数立法者都要求数据本地化以确保安全，即使这是一个误导性的原因。[②③] 然而，中国的安全担忧不仅是非政府行为者恶意使用数据，更重要的是那些可能危害国家安全的政治行为。立法主要负责人指出，数据本地存储是为了“国家网络安全”[④]。权威立法解释指出，“如果这些重要数据传输到国外，关键信息基础设施的运营者对其的控制将减少，安全风险将

① 王融：《数据跨境流动政策认知与建议》，载于《信息安全与通讯保密》2018 年第 3 期。

② Castro, D. The False Promise of Data Nationalism. Information Technology and Innovation Foundation, 2013, Retrieved from http: //www2. itif. org/2013 – false promise – data – nationalism. pdf.

③ Cory, N. Persistent and Misguided Appeal of Data Nationalism. Presentation at the Internet Governance Project (IGP) Annual Workshop. Atlanta, US, May 2018.

④ 中国网信办：《答记者问：依法治网 主权体现》，2017 年 8 月 7 日，http: //www. cac. gov. cn/2017 – 08/07/c_1121443776. htm。

会增加"[①]。许多研究表明，2013 年 NSA 监视引起的对外国监视的不安是数据本地化的主要驱动力。[②③④] 就中国而言，虽然美国国家安全局的监控起到了很大的影响，但这并不是数据本地化的主要原因。明确的数据本地化要求是 2011 年和 2013 年在金融行业实施。斯诺登事件实际上是加速了此制度化的趋势，同时也促成了将数据全面本地化的决心。中国对数据安全的担忧促使其采取行动。2014 年《反恐怖主义法（草案）》的第 15 条规定，"在中华人民共和国境内提供电信业务、互联网服务的，应当将相关设备、境内用户数据留存在中华人民共和国境内。拒不留存的，不得在中华人民共和国境内提供服务"。不过最终通过的法律把该条款直接删除，不再就数据跨境流动做出规定。

（二）经济利益的考虑

如果仔细计算数据带来的经济利益的话需要从多个层面展开，得失都是显而易见的。

第一，中国存储的大量数据将促进互联网数据中心（IDC）产业和大数据产业的快速发展。近年来，中国 IDC 产业发展迅猛，2017 年同比增长 32.4%，2018 年市场总规模达 1 228 亿元。此外，规划在建数据中心共计 437 个，这表明该行业正在快速增长[⑤]。大数据被描述为时代变革的开端[⑥]，一直是中国国家战略的持续推动力。顶层政策设计于 2015 年完成，国务院印发了《促进大数据发展行动纲要》，贯彻落实到 2016 年 10 项重要部门政策，习近平总书记在中央政治局会议上强调。中共中央委员会在 2017 年就此专题集体学习。

第二，大数据惠及中国数字经济，2018 年数字经济规模达 31.3 万亿元，占 GDP 的比重为 34.8%[⑦]。中央提出要构建以数据为关键要素的数字经济，"发挥

---

① 杨合庆：《〈中华人民共和国网络安全法〉释义》，中国民主法制出版社 2017 年版，第 31 页。需要说明的是，本书为官方的法律释义，主编杨合庆为全国人大常委会法制工作委员会经济法室副主任，参与负责《网络安全法》的起草工作。

② Jonah, H. The Growth of Data Localization Post - Snowden: Analysis and Recommendations for U. S. Policymakers and Business Leaders. Paper Presented at the Conference on the Future of Cyber Governance, The Hague Institute for Global Justice, 2014.

③ Chander, A., & Lê, U. P. Data Nationalism. *Emory Law Journal*, 2015 (3), pp. 677 - 739.

④ Komaitis, L. The "Wicked Problem" of Data Localization. *Journal of Cyber Policy*, 2017 (3), pp. 355 - 365.

⑤ 工信部：《全国数据中心应用发展指引（2017）》，2019 年 5 月 13 日，http://www.gov.cn/xinwen/2019 - 05/13/content_5390999.htm。

⑥ Mayer - Schonberger, V., & Cukier, K. *Big data: A Revolution that will Transform how We Live, Work and Think*. Boston, MA: Eamon Dolan/Houghton Mifflin Harcourt, 2013.

⑦ 中国信息通信研究院：《中国大数据发展状况调查报告（2018）》，2019 年 4 月。

数据的基础资源作用和创新引擎作用”[①]。国家正在制定措施将公共数据商业化[②]。因此，数据对经济发展的重要性无法用具体的统计数据来衡量。

但是，正如国际研究表明的那样，限制数据的流动会对经济产生明显的反弹效应。

因此，严格的数据本地化政策很可能导致互惠保护主义，也就是中国企业的出海很有可能受到其他国家的同等性限制。[③] 数字时代，任何关于数据流的政策都可能产生复杂的经济后果，无法通过单一指标来衡量。在中国，鉴于近年来中央政府不断出台的产业促进政策，以及对数据经济作用的明确界定，将数据保留在国内的可预测经济效益从模拟来看似乎具有实用性，但存在经济损失和间接贸易冲突风险。

（三）长期的技术发展

数据保留的底层逻辑是，在中国政府看来，数据需要作为一种稀缺资源加以保护，因为它们是真正的信息化和智能化所必需的。因此，在中国，数据在国家大战略目标中被赋予了非常重要的地位，被提升为“国家重要的基础战略资源”。[④⑤] 因此，数据立法不仅仅是为了保护个人隐私和网络安全，也促进国内技术部门的发展。

在《网络安全法》中，“数据”被归类为具有价值和影响力，但不包括数据的形态。数据的本地存储是保护中国基础战略资源的关键部分。此外，《网络安全法》为数据保护提供了立体系统，范围从数据安全（第10、21、27和31条）、个人数据保护（第40～44条）到国家级数据保护（第37、51和52条）。

科技自给自足是国家信息化“十三五”规划和《中国制造2025》的重要目标。两项重大国家战略旨在建设“自主先进的科技体系”。在国家信息化“十三五”规划文本中，“自主”一词用了12次。

中国提出成为全球最大的数据资源国，拥有全球数据中心。IDC[⑥] 估计，到2020年，中国将占世界数据生产的21%。中国政府承诺推进自主创新，并在中

① 习近平：实施国家大数据战略加快建设数字中国，2017年12月9日，http://www.xinhuanet.com/politics/2017-12/09/c_1122084706.htm。

② Hong，Y. Reading the 13th Five-year Plan: Reflections on China's ICT Policy. *International Journal of Communication*，No. 11，2017，pp. 1755-1774.

③ 王融：《数据跨境流动政策认知与建议》，载于《信息安全与通讯保密》2018年第3期。

④ 全国人大和中央委员会：《中华人民共和国国民经济和社会发展“十三五”规划纲要》，2016年3月。

⑤ 国务院：《促进大数据发展行动纲要》，2015年8月。

⑥ IDC：The Digital Universe in 2020：Big Data，Bigger Digital Shadows，and Biggest Growth in the Far East. Retrieved from https://www.emc.com/collateral/analystreports/idc-digital-universe-united-states.pdf. December，2012.

国成为全球制造业强国后开始实现网络化 *IT*（即信息化）的现代化[①]，为从网络大国向网络强国乃至全球网络信息化强国迈进的"关键窗口期"，中国启动了战略实施路径。也就是说，它促进大数据、物联网、云计算、人工智能等核心技术，推动利用网络力量，实现"数字中国"。[②] 作为"国家重要的基础战略资源"，数据被赋予在这一宏伟的战略目标。

四、中国参与国际规则建构的挑战

监管跨境数据流动的目标是数据的国际流动，这是全球互联网本质的本质。任何政策决定都是基于对全球互联网治理的理解。在中国，这需要直接参与全球互联网治理规则的制定，这将是其提出的互联网主权的典型做法。

中国将数据视为国家基础性战略资源。它应用主权原则为国家领土内的数据流划定管辖边界。习近平总书记指出，"要加强对国际数据治理政策规则的研究，提出中国的建议。"[③]

中国在数据本地化方面的坚定行动是中国倡议的典型落实。互联网主权是中国的核心。提案的定义如下："每个政府都有权管理其互联网，并对信息和通信基础设施、资源和信息以及在自己境内进行的交流活动"[④]。事实上，早在 2010 年，国务院新闻办公室就在《中国互联网状况》白皮书[⑤]发表了同样的声明。《网络安全法》第一条开宗明义，将"维护网络主权和国家安全"作为立法宗旨。全国人大的立法说明文件针对此进一步阐述为"网络主权是国家主权在网络空间的体现和延伸，网络主权原则是我国维护国家安全和利益、参与国际治理与合作所坚持的重要原则"。[⑥]

---

① Hong, Y. Reading the 13th Five-year Plan: Reflections on China's ICT policy. *International Journal of Communication*, 2017 (11), pp. 1755 – 1774.

② 参见以下系列国家战略文件：《中华人民共和国国民经济和社会发展"十三五"规划纲要》，全国人大，中共中央，2016 年 3 月；《国家信息化发展战略纲要》，中共中央办公厅、国务院办公厅，2016 年 7 月；《"十三五"国家信息化规划》，中华人民共和国国务院，2016 年 12 月；国务院《促进大数据发展行动纲要》，2015 年 8 月；国务院《新一代人工智能发展规划》，2017 年 7 月；国务院关于促进云计算创新发展培育信息产业新业态的意见，中华人民共和国国务院，2015 年 6 月。

③ 新华社：《习近平在中共中央政治局第二次集体学习贯彻大数据国家战略的讲话》，2017 年 12 月 8 日，http://www.gov.cn/xinwen/2017-12/09/content_5245520.htm。

④ 国家网信办：《国家网络空间安全战略》，2016 年 12 月，http://www.cac.gov.cn/2016-12/27/c_1120195926.htm。

⑤ 中华人民共和国国务院新闻办公室：《中国互联网白皮书》，2011 年，http://www.scio.gov.cn/zxbd/nd/2010/Document/667385/667385_5.htm。

⑥ 全国人大常委会法制工作委员会：《关于〈中华人民共和国网络安全法（草案）〉的说明》，2015 年 6 月 24 日。

数据安全与国际合作的协调是法律制度设计的重要考虑因素。由于国际数字贸易的复杂性，通过本地数据存储的“一刀切”规定保障国家安全显然不符合国家利益。在《网络安全法》立法过程中，部分全国人大常委会委员提出“信息数据交换共享的必要性”，还应考虑在国家间的合作”①。政府部门建议增加“国际条约或协定有规定的，从其规定”②。《网络安全法》规定，“法律、行政法规另有规定的，从其规定”，为国际合作留下了空间。

美国和欧盟有着悠久的双边协议传统，例如安全港和隐私盾，以确保跨大西洋数据流动。在多边方面，由 8 个成员提出的亚太经合组织跨境隐私规则体系（CBPRS）加入全面进步跨太平洋伙伴关系协定、跨太平洋伙伴关系更新版本、欧盟《通用数据保护条例》和《非个人数据自由流动条例》积极制定跨境数据流动规则。中国必须在正在进行的谈判中积极参与跨境数据流动规则建构，例如关于 WTO 电子商务规则的规则（76 个 WTO 编号签署了联合声明）。

五、数据跨境流动规制的中国路径

进入 21 世纪后，全球数据本地化浪潮此起彼伏，数据跨境流动的共识和规则依然欠缺，使互联网之所以成为全球网络的数据流动反而遵从地理国家边界线画出网络空间的国家地图，使得互联网碎片化的担忧不绝于耳。③④ 从这个意义上说，规制跨境数据流正是网络空间国家控制权竞争的重要途径，是互联网全球治理所面临的时代挑战，也是中国在新形势下不得不直面的难题。2016 年《网络安全法》确定了数据本地存储、出境评估制度，但是该相关配套法规的制定仍旧处于持续讨论当中，数据跨境流动制度如何落地依然是一个重要的挑战。⑤ 基于实证的分析和对跨境数据流的本质性认识，我们提出中国数据跨境流动政策的设计应有以下几个关键考量。

第一，从总体哲学高度提炼数据治理的意涵，赋予跨境数据流动治理中国智慧。从根本上讲，参与全球治理体现的是一国在享用全球治理成果时对世界所做

---

①② 《十二届全国人大常委会第二十一次会议审议网络安全法草案二审稿的意见》，载《〈中华人民共和国网络安全法〉释义》，中国民主法制出版社 2017 年版，第 221 页。

③ William Drake, Vinton Cerf. Wolfgang Kleinwachter. Internet Fragmentation: An Overview, World Economy Forum, Future of the Internet Initiative White Paper, January 2016.

④ Milton E. Mueller. Will the Internet Fragment? *Polity*, 2017.

⑤ 2016 年通过的《网络安全法》第 37 条规定了数据本地化制度，但是制度落地的配套措施的出台却并不是一帆风顺。2019 年 6 月，国家网信办出台新的评估办法征求意见稿，在安全评估思路上做出重大调整。目前具体的制度设计依然在讨论之中。

的贡献，意味着世界各国都有责任和义务致力于各种全球性问题的解决。[①] 对数据流的认识也就是对互联网和网络空间的认识，数据治理是网络空间治理的根本。网络空间是一个整体，在这样的网络空间里，中国应继续秉持大国风范，以“大者为下”的姿态，海纳百川地接纳全球数据流，创造一个有序流动的数字世界。这是面向未来全球数据治理的中国哲学意涵。

第二，从消极被动转为积极主动，为数据跨境流动国际治理提供公共产品。数据本地化是一种策略性选择，并不是一成不变。随着自身禀赋和外部环境的变化，也就是国际均势的变化，未来中国需要依据条件逐步去除消极的防御主义色彩，更为自信和主动地参与国际规则建构。作为新兴大国，中国应为数据跨境流动提供一种具有代表性的公共治理产品，即寻求最大公约数，建立一种以公平正义为依归，以效率发展为路径的跨境数据有序自由流动秩序。这种公共治理产品应该包含规则（rule）和标准（standard/protocol），也就是国际规则和技术方案，前者以网络主权为核心，后者以区块链信任协议技术为代表。同时，必须关注新技术带来的影响，既有的数据政策和理念均是围绕旧技术作出的假设，[②] 未来云计算、大数据、人工智能甚至量子计算技术的进一步发展将提出新的挑战和机遇，中国有必要作出前瞻性的评估和设计。不过，中国方案需要用实践来检验，“一带一路”倡议不失为一个好的突破口，可提升既有合作基础，加强规则建构。

第三，更具智慧地设计国内制度，提供更为立体灵活的机制安排。目前中国数据跨境流动制度在多重因素下初步成型，但是制度细节依然在酝酿和讨论之中，特别是数据出境安全评估制度设计正处于关键时期。制度设计是一个精细的艺术，在国内制度设计中需要秉持比例原则和平衡原则，统筹考虑国家、市场以及社会三个层次的利益需求，在最大的有限理性里寻求最合理的方案。多元灵活更有利于应对数字时代的挑战，为今后发展留出战略空间，可以借鉴欧盟的丰富经验，为数据跨境流动提供更为立体的机制安排。应充分利用现有资源，通过多边合作机制寻求国际合作空间，通过国内自贸区试点开展数据安全跨境机制探索。[③] 同时值得注意的是，应审慎对待欧盟《通用数据保护条例》的全球示范效应，警惕数据立法不当的负面后果，因为防御过度对国家长远发展来说是一种伤害，特别是发展中国家。[④]

---

① 张宇燕：《全球治理的中国视角》，载于《世界经济与政治》2016 年第 9 期。

② ［美］理查·德泰勒：《数据主权和数据跨境流动：数据本地化论战》，载《数字经济时代网络综合治理研究》，北京邮电大学出版社 2020 年版，第 189 页。

③ 全球范围内已经出现了不少跨境数据流动的新探索，值得研究借鉴，比如爱沙尼亚和卢森堡签订的“数据大使馆”以及巴林提出的基于数据外交豁免的国际数据中心建设法案。

④ Martina Ferracane and Erik van der Marel. Do Data Policy Restrictions Inhibit Trade in Services?. Robert Schuman Centre for Advanced Studies Research Paper, No. RSCAS 2019/29, April 2019.

第十一章

人工智能与新兴治理

现代意义上的人工智能研究最早可以追溯到20世纪40年代。1956年，在达特茅斯夏季学术研讨会上，研究者们接受了计算机专家约翰·麦卡锡提出的人工智能（AI）概念，并将其作为这门新兴学科的正式标签。然而，真正的突破出现在2009~2010年前后，硬件设备的进步使新一代计算机在运算速度和信息处理能力方面得到大幅提升。人工智能新技术对经济、政治、军事和社会带来新的变革与治理新挑战，成为网络空间治理的新兴前沿议题。

第一节　人工智能带来的变革与影响

诚如马克思所言，科学是历史的有力杠杆，是最高意义上的革命力量。作为一项具有时代意义的科学思想与技术，人工智能系统能够通过大数据分析和学习理解人类的内在需求，作为创造性的伙伴直接参与到人类改造世界的活动中。它表现出与人类理性思维方式相匹敌的思考能力，在一定程度上改变了人类与技术工具的关系。然而，一切革命性的技术变革都意味着不确定性和风险，人工智能革命也将对经济、政治、军事、社会等领域产生重大冲击。如何在潜在的动荡风险尚未发生时做到未雨绸缪，使技术革命不至于反噬人类本身，是社会科学研究者所肩负的重要责任。在此，本节分析总结了人工智能技术进步对于社会生活中四大领域所带来的潜在风险，旨在较为全面地展示我们所需面对的挑战。

一、人工智能与经济

经济安全是国家安全的重要组成部分。特别是在冷战结束之后，随着国际体系的内在逻辑变迁，经济安全问题日益被各国政府和研究者所重视，将其视为国家安全的核心组成部分，并逐渐扩展为一个完整的理论体系。其中金融安全、产业安全、经济信息安全都被视为经济安全问题的重要组成部分。人工智能技术在发展过程中首先被视为一项具有明确经济目标的技术创新，其成果对于经济体系的影响也最为直接。因此，在尝试讨论人工智能技术所带来的安全风险时，最为基础的便是其对国家层面经济安全的影响。

结构性失业风险。从历史上看，任何围绕着自动化生产的科技创新都会造成劳动力需求的明显下降，人工智能技术的进步也同样意味着普遍的失业风险。据美国国家科学技术委员会预测，在未来 10～20 年的时间内，9%～47% 的现有工作岗位将受到威胁，平均每 3 个月就会有约 6% 的就业岗位消失。与传统基于生产规模下行所导致的周期性失业不同，由新的技术进步所导致的失业现象从本质上说是一种结构性失业，资本以全新的方式和手段替代了对于劳动力的需要。结构性失业的人们在短期内很难重新获得工作，因为他们之前所能够适应的岗位已经彻底消失，而适应新的岗位则需要较长的时间周期。

可以预见的是，主要依赖重复性劳动的劳动密集型产业和依赖于信息不对称而存在的部分服务行业的工作岗位将首先被人工智能所取代。随着人工智能技术在各个垂直领域不断推进，受到威胁的工作岗位将越来越多，实际的失业规模将越来越大，失业的持续时间也将越来越长。这种趋势的演进，对于社会稳定的影响将是巨大的。

贫富分化与不平等。人工智能技术的进步所带来的另一大经济影响是进一步加剧了贫富分化与不平等现象。一方面，作为资本挤压劳动力的重要进程，人工智能所带来的劳动生产率提升很难转化为工资收入的普遍增长。在就业人口被压缩的情况下，只有少数劳动人口能够参与分享自动化生产所创造的经济收益。新创造的社会财富将会以不成比例的方式向资本一方倾斜。①

另一方面，人工智能技术对于不同行业的参与和推进是不平衡的。部分拥有较好数据积累，且生产过程适宜人工智能技术介入的行业可能在相对较短的时间内获得较大发展。在这种情况下，少数行业会吸纳巨额资本注入与大量的人才集

---

① 根据《乌镇指数：全球人工智能发展报告（2016）》的预测，短期内人工智能的主要应用领域将集中于自动驾驶、医疗健康、安防、电商零售、金融、教育和个人助理 7 个方面。

聚，迅速改变国内产业结构。行业发展不平衡的鸿沟与部分行业大量超额收益的存在将对国家经济发展产生复杂影响。①

作为一项有效的创新加速器，不断发展成熟的人工智能技术可以为技术领先国家带来经济竞争中的战略优势。人工智能技术的进步需要大量的前期投入，特别是在数据搜集和计算机技术方面的技术积累对于人工智能产业的发展至关重要。但各国在该领域的投入差距很大，不同国家在人工智能技术方面的发展严重不平衡，而人工智能技术自身潜在的创造力特性又能使率先使用该技术的国家有更大的机会出现新一轮技术创新。如果这种逻辑确实成立，那么少数大国就会利用人工智能技术实现有效的技术垄断，不仅能够使自己获得大量超额收益，使本已十分严重的全球财富分配两极分化的情况进一步加剧，而且将会随着时间的推移使差距进一步拉大。在这种状况下，处于弱势地位的大部分发展中国家应如何在不利的经济结构中维持自身的经济安全就将成为极具挑战性的课题。

人工智能技术的发展已经深刻地改变着维系国民经济运行和社会生产经营活动的各项基本生产要素的意义。在人工智能技术的影响下，资本与技术在经济活动中的地位获得全面提升，而劳动力要素的价值则受到严重削弱。在传统工业化时代重要的人口红利很可能在新时代成为新型经济模式下的"不良资产"。新的经济体系的重构过程将会引导全球资本和人才进一步流向技术领导国，留给发展中国家走上现代化道路的机遇期将变得更加有限。人工智能技术带来的全球经济结构调整，将促使经济安全问题成为所有发展中国家所面对的共同挑战。

二、人工智能与政治

人工智能技术对于经济领域的深度影响会自然传导到政治领域，而人工智能技术的特性也容易对现有的政治安全环境产生影响。从议题层面来看，人工智能技术及其背后的大数据和算法能够潜移默化地影响人类行为，直接对国内政治行为产生干扰。从结构层面来看，人工智能所带来的社会经济结构调整，会使资本的权力在政治体系中呈现扩张态势，最终在政治权力分配中获得相应的反映。除此之外，人工智能技术的介入，还将影响国际竞争的内容与形态。因此，对于身处人工智能时代的国家主体而言，如何在变革的条件下有效维护本国的政治安全与秩序稳定，并且提高参与国际竞争的能力，将是所有国家都不得不面对的重要课题。

---

① ［英］马丁·福特：《机器人时代：技术、工作与经济的未来》，王吉美、牛筱萌译，中信集团出版社 2015 年版，第 235～238 页。

数据与算法的垄断对于政治议程的影响。技术对于各国国内的政治议程所产生的影响轨迹已经变得越来越清晰，例如围绕着2016年美国大选而开展的种种政治运作已经越来越明显地展现出拥有数据和技术能够在怎样的程度上影响政治的结果。

剑桥分析公司事件的出现非常清晰地显示出，只要拥有足够丰富的数据和准确的算法，技术企业就能够为竞争性选举制造针对性影响。在人工智能技术的协助下，各种数据资源的积累，使每个接受互联网服务的用户都会被系统自动画像与分析，从而获得定制化的服务。然而，渐趋透明的个人信息本身也就意味着这些信息可以轻易服务于政治活动。正如英国第四频道针对剑桥分析事件所做的评论，“……一只看不见的手搜集了你的个人信息，挖掘出你的希望和恐惧，以此谋取最大的政治利益。”于是，伴随着技术的不断成熟，当某种特定政治结果发生时，你将难以确定这是民众正常的利益表达，还是被有目的地引导的结果。

在人工智能时代，数据和算法就是权力，这也意味着新的政治风险。这种技术干涉国内政治的风险对于所有国家都普遍存在，但对于那些技术水平相对落后的广大发展中国家来说，这种挑战显然更加严酷。由于缺乏相应技术积累，发展中国家并没有充分有效的方式保护自己的数据安全，也没有足够的能力应对算法所带来的干涉。人工智能技术的进步将进一步凸显其在政治安全领域的脆弱性特征，传统的国家政治安全将面临严峻的考验。

技术进步与资本权力的持续扩张。国家权力的分配方式从根本上说是由社会经济生产方式的特点所决定的，不同时代的生产力水平决定了特定时段最为合理的政治组织模式。威斯特伐利亚体系中的民族国家体制出现，从根本上说正是目前人类所创造的最适宜工业化大生产经济模式的权力分配方式。因此，当人工智能技术所推动的社会经济结构变革逐步深入时，新的社会权力分配结构也会伴随着技术变革而兴起，推动国家治理结构与权力分配模式做出相应的调整。

从当前的各种迹象来看，资本权力依托技术和数据垄断的地位持续扩张将成为新时代国家治理结构调整的重要特征。人工智能技术的研究工作门槛很高，依赖于巨额且长期的资本投入。当前，人工智能研究中最具实际应用价值的科研成果多出自大型企业所支持的研究平台。超级互联网商业巨头实际上掌握了目前人工智能领域的大部分话语权。人工智能领域研究已经深深地打上了资本的烙印，大型企业对于数据资源以及人工智能技术的控制能力正在形成他们实际上的垄断地位。这种力量将渗入当前深嵌于网络的社会生活的方方面面，利用算法的黑箱为大众提供他们希望看到的内容，潜移默化地改变公共产品的提供方式。在人工智能时代，资本和技术力量的垄断地位有可能结合在一起，在一定程度上逐渐分享传统上由民族国家所掌控的金融、信息等重要的权力。资本的权力随着新技术在各个领域的推进而不断扩张，这将成为人工智能技术在进步过程中所带来的权力分配调整的重要特征。

对于民族国家来说，资本权力的扩张本身并非不可接受，大型企业通过长期投资和技术研发，能够更加经济、更加有效地在很多领域承担提供相应公共产品的职能。然而，民族国家能否为资本权力的扩张设定合理的边界则是关系到传统治理模式能否继续存在的重要问题，这种不确定性将成为未来民族国家所面对的普遍性政治安全风险。

技术进步对主权国家参与国际竞争的挑战。人工智能技术进步所带来的另一项重要政治安全风险是使得技术落后的国家在国际战略博弈中长期处于不利地位。战略博弈是国际竞争活动中最为普遍的形式，参与者通过判断博弈对手的能力、意图、利益和决心，结合特定的外部环境分析，制定出最为有利的博弈策略并加以实施。[①] 由于国际关系领域的战略博弈涉及范围广，内容复杂，各项要素相互累加形成的系统效应（System Effects）实际上已经远远超出了人类思维所能够分析和掌控的范畴，传统意义上国家参与战略博弈的过程更多依赖政治家的直觉与判断。这种类似于“不完全信息博弈”的形态给人工智能技术的介入提供了条件。[②] 只要技术进步的大趋势不发生改变，人工智能所提供的战略决策辅助系统就将对博弈过程产生重大影响。[③]

首先，人工智能系统能够提供更加精确的风险评估和预警，使战略决策从一种事实上的主观判断转变为精确化的拣选过程，提升战略决策的科学性。其次，深度学习算法能够以更快的速度提供更多不同于人类常规思维方式的战略选项，并且随着博弈过程的持续，进一步根据对方策略的基本倾向对本方策略加以完善，提升实现战略决策的有效性。[④] 最后，在战略博弈进程中，人工智能系统能够最大限度排除人为因素的干扰，提高战略决策的可靠性。[⑤]

以人工智能技术为基础的决策辅助系统在国际战略博弈的进程中将发挥重要作用，技术的完善将使得国际行为体之间战略博弈能力的差距进一步扩大。缺少人工智能技术辅助的行为体将在风险判断、策略选择、决策确定、执行效率，以

① 唐世平：《一个新的国际关系归因理论：不确定性的维度及其认知挑战》，载于《国际安全研究》2014 年第 2 期。

② John C. Harsanyi. Games with Incomplete Information Played by “Bayesian” Players, Part I: The Basic Model. *Management Science*, 1967, 14 (3), pp. 159 – 182.

③ Kareem Ayoub, Kenneth Payne. Strategy in the Age of Artificial Intelligence. *The Journal of Strategic Studies*, 2016, 39 (5 – 6), pp. 793 – 819.

④ Kareem Ayoub, Kenneth Payne. Strategy in the Age of Artificial Intelligence. *The Journal of Strategic Studies*, 2016, 39 (5 – 6), P. 808.

⑤ Stephen P. Rosen. *War and Human Nature*. Princeton. NJ: Princeton University Press, 2005, pp. 27 – 70.

及决策可靠性等多个方面处于绝对劣势，整个战略博弈过程将会完全失衡。一旦这种情况出现，主权国家将不得不参与到技术竞争中来。而在资本和技术都处于落后一方的中小国家将在国际竞争中处于不利地位，也将面对严重的政治安全风险。

人工智能技术的快速发展所带来的不确定性将直接影响国家的政治安全。它不仅能够直接作用于国内政治议程，通过技术手段对内部政治生态产生短时段的直接干扰，而且会通过国内社会经济结构的调整，在长时段内影响原有政治体系的稳定。在人工智能时代，国内治理格局需要根据经济基础的变化进行调整，作为大工业时代产物的科层制管理体系应该如何适应新时代的要求，将成为影响民族国家国内政治稳定的重要因素。另外，人工智能技术的介入和参与还会进一步拉大国家间的战略设计与战略执行能力的差距，技术的潜力一旦得到完全释放，将使得国际竞争格局进一步失衡，处于弱势一方的发展中国家维护自身利益的空间进一步缩减。国际关系行为体之间将呈现出在技术和制度上的系统性差距，发展中国家将面临更加严酷的国际竞争环境。

三、人工智能与军事

人工智能技术本身并不是军事武器，但它天然与军事安全领域的所有问题都存在着千丝万缕的联系。从人工智能技术诞生之日起，如何将其有效应用于军事领域就已被纳入所有技术先进国家的考虑范围之内。[①] 这是因为国家的军事行为与公司等经济组织的商业行为拥有相似的逻辑，都要求建立一个有效的系统，以便在竞争性过程中获得胜利。整个过程中同样包含快速获取信息、快速处理信息、做出决策与执行决策等过程。而随着人工智能技术的成熟，它将会被越来越广泛地应用于军事领域，武器系统、军事策略、军事组织，甚至战争的意义可能会发生深刻改变，人类社会也有可能在进入人工智能时代之后迎来一个不同的军事安全环境。[②]

完全自主性武器的广泛应用将带来巨大的军事伦理问题。人工智能技术不是武器，但能够成为武器性能提升的助推器。一方面，人工智能技术的介入，使大

① 在人工智能技术诞生之初，美国军方就自动化和智能化武器产生浓厚的兴趣，相关信息可参见：Allan M. Din（ed.）. *Arms and Artificial Intelligence*：*Weapon and Arms Control Applications of Advanced Computing*. New York：Oxford University Press，1988；Jeffrey L. Caton. Autonomous Weapons Systems：A Brief Survey of Developmental，Operational，legal and Ethical Issues. Strategic Studies Institute，U. S. Army War College.（2015 - 11）. http：//www. strategicstudiesinstitute. army. mil/pdffiles/PUB1309. pdf.

② Vincent Boulanin，Maaike Verbruggen. *Mapping the Development of Autonomy in Weapon Systems*. Sweden Stockholm International Peace Research Institute，2017，pp. 16 - 17.

量无人作战武器参与作战成为可能。当前，无人机、无人地面车辆、无人潜航设备已经广泛应用于军事领域，而各国军事部门对于机器人作战系统的兴趣也是有增无减。利用深度学习算法，智能化武器可以在虚拟环境中得到武器操控的基本能力，随后在现实环境中广泛获取数据，并根据数据反馈不断提升战斗能力，学习执行各种战斗命令，最终实现有效应用于复杂的战场态势。

另一方面，随着人工智能技术的发展，算法的更新可以赋予智能武器新的角色与行动逻辑。以智能化无人机为例，利用人工智能技术，无人机已不仅是执行定点清除等特殊任务的执行者，更成为情报搜集、目标定位、策略制定和行动发起的协调平台，担负起前沿信息节点和策略制定等重要任务。此外，人工智能技术的成果同样可以应用于对于各种智能化武器的训练过程中。智能化武器的规模越大，其在战斗中相互协调的优势就越容易发挥出来。通过共同的算法进行“训练”的大批量智能化武器可以协调行动，有助于其最大限度地优化其作战策略，并且根据战场形势和作战目标进行灵活调整，最大限度地获得战场优势。①

然而，武器系统的快速进步也为国家的军事行为带来了严重的伦理问题。随着技术的进步，完全自主的致命性武器系统能够做到主动识别和选择目标，确定拟对目标施加的武力级别，并在特定的时间和空间范围内对目标实施规定的武力。但自主武器是否有权力在没有人为干涉的情况下自主决定对于目标的杀伤，仍然是人类伦理领域的一个尚无答案的问题。人类社会的运行要建立在很多具有共识性的伦理基础之上，即使是军事行为也有很多明确的国际法规范。然而，这些法律规范都立足于人类之间的战争行为，对于智能化武器的规范尚未形成。特别是处于弱势一方的军事组织，在无法通过消灭有生力量的方式制止对方战争行为的情况下，是否有权利对于对方城市平民发动袭击，迫使对方停止侵略行为？如果这种行为能够被接受，那么军事行动的合法性界限到底在哪里？在这些问题得到有效解决之前，一旦在现实战场上出现智能化武器自主决定对于人类的大规模杀伤，人类社会的伦理原则就将面临重大考验。

更加有效的作战体系的出现很可能触发新一轮的军备竞赛。人工智能技术的进步和智能化武器的发展，可以使人工智能时代的作战体系逐渐趋向去中心化的动态网络结构。由于智能化武器本身有承载作战关键节点的功能，且相互之间能够实现数据和策略共享，因此，在战争过程中能够做到相互取代，从而避免了因为关键节点被攻击而导致整个作战系统失效的结果。同时，人工智能具有更加全面高效搜集战场信息的能力，能够利用智能系统重新构筑战场形态，实现对战场

① Vincent Boulanin, MaaikeVerbruggen. Mapping the Development of Autonomy in Weapon Systems. *Sweden: Stockholm International Peace Research Institute*, 2017, pp. 27 – 29; Peter Singer. *Wired for War: The Robotics Revolution and Conflict in the Twenty-first Century*. London: Penguin, 2009, pp. 124 – 125.

真实情况最大限度模拟。在人工智能技术的推动下，在军事安全领域能够出现更加有效的作战体系。

事实上，人工智能拥有两个人类无法比拟的优势，其一，人工智能系统可以快速处理战场信息，具有人类所不具备的快速反应能力。其二，人工智能系统具有多线程处理能力，可以同时处理军事行动中同时发生的多项行动，并且提出人类思维模式所无法理解的复杂策略。[①] 速度是现代战争中的重要优势，在现代战争信息超载的情况下，成熟的人工智能系统的反应速度和策略安排都将远远超过人类体能的极限。技术的影响将加剧常规军事力量对抗的不平衡状态，缺少人工智能技术辅助的武装力量将越来越难以通过战术与策略弥补战场上的劣势。常规对抗将不再是合理的战略选项，不对称战争将成为这两种力量对抗的主要方式。

人类既有的历史经验多次验证了任何科技革命的出现都会使率先掌握新科技的国家与其他国家之间的力量差距进一步扩大。作为人类科技史上最新的力量放大器，人工智能在军事领域已经展现出明显超越人类的能力与持续发展的潜力。一旦技术发展成熟，这种差距已经很难用数量堆砌或策略战术加以弥补，应用人工智能的国际行为体在军事行动中很难被尚未使用人工智能技术的对手击败，国际主体间的力量鸿沟变得更加难以跨越。面对这样的技术变革浪潮，所有具有相应技术基础的大国必然会千方百计地获取相关技术，一场以人工智能技术为核心的新的军备竞赛恐怕很难避免。

人工智能技术会大大降低战争的门槛。在现代国际体系中，战争被普遍视为国际政治行为中的极端手段。巨大的经济成本与伤亡所造成的国内政治压力实际上给战争设置了较高的门槛。然而，随着人工智能技术的介入，战争行动的成本与风险都有明显下降的趋势。

一方面，人工智能技术的介入将能够有效节约军事行动的成本。智能化武器的使用可以有效节约训练过程的时间和人力成本。无人作战武器的训练多依赖于相对成熟的深度学习算法，在初始训练结束后，可以快速复制到所有同类型无人作战武器上，完成作战武器的快速培训过程。最大限度地节省了人类武器操控者需要对所有个体重复培训的人力和物力成本，而且可以从整体上做到所有武器操控的同步进步。从长时段效果来看，这更是一种更加经济、更加有效的作战训练方式。由于算法与数据的可复制性，部分武器的战损对于整体作战效能的影响将大大降低。即使在实际战斗中出现战损情况，其实际损失也要明显小于传统作战武器。

---

① Li Yingjie et al. RTS Game Strategy Evaluation Using Extreme Learning Machine. *Soft Computing*, 2012, 16 (9), pp. 1623 – 1637.

另一方面，传统战争模式中最为残酷的一面是战争导致的人员伤亡，这也是现代社会战争行为最为严重的政治风险。而智能化武器的广泛应用实际上减少人类直接参与战斗的过程，人与武器实现实质性分离，将战争活动在很大程度上转变为利用无人武器系统的任务，从而有力地规避了大量伤亡所导致的政治风险。在传统的战争形态中，由于人类的深度参与，战争的双方都有较大的可能出现重大伤亡，这是战争的不确定性所决定的。在现代政治体系中，战争所导致的大量本国人员伤亡会在国内政治领域形成重要的社会压力，客观上增加了大国发动战争的顾虑，提升了战争的门槛。然而，随着智能化武器的广泛使用，人员伤亡能够大大减少，政治风险极大降低。这种情况实质上鼓励大国减少自我约束，更多采取进攻性的行动来达到相应的目的，也会对国际安全形成新的不稳定因素，客观上为大国之间的技术军备竞赛提供了额外的动力。

人工智能技术给网络安全问题带来的重大风险。网络安全本身就是具有颠覆性、杀手锏性质的领域，人工智能的应用将会进一步放大网络安全在进攻和防御方面的作用，从而使得强者愈强。同时，人工智能在网络攻击行动和网络武器开发中的应用也会带来很大的安全风险。这种风险主要表现在对自主选择目标的攻击是否会引起附带的伤害，是否会超出预设的目标从而导致冲突升级。在现有网络领域的冲突中，各方在选择目标和采取的破坏程度时都会非常谨慎，避免产生不必要的伤害以及防止冲突发生。但是人工智能网络武器的使用是否能够遵循这一谨慎，能否将更多在网络安全之外的因素纳入攻击目标的选择和攻击程度的决策上，仍然存在疑问。因此，自主攻击的网络武器开发应当被严格限制在特定的环境之下，并且精确地开展测试。

同时，自主攻击网络武器的扩散将会对网络安全造成更加难以控制的危害。近年发生的网络武器泄露已经给国际安全造成了严重威胁，类似于 WannaCry 和 NotPetya 这些泄露后被再次开发而成的勒索病毒给国际社会带来了几百亿美元的经济损失和重大的公共安全危害。如果更具危害的自主性网络武器一旦泄露，其给网络安全带来的威胁将会更加严重。试想如果恐怖主义集团获得了可以自动对全球各个关键基础设施发动攻击的网络武器，那么将会对全球网络安全造成严重危害。因此，自主网络武器需要有严格加密和解密的规定，并且还应当具有在泄露后自我删除、取消激活等功能。

技术本身的安全问题与技术扩散对于全球安全的威胁。人工智能技术的介入能够使军事武器的作战效能提升，同时推动成本逐步下降，两方面优势的同时存在将使得对智能化武器的追求成为各大国的合理选择，但这并不意味着人工智能技术已经完全解决了可靠性的问题。从目前情况看，人工智能技术本身的安全问题与技术扩散风险仍然不可忽视。

一方面，技术本身仍存在潜在的安全问题。算法与数据是人工智能技术发展最重要的两项要素，但这两项要素本身都蕴含着潜在的安全风险。算法是由人编写的，因此，无法保证程序完全安全、可靠、可控、可信。而从数据角度来看，人工智能依赖大数据，同时数据的质量也会影响算法的判断。军事数据的获取、加工、存储和使用等环节都存在着一定的数据质量和安全风险问题。军队的运作建立在可靠性的基础之上，而人工智能技术本身存在的不确定性会为全球军事安全带来考验。

另一方面，人工智能技术的扩散给全球安全带来了威胁。伴随着人工智能武器的开发，国际社会面临将面临严峻的反扩散问题的挑战。恐怖组织以及部分不负责任的国家有可能利用各种途径获得人工智能武器，并对国际安全和平产生威胁。人工智能从某种意义上而言，也是一种程序和软件，因此，它面临的扩散风险要远远大于常规武器。经验表明，类似于美国国家安全局的网络武器库被黑客攻击，并且在暗网进行交易，最后被黑客开发为勒索病毒的案例也有可能在人工智能武器领域重现。如何控制人工智能技术扩散所带来的风险将成为未来全球军事安全的重要议题。

人工智能技术在军事领域的深度介入，是核武器发明以来全球军事领域所出现的最重要的技术变革之一。[①] 以深度学习为标志的人工智能技术可以增强信息化作战系统的能力，这是改变战争形态的基础。智能化武器的出现在理论上能够为国家提供低成本和低风险的军事系统，能够再次在短时间内放大主体间军事力量的差距，拥有人工智能技术的国家将具有全面超越传统军事力量的能力，使对方原本有效的伤害手段失效。新的不平衡状态可能会造成重大的伦理问题，而中小国家则不得不面对更加严酷的军事安全形势。如果这种状况不能得到有效管控，大国将陷入新一轮军备竞赛，而中小国家则必然会寻找相关军事技术的扩散或新的不对称作战方式，以便维持自己在国际体系中的影响能力。

四、人工智能与社会

作为新一轮产业革命的先声，人工智能技术所展现出来的颠覆传统社会生产方式的巨大潜力，以及可能随之而来的普遍性失业浪潮将持续推动着物质与制度层面的改变，也持续地冲击着人们的思想观念。面对剧烈的时代变革与动荡，世界各国都面临着法律与秩序深度调整、新的思想理念不断碰撞等问题。变革时期

① Greg Allen, Taniel Chan. Artificial Intelligence and National Security. *Intelligence Advanced Research Projects.* Activity (IARPA), Belfer Center, Harvard Kennedy School, 2017, pp. 15 - 18.

的社会安全问题也将成为各国不得不面对的重要挑战，新的思想与行动最终将汇集形成具有时代特征的社会思潮，对国家治理方式产生重要影响。

人工智能技术带来的法律体系调整。人工智能技术在社会领域的渗透逐渐深入，给当前社会的法律法规和基本的公共管理秩序带来了新的危机。新的社会现象的广泛出现，超出了原有的法律法规在设计时的理念边界，法律和制度产品的供给出现了严重的赤字。能否合理调整社会法律制度，对于维护人工智能时代的社会稳定具有重要意义。针对人工智能技术可能产生的社会影响，各国国内法律体系至少要在以下几个方面进行深入思考。

第一，如何界定人工智能产品的民事主体资格。尽管目前的人工智能产品还具有明显的工具性特征，显然无法成为独立的民事主体，但法律界人士已经开始思考未来更高级的人工智能形式能否具有民事主体的资格。事实上，随着人工智能技术的完善，传统民法理论中的主体与客体的界限正在日益模糊，学术界正在逐步形成"工具"和"虚拟人"两种观点。所谓"工具"，即把人工智能视为人的创造物和权利客体；所谓"虚拟人"是法律给人工智能设定一部分"人"的属性，赋予其能够享有一些权利的法律主体资格。这场争论迄今为止尚未形成明确结论，但其最终的结论将会对人工智能时代的法律体系产生基础性的影响。

第二，如何处理人工智能设备自主行动产生损害的法律责任。当人工智能系统能够与机器工业制品紧密结合之后，往往就具有了根据算法目标形成的自主性行动能力。然而，在其执行任务的过程中，一旦出现对于其他人及其所有物产生损害的情况，应如何认定侵权责任就成了一个非常具有挑战性的问题。表面上看，这种侵权责任的主体应该是人工智能设备的所有者，但由于技术本身的特殊性，使得侵权责任中的因果关系变得非常复杂。由于人工智能的具体行为受算法控制，发生侵权时，到底是由设备所有者还是软件研发者担责，很值得商榷。

第三，如何规范自动驾驶的法律问题。智能驾驶是本轮人工智能技术的重点领域，借助人工智能系统，车辆可以通过导航系统、传感器系统、智能感知算法、车辆控制系统等智能技术实现无人操控的自动驾驶，从而在根本上改变人与车之间的关系。无人驾驶的出现意味着交通领域的一个重要的结构变化，即驾驶人的消失。智能系统取代了驾驶人成为交通法规的规制对象。那么一旦出现无人驾驶汽车对他人权益造成损害时，应如何认定责任，机动车所有者、汽车制造商与自动驾驶技术的开发者应如何进行责任分配。只有这些问题得以解决，才能搭建起自动驾驶行为的新型规范。

归结起来，人工智能技术对于社会活动所带来的改变正在冲击着传统的法律体系。面对这些新问题和新挑战，研究者必须未雨绸缪，从基础理论入手，构建新时代的法律规范，从而为司法实践提供基础框架。而所有这些都关系到社会的安全与稳定。

第二节 从网络空间治理到人工智能治理

一、人工智能的全球治理

人工智能在名称中包含人、智能等意思，自人工智能作为一门学科诞生的那一天起，关于人工智能治理的讨论就从未停止过。人工智能全球治理与其发展阶段有密切关联。人工智能的发展从学理层面可以定义为三个阶段，即弱人工智能阶段（Artificial Narrow Intelligence，ANI）、类人工智能阶段（Artificial General Intelligence，AGI）和强人工智能阶段（Artificial Super intelligence，ASI），分别对应机器的智能程度。目前的人工智能发展还处于弱人工智能阶段，意味着机器会在某些模块和方面取代和超越人，但缺乏完全自主意识，只能在设定好的环境中工作，无法应对新的环境并产生新功能，离全面赶上人类还存在较大差距。[①]

由于人工智能技术的复杂性，关于人工智能治理的讨论基本上也是建立在对人工智能的理解之上。早期关于人工智能的讨论具有很强的伦理导向，跳过弱人工智能阶段和类人工智能阶段，直接关注强人工智能阶段所带来的“机器是否会控制和伤害人类”等议题，使讨论逐渐陷入一场持久而无果的争论之中。[②] 当前以建立规范、规则、机制为导向的人工智能全球治理开始出现，并将对人工智能的技术发展和应用产生重要影响。[③]

人工智能的全球治理工作已经在不同领域展开。技术社群是目前最活跃的行为体，已经构建了多个治理机制。以 2017 年 1 月初举行的“受益的人工智能”（Beneficial AI）会议为基础，建立了“阿西洛马人工智能原则”，主要的参与者是人工智能的开发者和公民组织，会议总结了科研问题、伦理和价值、更长期的

① Tim Urban. The AI Revolution：The Road to Superintelligence. *Huffington Post*，Feb 10，2015，https：//www. huffingtonpost. com/wait - but - why/the - ai - revolution - the - road - to - superintelligence_b_6648480. html.

② Cellan - Jones Stephen. Hawking Warns Artificial Intelligence Could End Mankind，BBC News. Dec 2，2014，http：//www. bbc. com/news/technology - 30290540.

③ IEEE，Ethically Aligned Design，PISCATAWAY，NJ，December 13，2016，http：//standards. ieee. org/news/2016/ethically_aligned_design. html.

问题等3大类问题及23条规则。[①] 其中最核心的是强调应用应当嵌入一些基本的伦理基础如人控制机器而不是机器控制人，并且具有价值观导向，如注重平等性、隐私、人权等。电气和电子工程师协会（IEEE）建立了关于人工智能的全球倡议，并指出要确保从事自主与智能系统设计开发的利益攸关方优先考虑伦理问题，只有这样，技术进步才能增进人类的福祉。IEEE建立了《人工智能设计的伦理准则》，提出了人权、福祉、问责、透明、慎用五大总体原则，并且依据准则成立了IEEEP7000标准工作组，设立了伦理、透明、算法、隐私等10大标准工作组。[②] 此外，微软、美国信息技术产业理事会、经合组织、斯坦福大学《人工智能百年研究》、英国标准研究院等企业和机构也发布了各种有关于人工智能治理的报告。

联合国系统也高度重视人工智能的治理机制问题。ITU 2017年6月在日内瓦召开了“人工智能造福人类”（AI for Good）峰会，ITU作为联合国机构，敏锐地意识到人工智能的发展和应用会带来新的数字鸿沟，造成新的全球不平等，因此，提出人工智能的发展和应用应当符合联合国可持续发展的目标。会议提出了利用人工智能来促进全球在脱贫、健康、医疗、教育等17大领域的可持续发展目标。[③] 联合国犯罪与司法研究所在荷兰海牙成立了第一个联合国人工智能和机器人中心，该中心致力于通过提高认知、教育、信息交换和协调利益相关者，来了解和处理与犯罪相联系的人工智能和机器人带来的安全影响和风险。[④] 此外，人工智能已经引起了各国政府的高度重视。自2015年以来，美国、中国、法国、欧盟等主要大国和区域组织都积极出台国家战略，支持和引导人工智能的发展。美国政府发布了《为人工智能的未来做好准备》政策报告，并成立了人工智能委员会来促进人工智能的发展和治理，英国政府发布了《人工智能：机遇和未来决策的应用》。这些发展报告都对人工智能的全球治理问题表明了立场和观点。

二、人工智能治理与网络空间治理

体制复合体理论在分析网络空间治理时，主要通过多利益攸关方模式来构建

① Asilomar Ai Principles, https://futureoflife.org/ai-principles/.

② IEEE: Ethically AlignedDesign. A Vision for Prioritizing Human Well-being with Autonomous and Intelligent Systems, https://standards.ieee.org/content/dam/ieee-standards/standards/web/documents/other/ead_v2.pdf.

③ ITU: AI for Good Global Summit Report. *Geneva*, June 2017, P.7, https://www.itu.int/en/ITU-T/AI/Pages/201706-default.aspx.

④ UNICRI: CBRN National Action Plans: Rising to the Challenges of International Security and the Emergence of Artificial Intelligence, Oct 7, 2015, http://www.unicri.us/news/article/CBRN_Artificial_Intelligence.

技术领域的治理机制，通过多边模式来应对技术应用所带来的安全、政治、经济等领域的治理机制。人工智能在技术上有跨学科性质，同时也包含多元的治理议题和参与行为体，这为通过体制复合体理论分析人工智能全球治理提供了基础。首先，从技术逻辑上来说，人工智能是一种基于计算机和互联网技术并结合其他学科知识组成的交叉型学科，其发展和治理拥有与生俱来的跨学科、跨领域和多元行为体等特点。除了计算机科学之外，统计学、脑科学、系统辨识、优化理论、神经网络等也成为人工智能不可或缺的基础知识。人工智能既是一个具有颠覆性意义的重要技术，同时也是一个复杂的交叉性学科。

其次，人工智能全球治理包涵多层级、跨领域的治理议题。人工智能具有通用性和颠覆性等特点，它的应用具有全球性的广度和深度。体制复合体将传统国际关系所忽视的技术逻辑上升为与政治、经济、安全同样重要的地位，反映了网络空间治理领域“代码即法律”“代码即规则”的独特性。人工智能与网络空间一样，治理的内涵不仅要充分考虑技术的逻辑，同样要考虑技术应用以及对国际体系的影响。如从技术本身来看，人工智能算法所涉及的伦理问题、价值问题是人类共同面临的挑战，具有普适性；从应用角度来看，各国在人工智能发展和应用上的先后将会造成新的不平等和不平衡，引起新的数字鸿沟；从国际体系的角度来看，人工智能对于当前国际经济、安全和政治体系的影响会最终影响国际体系的稳定。[①]

再次，人工智能与网络空间全球治理的参与主体都可以被划分为技术社群、私营部门和政府等全球治理行为体。以电气与电子工程师协会（IEEE）为代表的技术社群作为人工智能技术的开发者，在国际标准的制定和治理的规范形成上具有重要作用；私营部门是规则制约的主要对象，因此对于参与治理有很大的积极性。以微软、谷歌、百度为代表的私营部门不仅具有大量的人才，并且是人工智能技术和应用创新的主要推动力量，另外传统行业也在不断顺应人工智能技术的发展，加入到治理的进程中；政府是人工智能治理中不可或缺的行为体，当然政府的角色也更加复杂和多元。政府是战略和政策的制定者，同时也是监管者，在涉及国防、安全等战略技术领域，政府是直接的参与者和推动力量。[②] 同时，政府肩负着制定条约和国际规则的责任。因此，关于人工智能的治理，必须是各个国家和各个行为体共同参与的全球治理。

最后，从实践层面来看，人工智能的全球治理进程也与网络空间治理进程有

① 封帅：《人工智能时代的国际关系——走向变革且不平等的世界》，载于《外交评论》2018 年第 1 期。

② Gregory C. Allen and Taniel Chan. Artificial Intelligence and National Security. *Cambridge*: *Harvard University*, July 2017.

相似性。如在数据安全治理议题上，人工智能与互联网治理面临的问题同样都是个人信息安全和国家安全问题。从治理行为体上看，技术社群也发挥着不可替代的作用。技术社群在互联网治理领域扮演了关键的角色，如 ICANN 在互联网关键资源的治理上，IETF 在互联网技术标准制定领域的主导性作用。在人工智能领域，以 IEEE 为代表的技术社群在标准和规范制定领域同样具有重要作用。联合国在互联网治理领域成立了信息安全政府专家组，同时在人工智能领域成立了致命性自主武器系统政府专家组。[①]

总体而言，人工智能的治理已经成为全球治理中快速发展的领域。各种不同的行为体都在结合自身的优势和能力参与治理制度的构建，并最终形成类似于网络空间制度复合体一样的治理生态。联合国、国际电信联盟等政府间国际组织以及 IEEE 非政府间国际组织积极尝试汇聚各界声音，希望未来引领国际规则制定；微软、谷歌等产业界领袖未雨绸缪，通过组建联盟、资助研究等不同形式推动规则制定；一些研究机构和民间团体大力推动广泛开展合作与研讨，期待了解各方诉求，从而在未来的治理平台设计和规则制定中施加影响。

三、多利益攸关方下的人工智能治理

体制复合体理论认为，人工智能的全球治理由两个层级多个治理议题和治理体制所组成。首先是关于人工智能技术安全（safety）层面的治理议题。最根本的问题是人与机器之间的伦理关系，包括机器是否会取代、控制和伤害人类；人类已有的道德和价值体系如何被机器遵循。[②] 具体的治理议题包括伦理、算法、失业、数据安全等议题，这些议题涉及技术社群、私营部门和政府等不同的行为体；其次是体系层面的安全（security）治理议题，包括人工智能的大规模应用是否会带来新的不公平，如可持续发展和新数字鸿沟问题等，[③] 人工智能对现存国际经济、安全和政治所带来的影响等。[④]

---

① UNIDIR：The Weaponization of Increasingly Autonomous Technologies：Concerns，Characteristics and Definitional Approaches，Geneva：2017，http：//www. unidir. org/files/publications/pdfs/the – weaponization – of – increasingly – autonomous – techno logies – concerns – characteristics – and – definitional – approaches – en – 689. pdf.

② Ed Finn. What Algorithms Want：Imagination in the Age of Computing. *Cambridge*，*MA*：*MIT Press*，2017，P. 12.

③ ITU：AI for Good Global Summit Report，May 2018，pp. 15 – 17，https：//www. itu. int/en/ITUT/AI/2018/Pages/default. aspx.

④ Julian E. Barnes and Josh Chin：The New Arms Race in AI，*The Wall street Journal*，March 2，2018，https：//www. wsj. com/articles/the – new – arms – race – in – ai – 1520009261.

从治理模式来看，体制复合体理论包含“多利益攸关方模式”和“多边模式”。在人工智能领域技术安全层面的治理上，多利益攸关方模式更加适用，它强调治理机制的公开透明、自下而上，强调技术社群的集体身份，不设立参与门槛，超越国家和利益的局限。[①] 体制复合体的理论假设是议题的性质决定了治理模式和构建治理规范的基础。人工智能在伦理、算法、失业、数据安全等技术安全层面议题的性质，更多的是强调技术的逻辑，因此，以技术社群为代表的市民社会组织和私营部门是参与治理的主要行为体，治理的目标是将伦理、价值观的考虑嵌入到算法和代码当中，通过全球治理来建立相应的规范和行为准则。

四、人工智能治理中的竞争性思想理念

（一）保守主义下的人工智能治理

随着人工智能技术的发展和进步，特别是“机器替人”风险的逐渐显现，人类社会逐渐针对人工智能技术也将逐渐展示出不同的认知与思想理念。不同思想理念之间的差异与竞争反映了社会对于人工智能技术的基本认知分歧。同时，不同思想理念所引申的不同策略与逻辑也将成为未来影响人类社会发展轨迹的重要方向。

一种可能广泛出现的思想理念是：保守主义。事实上，在每一次工业革命发生时，人类社会都会出现对于技术的风险不可控问题的担忧，人工智能技术的进步也概莫能外。在深度学习算法释放出人工智能技术的发展潜力之后，在很多领域的人工智能应用系统都仅仅需要很短的学习时间，便能够超越人们多年所积累的知识与技术。人类突然意识到，自己曾经引以为傲的思维能力在纯粹的科学力量面前显得是那样微不足道。更严重的是，深度学习算法的“黑箱”效应，使人类无法理解神经网络的思维逻辑。人类对未来世界无法预知和自身力量有限而产生的无力感所形成的双重担忧，导致对技术的恐惧。这种观念在各种文艺作品都有充分的表达，而保守主义就是这种社会思想的集中反映。

在他们看来，维持人工智能技术的可控性是技术发展不可逾越的界限。[②] 针对弱人工智能时代即将出现的失业问题，保守主义者建议利用一场可控的“新卢

---

① 鲁传颖：《网络空间治理与多利益攸关方理论》，时事出版社 2016 年版，第 34 页。

② 关于超人工智能主要特征可参见：Nick Bostrom. *Superintelligence：Paths，Dangers，Strategies.* Oxford：Oxford University Press，2014。

德运动”①延缓失业浪潮，通过政治手段限制人工智能在劳动密集型行业的推进速度，使绝对失业人口始终保持在可控范围内，为新经济形态下新型就业岗位的出现赢得时间。这种思路的出发点在于尽可能长地维护原有体系的稳定，以牺牲技术进步的速度为代价，促使体系以微调的方式重构，使整个体系的动荡强度降低。

然而，在科技快速发展的时代，任何国家选择放缓对新技术的研发和使用在国际竞争中都是非常危险的行为。人工智能技术的快速发展可以在很短的时间内使得国家间力量差距被不断放大。信奉保守主义理念的国家将在国际经济和政治竞争中因为技术落后陷入非常不利的局面，这也是保守主义思想的风险。

（二）进步主义下的人工智能治理

第二种可能广泛出现的思想理念是进步主义。这种观点的理论出发点在于相信科技进步会为人类社会带来积极的影响，主张利用技术红利所带来的生产效率提升获得更多的社会财富。进步主义体现了人类对于人工智能技术的向往，这一思想理念高度评价人工智能所引领的本轮工业革命的重要意义。他们解决问题的逻辑是要通过对于制度和社会基本原则的调整，充分释放人工智能技术发展的红利，在新的社会原则基础上构建一个更加适应技术发展特性的人类社会。

在进步主义者看来，人工智能技术所导致的大规模失业是无法避免的历史规律，试图阻止这种状态的出现是徒劳的。维持弱人工智能时代社会稳定的方式不是人为干预不可逆转的失业问题，而是改变工业化时代的分配原则。利用技术进步创造的丰富社会财富，为全体公民提供能够保障其保持体面生活的收入。②最终实现在新的分配方式的基础上重新构建社会文化认知，形成新时代的社会生活模式。

进步主义思想的主要矛盾在于，它的理论基础建立在人工智能技术能够快速发展并能够持续创造足够丰富的社会财富的基础上，从而满足全球福利社会的需求。然而，人工智能技术的发展历史从来不是一帆风顺，从弱人工智能时代到强

① 卢德运动（Luddism）是19世纪初英国工业革命时期，传统纺织业者捣毁机器的群众运动。20世纪90年代之后，新一代反对现代技术的哲学思潮逐渐出现，因为出于对自动化、数字化负面影响的担心，他们希望限制新技术的使用，由于同早期卢德运动的思想渊源相近，因此被称为新卢德运动（Neo－Luddism）。在弱人工智能时代，预计新卢德运动将获得更多的支持，有可能成为一股重要的社会思潮。关于新卢德运动的更详细介绍可参见：Steven E. Jones. *Against Technology*：*From the Luddites to Neo－Luddism*. New York：Routledge，2006.

② 关于“无条件基本收入”的相关问题，参见 Phillipe Van Parijs. *Basic Income*：*A Radical Proposal for a Free Society and a Sane Economy*. Boston：Harvard University Press，2017；Karl Widerquist（ed.）. *Basic Income*：*An Anthology of Contemporary Research*. Hoboken，NJ：Wiley－Blackwell，2013.

人工智能时代需要经历多久，至今难有定论。一旦科技进步的速度无法满足社会福利的财富需求，进步主义所倡导的新的社会体系的基础就将出现严重的动摇，甚至会出现难以预料的社会剧烈动荡。

第三节　人工智能带来的风险与挑战

一、道德伦理

人工智能伦理治理的目标是要确保机器不会取代、控制和伤害人类，以及人类已有的道德和价值体系应当以及如何被机器遵循等。目前关于这一议题的讨论是以技术社群 IEEE 制定《人工智能设计的伦理准则》和以技术社群与私营部门共同发起《阿西洛马人工智能原则》倡议为主要代表。两者都是采取多利益攸关方模式，秉持了公开透明、自下而上等理念，所有感兴趣的人都可以参与，因此两者的规模都达到了上千人。所有的建议都公开地征求参与者的意见，并且都经过了多轮征求意见的过程，确保所有的意见都被认真对待。这两个机制都存在着发展中国家参与程度较小的问题，但是由于中国、印度等国的重视，发展中国家的声音也开始有所体现。

互联网治理领域的“代码治理”是 IEEE 伦理准则的主要理论依据，代码治理认为程序代码代表规则，编写程序就是在创造规则。这对参与治理的行为体提出了非常高的要求，具有编写程序代码能力的其他领域专家和政府工作人员毕竟数量有限，因此，技术社群是代码治理最主要的支持者和实践者。IEEE 作为专家社群组织，以人工智能工程师和科学家为对象，提出制定《人工智能设计的伦理准则》（第 2 版），作为研发人员的参考标准，建立了 10 个标准工作组。其中解决系统设计中的伦理问题的建模过程（IEEEP7000™ －），伦理驱动的机器人和自动化系统的本体标准（IEEEP7007™ －），机器人、智能与自主系统中伦理驱动的助推标准（IEEEP7008™ －），合乎伦理的人工智能与自主系统的福祉度量标准（IEEEP7010™ －）等四个标准工作组，都是处理与伦理相关的问题。这些标准的制定从人权、福祉、问责、透明、慎用五大总体原则来评估每一个指标是否达到了目标。[①] IEEE 由于汇聚了众多人工智能领域的工程师和科学家，并且

① IEEE, Ethically Aligned Design, 2016, P. 7.

通过标准工作组将理念落实为行业标准，标准一旦制定完成，将会对整个行业发展以及后续各国政策、法律的制定产生重要影响。“阿西洛马人工智能原则”提出的23条原则中有很多是对如何处理人与机器之间的关系作出了回应，如从使命角度强调人工智能的发展必须是造福人类，而非不受人类控制；从价值观角度强调，人工智能系统应当与人类保持一致的价值观、接受人类的控制、不能颠覆人类社会秩序。[①]

二、算法歧视

算法是指在数学（算学）和计算机科学中，任何有着明确定义的具体计算步骤的一个序列，常用于计算、数据处理（data processing）和自动推理。[②] 算法在人工智能的发展中扮演着核心的作用，类似于机器的大脑结构，同时算法的进步也带来了算法歧视问题。算法歧视一方面挑战了公平、平等的价值观，特别是在涉及性别、种族、年龄、职业、国籍平等方面。随着基于算法的自主决策系统在金融、法律、安全、就业、教育、消费等方面的应用越来越深入，算法歧视问题对公众的生活带来了很多影响。[③]

算法歧视主要有四类不同的情况：第一类是基于算法滥用导致的针对特定群体的歧视，如针对不同消费者的价格歧视。第二类是缺乏价值观念导致的算法歧视，如互联网企业通过用户的社交圈来评估信用等，如果你的朋友都是富人，你的信用就会高于朋友都是穷人的用户。第三类是由于数据质量缺陷导致的算法歧视，这通常是在数据样本不完善的情况下，自动标签系统（auto-tagging system）未能对数据属性做出正确的识别。谷歌公司的图片软件曾错将黑人的照片标记为“大猩猩”。[④] 雅虎网络相册（Flickr）的自动标记系统亦曾错将黑人的照片标记

① “阿西洛马人工智能原则”还有一条是“不应当为人工智能能力发展提过高的上限”，即是否需要发展人工智能应当依据实际的需求，而非技术本身。当然这一条没有达成共识。主要原因在于，人工智能的发展目前还处于弱人工智能阶段，后面两个阶段的很多技术还没有突破，现在的很多讨论都是基于各种假设，很难清楚知道类人工智能和强人工智能未来应用的具体场景。因此，对于人工智能发展是否会一定违背上述的规范，还存在不同看法。

② Wikipedia contributors，“Algorithm”，Wikipedia，The Free Encyclopedia，https：//en. wikipedia. org/w/index. php?title = Algorithm&oldid = 830474312.

③ Safiya Umoja Noble. *Algorithms of Oppression How Search Engines Reinforce Racism*，New York：New York University Press，P. 155.

④ BBC：Google Apologizes for Photos App’s Racist Blunder，July 1，2015，http：//www. bbc. com/news/technology - 33347866.

为"猿猴"或者"动物"。[①] 第四类是算法在与人的互动中产生的歧视，在有监督的机器学习算法中，机器需要与用户进行大量互动，然后不断地完善。当用户输入了错误的价值观之后，机器的决策也会受到很大影响。2016 年 3 月 23 日，微软公司的人工智能聊天机器人泰河（Tay）上线。出乎意料的是，Tay 一开始和网民聊天，就被"教坏"了，成为一个集反犹太人、性别歧视、种族歧视于一身的"不良少女"。于是，上线不到一天，Tay 就被微软公司紧急下线了。[②]

算法偏见既有开发者为了获取经济利益主动为之的情况，也有不可知的算法黑箱导致的情况。"与传统的机器学习不同，深度学习并不遵循数据输入、特征提取、特征学习、逻辑推理、预测的过程，而是由计算机直接从事物的原始特征出发，自动学习和生成高级的认知结果。在人工智能输入的数据和其输出的答案之间，存在着我们无法洞悉的隐层，这就是黑箱（black box）"。很多专家认为，黑箱问题无法解决，人类无法理解机器的逻辑，也有专家认为可以通过算法的优化来进行干预，但无论是通过算法本身的改进还是通过人类在算法做出决策后进行干预和纠偏，算法歧视问题都将是人工智能全球治理的一个重要议题。

针对算法歧视的治理同样需要政府、技术社群、私营部门构建相应的治理机制。马修·约瑟夫（Matthew Joseph）等在其论文《罗尔斯式的公平之于机器学习》（Rawlsian Fairness for Machine Learning）中基于罗尔斯的"公平的机会平等"（Fair Equality of Opportunity）理论，引入了"歧视指数"（Discrimination Index）的概念，提出了如何设计"公平的"算法的方法。[③] 在加州大学伯克利分校发布的《人工智能的系统挑战：一个伯克利的观点》（*A Berkeley View of Systems Challenges for AI*）中，这种关联性被称为"反事实问题"测试。在个人被拒绝贷款的例子中，人工智能系统必须回答如果"我不是女性，是不是就能批贷""如果我不是小企业主，是不是就能批贷"这样的问题，因而数据使用者有义务建构出一套具有交互诊断分析能力的系统，通过检视输入数据和重现执行过程，来化解人们的质疑。[④]

算法偏见既是伦理问题，同时也是公共政策问题，需要建立更多的机制对算法偏见进行监督。社群、私营部门以及政府所做出的努力都在朝着逐步规范算法

---

① The Guardian: Flickr Faces Complaints over Offensive Auto-tagging for Photos, May 20, 2015, https://www.theguardian.com/technology/2015/may/20/flickr-complaints-offensive-auto-tagging-photos.

② Wikipedia contributors, "Tay (bot)", Wikipedia, The Free Encyclopedia, https://en.wikipedia.org/w/index.php?title=Tay_(bot)&oldid=825577647.

③ Mathew Joseph. Rawlsian Fairness for Machine Learning, October 2016, https://www.researchgate.net/publication/309572952_Rawlsian_Fairness_for_Machine_Learning.

④ 许可：《人工智能的算法黑箱与数据正义》，腾讯云，2018 年 4 月 18 日，https://cloud.tencent.com/developer/article/1101943?from=15425.

的方向而努力。IEEE 制定的《人工智能设计的伦理准则》中的五大设计原则，以及谷歌提出的“机会平等”都可以作为应对算法歧视的规范，但是算法歧视问题的解决并非一朝一夕，需要针对不同领域、不同情况的歧视问题构建相应的治理机制。

三、数据安全

数据是人工智能时代的石油和推动人工智能发展的动力。算法需要数据进行支撑，场景的开发和应用也需要大数据。人工智能时代数据安全问题主要包括隐私和国家安全两个方面。隐私本身是人权的一种，个人信息的泄露会对个人的生活、工作、经济和安全带来负面影响，各国的法律都对公民隐私保护有明确的规定。另外，从国家安全的角度来看，大数据涉及的是国家的金融、经济风险以及国防和国家安全。数据一旦被恶意使用，就会对国家造成重大损失，“斯诺登事件”所揭露出的大规模数据监听，就是大数据与国家安全领域的里程碑事件。

数据安全不仅是人工智能面临的挑战，任何涉及使用数据的企业，在使用个人信息或者关键基础设施产生的重要信息时，都存在同样的问题。数据安全是政府关注的焦点问题，关于数据安全的治理是各国公共政策的一部分，欧盟出台了通用数据保护规则，中国也制定了个人信息保护规范，并开始探讨就个人信息安全进行立法。各国加强对个人信息安全保护产生了数据的跨境问题。各国基本都是从个人信息保护和国家安全角度限制数据的出境。企业要进行数据出境需要满足所在国家的相关规定，或者国家在双边层面制定相应的规则如美欧隐私盾协议、欧盟的白名单制度。在涉及人工智能与数据安全时，欧盟规定需要将敏感数据排除在人工智能的自动化决策之外，根据《通用数据保护规则》第 9（1）条，“敏感数据”即有关种族、政治倾向、宗教信仰、性取向等的数据，或者唯一性识别自然人的基因数据、生物数据。由于这些数据一旦遭到泄露、修改或不当利用就会对个人产生不利影响，因此，欧盟一律禁止自动化处理，即使当事人同意也不行，除非法律例外。①

在人工智能的伦理、算法、失业和数据安全的治理议题上，以技术社群为主导的多利益攸关方模式正在发挥标准和规范制定的作用，会对克服人工智能发展中面临的伦理、歧视、失业和数据安全问题产生重要影响。同时也要注意到，多利益攸关方也存在一定不足之处，特别是技术社群的专家主要是来自西方国家，

---

① 许可：《人工智能的算法黑箱与数据正义》，腾讯云，2018 年 4 月 18 日，https://cloud.tencent.com/developer/article/1101943?from=15425.

难以避免先入为主地把很多价值观带到治理机制中。因此，人工智能在伦理层面的治理应当在互联网治理的多利益攸关方基础上，更加关注解决平等参与和公平参与问题，要拿出切实的政策鼓励发展中国家的参与，平等采纳发展中国家的主张。

第四节　人工智能治理的能力建设与应对

一、加强风险防范

提升风险防范意识是应对人工智能时代国家安全风险的重要起点。相对于其他领域的安全风险，人工智能在国家安全领域的风险具有系统性、不确定性、动态性等特点。此外，人工智能是一个新的风险领域，既有的安全治理经验很少，人们很难从过去的经验中吸取教训。因此，无论是风险的识别、预防和化解都是一项全新的挑战。建立相应的风险感知、识别、预防和化解能力框架是现阶段应对人工智能风险的当务之急。

国家在发展和应用人工智能技术过程中，应当重视提高对技术以及应用的风险意识。由于人工智能技术的复杂性，企业常常处于技术创新和发展的前沿；而国家在某种程度上远离技术的前沿，对技术的感知存在一定的滞后，并且往往是在事件发生之后才被动地做出反应，这样就会错过最佳的干预时期。为了建立主动应对的能力，国家首先需要提高对于行业和领域的风险意识，避免由于风险意识不足导致的危机。

例如，在总体国家安全观以及其包含的政治安全、国土安全、军事安全、经济安全、文化安全、社会安全、科技安全、信息安全、生态安全、资源安全、核安全等在内的11个安全领域中高度重视人工智能发展可能带来的积极和消极影响。特别是在涉及政治安全、军事安全、经济安全、信息安全、核安全等领域，人工智能所包含的风险已经开始显现，但相应的风险意识并没有跟上风险的威胁程度。[①] 在这些重点领域和行业，应当把提升风险意识作为制度性工作。

提升风险意识需要国家密切关注人工智能技术和应用的发展，通过系统思维

① Gregory C. Allen，Taniel Chan. *Artificial Intelligence and National Security*. Cambridge：Harvard University，2017.

对其可能在重要安全领域带来的风险进行深度思考。提升意识有助于后续的风险识别、预防和化解的过程，增加国家和社会对风险的重视程度，从而加大资源的投入与人才的培养。

二、提升风险识别

识别潜在的风险是加强危机应对的重要组成部分，但它又是具有挑战性的工作。人工智能距离广泛应用还有一段距离，相应的风险还在逐步的显现，在缺乏足够的案例的情况下，建立对风险的识别能力是一种具有前瞻性和挑战性的工作。人工智能是一项通用性的技术，有很多方向和突破点，这加大了风险识别的难度。总体而言，主要遵循着技术突破—应用创新—新的风险这样一个过程。识别风险的阶段越早，对于风险的控制就越容易。已有的案例和技术发展的趋势表明，人工智能所带来的风险程度高，往往还是具有一定系统性特征，对国家安全所造成的威胁程度较大。对于国家而言，识别人工智能的风险能力建设是一项长期的工作，需要建立跨学科的知识背景以及相应的跨部门协作机制，在政治安全、经济安全、军事安全、社会安全等领域建立相应的风险识别机制，加强相应的能力建设。

三、增强风险预防

风险预防是指对已经识别的风险和未能识别的风险进行预防。对已经能够识别的风险领域，应当根据自身的脆弱性，制定相应的预案，并且寻求风险降级的方法。对于未能识别的风险，则需要投入更多的精力，制定相应的规划，评估处置措施。在国家安全领域建立风险预防能力对于政府部门的动员能力有很高的要求。在很多风险的预防问题上，政府都缺乏足够的经验，缺乏成熟的应对机制，但是却需要政府部门能够快速地应对，及时地制定相应的风险预防计划。

四、优化风险化解

风险化解的能力，最终决定国家在人工智能时代应对国家安全风险的结果。风险意识提高、识别能力加强和建立预防能力都是增加风险化解能力的关键。但是，最终如何化解风险还取决于多方面的能力要素构建。人工智能所具有的跨领域特征，要求首先构建相应的跨部门协调机制。[①] 人工智能所展现的跨国界特征，则要求建立起相应的国际合作机制。总体而言，如果化解人工智能的风险，就需要持续地关注和不断地加强能力建设，这对国家提出了更高的要求。

最后，风险化解是一项系统性工程，它并非是要减少和限制人工智能的发展，相反，它是建立在对人工智能技术、应用、影响等多个维度的精确理解基础之上，在发展与安全之间取得平衡的一种能力。风险管控越有效，人工智能发展的空间越大，国家竞争力就越强。因此，提升国家安全领域的人工智能风险意识以及建立相应的管控机制，是保障其未来发展的关键。

① Miles Brundage, ShaharAvin, Jack Clark, et al. The Malicious Use of Artificial Intelligence: Forecasting, Prevention, and Mitigation. Cornell: arXiv Archive, Cornell University Library, 2018.

第十二章

网络空间全球治理的中国智慧

“天下之至柔，驰骋天下之至坚”，在《道德经》中，“贵柔”是老子所阐释的基本观念之一，他认为天下最柔弱的东西，往往能战胜最坚硬的东西，就像水，水善利万物而不相争。水合于“道”，虽然柔弱且乐于流往低处，但“无有入无间”，所经之处却也能无坚不摧。我们也试图从这一理念去阐释网络空间全球治理的中国智慧。

网络空间全球治理本质上是人类全球治理的一块试验田。正如阿兰·瑞安（Alan Ryan）所指出，西方政治哲学思想史无非就是“人类如何治理自己”的种种回答，[①] 这一进程依然在继续，并且东方也在积极探索。从互联网治理到网络空间治理，治理本身不断发生着变化和进化。治理议题不断在演变，但是深层次的思想逐渐沉淀下来，对当下和未来的技术与社会持续不断地产生影响。网络空间治理理论建构的意义不仅在于理解网络空间本身，更在于理解东方—西方社会的交往关系，从一个大的视野来看是理解人类自我演进的进程本身。在人类学家眼里，人类是“孕育文化”的物种。[②] 我们主张网络空间治理体系的建构要从文化角度去理解，甚至从文明的视角去理解，全球治理需要超越传统国际关系的理论。马克斯·韦伯（Max Weber）从文化角度解释了西方现代化的动力，同样，我们需要用文化解释和探寻互联网以及网络空间的发展动力。中国传统文化的精髓之一在于坚持道的思想，强调天人合一，道法自然，万物一体，而互联网及其

---

① 阿兰·瑞安:《论政治（上卷）》，林华译，中信出版社 2016 年版，第 16～17 页。

② ［美］乔治·萨拜因:《政治学说史（上卷）》，邓正来译，上海人民出版社 2008 年版，第 12 页。

建构出的网络空间就是万物一体的最经典的表现。

第一节 网络空间全球治理的发展趋势

随着世界政治经济格局加速变化，大国竞争逐渐聚焦于信息技术的创新发展和数字空间。世界主要大国纷纷加强顶层设计，保障关键技术的创新发展是实施国家数字战略的基本目标；推动数据共享和数据跨境流动，在促进数据流动和共享中获得最大的发展红利是各国实现数字发展的最终目标；保障数字空间安全是各国追求数字发展红利的必要条件和重要保障，特别是供应链安全和数据安全。数字技术的发展推动了全球权力的重新分配，在中美科技竞争和中欧寻求合作的大势下，数字空间将逐渐形成中美欧三极鼎立的地缘格局。①

数字技术及其应用将迎来蓬勃发展的高光时刻，而其中蕴含的安全风险更加不容忽视。对于美国而言，拜登政府上台后，其尝试恢复自由主义的国际秩序，重建美国的全球领导力，然而数字时代的国际关系已不可能回到美国独领风骚的过去，国家之间、国家与非国家之间的实力此消彼长，一次全球权力的重新分配已然开始。② 如果说数字技术的力量正在安静而汹涌地冲击着一片片固有的边界和堤坝，国际规则和秩序的重塑也将会在国际舞台上推进和展开；大国竞争日趋扩大和复杂化，因而更需要精细化应对，大国关系进入融合国力竞争的新时代。

一、科技创新实力成为新的竞争资本

互联网技术发展引发诸多新兴产业的崛起，带来巨大的经济利益，包括传统产业也在走进互联网所铺就的轨道中。所以，无论是从国家层面还是企业层面，没有任何国家想失去参与互联网竞争的机会，也没有任何一个企业还打算照搬守旧而远离互联网红利。从全球互联网公司排名来看，互联网巨头企业主要集中在中、美两国，所以中美两国的互联网领域竞争也越来越激烈。

对中国在互联网领域逐渐显露的巨大竞争力的“恐惧”是美国政府和互联网巨头企业的“共识”，也是美国对互联网巨头施以监管时的重要考量点。随着科技全球化以及第四次工业革命的到来，科技创新竞争成为大国竞争中的重要部分，美国对此的反应为持续保持技术领先优势应上升为国家安全战略重心。

---

①② 郎平：《全球数字地缘版图初现端倪》，载于《信息安全与通信保密》2021 年第 3 期。

时值百年未有之大变局，世界格局加速演进，网络空间的竞争日趋白热化。以美国为首的部分国家，在关键技术领域、信息通信产业以及外交层面加大对华遏制与围堵，而这一系列打压的背后，也显露出当今数字大国的竞争焦点，如科技主导权、数据安全、规则制定权等。在美国的大力鼓动下，以意识形态安全风险为由，欧美国家针对中国的遏制和封堵有扩大和蔓延的可能，中国互联网企业出海的难度持续加大。①

未来世界，科技创新及应用将成为大国竞争的重要资本，我们要清醒地认识到中国在网络空间中发展所面临的来自科技创新强国的激烈竞争，也要做好充分的准备，这个准备来自对自身科技研发能力的提升，也来自与技术领先国家的协作共进。

二、政治力量介入数字经济商业竞争

美国一直有利用法律外衣、政治力量介入商业竞争的传统。从 21 世纪 80 年代的日本东芝事件，到 2013 年的法国阿尔斯通事件，再到近些年中国的华为、中兴事件和 TikTok、WeChat 事件等，都体现了美国对战略技术制高点的强烈诉求，为维护其霸权下的国际秩序而采取了一切可能的手段和方法。

美国政府近年来发起的贸易战其主要目的也在于通过遏制中国在科技创新领域的发展、遏制中国制造业升级，意图拖慢中国实业兴邦的“中国制造 2025”这一强国战略。② 此外，通过政策限制人才交流成为美国维持技术竞争优势的另一个手段。2018 年，美国《国防授权法案》（NDAA）提出允许美国国防部终止向参与中国、伊朗、朝鲜或俄罗斯的人才计划的个人提供资金和其他奖励，教育机构以及政策机构等不得将经费提供给参与了特定计划的任何人。

同时，美国试图连同盟友建立一个所谓的“数字贸易协议”，形成一个拥有共同标准的数字贸易区。该协议可能着眼于为数字经济制定标准，包括数据使用、贸易便利化和电子海关安排的规则等③。

新冠疫情发生后，全球经济呈现非同步性复苏，多国政府采取防控措施，线下服务贸易受影响，而相比之下，数字贸易展现出强大的发展韧劲，各国也将加速参与到全球经济与贸易的网络空间的构建当中去，一旦美国能够以较低

① 郎平：《大变局下网络空间治理的大国博弈》，载于《全球传媒学刊》2020 年第 1 期。

② 《醉翁之意不在酒！美国发动“贸易战”真正目的何在?》，《人民日报》百家号，https://baijiahao.baidu.com/s?id=1596277358617979630&wfr=spider&for=pc，2018 年 3 月。

③ 《拜登酝酿数字贸易协议遏制中国？专家：目前美国没有足够的号召力和说服力》，https://baijiahao.baidu.com/s?id=1705247584072865954&wfr=spider&for=pc，2021 年 7 月 14 日。

的代价将中国数字产品和服务拒之门外，那么未来中国所有的数字产品及服务提供商将被限制在较小的范围内发展。对中国互联网公司来说，如果不能解决目前面临的诸多“卡脖子”的技术问题，未来的发展充满着巨大的不确定性。

三、全球网络碎片化趋势将持续加剧

美国意图将中国排除出美国主导的西方互联网阵营，可能造成全球互联网的大分裂。事实上全球网络碎片化在全球范围内已经成为一种普遍趋势，而且在近几年愈加明显。

2019 年 5 月俄罗斯通过了《主权互联网法案》以捍卫俄罗斯互联网的自主性，随后 2019 年 12 月 23 日宣布成功断网测试了“主权互联网”（RUnet）。2020 年，印度以安全和主权的名义大规模封禁中国应用程序。东南亚多个国家如越南、印度尼西亚、马来西亚等纷纷立法主张数据存留本地。欧盟开始力推“技术主权”，强调欧洲必须有能力根据自己的价值观并遵守自己的规则来做出自己的选择。法国、德国等国筹划建立云计算生态系统计划 Gaia - X，以摆脱对美国亚马逊、微软和谷歌的依赖。在当前地缘政治的紧张局势下，网络空间中的国家间互信急剧下降，全球互联网从理念分歧走向物理分裂的趋势进一步增强。

特别是中美关系的进一步紧张化之后，形成了“网络空间治理的阵营化”，这需要引起警惕。中美在网络空间领域的矛盾呈现结构性，双方难以建立互信，焦点问题突出。中美网络竞争持续激化，未来全球碎片化趋势或将持续加剧，中美网络竞合将呈现出新特点和新趋势。竞争是拜登政府对华整体战略的基调。拜登上台后，美国对华网络战略并不会产生本质性改变，但将在表现形式上有所调整，更注重国际规则的作用，发挥多边主义联盟和国际规则的力量制衡中国，并构建全局性、系统性的对华竞争战略。

不同于特朗普的孤立主义和单边主义策略，拜登政府将在外交领域重回多边主义轨道，重新承担全球领导者的角色。美国总统拜登发起一项全球基础设施倡议，“以应对中国”，特别是在“印度洋 - 太平洋地区”。[①] 拜登政府将联合盟友和伙伴，拉拢非洲、拉美的“朋友”以及其他“与美国拥有共同价值观和目标的国家”，在任期内召开“民主峰会”（Summit for Democracy），建立更广泛的“民主国家网络”。在技术治理领域，西方阵营化趋势愈加明显。拜登团队提出，要联合美国在全球的盟友、伙伴和私营企业，建设安全的 5G 网络，应对网络空

---

① 《外媒：美在“印太地区”连续推出“制衡中国”倡议》，《参考消息》百家号，https：//baijiahao. baidu. com/s?id = 1735956964562556743&wfr = spider&for = pc，2022 年 6 月 18 日。

间的威胁。

随着网络空间的重要性不断增强，美国的战略意图是谋取网络空间的控制权，中国是其实现该战略意图的主要障碍之一。美国持续加强对华网络竞争，并可能更加频繁地介入到数字经济商业竞争之中，不断推进中美经济脱钩、科技脱钩，形成网络治理的东西阵营分化，最终可能导致互联网的分裂和全球网络碎片化加剧。

四、国际格局变化对网络空间治理的影响

在世界大变局的背景下，当今现实空间正在经历国际秩序的重塑，围绕网络空间规则制定和国际秩序建立的大国间博弈也会进一步加剧。虽然中国在数字经济以及国际舞台上的影响力逐渐增强，但中国的影响力和话语权与欧美等发达国家相比还有较大的差距。在国际规则层面，中国在科技、数据跨境流动、数字经济和负责任国家行为规范等方面将会面临着更大的压力。

同时，网络空间国际话语权争夺日趋激烈，新的网络空间国际规范不断涌现。2020 年以来，法国、美国、俄罗斯和荷兰都提出了适用于网络空间行动的国际法立场文件，美国等 27 国发布了《关于推进网络空间负责任国家行为问题联合声明》（Joint Statement on Advancing Responsible State Behavior in Cyberspace），而该声明刻意回避国际社会要求建立“和平网络空间”的共识，意在将某些国家在网络空间内展开的进攻性行动合法化。2019 年 11 月，由荷兰政府主要资助的全球网络空间稳定委员会（GCSC）发布了《推进网络空间稳定性》（Advancing Cyberstability）报告，报告提出建立网络稳定框架，并给出了促进网络空间稳定的建议。随着网络空间国际规范的生命周期由规范兴起向规范普及过渡，大国围绕规范制定话语权的博弈将更加激烈。[①]

世界正在经历百年未有之大变局，大国力量此消彼长，国际格局面临解构与重建；在全球疫情背景下，世界政治经济格局加速演进，国际形势的不稳定不确定性更加突出。网络空间不仅是大国竞争的重要领域，更是大国竞争的重要工具。“由于互联网跨越了国家边界，所以互联网治理的学术研究是非常典型的全球语境和视野”。[②] 单方面地制造网络空间的“新战场”无益于人类社会的整体发展，国际社会应秉持责任共担、繁荣共享的理念，逐渐加强对话合作，营造和

① 郎平：《大变局下网络空间治理的大国博弈》，载于《全球传媒学刊》2020 年第 1 期。

② Laura DeNardis eds, 2019. Global Internet Governance: Critical Concepts in Sociology, Routledge, 2.

平、开放、安全的网络空间，这也是在“全政府-全社会”[①] 模式的融合国力竞争时代，互联网治理的重要目标。

第二节　寻求网络空间治理的共同价值理念

网络空间治理体系建构的最重要的原则就是兼容并包，要有海纳百川的精神，就需要最大化地寻求人类的共同价值理念。在论述世界秩序时，基辛格提出：“要建立真正的世界秩序，它的各个组成部分在保持自身价值的同时，还需要有一种全球性、结构性和法理性的文化，这就是超越任何一个地区或国家视角和理想的秩序观。”[②] 诚如所言，实现多元治理秩序的前提需要有一个共同的价值基础。联合国全球治理委员会发布的具有里程碑意义报告《天涯成比邻——全球治理委员会的报告》中提出，“全球价值观是全球治理的基石”[③]。要引导全球合作进入更高水平，有效应对影响到人类共同命运的问题，亟须构建更具有包容性的全球价值理念来弥合纷争。[④]

针对网络空间治理机制失灵的现实，基于利益的自由主义理论范式[⑤]认为网络空间全球治理的核心在于形成具有自我调适能力的国际机制，基于权力的现实主义范式[⑥]认为网络空间治理体系的关键在于霸权国的主导形成稳定秩序，基于认知的建构主义范式[⑦]强调国际规范对国家的约束能够提供弥合冲突的可能性。我们认为，这些原因只是表层或者中层的，不足以解释网络空间内在深刻的、持续性存在的分离主义和碎片化倾向，同时，既有的建构主义范式强调了国际社会对国家行为的影响，但反而忽视了主导性国家对国际社会规范形成的决定性影

---

① 郎平：《大变局下网络空间治理的大国博弈》，载于《全球传媒学刊》2020 年第 1 期。

② ［美］亨利·基辛格：《世界秩序》，胡利平、林华、曹爱菊译，中信出版社 2015 年版，第 489 页。

③ *Our Global Neighborhood*: *The Report of the Commission on Global Governance*. Oxford and New York: Oxford University Press, 1995.

④ 杨雪冬：《全球价值理念的生成机理初探》，载于《东北亚论坛》2020 年第 4 期。

⑤ 以罗伯特·基欧汉和约瑟夫·奈的新自由主义理论为代表，特别是约瑟夫·奈进一步提出的网络空间全球治理机制复合体理论，参见［美］罗伯特·基欧汉、约瑟夫·奈：《权力与相互依赖》，门洪华译，北京：北京大学出版社，2002 年；Joseph Nye. The Regime Complex for Managing Global Cyber Activities. *Global Commission on Internet Governance Paper Series*, 2014, 1.

⑥ 以米尔斯海默的进攻性现实主义为代表，参见［美］约翰·米尔斯海默：《大国政治的悲剧》，王义桅、唐小松译，上海人民出版社 2006 年版。

⑦ 以温特的建构主义理论为代表，参见亚历山大·温特：《国际政治的社会理论》，秦亚译，北京大学出版社 2005 年版。

响，因此无法真正揭示冲突背后的根源性规律。

一、互联网私有性与网络空间公共性

网络空间既是物质的，又是精神的；既是客观的，也是主观的。网络空间治理体系建构是国家治理和全球治理的同构过程，本质上是一种文化模式的交往，是不同国家治理的理念在全球层面形成了共同的治理机制和制度。我们认为对客观世界的认识和价值取向决定了一个国家对秩序偏好的想象，以此为基础形成一套相对应的治理体系和治理模式。落在网络空间治理，这种逻辑链条即对网络空间/互联网的公私属性的认识决定了对网络空间公平优先的公共秩序还是自由优先的私人秩序的价值取向，由此产生了政府主导的联合国治理框架和私营部门主导的互联网社群体系的不同的治理主张（见图 12 -1）。

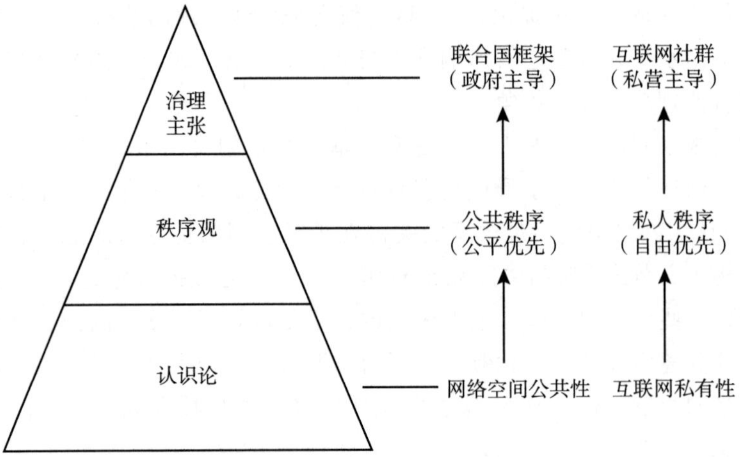

图 12 -1　基于文化 -政治的治理主张与体系

网络空间及其所支撑的互联网，内在交缠混合着公与私两种属性，这是造成认知差异的基础，也是造成不同秩序期待的物质前提。人们的目光往往聚焦于政府的权力影响，而忽视了资本私有力量的事实的日常的运作。但事实是，整个网络空间政策领域有时候就是指私营部门主导的全球多利益攸关方系统，[①] 某种程度上，互联网治理是以私有化（privatization）为起点的。1986 年美国国家科学基金会（NSF）将互联网拓展到整个高等教育团体，开始了互联网的民用化，到

① Laura DeNardis eds. *Global Internet Governance*: *Critical Concepts in Sociology*. Routledge, 2019 (1), P. 7.

1990年美国联邦网络委员会接触了根系统的军事管制，随后互联网在20世纪90年代开始了大规模的商业化浪潮。[①] 曾经互联网主权更多指的是互联网本身的主权，也就是不受传统国家政府所管制的自由之地[②]。

互联网的私有性呈现出一幅全面展开的图景，在技术是私有控制的、在产业生态是私营资本驱动的、在治理模式上是私人主导的。互联网是由大量的自治域子网络组成。一个自治域（AS）是一组路由器的集合，具有特定的路由策略，由独立的实体运行，是全球互联网的基本组成单元，美国的自治域超过2.5万个，中国的自治域也超过6 000多个。自治域的从技术上属于互联网运营商所有，其内部遵循运营商的控制规则。[③] 互联网在技术上是私人主体控制的。

在特殊的发展历史条件下，今天的互联网呈现出一个私有化的和大型商业化的综合性计算机网络，彼此独立，但又有特定的共享利益。[④] 20世纪80年代，由于私有资本的进入，互联网技术在发展方向上发生了巨大的变化。1991年5月，在大量公开的、私底下的关于商业化和私有化的讨论之后，[⑤] 互联网向商业开放。随后万维网的应用让互联网变成了通信和商业的大众媒介，互联网进入了商业化浪潮发展中。域名开始用于标识内容，而不仅仅是网络资源，从此域名空间成为一种新的商业价值。国际互联网络信息中心为了应对万维网爆炸式的发展，将通过顶级域名空间变成了一个公共池塘，并进行市场化自由交易。[⑥] 在运营互联网关键资源的互联网社群体系中，私有公司的力量一直是重要的，代表商业利益的通用名称支持组（GNSO）具有重要的话语权，所采用多利益攸关方治理模式就是一种典型的非政府控制的私人治理模式。[⑦] 而在底部的基础设施层，以运营商、硬件设备公司为主要行为体的私营部门不仅建造和运营着网络的接

---

① Barry M. Leiner, Vinton G. Cerf, David D. Clark ect. Brief History of the Internet. *Internet Society*, 1997.

② 刘晗：《域名系统、网络主权与互联网治：历史反思与当代启示》，载于《中外法学》2016年第2期。

③ ［美］詹姆斯·库罗斯、基思·罗斯：《计算机网络》，陈鸣译，机械工业出版社2018年版，第254~256页。

④ ［美］罗伯特·多曼斯基：《谁治理互联网》，华信研究院信息化与信息安全研究所译，电子工业出版社2018年版，第40页。

⑤ 早期美国立法机构有大量关于互联网私有化的辩论，典型如《域名系统私有化：ICANN是否失去了控制?》，美国第106届国会众议院商务委员会监督和调查小组委员会的听证会（1999年7月22日）。

⑥ ［美］弥尔顿·穆勒：《从根上治理互联网》，段海新、胡泳等译，电子工业出版社2019年版，第102页。

⑦ ICANN组织章程中明确规定政策制定模式需要由私人部门主导："Employ open, transparent and bottom-up, multistakeholder policy development processes that are led by the private sector (including business stakeholders, civil society, the technical community, academia, and end users), while duly taking into account the public policy advice of governments and public authorities." ICNAN By Law, https://www.icann.org/resources/pages/governance/guidelines – en.

口，也承担着大量的标准制定等治理任务。同时，内容层等大量产品由私营公司供给，规范与规则经由产品代码实现了治理效果①。而最为典型的是平台层，私营平台公司承担着大量的规制任务，平台权力强势崛起，形成了事实的治理私化。② 以美国社交媒体公司集体封杀时任总统特朗普账号为代表，私人公司所拥有的线上治理能力和权力令世人瞩目。

公共始终是在与私人相对而言的时候获得自己的原初规定性的。③ 作为社会意义上的网络空间，网络空间往往被认为是人类的共同精神家园，其公共性（publicity）显而易见。早期关于互联网的“公域说”争论事实上就是指向网络空间内在的公共属性，但是网络空间是基于各个国家和所有权人控制的信息基础设施建造起来的，并非像公海一样属于无主物，与真正无主的“公域”有本质的区别。④ 它是属于各国的人民所用所有的公共行动空间，同时又在全球层面形成搭建起人类总体交往的信息流通网络空间。因此，网络空间的公共性是在国家范畴和全球范畴得以确立，在总体上构成了人类新的社会领域。

早期网络空间例外论提炼了网络空间所蕴含的公共属性，提出网络空间作为自由之地，却拒绝政府的介入和管制。而随后而来的网络空间现实主义纷纷强调国家的回归，也正是基于网络空间公共性这一基本逻辑。全球网络空间稳定委员会提出了著名的“不干涉互联网公共核心”⑤ 的规范，其中“互联网公共核心”指的是数据包路由、命名和编号系统等互联网基础设施的关键要素，也突出了网络空间底层的公共属性。在数字经济的快速发展下，在全球互联网普及率超过60%的背景下，网络空间在事实上已经成为人类主流的新的生活空间，其不可避免地逐渐增大公共属性，也在某种意义上扩大了哈贝马斯所追求的“公共领域”。

二、网络空间治理的公私秩序观冲突

对不同属性的认识，决定了对不同秩序的期待。基于对互联网/网络空间的不同公私属性的认识，全球范围中存在两种相对甚至是冲突的网络空间秩序观：公平优先的公共秩序和自由优先的私人秩序。正是这两种秩序观支撑着两种不同

---

① ［美］劳伦斯·莱斯格：《代码2.0：网络空间中的法律》，李旭、沈伟伟译，清华大学出版社2009年版。

② 刘金河：《权力流散：平台崛起与社会权力结构变迁》，载于《探索与争鸣》2022年第2期。

③ 任剑涛：《公共的政治哲学》，商务印书馆2016年版，第98页。

④ 杨剑：《美国网络空间全球“公域说”的语境矛盾及其本质》，载于《国际观察》2013年第1期。

⑤ 全球网络空间稳定委员会：《推进网络空间稳定》，2019年9月。

的治理体系主张——联合国框架体系和互联网社群体系，也成为网络空间全球治理冲突的底层来源。

网络空间全球治理体系中的冲突表现为两大体系的矛盾，核心是中国和美国所代表的东西阵营的冲突，这种冲突的根源在于认识的一元论，即公私属性－秩序观差异。以“互联网自由”论为代表，美国具有深厚的自由主义传统，自20世纪80年代互联网私有化之后，将互联网视为私人控制的财产，并坚持以私人治理为主流的治理模式。[①] 中国对网络空间的主张一贯是公共属性的，在底部物理层的基站和中间逻辑层的自治域主要由国有运营商和国有机构运营，完成了互联网技术上的私有控制到国有控制，也就是用政治体制实现了网络空间的公共运营，转化了从互联网到网络空间的私有性。

中美在对待互联网平台层采取的态度和立场也有本质性的区别。中国提出平台经济的反垄断，遏制资本的“无序扩张”和“野蛮生长”，是基于对平台的公共性认知，正如中央所提出的为资本设置“红绿灯”，平台是一种类似交通道路的基础设施，具有天然的公共性，资本如车辆通行，必须符合公共利益和遵守公共规则，并承担起“企业主体责任”。美国在立法上确定了“平台责任豁免”，坚持平台自治，虽然也在平台层发起反垄断运动，但是在坚持私营互联网公司对平台的自主控制的前提下，通过政府的干预保障和促进市场竞争，在某种程度上是调节私有主体之间的竞争关系。也正是基于这种路径，目前美国反垄断部门对Facebook、谷歌等发起的反垄断诉讼并没有实质性进展，私人和市场的自治逻辑依然占据主导地位。

中美这种不同秩序观冲突在网络空间国际规则制定谈判的中产生了持续的分离主义张力。在过去20多年的博弈中，互联网的政策互联并不顺畅，被称为互联网治理雅尔塔会议的2012年国际电信世界大会上东西方阵营出现分裂，2017年第五届联合国信息安全政府专家组谈判破裂，以及此前中国为反抗美国单边控制根服务器霸权的种种努力，到近来美国试图在互联网“去中国化”而发起的“净网行动计划”和“互联网未来的联盟”。美国一向坚持全球互联网贯彻多利益攸关方为主导的私人自治模式，而中国也旗帜鲜明地主张政府主导、多边主义的公共治理方案。美国以互联网自由为价值观旗帜，以资本自由主义为圭臬；中国主张网络空间的安全有序，实现自古以来的“天下为公”世界观，成就一种集体的秩序想象。中美的价值观冲突从后台逐渐走向前台，在美国近几年旗帜鲜明

---

① 美国政府1998年发布的关于设立ICANN的白皮书和绿皮书将DNS系统私有化，以及2014年宣布放弃ICANN管理权的“314宣言”是重要的体现。参见NTIA：《互联网名称与地址管理（白皮书）》，1998年6月5日；《关于改进互联网名称与地址的技术管理的提案（绿皮书）》，1998年2月20日；NTIA Announces Intent to Transition Key Internet Domain Name Functions, March 14, 2014.

地推进价值观外交以及提出基于价值观的“互联网的未来联盟”时候，内在的不可调和成为世人不得不面对的事实。

三、正义作为网络空间新公共性的探索

互联网的诞生本质上是文化价值追求的结果，互联网的未来依然是价值观的体系。网络空间治理体系的核心矛盾是既有两种核心治理主张的矛盾，那么寻求秩序的共识基础也就是必须回到两种主张中去寻找。这两种主张分别以中国和美国为代表。就网络空间来说，有可能弥合全球冲突、遏制内在的分离主义趋势的一种可能性是主张新公共性（Neo-publicity）作为全球价值理念。“公共性”作为一个具有极大张力的概念，① 为新价值的孕育带来了承载空间，但也为内涵界定和表达带来极大挑战。在西方政治哲学传统里，公共性往往是在与私人性的相对意义上被规定，强调了私人领域之外，但不被国家意志侵蚀的社会公共领域；中国的传统里，在公天下、家天下和私天下的三分观念里，公共更多指的是国家生活的公共部分，往往与“义”相关。② 网络空间中应该基于不同治理追求形成具有共识性的价值体系，形成新的公共性价值倡导。这种新公共性区别于现有的治理体系中过多强调国家安全、过多强调私人利益、过多强调西方自由主义价值观的，是强调实现以全球正义为内核的整体社会公共利益。

正义是人的本性追求，也是人类社会的最基本特质，更是超越不同社会的共同情感。正如约翰·罗尔斯（John Rawls）在《正义论》中开宗明义指出：正义是社会制度的首要德性，正像真理是思想体系的首要德性一样。③ 在网络空间全球治理中，一种跨越不同文化的全球价值观更有可能来自人类的本性——正义（justice）。中国一贯坚定地主张，“推动全球互联网治理朝着更加公正合理的方向迈进”④。美国提出美好的网络空间“应是一个国家和民众共同坚守责任、正义与和平规范的领域”⑤。二者对网络空间的追求并非完全南辕北辙，而是具有共同的情感和价值基础，即对公平正义的认同。正如罗尔斯在《正义论》开宗明义指出的：正义是社会制度的首要德性，正像真理是思想体系的首要德性一样。⑥ 我们认为，网络空间治理体系建构的根本目标是实现网络空间的普遍正义，换句

① 任剑涛：《公共的政治哲学》，商务印书馆 2016 年版，第 1～2 页。

② 刘泽华：《公私观念与中国社会》，中国人民大学出版社 2003 年版，第 266～278 页。

③ ［美］约翰·罗尔斯：《正义论》，何怀宏等译，中国社会科学出版社 2009 年版，第 3 页。

④ 《网络主权：理论与实践（2.0 版）》，http：//www.cac.gov.cn/2020－11/25/c_1607869924931855.htm?from=timeline，2020 年 11 月。

⑤ International Strategy for Cyberspace，https：//www.doc88.com/p－9909445593027.html.

⑥ ［美］约翰·罗尔斯：《正义论》，何怀宏等译，中国社会科学出版社 2009 年版，第 3 页。

话说，正义性是网络空间治理体系建构的首要德性。西方思想源头柏拉图提出城邦的存在以正义为使命，正义是各人做好各人之事。[①] 中国思想里最早提出正义观的是荀子，他认为这是一种基于差异的社会平等。[②] 无论是东方对正义的理解还是西方哲学中争论，正义包含了人类社会最基本的道德法则，即尊重人生产和生活的价值。

在国际交往中，正义性往往表现为国际道义，特别是守成或者崛起大国所提供的道德领导力。[③] 奠定网络空间治理体系基本秩序需要具有全球感召力的道义。这种道义，我们认为应该是东西方各司其职，发达国家努力营造公平的国际秩序，发展中国家努力建设公正的国家秩序，最终在全球意义上实现和平秩序。简单来说，发达国家不能霸道，发展中国家不能缺席，双方都应对正义负责。这种理解正是具有弥合东西方治理主张冲突的根本性力量源泉，是形成网络空间共识的起点，亦即最低共识。

当今的网络空间主导秩序理念来自美国引领的全球化，是一种西方式自由主义秩序。但是正如习近平总书记所提出，“一个和平发展的世界应该承载不同形态的文明，必须兼容走向现代化的多样道路”[④]。世界需要一个能够包容世界各个文明的秩序进程，建立一个多元秩序，也就是从单极的自由主义秩序到多元共和秩序。[⑤] 这种网络空间多元秩序应该是一种包容并蓄、和谐共处的全球秩序。为实现这个美好愿景需要有一个融通东西方的基石。

第三节　网络空间全球治理的中国方略

当今的网络空间主导秩序理念来自美国引领的全球化，是一种西方式自由主义秩序。世界需要一个能够包容世界各个文明的秩序进程，建立一个多元秩序，

---

① ［希］柏拉图：《理想国》，郭斌、张竹明译，商务印书馆 2018 年版。

② 荀子：《荀子·儒效》，方勇、李波译，中华书局 2015 年版。

③ 阎学通将国际道义的核心原则解释为公平、正义、文明，认为是大国领导力的核心。参见阎学通：《道义现实主义与中国的崛起战略》，中国社会科学出版社 2018 年版，第 7 页；阎学通：《世界权力的转移：政治领导与战略竞争》，北京大学出版社 2015 年版。

④ 习近平：《坚定信心 共克时艰　共建更加美好的世界——在第七十六届联合国大会一般性辩论上的讲话》，2021 年 9 月 21 日。

⑤ 关于多元秩序的主张见：Chu，Yun-han，and Yongnian Zheng，eds. *The Decline of the Western - Centric World and the Emerging New Global Order*：*Contending Views*. Routledge，2020，Introduction；薛澜、关婷：《多元国家治理模式下的全球治理——理想与现实》，载于《政治学研究》2021 年第 3 期。

也就是从单极的自由主义秩序到多元共和秩序。[①] 面对网络空间全球失序、治理失灵困境，我们主张建构一个以合理有效为目标的网络空间全球治理体系，以包容世界不同治理主张，推动网络空间全球秩序从排他性的自由主义秩序到具有包容性的多元秩序转变，最终实现全球普遍正义的公共秩序。

一、以公共性为基础建立包容性治理体系

网络空间需要一种新公共性为价值追求的新治理（Neo-governance），并以此建立一套具有包容性的全球治理体系。一个合理有效的网络空间全球治理体系核心在于能容纳多种治理主张，能让不同国家政府、不同非政府行为体充分博弈的体系，同时能够对强弱行为体提供制度性制约。互联网社群更追求效率，联合国体系本质上更追求公平，二者乃是一公一私的两端，因此需要建立起一个能兼容并包两大体系的整体性体系。建构网络空间全球治理体系需要秉承务实的态度，围绕不同议题建立不同对话协商机制，在现实中寻找可操作方案。

在网络空间四层架构中，最上面的内容应用层和最底下的物理基础设施层都有强烈的属地属性，充分体现了网络主权的管辖原理，因此，政府作为国家治理的主要主体应该发挥其应有的主导监管作用，其他主体需要在国家治理框架积极参与。而中间的逻辑协议层和平台层是互联网最具有特殊性的两个治理层级，需要仔细辨别。逻辑协议层是互联网治理的生发地，经过几十年的演进已经形成了较为稳定的多利益攸关方治理模式、分布式分级授权技术系统和市场化开放竞争产业生态特点。[②] 事实证明当前以 ICANN 为核心的技术社群治理模式对限制美国政府的单边控制互联网关键资源是有效的，也为其他国家和治理主体参与逻辑层治理提供了开放途径，整体上逻辑层保持了稳定和开放。因此，逻辑层的治理应该尊重以技术治理为底色的多利益攸关方模式，进一步优化技术社群为主导、私营企业为运营主体、政府为监督机构、民间社会积极参与的格局。

平台层因其天然的无边界性和跨国性，与逻辑层一样，具有去政府化的治理特性，但是因为平台承载着大量具有国家和地区特性的内容，又必须遵守各国法律制度、合规运营，在网络空间治理体系中处于政府化管理和去政府化管理之间的特殊地带。平台层面目前的规则供给主要来自大型平台企业。私营平台企业通

---

① 关于多元秩序的主张见：Chu, Yun-han, and Yongnian Zheng, eds. *The Decline of the Western – Centric World and the Emerging New Global Order: Contending Views*. Routledge, 2020, Introduction；薛澜、关婷：《多元国家治理模式下的全球治理——理想与现实》，载于《政治学研究》2021 年第 3 期。

② 李晓东、刘金河、付伟：《互联网发展新阶段与关键资源治理体系改革》，载于《汕头大学学报·人文社会科学版》2022 年第 1 期。

过自由的市场竞争而获得了事实性的权力中心地位，但是在应对社会公共问题时却有心无力，平台层的权力逐渐失衡。[①] 平台层治理是网络空间治理的新挑战，基于权力制衡的原则，我们主张平台层应该形成一种私营企业与政府等其他主体间的制度化的“制衡和竞争”关系。[②] 一种可能的方式是由政府牵头发起一种规则协商机制，将主要国家政府、大型平台企业、民间社会等利益相关方一个决策实体中，就平台全球治理的核心问题做出有执行效力的决策。

基于分层治理原则和议题导向原则，多元共存的网络空间全球治理体系的实际运行必须建立在互联网的层级架构基础上，不同的层级的议题不同，主导主体和治理模式应该与之相匹配。最底下的基础设施层需要尊重各国主权管辖，但同时必须建立在全球供应链基础上，因此，需要坚持多边的合作机制；中间逻辑层最具有全球统一性，也是最具全局性、争议历史最为复杂的一层，需要保持社群体系主导，但是必须坚定地推进去政治化，特别是需要进一步改善美国政府单边控制互联网关键资源的失衡状态；平台层的治理需要建立起一个跨国的制衡机制，将平台企业纳入国家治理和全球治理的机制化体系里；而最上面的内容层，应该保持最大限度的文化多样性，坚持以联合国宪章为原则，贯彻联合国和多边公约精神，采用入乡随俗的治理办法。

二、网络空间全球治理的战略路径

中国历来是世界秩序的参与者与改革者，坚定支持推进网络空间全球治理体系变革和新秩序建构。2015 年，习近平总书记在世界互联网大会上提出全球互联网发展治理的“四项原则”“五点主张”成为中国网络空间治理方案的基石。中国网络空间治理系列战略以“网络主权”为核心的主张不断具体化和操作化，推动全球互联网治理体系向着更加公正合理的方向迈进、最终实现构建全球网络空间命运共同体的美好愿景。

中国人对自然的理解强调“道法自然”，这是理解互联网的重要路径。互联网与老子所描述的“道”很像，是一种看不见、摸不着的自然存在。中国文明对世界的看法不是零和博弈，而是一种共荣共生的和谐天下观念。在网络空间全球治理包容性体系建设过程中，中国需要提供具有引领性的公共产品，走一条以全人类共同利益为依归、以追求天下大同为目的、以求同存异为方法的现实主义道路，用超越多边主义和多方主义之争的治理思维，以海纳百川的勇气推进互联网

① 刘金河：《权力流散：平台崛起与社会权力结构变迁》，载于《探索与争鸣》2022 年第 2 期。
② 崔保国、刘金河：《论网络空间中的平台治理》，载于《全球传媒学刊》2020 年第 1 期。

的全球发展，形成数字文明发展的中国魅力，实现百年变局下全球治理的东方领导力。

纵观网络空间全球治理的30多年发展史，作为重要的治理力量，中国一直坚持公平正义的国际体系和体系建设，提供对美国主导的单极的自由主义秩序的平衡力，为网络空间发展出真的公共性奠定了现实基础，因此，需要重新评估中国的作用和提出中国的价值。

近年来，在更一般意义上的政治学理论研究中，有学者提出“将中国作为一种方法”[①]，也有学者进一步基于中国拥有的历史和文明，建构具有自主性的“中国性”学说，[②] 可谓是对中国经验和中国价值的再审视。同时，在更广阔的意义上，亚洲的价值也在被呼吁重新发现，[③] 以儒家文化为核心的东方价值体系在数字时代为人类自我治理提供了新的基础。中国率先在全球范围内提出数字文明的发展观，[④] 具有人类长远利益的全球担当。《中共中央关于党的百年奋斗重大成就和历史经验的决议》中提出，“党领导人民成功走出中国式现代化道路，创造了人类文明新形态”。归根到底，互联网是一种价值的连接，不同国族的世界观的冲突不可避免地在其中发生显现。但是网络空间无边无际，大到足够容纳地球上的所有文明。经过百年洗礼，亚洲文明正在回归。[⑤] 以中国为代表的亚洲拥有灿烂的文化经验，具有提供网络空间治理新智慧的可能性，这在世界观和方法论上都具有极大的启示意义。

为落实习近平总书记提出的“四项原则”“五点主张”，在推动网络空间全球治理体系建构的过程，中国需要转消极防御为积极作为的全球战略，形成系统性、全局性的战略路径。我们认为，这种战略可以总结为“五个一战略”，即一个倡导网络空间全球新公共性的价值主张，一个主张联合国框架与互联网社群体系共存的体系，一条联合欧盟寻找价值同行者的路线，一个适度强调网络主权的策略，实现一个构建网络空间命运共同体的终极目标。

互联网成功的本质在于形成全球认同，中国参与网络空间治理必须寻求更广泛的全球价值认同。当前中国网络空间治理强调的网络主权在某种意义上具有自我限制的效果，不利于网络空间公共性的全球倡导，有可能会产生过度防

---

① ［日］沟口雄三：《作为方法的中国》，孙军悦译，三联书店2011年版。

② 杨光斌：《以中国为方法的政治学》，载于《中国社会科学》2019年第10期。

③ 2018年12月举办的首届清华会讲的主题即为“亚洲价值的重新发现”。

④ 在向2021年世界互联网大会乌镇峰会致贺信中，习近平总书记明确提出“让数字文明造福各国人民”。

⑤ 钱乘旦：《关于亚洲文明的历史哲学思考》，浙江大学“亚洲文明学科会聚研究计划”启动会。

御的风险。[1] 中国应该继续推进改革开放的国家战略，警惕这种过度防御带来的自闭效应，应适度摒弃强调主权的网络空间特殊论，转网络空间防御主义向坚定、积极作为的网络治理外向性政策，寻找除了俄罗斯等传统网络空间战略友好国家之外的欧盟作为价值同行者，力图构建起数字时代的亚欧网络空间价值共同体，在应对以美国为主导的西方网络空间"阵营化"挑战[2]和"规锁"困局[3]中走出一条系统性战略路径。

特别是，中国的国家治理体系在考虑独立性的同时要充分融入全球治理体系。在未来网络空间发展中，中国需要加快培育民间治理力量，参与互联网社群的多利益攸关方竞争，积极提供包括技术标准和规则倡议在内的全球治理公共产品，用自身发展力量推动人类命运共同体建设，形成数字文明发展的中国魅力。面对大国博弈，需要立足高站位、运用全球思维，找准自身发展中国家的角色和定位，明确维护国家发展的核心利益和战略底线，形成百年变局下国际治理的东方领导力。同时，面对日益壮大的私营企业力量，需要从寻求一种新的权力制衡原则，处理好国内的经济发展和社会公平关系，在全球层面倡导一种新的公私合作与制衡的公共治理模式。

第四节　网络空间全球治理中的中国角色

中国是互联网世界的后来者，也是互联网的最大受益者，中国人善于应用互联网，也善于治理互联网，后来者居上也未尝不可。治网如治水，遵从自然规律的中国方案乃是上善之策，需要明确的分层治理思维，要具有道法自然的东方智慧。面对百年大变局下的网络空间治理体系改革机遇，中国方案应该推进以联合国框架体系和互联网社群体系为基础形成的网络空间治理包容性体系建设，不做单体系的二选一选择题，以实现网络空间正义为使命，担起国际道义，积极做出全球贡献，融入全球社群，务实地捍卫网络主权，实质性地推进网络空间命运共同体建构。

---

① 刘金河、崔保国：《数据本地化与数据防御主义的合理性与趋势》，载于《国际展望》2020 年第 6 期。

② 例如西方学者提出建构针对中国的民主科技国家联盟（参见 Ilan Goldenberg，Martijn Rasser. What Would a US – Led Global Technology Alliance Look Like? *The Diplomat*，April 30，2021），以及特朗普推动的 5G"反华联盟"、净网行动联盟和拜登提出的"互联网的未来联盟"等。

③ 张宇燕、冯维江：《"从'接触'到'规锁'：美国对华战略意图及中美博弈的四种前景"》，载于《清华金融评论》2018 年第 7 期；张宇燕：《理解百年未有之大变局》，载于《国际经济评论》2019 年第 5 期。

一、在联合国框架下扩大合作、积极推进相关议程的实施

网络空间治理全球治理中治理主体不仅仅只有民族国家，非国家行为体是重要的组成部分，而且发挥着不可替代的作用，这与传统的国际关系中所关注的对象有所不同。互联网天然的跨国性，让互联网治理往往默认在一种全球的语境中。“由于互联网跨越了国家边界，所以互联网治理的学术研究是非常典型的全球语境和视野”。[①] 所谓“全球治理”，是指在没有世界政府的情况下，国家和非国家行为体通过谈判协商，为解决各种全球性问题而建立的自我实施性质的国际规则或机制的总和。[②]

网络空间的全球治理与国家治理之间存在着很大的隔阂和差别，冲突在不断的发生，意见也难以达成共识。互联网的全球治理以及互联网的总体布局结构需要在共识的基础上进行制度的安排，而这种全球治理和国家治理之间的隔差和冲突，使一些制度安排难以实行下去，甚至出现一种令人担忧的现象，就是互联网可能会走向分裂。在这一冲突比较严重的时候，俄罗斯曾经宣布要建立一个独立的互联网，这一独立的互联网就不是全球互联互通的网，变而是一个国家大的局域网，这是网络空间全球治理中面临的难题。

国际机制层面，中国应该支持联合国框架在未来网络空间治理中发挥更大作用。随着网络空间与现实空间的高度融合，尤其是国际关系与政治对网络空间的影响，网络空间的秩序构建在很大程度上仍然要依赖政府间国际组织，虽然联合国框架本身面临一些困境，但其权威性与合法性目前还没有可替代的选择；中国一直是联合国框架的支持者，且作为五常之一具有优势话语权和影响力，因此应该充分利用此优势。此外，鉴于美国在网络空间中对联合国的抑制作用，中国从“反制”角度也应该加大对联合国框架的投入。鉴于网络空间规则涉及领域众多，中国可以根据核心关切，选取重点领域，制定更有针对性和实效性的规则进程推进方案。比如在新技术应用领域，鉴于多数规则处于起步阶段，必须高度重视先发优势的重要性，即使当前产业发展和社会应用有限，仍要从前瞻性和战略性出发布局参与和引导相关规则建立。又如，在网络空间国家行为规范领域，鉴于美西方等国家通过协调立场，集团作战的方式提升影响力，中国在推进规则时，也应该不仅限于中俄、上海合作组织等传统框架，而是根据实际情况，协调更多有着相近立场主张的国家参与，有效对冲美国等西方国家的压力。

---

① Laura DeNardis eds. *Global Internet Governance*: *Critical Concepts in Sociology*. Routledge, 2019, 2.

② 张宇燕：《全球治理的中国视角》，载于《世界经济与政治》2016 年第 9 期。

二、在国家利益框架下进行内外统筹、开放包容的发展

从整体上看，网络空间治理的国际机制貌似无序而混杂，既有非营利的私营机构，也有政府间组织；既有部长和高峰会议，也有开放性的社群或者是多方参与的对话论坛，它们各自在本机制的使命范围内发挥作用，构成了网络空间全球治理的蓝图。尽管这份蓝图不是一个有序的生态系统，但是却与网络空间治理所呈现的多样化与复杂性相一致。网络空间治理涉及不同层次的多种议题，自然不可能用单一的机制或模式加以解决，统一的规则不适用于所有的领域，而政府也不可能主导所有的议题。

但是，如果分层来看，网络空间治理的国际机制具有明显的内在秩序和逻辑，而这与议题本身的性质直接相关。在技术层面上，为了确保互联网的安全有效运行，网络空间的治理机制大都采用了私营部门主导、多利益攸关方的治理模式；在公共政策领域，政府行为体与其他行为体共同参与治理的多利益攸关方模式成为主流，但这也导致了治理机制以论坛或会议的形式存在，很难克服集体行动的难题来达成一致或有约束力的决定；在经贸和安全领域，网络相关议题被纳入已有的机制和框架中，依靠政府间谈判获得共识。由于在当今世界规则的重要性超过了以往任何时候，每个国家都希望通过适当的制度平台来参与规则的制定，并利用规则来维护和拓展自身的利益。但同时制度具有非中性的特征，国际制度和规则对不同的国家和行为体而言往往有着不同的意义。因此，在当前的全球网络空间治理进程中，中国应保持开放、包容的心态，针对不同的国际制度平台进行客观和情形的评估并制定相应的对策，尽可能实现利益和效率的最大化。

网络空间的国际治理与国内网络治理之间的联系日益紧密。外交作为内政的延伸，中国参与网络空间全球治理的立场必然会受到国内政策和理念的影响，而网络空间全球治理的形势、趋势和理念也会对国内层面的治理产生倒逼，反过来带动和影响国内层面的治理绩效。因此，研究网络空间全球治理的基础性问题，既是为了使中国在网络空间的国际治理中获得更大的发言权，也是为了更好地推动中国自身的网络空间治理；网络空间治理既要充分考虑政策在其他领域的外部性，也要在不同政策目标之间做出取舍，而决策的依据则是国家利益的分析框架。如此，内外统筹的根本目的是服务于中国的国家利益，早日实现网络强国和“两个一百年”的奋斗目标以及中华民族伟大复兴的中国梦。

第十三章

结语：关于网络空间全球新秩序的展望

网络空间治理需要一种理想主义的价值指引，一种超越自由主义或者集体主义的迷思，需要对第一性原理重新追问。[①] 互联网的诞生本质上是文化价值追求的结果，互联网的未来依然是价值观的体系。归根到底，互联网是社会性的，体现的是人对世界的理解。

在美国诞生的最初的网络文化与20世纪60年代由美国校园文化发展出来的个人创新以及企业精神有关。此处的校园文化乃是突破既有行为模式的社会价值，不论是整个社会还是企业界的行为模式。按照曼纽尔·卡斯特的说法，互联网的诞生是“表现了人类超越制度的条条框框，克服官僚障碍以及在开创新世界的过程中推翻现有价值观的能力”。[②] 在而后互联网的发展中，互联网的探索者们也延续保有了这种创新精神，所以才有如今互联网的生机活力。

科学精神是互联网先驱的初心，本课题组访谈了几十位互联网先驱和专家，最大的发现就是他们从事互联网工作的目的，并不是为了个人成名和发财致富，他们的初衷基本都是：为改善人类的生存现状，实现更广阔范围的资源和信息共享，互联网的技术社群的科学家和精英们精益求精、淡泊名利，不以商业收益作为主要目的，不断探索改进与优化互联网发展的对策。

互联网走向全球主要是通过学术网扩散的，前期主要是通过全球高校之间的

---

① ［美］米尔斯海默：《大幻想》，李泽、刘丰译，上海人民出版社2019年版，第76~90页。

② 方兴东、彭筱军、钟祥铭：《互联网诞生的时代背景、经验和启示》，载于《中国记者》2019年第6期。

学术共同体。先是各高校之间的计算机中心建立联系，然后扩大到高校各个学科之间的联网和联系。早期的一些研究成果都会很快公开发表在学术期刊，并且在学术会议中开放式交流，没有严格知识产权制度的制约，可以灵活地集思广益，不断汇聚和集成各方的创新，这是互联网项目保持活力，并最终能够脱颖而出的关键。互联网加强了全球学术共同体的互联和协作，而这种协作也助力了互联网的发展和演变。互联网通信和应用成为连接这些学术共同体的重要工具。而这些共同体也成为互联网传播、普及全球的核心推动力，也是今天全球互联网避免分裂，保持统一的中流砥柱。①

回顾互联网的诞生史记，我们可以看出互联网在1969年诞生有着其历史的必然性，也有着时代的偶然性。在其而后发展的50多年来，互联网从最早的通信工具发展成为今天产业创新升级的核心驱动力，互联网对于社会政治经济的意义已经远远大于其功能。互联网不仅是一种新的生产要素，更是一种产业基础和创新模式。从印刷、无线电、广播电视到互联网，信息技术的更新升级不断缔造出新的产业形态与业态，商业化的蓬勃发展，再后是社交媒体和各种应用的遍地开花，互联网推动了社会的快速发展。同时，互联网的发展也是一个“熵增”的过程，网络空间变得越来越丰富，但也越来越复杂。

互联网已经深度渗入全球经济与人类生活，但各国各地区间发展仍旧不均衡，数字鸿沟有待弥合，网络安全问题也不断拨动人们的神经。无论是网络空间信息传播新秩序的构建，还是网络空间安全保障，对于世界各个国家都是具有战略重要性的问题。网络空间具有天然的政治属性，如何在网络空间发展的同时，确保信息资源安全，并应对来自网络空间中的威胁已经成为维护国家安全的重要任务。要取得网络空间信息传播新秩序的主动权和影响力就必然要具有把控引领产业发展的方向能力，尤其是在下一代互联网发展的技术方向上具有话语权。互联网对于中国既是挑战，也是提升全球话语权的机遇与切入点。

网络空间逐渐与现实空间紧密融合，主权国家在网络空间的互动日益增多。在网络空间时代，大国博弈的深度和难度都在快速升级。传统的信息传播体系在互联网冲击下发生重构，原有的由西方大国、跨国集团掌控的话语体系也被打破，各国都将国家主权延伸适用于网络空间，下一代互联网和网络空间成为各种主权力量角逐的主战场。实践中，各国对网络主权的行使理念和做法仍存在不同认识，那么引导和规范主权国家在网络空间的互动并构建良好的网络空间国际秩序就成为当今网络空间内的一大重要议题。② 第六届世界互联网大会发布的《网

---

① 方兴东、彭筱军、钟祥铭：《互联网诞生的时代背景、经验和启示》，载于《中国记者》2019年第6期。

② 郎平：《向国际社会提供中国方案》，载于《网络传播》2019年第12期。

络主权：理论与实践》清晰地界定了网络主权的概念，而且指出《联合国宪章》确立的主权平等原则和精神同样适用于网络空间，即网络主权是国家主权在网络空间的延伸。针对网络主权的实践发展，中国亦提出了自己的方案，即“以人类共同福祉为根本，秉持网络主权理念，平等协商、求同存异、积极实践”①。以实现全球互联网治理朝着更加公正合理的方向迈进，构建网络空间命运共同体。

所谓网络空间的秩序就是网络空间中的主要行为体能够一起制定规则，又能够基本遵守规则的状态。那么，形成规则的制度体系和机制建设尤为重要，现在看，网络空间中的国家行为体和非国家行为体出于不同核心利益的关切，对网络主权的行使也有较大差异。目前，国家行为体在网络空间制度体系的建设还是举足轻重的决定要素。各国的网络空间制度建设的主张大致可以分为三类：第一类是以美国为首的国家，依托其在网络空间的资源优势和话语权优势，将现实的互联网治理体系作为一个非政府域，认为所有的利益相关方彼此独立但应共同努力，而不是让某一个群体获得更大的优势地位，特别是政府应尽量减少参与；第二类是以俄罗斯、中国为首的国家，认为政府在互联网治理中的作用被低估和弱化，主张 ITU、联合国等政府间国际组织发挥更大的作用，因而也被称为多边主义者、政府间支持者，这一主张得到新兴经济体、发展中国家和一些政府间国际组织的支持；第三类是一些仍在观望的发展中国家和欠发达国家，由于网络基础设施发展水平较低，国家政治经济和社会生活对网络空间的依赖程度相对不高，对网络空间主权的立场和观点不如前两类国家旗帜鲜明。② 鉴于此，如果国际社会各自行事，缺少协调与合作，网络空间的新秩序是一时难以形成的。而且在网络攻击、网络犯罪等安全威胁面前，各个国家行为体和非国家行为体也将独木难支，难以进行有效应对。

互联网发展日新月异，创新使其处于不断的动态发展状态下，所以国家治理体系与全球治理体系也必然是动态的，即一个动态平衡体系。在网络空间全球治理包容性体系建设过程中，中国需要提供具有引领性的公共产品，走一条以全人类共同利益为依归、以求同存异为方法的现实主义道路，用超越多边主义和多方主义之争的治理思维，以海纳百川的勇气推进互联网的全球发展，形成数字文明发展的中国魅力，实现百年变局下全球治理的东方领导力，强调对国际的贡献和奉献，提供对资本无序扩张的社会主义制衡力。

综上所述，总结一下本书研究的主要论点：第一，从互联网到网络空间都必须治理，因为互联网发展的进程就是一个从有序到无序的过程，如果没有治理互

① 《网络主权：理论与实践（2.0 版）》，http：//www.cac.gov.cn/2020－11/25/c_1607869924931855.htm。

② 郎平：《主权原则在网络空间面临的挑战》，载于《现代国际关系》2019 年第 6 期。

联网会越发展越混乱。主张用“熵增定律”来理解互联网从有序到无序的自然过程，只有通过有效治理才能实现网络空间的“熵减”和形成网络空间新秩序。第二，互联网治理不是一国一地的事务，而应该在网络空间命运共同体的框架下展开，是一个全球治理体系与国家治理体系同构的过程。第三，针对网络空间全球治理体系的整体架构提出了“多维认知、多元主体、分层治理、议题导向”的网络空间全球治理体系构建思路，明确了建构网络空间治理体系的一些基本要素。第四，研究发现网络空间全球治理体系的构建应该被视为一个动态平衡系统，互联网发展进程是动态的，国家治理体系与全球治理体系的同构过程也是动态的。第五，应该寻求人类共同价值作为秩序构建的价值起点，正义可以作为新公共性来考虑，推动构建一个包容的有效的“机制复合体”的网络空间全球治理体系。第六，我们还探讨了中国在网络空间全球治理体系构建过程中如何发挥中国智慧，实现人类命运共同体的使命担当。

“路漫漫其修远兮，吾将上下而求索”。网络空间新秩序的形成是一个漫长的过程，网络空间全球治理体系的建构也需要世界各国和多方的共同协同努力。我们主张一个公正合理、有效运转的网络空间全球治理体系，能容纳多种治理主张，能让不同国家政府、不同非政府行为体充分博弈，建立对联合国体系和互联网社群体系为核心的包容性新体系。网络空间治理为国家治理现代化提供了改革创新的试验田和思想发生地，也为全球治理提供一种试验性的动力，汇入人类自我治理的历史潮流中。中国作为最大的发展中国家，也是世界上网民人口数量最多的国家，对网络空间治理的实践具有深远的全球意义，是一股具有影响秩序建构的重要力量。

“海纳百川，有容乃大”。中国应该并且能够提供具有引领性的公共产品，走一条以全人类共同利益为依归、以求同存异为底线原则的现实主义道路，用超越多边主义和多方主义之争的治理思维，推进互联网的全球发展，形成数字时代的中国魅力和发挥全球治理中的东方领导力。

参考文献

一、著作

[1] 阿巴斯·塔沙克里、查尔斯·特德莱:《混合方法论: 定性方法和定量方法的结合》,唐海华、张小劲译,重庆大学出版社2013年版。

[2] 安德鲁·海伍德:《政治学核心概念》(影印版),中国人民大学出版社2014年版。

[3] 奥兰·扬:《世界事务中的治理》,陈玉刚、薄燕译,上海世纪出版集团2007年版。

[4] 彼得·卡赞斯坦:《国家安全的文化》,北京大学出版社2009年版。

[5] 伯特兰·罗素:《权力论》,吴友三译,商务印书馆2012年版。

[6] 布鲁斯·施奈尔:《数据与监控》,李先奇、黎秋玲译,金城出版社2018年版。

[7] 蔡翠红:《网络时代的政治发展研究》,时事出版社2015年版。

[8] 蔡念中:《传播媒介与资讯社会: 重要问题与解答》,亚太图书出版社1998年版。

[9] 蔡拓:《全球化与政治的转型》,北京大学出版社2007年版。

[10] 蔡文之:《网络: 21世纪的权力与挑战》,上海人民出版社2007年版。

[11] 陈琪:《中国崛起与世界秩序》,社会科学文献出版社2011年版。

[12] 崔保国:《信息化社会的理论与模式》,高等教育出版社1999年版。

[13] 戴维·赫尔德、安东尼·麦克格鲁:《治理全球化: 权力、权威与全球治理》,曹荣湘、龙虎等译,社会科学文献出版社2004年版。

[14] 戴维·赫尔德等:《全球大变革: 全球化时代的政治经济与文化》,杨雪冬、周红云等译,社会科学文献出版社2001年版。

[15] 丹·席勒:《数字资本主义》,杨立平译,江西人民出版社2001年版。

[16] 干春松:《重回王道: 儒家与世界秩序》,华东师范大学出版社2012年版。

［17］何渊等：《大数据战争》，北京大学出版社 2019 年版。

［18］赫德利·布尔：《无政府社会：世界政治中的秩序研究（第四版）》，张小明译，上海人民出版社 2015 年版。

［19］胡泳：《信息渴望自由》，复旦大学出版社 2014 年版。

［20］霍布斯：《利维坦》，黎思复、黎廷弼译，商务印书馆 1985 年版。

［21］凯文·凯利：《失控》，东西文库译，新星出版社 2010 年版。

［22］克里斯蒂安·罗伊等：《牛津国际关系手册》，方芳等译，译林出版社 2019 年版。

［23］克里斯提娜·格尼娅科：《计算机革命与全球伦理学》，载特雷尔·拜纳姆、西蒙·罗杰森主编《计算机伦理与专业责任》，李伦等译，北京大学出版社 2010 年版。

［24］孔庆茵：《国际体系视角下的世界秩序研究》，中国社会科学出版社 2011 年版。

［25］劳拉·德拉迪斯：《互联网治理全球博弈》，覃庆玲、陈慧慧译，中国人民大学出版社 2016 年版。

［26］劳伦斯·莱斯格：《代码 2.0：网络空间中的法律（修订版）》，李旭、沈伟伟译，清华大学出版社 2018 年版。

［27］李艳：《网络空间治理机制探索：分析框架与参与路径》，时事出版社 2018 年版。

［28］理查德·斯皮内洛：《铁笼，还是乌托邦——网络空间的道德与法律》，李伦等译，北京大学出版社 2007 年版。

［29］刘峰、林东岱：《美国网络空间安全体系》，科学出版社 2015 年版。

［30］刘继南等：《国际传播与国家形象：国际关系的新视角》，北京广播学院出版社 2002 年版。

［31］鲁传颖：《网络空间治理与多利益攸关方理论》，时事出版社 2016 年版。

［32］罗伯特·基欧汉、约瑟夫·奈：《权力与相互依赖》，门洪华译，北京大学出版社 2012 年版。

［33］罗伯特·杰维斯：《国际政治中的知觉与错误知觉》，秦亚青译，世界知识出版社 2003 年版。

［34］罗伯特·欧基汉、约瑟夫·奈：《权力与相互依赖（第四版）》，门洪华译，北京大学出版社 2012 年版。

［35］洛克：《政府论（上下）》，叶启芳、瞿菊农译，商务印书馆 1964 年版。

[36] 马尔科姆·沃特斯：《现代社会学理论（第二版）》，杨善华、李康等译，华夏出版社2000年版。

[37] 马尔克·杜甘、克里斯托夫·拉贝：《赤裸裸的人：大数据，隐私与窥视》，杜燕译，上海科学技术出版社2017年版。

[38] 马骏、殷秦、李海英：《中国的互联网治理》，中国发展出版社2011年版。

[39] 马克思·韦伯：《经济与社会》，林荣远译，商务印书馆2004年版(上册)。

[40] 马歇尔·麦克卢汉：《理解媒介：论人的延伸（增订评注版)》，何道宽译，译林出版社2011年版。

[41] 玛莎·芬尼莫尔：《国际社会中的国家利益》，袁正清译，上海人民出版社2012年版。

[42] 迈克尔·G. 罗斯金等：《政治科学（第十二版)》，林震等译，中国人民大学出版社2014年版。

[43] 迈克尔·曼：《社会权力的来源》（四卷)，郭忠华等译，上海人民出版社2015年版。

[44] 曼纽尔·卡斯特：《传播力（新版)》，汤景泰、星辰译，社会科学文献出版社2018年版。

[45] 曼纽尔·卡斯特：《网络星河：对互联网、商业和社会的反思》，郑波、武炜译，社会科学文献出版社2006年版。

[46] 曼纽尔·卡斯特：《信息时代三部曲：千年的终结》，夏铸九、王志等译，社会科学文献出版社2003年版。

[47] 曼纽尔·卡斯特：《信息时代三部曲：认同的力量》，夏铸九、王志等译，社会科学文献出版社2003年版。

[48] 曼纽尔·卡斯特：《信息时代三部曲：网络社会的崛起》，夏铸九、王志等译，社会科学文献出版社2003年版。

[49] 米尔顿·穆勒：《从根上治理互联网：互联网治理与网络空间的驯化》，段海新、胡泳译，电子工业出版社2019年版。

[50] 米尔顿·穆勒：《网络与国家：互联网治理的全球政治学》，周程等译，上海交通大学出版社2015年版。

[51] 米歇尔·福柯：《福柯文选Ⅲ：自我技术》，汪民安译，北京大学出版社2016年版。

[52] 米歇尔·福柯：《规训与惩罚》，刘北成、杨远婴译，生活·读书·新知三联书店2012年版。

［53］尼克·斯尔尼塞克：《平台资本主义》，程水英译，广东人民出版社2018年版。

［54］潘忠岐：《世界秩序：结构、机制与模式》，上海人民出版社2004年版。

［55］庞中英：《全球治理与世界秩序》，北京大学出版社2012年版。

［56］彭兰：《网络传播概论（第四版）》，中国人民大学出版社2017年版。

［57］齐格蒙特·鲍曼：《全球化：人类的后果》，郭国良、徐建华译，商务印书馆2015年版。

［58］乔尔·S. 米格代尔、阿图尔·柯里、维维恩·苏：《国家权力与社会势力——第三世界的统治与变革》，郭为贵、曹武龙、林娜译，江苏人民出版社2017年版。

［59］尚伟：《世界秩序的演变与重建》，中国社会科学出版社2009年版。

［60］申琰：《互联网与国际关系》，人民出版社2012年版。

［61］沈逸：《美国国家网络安全战略》，时事出版社2013年版。

［62］施旭：《文化话语研究：探索中国的理论、方法与问题》，北京大学出版社2010年版。

［63］石义彬：《单向度超真实内爆：批判视野中的当代西方传播思想研究》，武汉大学出版社2003年版。

［64］史蒂文·卢克斯：《权力：一种激进的观点》，彭斌译，江苏人民出版社2012年版。

［65］斯蒂芬·克拉斯纳：《国际机制》，北京大学出版社2005年版。

［66］苏珊·斯特兰奇：《国家与市场（第二版）》，杨宇光译，上海人民出版社2012年版。

［67］苏珊·斯特兰奇：《国家政治经济学导论：国家与市场》，杨宇光等译，经济科学出版社1990年版。

［68］苏珊·斯特兰奇：《权力的流散：世界经济中的国家与非国家权威》，肖宏宇、耿协峰译，北京大学出版社2005年版。

［69］孙午生：《网络社会治理法治化研究》，法律出版社2014年版。

［70］唐守廉：《互联网及其治理》，北京邮电大学出版社2008年版。

［71］唐子才、梁雄健：《互联网规制理论与实践》，北京邮电大学出版社2008年版。

［72］涂子沛：《数据之巅：大数据革命，历史、现实与未来》，中信出版社2014年版。

［73］王弼注，楼宇烈校：《老子道德经注》，中华书局2011年版。

[74] 王孔祥：《互联网治理中的国际法》，法律出版社 2015 年版。

[75] 王艳：《互联网全球治理》，中央编译出版社 2017 年版。

[76] 王勇、戎珂：《平台治理》，中信出版社 2018 年版。

[77] 吴建民：《如何做大国：世界秩序与中国角色》，中信出版社 2016 年版。

[78] 吴军：《智能时代：大数据与智能革命重新定义未来》，中信出版社 2016 年版。

[79] 阎学通、何颖：《国家关系分析（第三版）》，北京大学出版社 2017 年版。

[80] 杨剑：《数字边疆的财富与权力》，上海人民出版社 2012 年版。

[81] 杨俊：《马克思经济权力生成思想研究》，上海人民出版社 2016 年版。

[82] 杨毅主编：《全球战略稳定论》，国防大学出版社 2005 年版。

[83] 叶江：《全球治理与中国的大国战略转型》，时事出版社 2010 年版。

[84] 余丽：《互联网国际政治学》，中国社会科学出版社 2017 年版。

[85] 约翰·米尔斯海默：《大国政治的悲剧（修订版）》，王义桅、唐小松译，上海人民出版社 2014 年版。

[86] 约瑟夫·奈、戴维·韦尔奇：《理解全球冲突与合作：理论与历史》（第九版），张小明译，上海人民出版社 2012 年版。

[87] 约瑟夫·奈：《美国注定领导世界？——美国权力性质的变迁》，刘华译，中国人民大学出版社 2012 年版。

[88] 约瑟夫·奈：《权力大未来》，王吉美译，中信出版社 2012 年版；

[89] 约瑟夫·奈：《软实力》，马娟娟译，中信出版社 2013 年版。

[90] 约书亚·梅洛维茨：《消失的地域：电子媒介对社会行为的影响》，肖志军译，清华大学出版社 2002 年版。

[91] 约万·库尔巴里贾：《互联网治理（第七版）》，鲁传颖等译，清华大学出版社 2019 年版。

[92] 詹姆斯·多尔蒂、小罗伯特·普法尔茨格拉芙：《争论中的国际关系理论》，阎学通、陈寒溪等译，世界知识出版社 2003 年版。

[93] 詹姆斯·卡伦：《媒体与权力》，，史安斌、董关鹏译，清华大学出版社 2006 年版。

[94] 詹姆斯·罗西瑙：《没有政府的治理》，张胜军、刘小林等译，江西人民出版社 2001 年版。

[95] 张宏科、苏伟：《移动互联网技术》，人民邮电出版社 2010 年版。

[96] 张影强：《全球网络空间治理体系与中国方案》，中国经济出版社 2017

年版。

［97］赵汀阳：《天下的当代性：世界秩序的实践与想象》，中信出版社 2016 年版。

［98］赵月枝：《传播与社会：政治经济与文化分析》，中国传媒大学出版社 2011 年版。

［99］郑永年：《大格局：中国崛起应该超越情感和意识形态》，东方出版社 2014 年版。

［100］郑永年：《技术赋权：中国的互联网，国家与社会》，东方出版社 2014 年版。

［101］郑永年：《通往大国之路：中国与世界秩序的重塑》，东方出版社 2011 年版。

［102］中国信息化百人会课题组：《数字经济：迈向从量变到质变的新阶段》，电子工业出版社 2018 年版。

［103］周辉：《变革与选择：私权力视角下的网络治理》，北京大学出版社 2016 年版。

［104］周学峰、李平：《网络平台治理与法律责任》，中国法制出版社 2018 年版。

［105］左晓栋：《美国网络安全战略与政策二十年》，电子工业出版社 2018 年版。

［106］左晓栋：《网络空间安全战略思考》，电子工业出版社 2017 年版。

［107］Adam Segal. *He Hacked World Order*：*How Nations Fight*，*Trade*，*Maneuver*，*and Manipulate in the Digital Age*（2nd. ed.）. Perseus Books，USA，2017.

［108］Andrew Chadwick. *Internet Politics*：*States*，*Citizens*，*and New Communication Technologies*. Oxford University Press，2006.

［109］Anthony Giddens. *Runaway World*：*How Globalization is Reshaping Our Lives*. Routledge，2003.

［110］Barry Gills，Andre Gunder Frank（eds）. *The World System*：*Five Hundred Years or Five Thousand*. London：Rout-ledge，1993.

［111］Benedek，Wolfgang，Veronika Bauer，and Matthias C. Kettemann，eds. *Internet Governance and the Information Society*：*Global Perspectives and European Dimensions*. Eleven International Publishing，2008.

［112］Castells，M. *Communication Power*. Oxford University Press，2011.

［113］Castells，M. *The End of Millennium*：*the Information Age*：*Economy*，*Society and Culture Volume* Ⅲ. Wiley - Blackwell，2010.

[114] Castells, M. *The Internet Galaxy: Reflections on the Internet, Business and Society*. Oxford University Press, 2003.

[115] Castells, M. *The Network Society: A Cross Cultural Perspective*. Edward Elgar Pub, 2005.

[116] Castells, M. *The Power of Identity: The Information Age: Economy, Society and Culture Volume* Ⅱ. Wiley – Blackwell, 2009.

[117] Castells, M. *The Rise of the Information Society: the Information Age: Economy, Society and Culture Volume* I. Wiley – Blackwell, 2009.

[118] Commission on Global Governance. *Our Global Neighborhood: The Report of the Commission on Global Governanc*, 1995.

[119] Dani Rodrik. *The Globalization Paradox: Why Global Markets, States, and Democracy Can't Coexist*. OUP Oxford, 2012.

[120] David S. Grewal. *Network Power: The Social Dynamics of Globalization*. Yale University Press, 2009.

[121] DeNardis Laura. *The Global War for Internet Governance*. Yale University Press, 2014.

[122] D. Held and A. McGrew. *Governing Globalization: Power, Authority and Global Governance*. Cambridge. Polity Press, 2002.

[123] D. K. Thussu. *Electronic Empires – Global Media and Local Resistance*. Arnold: London and Oxford University Press, 1998.

[124] D. K. Thussu. *International Communication*. Sage, 2012.

[125] Dutton, William H., ed. *The Oxford Handbook of Internet Studies*. Oxford University Press, 2013.

[126] Eduardo Gelbstein and Jovan Kurbalija. *Internet Governance: Issues, Actors and Divides*. Diplo Foundation and Global Knowledge Partnership, 2005.

[127] Eric Schmidt and Jared Cohen. *The New Digital Age: Reshaping the Futre of People, Nations and Business*. Knopf, 2013.

[128] Frank Webster. *Theories of the Information Society*. Routledge, 2007.

[129] Frat – Meigs, D., Nicey, J., Palmer, M., Tupper, P. et al. *From NWICO to WSIS: 30 Years of Communication Geopolitics: Actors and Flows, Structures and Divides*. Intellect Ltd., 2013.

[130] Goldsmith Jack and Tim Wu. *Who Controls the Internet? Illusions of a Borderless World*. Oxford University Press, 2008.

[131] Hans Joachim Morgenthau. *Politics Among Nations: The Struggle for Power*

and Peace. Knopf, 1963.

[132] Hedley Bull. *The Anarchical Society: A Study of Order in World Politics*. 4th *ed*. Palgrave Macmillan, 2012.

[133] Henry Kissinge. *World Order*. Penguin Publishing Group, 2015.

[134] Howard H. Frederick. *Global Communication & International Relations*. Wadsworth Publishing Company, 1993.

[135] Jacob Silverman. *Terms of service: Social media and the price of constant connection*. Harper Perennial, 2016.

[136] James Nathan Rosenau. *Governance Without Government: Orden and Change in World Politics*. University Press, 1992.

[137] James N. Rosenau and Emest - Otto Czempeil eds. , *Governancec without Government: Order and Change in World Politics*. Cambridge University, 1992.

[138] Jean L. Cohen and Andrew Arato. *Civil Society and Political Theory*. The MIT Press, 1992.

[139] Joanna Kulesza. *International Internet Law*. Routledge, 2012.

[140] John Braithwaite and Peter Drahos. *Global business regulation*. Cambridge University Press, 2000.

[141] John K. Galbraith. *The Anatomy of Power*. Houghton Mifflin Harcourt, 1983.

[142] John W. Dimmick. *Media Competition and Coexistence: The Theory of Niche*. Routledge, 2002.

[143] Jonathan Zittrain. *The Future of the Internet*. Yale University Press, 2008.

[144] Joseph Nye. *Bound to Lead: The Changing Nature of Amercian Power*. Basic Books, 1990.

[145] Joseph S. Nye, David A. Welch. *Understanding Global Conflict and Cooperation: An Introduction to Theory and History*, 10th *ed*. Pearson Education, 2016.

[146] Jovan Kurbalija. *An Introduction to Internet governance (6th edition)*. Diplo Foundation, 2012.

[147] Kulesza Joanna. *International Internet Law*. Routledge, 2012. Lessig, Lawrence. *Code: Version* 2. 0. Basic Books, 2006.

[148] Laura DeNardis. *The Global War for Internet Governance*. Yale University Press, 2014.

[149] Lawrence Lessig. *Code and Other Laws of Cyberspace*. Basic Books, 1999.

[150] Lawrence Lessig. *Code: Vesion* 2. 0, Basic Books. 2006.

[151] Leighton Andrews. *Facebook, the Media and Democracy: Big Tech, Small State?*. Routledge, 2019.

[152] Manuel Castells. *The Information Age: Economy, Society, and Culture.* Blackwell, 1998.

[153] Mation Moore. Tech Giants and Civic Power, *Centre for the Study of Media, Communication and Power.* King's College London, 2016.

[154] McPhail, T. *Global Communication: Theories, Stakeholders and Trends (3rd Edition)*. Wiley – Blackwell, 2010.

[155] Meyer Philip. *The Vanishing Newspaper: Saving Journalism in the Information Age.* Columbia: University of Missouri Press, 2004.

[156] Milton Mueller. *Networks and States: The Global Politics of Internet Governance.* The MIT Press, 2010.

[157] Milton Mueller. *Ruling the Root: Internet Governance and the Taming of Cyberspace.* The MIT Press, 2002.

[158] Milton Mueller. *Will the Internet Fragment?* . Polity, 2017.

[159] Nicholas Negroponte. *Being Digital.* Knopf Doubleday Publishing Group, 2015.

[160] Robert J. Domanski. *Who Governs the Internet? A Political Architecture*, Lexington Books, 2015.

[161] Robert Owen Keohane, Joseph S. Nye. *Power and Interdependence.* Longman, 2011.

[162] Robert S. Fortner. *International Communication: History, Conflict, and Control of the Global Metropolis.* Wadsworth Publishing Company, 1993.

[163] Robert Waterman McChesney. *Rich Media, Poor Democracy: Communication Politics in Dubious Times.* New Press, 2000.

[164] Samuel P. Huntington. *The Clash of Civilizations and the Remaking of World Order.* Simon & Schuster, 2011.

[165] Servaes, J & Carpentier, N. (Eds.). *Towards a sustainable information society: Deconstructing WSIS* (Vol. 2). Intellect Books, 2006.

[166] Sparks, C. *Globalization, Development and the Media.* Sage Publications, 2007.

[167] The Macbride Commission. *Many Voices, One World: Towards a New, More Just, and More Efficient World Information and Communication Order.* Roman & Littlefield Publications, 2003.

[168] Thomas L. McPhail. *Global Communication*: *Theories*, *Stakeholders*, *and Trend*, 3th *ed*. John Wiley & Sons, 2011.

[169] Thussu Daya Kishan. *International Communication*: *Continuity and Change*. Oxford University Press, 2000.

[170] Tim Wu. *The Attention Merchants*: *The Epic Scramble to Get Inside Our Heads*. Knopf, 2016.

[171] Tim Wu. *The Curse of Bigness*: *Antitrust in the New Gilded Age*. Random House Audio, 2018.

[172] Viktor Mayer – Scho nberger and Thomas Ramge. *Reinventing Capitalism in the Age of Big Data*. Basic Books, 2018.

[173] Webster, F. (ed.) *The Information Society Reader*. Routledge, 2004.

[174] Wu Tim. *The Master Switch*: *The Rise and Fall of Information Empires*. Vintage, 2011.

[175] Yongnian Zheng. *Technological Empowerment*: *The Internet*, *State*, *and Society in China*. Stanford University Press, 2008.

[176] Zhou Y. M. *Historicizing Online Politics*: *Telegraphy*, *the Internet*, *and Political Participation in China*. Stanford University Press, 2005.

[177] Zittrain, Jonathan. *The Future of the Internet and How to Stop It*. Yale University Press, 2008.

[178] Zygmunt Bauman. *Globalization*: *The Human Consequences*. John Wiley & Sons, 2013.

二、论文

[1] 蔡翠红:《国际关系中的网络政治及其治理困境》,载于《世界经济与政治》2011 年第 5 期。

[2] 蔡翠红:《网络地缘政治:中美关系分析的新视角》,载于《国际政治研究》2018 年第 1 期。

[3] 蔡拓:《全球化的政治挑战及其分析》,载于《世界经济与政治》2016 年第 12 期。

[4] 蔡拓:《全球治理与国家治理:当代中国两大战略考量》,载于《中国社会科学》2016 年第 6 期。

[5] 蔡拓:《全球主义观照下的国家主义——全球化时代的理论与价值选择》,载于《世界经济与政治》2020 年第 10 期。

[6] 曹博林:《社交媒体:概念、发展历程、特征与未来——兼谈当下对社交媒体认识的模糊之处》,载于《湖南广播电视大学学报》2011 年第 3 期。

[7] 陈颀：《网络安全、网络战争与国际法——从〈塔林手册〉切入》，载于《政治与法律》2014 年第 7 期。

[8] 陈卫星：《数字迷思的传播想象》，出自文森特·莫斯可：《数字化崇拜：迷思、权力与赛博空间》，北京大学出版社 2010 年版，代译序。

[9] 程群：《互联网名称与数字地址分配机构和互联网国际治理未来走向分析》，载于《国际论坛》2015 年第 17 期。

[10] 崔保国、刘金河：《论数字经济的定义与测算——兼论数字经济与数字传媒的关系》，载于《现代传播（中国传媒大学学报）》2020 年第 4 期。

[11] 崔保国：《世界网络空间的格局与变局》，载于《新闻与写作》2015 年第 9 期。

[12] 崔保国：《网络时代：传播学的涅槃与再造》，载于《新闻与写作》2015 年第 12 期。

[13] 戴丽娜、郑乐锋：《联合国网络安全规则进程的新进展及其变革与前景》，载于《国外社会科学前沿》2020 年第 4 期。

[14] 丹尼尔·F. 史普博、克里斯托弗·S. 尤：《反垄断、互联网及网络经济学》，出自时建中等编：《互联网产业的反垄断法与经济学》，法律出版社 2018 年版。

[15] 丁未：《新媒体与赋权：一种实践性的社会研究》，载于《国际新闻界》2009 年第 10 期。

[16] 方芳、杨剑：《网络空间国际规则：问题、态势与中国角色》，载于《厦门大学学报（哲学社会科学版）》2018 年第 4 期。

[17] 方兴东、严峰：《浅析超级网络平台的演进及其治理困境与相关政策建议——如何破解网络时代第一治理难题》，载于《汕头大学学报（人文社会科学版）》2017 年第 7 期。

[18] 方兴东、严峰：《网络平台“超级权力”的形成与治理》，载于《人民论坛·学术前沿》2019 年第 14 期。

[19] 方兴东、严峰、钟祥铭：《大众传播的终结与数字传播的崛起——从大教堂到大集市的传播范式转变历程考察》，载于《现代传播（中国传媒大学学报）》2020 年第 7 期。

[20] 方兴东、钟祥铭：《欧洲在全球网络治理制度建设的角色、作用和意义》，载于《全球传媒学刊》2020 年第 7 期。

[21] 封帅：《人工智能时代的国际关系：走向变革且不平等的世界》，载于《外交评论（外交学院学报）》2018 年第 1 期。

[22] 高飞：《中国的总体国家安全观浅析》，载于《科学社会主义》2015

年第13期。

[23] 葛腾飞:《美国战略稳定观:基于冷战进程的诠释》,载于《当代美国评论》2018年第3期。

[24] 杭敏:《传媒生态变革与创新的思考》,载于《传媒》2019年第15期。

[25] 贺佳:《网络信息时代,呼唤建立有中国特色的网络安全法律体系》,载于《经贸实践》2017年第3期。

[26] 胡凌:《大数据革命的商业与法律起源》,载于《文化纵横》2013年第3期。

[27] 胡凌:《"连接一切":论互联网帝国意识形态与实践》,载于《文化纵横》2016年第1期。

[28] 胡凌:《信息基础权力:中国对互联网主权的追寻》,载于《文化纵横》2015年第6期。

[29] 胡尼克、黎雷、杨乐:《中国与欧盟的网络安全法律原则与体系比较》,载于《信息安全与通信保密》2019年第9期。

[30] 胡泳:《平台化社会与精英的黄昏》,载于《新闻战线》2018年第11期。

[31] 胡泳:《我们缘何进入了一个被平台控制的世界?》,载于《互联网经济》2019年第5期。

[32] 黄河:《全球化转型视野下的跨国公司与全球治理》,载于《国际观察》2017年第6期。

[33] 黄志雄:《国际法视角下的"网络战"及中国的对策——以诉诸武力权为中心》,载于《现代法学》2015年第5期。

[34] 黄志雄、刘欣欣:《2020年上半年联合国信息安全工作组进程网络空间国际规则博弈》,载于《中国信息安全》2020年第7期。

[35] 郎平:《大变局下网络空间治理的大国博弈》,载于《全球传媒学刊》2020年第1期。

[36] 郎平:《"多利益攸关方"的概念、解读与评价》,载于《汕头大学学报(人文社会科学版)》2017年第9期。

[37] 郎平:《网络空间国际治理机制的比较与应对》,载于《战略决策研究》2018年第2期。

[38] 郎平:《主权原则在网络空间面临的挑战》,载于《现代国际关系》2019年第6期。

[39] 李广乾、陶涛:《电子商务平台生态化与平台治理政策》,载于《管理世界》2018年第6期。

［40］李巍、赵莉：《美国外资审查制度的变迁及其对中国的影响》，载于《国际展望》2019 年第 1 期。

［41］李晓东：《互联网全球治理的趋势和挑战》，载于《全球传媒学刊》2017 年第 2 期。

［42］李艳：《当前国际互联网治理改革新动向探析》，载于《现代国际关系》2015 年第 4 期。

［43］李艳：《美国强化网络空间主导权的新动向》，载于《现代国际关系》2020 年第 9 期。

［44］李艳：《解析 2019 年网络空间国际治理的“破局”之路》，载于《信息安全与通信保密》2019 年第 2 期。

［45］李艳：《社会学“网络理论”视角下的网络空间治理》，载于《信息安全与通信保密》2017 年第 10 期。

［46］李艳：《网络空间国际治理中的国家主体与中美网络关系》，载于《现代国际关系》2018 年第 11 期。

［47］李欲晓、邬贺铨等：《论我国网络安全法律体系的完善》，载于《中国工程科学》2016 年第 6 期。

［48］理查德·萨瓦克：《超越世界秩序的冲突》，载于《俄罗斯研究》2019 年第 5 期。

［49］梁翠红：《国家—市场—社会互动中网络空间的全球治理》，载于《世界经济与政治》2013 年第 9 期。

［50］刘建明：《“第四权力说”的历史滑落》，载于《现代传播》2006 年第 4 期。

［51］刘建伟：《国家“归来”：自治失灵、安全化于互联网治理》，载于《世界经济与政治》2015 年第 7 期。

［52］刘杨钺、徐能武：《新战略空间安全：一个初步分析框架》，载于《太平洋学报》2018 年第 2 期。

［53］刘杨钺、张旭：《政治秩序与网络空间国家主权的缘起》，载于《外交评论》2019 年第 1 期。

［54］刘贞晔：《全球治理与国家治理的互动：思想渊源与现实反思》，载于《中国社会科学》2016 年第 6 期。

［55］鲁传颖：《保守主义思想回归与特朗普政府网络安全战略调整》，载于《世界经济与政治》2020 年第 1 期。

［56］鲁传颖：《国际政治视角下的网络安全治理困境与机制构建——以美国大选“黑客门”为例》，载于《国际展望》2016 年第 4 期。

[57] 鲁传颖：《试析当前网络空间全球治理困境》，载于《现代国际关系》2013 年第 9 期。

[58] 鲁传颖：《网络空间安全困境及治理机制构建》，载于《现代国际关系》2018 年第 11 期。

[59] 鲁传颖：《网络空间大国关系面临的安全困境、错误知觉和路径选择——以中欧网络合作为例》，载于《欧洲研究》2019 年第 2 期。

[60] 鲁传颖：《网络空间中的数据及其治理机制分析》，载于《全球传媒学刊》2016 年第 3 期。

[61] 鲁传颖、约翰·马勒里：《体制复合体理论视角下的人工智能全球治理进程》，载于《国际观察》2018 年第 4 期。

[62] 马新民：《网络空间的国际法问题》，载于《信息安全与通信保密》2016 年第 11 期。

[63] 玛莎·芬尼莫尔、凯瑟琳·斯金克：《国际规范的动力与政治变革》，载于《世界政治理论的探索与争鸣》，上海人民出版社 2006 年版。

[64] 毛维准、刘一燊：《数据民族主义：驱动逻辑与政策影响》，载于《国际展望》2020 年第 3 期。

[65] 孟亮：《中国参与全球互联网治理的战略选择——基于战略管理的 SWOT 分析视角》，载于《领导科学》2019 年第 2 期。

[66] 弥尔顿·穆勒：《互联网就分裂吗?》，载于《全球传媒学刊》2018 年第 2 期。

[67] 潘忠岐：《世界秩序理念的历史发展及其在当代的解析》，载于《欧洲》2002 年第 4 期。

[68] 阙天舒、李虹：《中美网络空间新型大国关系的构建：竞合、困境与治理》，载于《国际观察》2019 年第 3 期。

[69] 萨什·贾亚瓦尔达恩等：《网络治理：有效全球治理的挑战、解决方案和教训》，载于《信息安全与通信保密》2016 年第 10 期。

[70] 沈逸：《全球网络空间治理原则之争与中国的战略选择》，载于《外交评论》2015 年第 2 期。

[71] 沈逸：《全球网络空间治理原则之争与中国的战略选择》，载于《外交评论》2015 年第 2 期。

[72] 舒华英：《互联网治理的分层模型及其生命周期》，中国通信学会，通信发展战略与管理创新学术研讨会论文集，2006 年。

[73] 宋晓慧、赵俊林、杨倩等：《互联网治理之困境与出路》，载于《科学与管理》2009 年第 4 期。

[74] 孙海泳：《美国对华科技施压战略：发展态势、战略逻辑与影响因素》，载于《现代国际关系》2019年第1期。

[75] 檀有志：《网络空间全球治理：国际情势与中国路径》，载于《世界经济与政治》2013年第12期。

[76] 唐秋伟：《网络治理的模式：结构、因素与有效性》，载于《河南社会科学》2012年第5期。

[77] 汪晓风：《美国优先与特朗普政府网络战略的重构》，载于《复旦学报（社会科学版）》2019年第4期。

[78] 王敬波：《平台的合作治理》，中国政法大学第92期法治政府论坛“平台治理与平台责任”，2016年5月。

[79] 王名、蔡志鸿、王春婷：《社会共治：多元主体共同治理的实践探索与制度创新》，载于《中国行政管理》2014年第12期。

[80] 王明国：《全球互联网治理的模式变迁、制度逻辑与重构路径》，载于《世界经济与政治》2015年第3期。

[81] 王明进：《全球网络空间治理的未来：主权、竞争与共识》，载于《人民论坛·学术前沿》2016年第2期。

[82] 王怡红：《认识西方“媒介权力”研究的历史与方法》，载于《新闻与传播研究》1997年第2期。

[83] 吴海文、张鹏：《打击网络犯罪国际规则的现状、争议和未来》，载于《中国应用法学》2020年第2期。

[84] 徐佳：《下一代互联网：中国参与构建国际传播新秩序的新起点》，载于《新闻记者》2012年第5期。

[85] 许可：《人工智能的算法黑箱与数据正义》，载于《社会科学报》2018年第6期。

[86] 薛军：《理解平台责任的新思路》，中国政法大学第92期法治政府论坛“平台治理与平台责任”，2016年5月。

[87] 杨剑：《论美国“网络空间全球公域说”的语境矛盾及其本质》，载于《国际观察》2013年第1期。

[88] 杨洁勉：《新时期中国外交思想、战略和实践的探索创新》，载于《国际问题研究》2015年第1期。

[89] 叶逸群：《互联网平台责任：从监管到治理》，载于《财经法学》2018年第5期。

[90] 俞可平：《全球治理引论》，载于《马克思主义与现实》2002年第1期。

[91] 喻国明:《互联网是一种"高维"媒介——兼论"平台型媒体"是未来媒介发展的主流模式》,载于《新闻与写作》2015 年第 2 期。

[92] 约瑟夫·奈、崔志楠:《美国的领导力及自由主义国际秩序的未来》,载于《全球秩序》2018 年第 1 期。

[93] 约瑟夫·奈:《机制复合体与全球网络活动管理》,载于《汕头大学学报(人文社会科学版)》2016 年第 4 期。

[94] 张国红:《全球数字保护主义的兴起、发展和应对》,载于《海关与经贸研究》2019 年第 6 期。

[95] 张建川:《从 WSIS 到 CCWG:互联网治理的探讨及启示》,载于《互联网天地》2016 年第 3 期。

[96] 张建新:《大国崛起与世界体系变革——世界体系理论的视角》,载于《国际观察》2011 年第 2 期。

[97] 张权:《网络空间治理的困境及其出路》,载于《中国发展观察》2016 年第 17 期。

[98] 张腾军:《特朗普政府网络安全政策调整特点分析》,载于《国际观察》2018 年第 3 期。

[99] 张宇燕:《理解百年未有之大变局》,载于《国际经济评论》2019 年第 5 期。

[100] 张宇燕:《全球治理的中国视角》,载于《世界经济与政治》2016 年第 9 期。

[101] 张宇燕、任琳:《全球治理:一个理论分析框架》,载于《国际政治科学》2015 年第 3 期。

[102] 赵威、李宝轩:《中国古代权力伦理的系统建构及其与天道信仰的关系》,载于《社会科学研究》2019 年第 1 期。

[103] 赵月枝、邢国欣:《传播政治经济学:理论渊源、研究路径和学术前沿》,出自赵月枝:《传播与社会:政治经济与文化分析》,中国传媒大学出版社 2011 年版。

[104] 郑永年:《中美关系和国际秩序的未来》,载于《国际政治研究》2014 年第 1 期。

[105] 支振锋:《互联网全球治理的法治之道》,载于《法制与社会发展》2017 年第 1 期。

[106] 周宏仁:《网络空间的崛起与战略稳定》,载于《国际展望》2019 年第 2 期。

[107] 周俊:《全球公民社会:理论模式与研究框架》,载于《现代哲学》

2006 年第 2 期。

[108] 朱虹:《全球公民社会理论与全球治理》,载于《理论视野》2012 年第 8 期。

[109] 朱彤:《外部性、网络外部性与网络效应》,载于《经济理论与经济管理》2001 年第 11 期。

[110] Alexis Wichowski. Net States Rule the World, We Need to Recognize Their Power. *Wired*, April 17, 2011.

[111] Andreas Georg Scherer and Marc Smid. The Downward Spiral and the U. S. Model Business Principles – Why MNEs Should Take Responsibility for the Improvement of World – Wide Social and Environmental Conditions. *Management International Review*, 2000, 40 (4): 351 – 371.

[112] Ansell C, Gash A. Collaborative Governance in Theory and Practice. *Journal of Public Administration Research and Theory*, 2008, 18 (4): 543 – 571.

[113] Ans Kolk, Rob Van Tulder and Carlijn Welters. International Codes of Conduct and Corporate Social Responsibility: Can Transnational Corporations Regulate Themselves? . *Transnational Corporations*, 1999, 8 (1): 143 – 180.

[114] Anupam Chander. Facebookistan. *North Carolina Law Review*, 2011, 90: 1807.

[115] Anupam Chander. *Internet Intermediaries as Platforms for Expression and Innovation*, Centre for International Governance Innovation and Chatham House, Paper Series: No. 42, November 2016.

[116] Bowker, Geoffrey C. , et al. Toward Information Infrastructure Studies: Ways of Knowing in a Networked Environment. *International Handbook of Internet Research*, Springer, Dordrecht, 2009: 97 – 117.

[117] Collet, P. The Rules of Conduct, in P. Collet eds, *Social Rules and Social Behavior*. Rowman and Littefield, 1977: 8.

[118] Daniel F. Spulbe. Unlocking Technology: Antitrust and Innovation. *Journal of Competition Law & Economics*, 2008, 4 (4): 915 – 966.

[119] David D. Clark. A Cloudy Crystal Ball—Visions of the Future. *IETF*, July 1992.

[120] David Kinley and Junko Tadaki. From talk to walk: The Emergence of Human Rights Responsibilities for Corporations at International Law. *Va. J. Int'l L.* 2003, 44: 931.

［121］ David L. Levy and Aseem Prakash. Multinationals in Global Governance, in S. Vachani (eds.), *Transformations in Global Governance: Implications for Multinationals and Other Stakeholders*. Edward Elgar, 2006.

［122］ David S. Evans. The Antitrust Economics of Multi-sided Platform Markets. *Yale Journal on Regulation*, 2003, 20 (2): 325.

［123］ DeHoog R H. Competition, Negotiation, or Cooperation: Three Models for Service Contracting. *Administration & Society*, 22 (3): 317 – 340, 1990.

［124］ Diana L. Moss. The Record of Weak U. S. Merger Enforcement in Big Tech, *American Antitrust Institute White Paper*, July 8, 2019.

［125］ Dutton W. H., Peltu M. The Emerging Internet Governance Mosaic: Connecting the Pieces. *Information Polity*, 2007, 12 (1 – 2): 63 – 81.

［126］ Friedrich A. Hayek. The Use of Knowledge in Society. *The American Economic Review*, 1945, 35 (4): 519 – 530.

［127］ Geoffrey Parker and Marshall Van Alstyne. Innovation, Openness, and Platform Control. *Management Science*, 2017, 64 (7): 3015 – 3032.

［128］ Gralf – Peter Calliess. Introduction: Transnational Corporations Revisited. *Indiana Journal of Global Legal Studies*, 2011, 18 (2): 601 – 615.

［129］ Hon, W. K. Data localization laws and policy: The EU Data Protection International Transfers Restriction Through a Cloud Computinglens. *Edward Elgar Publishing*, 2017.

［130］ ICANN. ICANN's Role in the Internet Governance Ecosystem, Report of the ICANN Strategy Panel, February 20, 2014.

［131］ Internet Society (ISOC). *Internet Governance: Why the Multistakeholder Approach Works*, April 2016.

［132］ Jackson, S. T. A Turning IR Landscape in a Shifting Media Ecology: The State of IR Literature on New Media. *International Studies Review*, 2019, 21 (3): 518 – 534.

［133］ Jean – Charles Rochet and Jean Tirole. Platform Competition in Two-sided Markets. *Journal of the European Economic Association*, 2003, 1 (4): 990 – 1029.

［134］ Jean – Christophe Plantin and Gabriele de Seta. We Chat as Infrastructure: The Techno-nationalist Shaping of Chinese Digital Platforms. *Chinese Journal of Communication*, 2019, 12 (3): 257 – 273.

［135］ Jeroen de Kloet, Thomas Poell, Zeng Guohua and Chow Yiu Fai. The Plaformization of Chinese Society: Infrastructure, Governance, and Practice. *Chinese*

Journal of Communication, 2019, 12 (3): 249 – 256.

[136] Joe Waz, Phil Weiser. Internet Governance: The Role of Multistakeholder Organizations. *Telecomm. & High Tech*, 2012, 10: 331.

[137] John E. Savage and Bruce W. McConnell. Exploring Multi – Stakeholder Internet Governance. East West Institute, January 2015.

[138] John Mathiason. A Framework Convention: An Institutional Option for Internet Governance, Concept Paper by the Internet Governance Project (IGP), 2004.

[139] Jonathan Glick. Rise of the Platishers. *Vox*, Feburary 7, 2014.

[140] Joseph Nye. The Regime Complex for Managing Global Cyber Activities. *Belfer Center for Science and International Affairs*, November 2014.

[141] Joseph Nye. The Regime Complex for Managing Global Cyber Activities, *Global Commission on Internet Governance Paper Series*, 2014, 1.

[142] José van Dijck, David Nieborg, and Thomas Poell. Reframing platform power. *Internet Policy Review*, 2019, 8 (2).

[143] José van Dijck. Facebook and the Engineering of Connectivity: A Multilayered Approach to Social Media Platforms. *Convergence*, 2012, 19 (2): 141 – 155.

[144] José van Dijck & Thomas Poell. Social Media and the Transformation of Public Space. *Social Media + Society*, July – December 2015: 1 – 5.

[145] José van Dijck. "You Have One Identity": Performing the Self on Facebook and LinkedIn. *Media, Culture & Society*, 2013, 35 (2): 199 – 215.

[146] J. P. Singh. Information Technologies and the Changing Scope of Global Power and Governance, James N. Rosenau and J. P. Singh eds., *Information Technologies and Global Politics*. State University of New York Press, 2002: 12 – 15.

[147] Karine Perset. The Economic and Social Role of Internet Intermediaries, *OECD Digital Economy Papers*, No. 171, OECD Pulishing, Paris, 2010.

[148] Kingsbury Benedict. The International Legal Order. *NYU Law School, Public Law Research Paper*, 2003: 1 – 4.

[149] Kleinwächter W. WSIS: A New Diplomacy? Multistakeholder Approach and Bottom-up Policy in Global ICT Governance. *Information Technology and International Development*, 2004, 1 (3 – 4): 3 – 14.

[150] Laura DeNardis and Andrea M. Hackl. Internet Governance by Social Media Platforms. *Telecommunications Policy*, 2015, 39 (9): 761 – 770.

[151] Laura DeNardis and Francesca Musiani. Governance by Infrastructure, in Francesca Musiani, Derrick L. Cogburn, Laura DeNardis, and Nanette S. Levinson

eds. The Turn to Infrastructure in Internet Governance. Palgrave Macmillan, 2016: 4.

[152] Laura DeNardisand Mark Raymond. Thinking Clearly about Multistakeholder Internet Governance. *GigaNet: Global Internet Governance Academic Network, Annual Symposium*, 2013.

[153] Lawrence B. Solum & Minn Chung. The Layers Principle: Internet Architecture and the Law. *Notre Dame L. Rev*, 2003, 79: 815.

[154] Lawrence E. Strickling and Jonah Force Hill. Multi-stakeholder Internet Governance: Successes and Opportunities. *Journal of Cyber Policy*, 2017, 2 (3): 296 - 317.

[155] Manuel Castells. A Sociology of Power: My Intellectual Journey. *Annual Review of Sociology*, 2016, 42: 1 - 19.

[156] Mark Armstrong. Competition in Two-sided Markets. *The RAND Journal of Economics*, 2006, 37 (3): 668 - 691.

[157] Marshall Van Alstyne and Erik Brynjolfsson. Global Village or Cyber - Balkans? Modeling and Measuring the Integration of Electronic Communities. *Management Science*, 2005, 51 (6): 851 - 868.

[158] Micah L. Sifry. Escape from Facebookistan: Can a Public Sphere Worth Living in Ever be Built Online? . *The New Republic*, May 21, 2018.

[159] Michael Zürn. From Interdependence to Globalization. *Handbook of International Relations*, 2002: 235 - 254.

[160] Naomi R. Lamoreaux. The Problem of Bigness: From Standard Oil to Google. *Journal of Economic Perspectives*, 2019, 33 (3): 94 - 117.

[161] Nye, Joseph. Deterrence and Dissuasion in Cyberspace. *International Security*, 2017, 1: 44 - 71.

[162] Paul Lazarsfeld. Concept Formation and Measurement, in *Concepts, Theory, and Explanation in the Behavioral Science*, ed. Gordon DiRenzo, New York: Random House, 1966: 144 - 202.

[163] P. Lazarsfed and R. K. Marton. Mass Communication, Popular Taste and organizational Action, in Lyman Brysoon eds, *The Communication of Ideas*, Cooper Squaer, 1964.

[164] Rebecca MacKinnon. Ruling Facebookistan. *Foreign Policy*, June 14, 2012.

[165] Rob Heyman and Jo Pierson. Social Media, Delinguistification and Colonization of Life world: Changing Faces of Facebook. *Social Media + Society*, 2015, 1 (2).

[166] Samuel Noah Weinstein. United States v. Microsoft Corp. *Berkeley Tech. L. J.*, 2002 (17): 273 -294.

[167] Scherer, Andreas Georg, Guido Palazzo, and Dorothée Baumann. Global rules and Private Actors: Toward a New Role of the Transnational Corporation Inglobal Governance. *Business Ethics Quarterly*, 2006, 16 (4): 505 -532.

[168] Sheldon Lary Belman. *The Idea of Communication in the Social Thought of the Chicago School*. Ph. D. dissertaion, University of Illinois, 1975.

[169] Song-min Kim. How can We Make a Socially Optimal Large-scale Media Platform? Analysis of a Monopolistic Internet Media Platform Using Two-sided Market Theory. *Telecommuni Cations Policy*, 2016, 40 (9): 899 -918.

[170] Stoker G. Governance as Theory: Five Propositions. *International Social Science Journal*, 1998, 50 (155): 17 -28.

[171] Talcott Parsons. On the Concept of Political Power. *Proceedings of the American Philosophical Society*, 1963, 107 (3): 232 -262.

[172] Talcott Parsons. On the Concept of Value - Commitments. *Sociological Inquiry*, 1968, 38 (2): 135 -160.

[173] Talcott Parson. The Distribution of Power in American Sociey. *World Politcs*, 1957, 10: 123 -143.

[174] Thomas W. Dunfee, and Timothy L. Fort. Corporate Hypergoals, Sustainable Peace, and the Adapted Firm. *Vand. J. Transnat'l L*, 2003, 36: 563; Fort, Timothy L., and Cindy A. Schipani. The Role of the Corporation in Fostering Sustainable Peace. *Vand. J. Transnat'l L*, 2002, 35: 389.

[175] Van Slyke D. M. Agents or stewards: Using Theory to Understand the Government-nonprofit Social Service Contracting Relationship. *Journal of Public Administration Research and Theory*, 2007, 17 (2): 157 -187.

[176] Wolfgang Kleinwächter. Internet Governance Outlook 2017: Nationalistic Hierarchies vs. Multistakeholder Networks?. *CircleID*, January 6, 2017.

后　记

白驹过隙，时光荏苒。回想 2017 年承接教育部哲学社会科学研究重大课题攻关项目“构建全球化互联网治理体系研究”（项目号：17JZD032）至今已经快有 5 年了。这 5 年间网络空间治理领域的议题不断变化刷新。在如此错综复杂的现实世界之下，现实与虚拟相交织的网络空间治理研究也面临更加严峻的挑战，亟须一套系统化的理论体系和研究框架。我们课题组成员中好几位都是在网络空间治理领域已经积累了丰厚研究基础的学者，在这 5 年中，面对网络空间治理的新挑战和新议题大家不断精耕细作，最终的研究成果凝结在这本《网络空间全球治理体系的建构》著作之中。通过对该课题的共同研究，我们也形成了一个精良的网络空间全球治理学术共同体，本书得以面世离不开这一学术共同体和课题组成员的辛勤付出和努力，在此对大家表示衷心的感谢。

首先要感谢为本项目做出巨大贡献的课题组主要成员：中国社会科学院世界经济与政治研究所国家安全研究室主任郎平教授，清华大学新闻与传播学院副院长杭敏教授，清华大学互联网治理研究中心主任李晓东教授，上海国际问题研究院公共政策与创新研究所副所长鲁传颖研究员，中国现代国际关系研究院信息与社会发展研究所副所长李艳研究员，中国传媒大学网络空间全球治理研究中心主任徐培喜教授，北京大学新闻与传播学院刘金河助理教授，复旦大学新闻学院徐佳副教授，浙江工业大学人文学院副院长邵鹏教授，北京工商大学艺术与传媒学院张伟副教授等。感谢参与本课题研究并做出贡献的各位博士生，主要包括清华大学新闻与传播学院博士研究生杨乐、王竟达、金文恺、韩博、邓小院、虞涵等。还要感谢参与本书内容整合完善、编审的老师，主要是清华大学传媒经济与管理研究中心的林杨老师、陈媛媛老师。本课题项目研究周期较长，研究的问题极具挑战性，正是在课题组成员持续地投入研究，不断地深化研究，我们才得以顺利地出版此书作为研究成果。另外，还要感谢我指导的硕士生，主要包括清华大学新闻与传播学院硕士生殷滋淳、王婷奕、周玥、孙盼等。这些同学在书稿的编校过程中提供了大力的支持，让内容更加完善。同时，也要由衷地感谢责任编辑孙丽丽、戴婷婷为此书出版付出的心血和贡献。

在完成这项重大攻关课题的过程中，我们集结一群心系互联网发展、致力于网络空间治理研究的有志之士。大家各具全球视野、人类情怀、学贯东西、博古通今，课题研究中的一场场激烈的讨论、一次次思想的碰撞，至今仍然常浮现在脑海之中。互联网的发展之快和国际局势的变化多端使我们思考网络空间治理时应该有更加广阔的视野，本书是对近二十年来互联网治理的一次系统性思考，希望能对网络空间治理的研究发展有所贡献。

崔保国

二零二二年十月于清华园

教育部哲学社會科学研究重大課題攻關項目

成果出版列表

序号	书　名	首席专家
1	《马克思主义基础理论若干重大问题研究》	陈先达
2	《马克思主义理论学科体系建构与建设研究》	张雷声
3	《马克思主义整体性研究》	逄锦聚
4	《改革开放以来马克思主义在中国的发展》	顾钰民
5	《新时期　新探索　新征程 ——当代资本主义国家共产党的理论与实践研究》	聂运麟
6	《坚持马克思主义在意识形态领域指导地位研究》	陈先达
7	《当代资本主义新变化的批判性解读》	唐正东
8	《当代中国人精神生活研究》	童世骏
9	《弘扬与培育民族精神研究》	杨叔子
10	《当代科学哲学的发展趋势》	郭贵春
11	《服务型政府建设规律研究》	朱光磊
12	《地方政府改革与深化行政管理体制改革研究》	沈荣华
13	《面向知识表示与推理的自然语言逻辑》	鞠实儿
14	《当代宗教冲突与对话研究》	张志刚
15	《马克思主义文艺理论中国化研究》	朱立元
16	《历史题材文学创作重大问题研究》	童庆炳
17	《现代中西高校公共艺术教育比较研究》	曾繁仁
18	《西方文论中国化与中国文论建设》	王一川
19	《中华民族音乐文化的国际传播与推广》	王耀华
20	《楚地出土戰國簡册［十四種］》	陈　伟
21	《近代中国的知识与制度转型》	桑　兵
22	《中国抗战在世界反法西斯战争中的历史地位》	胡德坤
23	《近代以来日本对华认识及其行动选择研究》	杨栋梁
24	《京津冀都市圈的崛起与中国经济发展》	周立群
25	《金融市场全球化下的中国监管体系研究》	曹凤岐
26	《中国市场经济发展研究》	刘　伟
27	《全球经济调整中的中国经济增长与宏观调控体系研究》	黄　达
28	《中国特大都市圈与世界制造业中心研究》	李廉水

序号	书　名	首席专家
29	《中国产业竞争力研究》	赵彦云
30	《东北老工业基地资源型城市发展可持续产业问题研究》	宋冬林
31	《转型时期消费需求升级与产业发展研究》	臧旭恒
32	《中国金融国际化中的风险防范与金融安全研究》	刘锡良
33	《全球新型金融危机与中国的外汇储备战略》	陈雨露
34	《全球金融危机与新常态下的中国产业发展》	段文斌
35	《中国民营经济制度创新与发展》	李维安
36	《中国现代服务经济理论与发展战略研究》	陈　宪
37	《中国转型期的社会风险及公共危机管理研究》	丁烈云
38	《人文社会科学研究成果评价体系研究》	刘大椿
39	《中国工业化、城镇化进程中的农村土地问题研究》	曲福田
40	《中国农村社区建设研究》	项继权
41	《东北老工业基地改造与振兴研究》	程　伟
42	《全面建设小康社会进程中的我国就业发展战略研究》	曾湘泉
43	《自主创新战略与国际竞争力研究》	吴贵生
44	《转轨经济中的反行政性垄断与促进竞争政策研究》	于良春
45	《面向公共服务的电子政务管理体系研究》	孙宝文
46	《产权理论比较与中国产权制度变革》	黄少安
47	《中国企业集团成长与重组研究》	蓝海林
48	《我国资源、环境、人口与经济承载能力研究》	邱　东
49	《“病有所医”——目标、路径与战略选择》	高建民
50	《税收对国民收入分配调控作用研究》	郭庆旺
51	《多党合作与中国共产党执政能力建设研究》	周淑真
52	《规范收入分配秩序研究》	杨灿明
53	《中国社会转型中的政府治理模式研究》	娄成武
54	《中国加入区域经济一体化研究》	黄卫平
55	《金融体制改革和货币问题研究》	王广谦
56	《人民币均衡汇率问题研究》	姜波克
57	《我国土地制度与社会经济协调发展研究》	黄祖辉
58	《南水北调工程与中部地区经济社会可持续发展研究》	杨云彦
59	《产业集聚与区域经济协调发展研究》	王　珺

序号	书　名	首席专家
60	《我国货币政策体系与传导机制研究》	刘　伟
61	《我国民法典体系问题研究》	王利明
62	《中国司法制度的基础理论问题研究》	陈光中
63	《多元化纠纷解决机制与和谐社会的构建》	范　愉
64	《中国和平发展的重大前沿国际法律问题研究》	曾令良
65	《中国法制现代化的理论与实践》	徐显明
66	《农村土地问题立法研究》	陈小君
67	《知识产权制度变革与发展研究》	吴汉东
68	《中国能源安全若干法律与政策问题研究》	黄　进
69	《城乡统筹视角下我国城乡双向商贸流通体系研究》	任保平
70	《产权强度、土地流转与农民权益保护》	罗必良
71	《我国建设用地总量控制与差别化管理政策研究》	欧名豪
72	《矿产资源有偿使用制度与生态补偿机制》	李国平
73	《巨灾风险管理制度创新研究》	卓　志
74	《国有资产法律保护机制研究》	李曙光
75	《中国与全球油气资源重点区域合作研究》	王　震
76	《可持续发展的中国新型农村社会养老保险制度研究》	邓大松
77	《农民工权益保护理论与实践研究》	刘林平
78	《大学生就业创业教育研究》	杨晓慧
79	《新能源与可再生能源法律与政策研究》	李艳芳
80	《中国海外投资的风险防范与管控体系研究》	陈菲琼
81	《生活质量的指标构建与现状评价》	周长城
82	《中国公民人文素质研究》	石亚军
83	《城市化进程中的重大社会问题及其对策研究》	李　强
84	《中国农村与农民问题前沿研究》	徐　勇
85	《西部开发中的人口流动与族际交往研究》	马　戎
86	《现代农业发展战略研究》	周应恒
87	《综合交通运输体系研究——认知与建构》	荣朝和
88	《中国独生子女问题研究》	风笑天
89	《我国粮食安全保障体系研究》	胡小平
90	《我国食品安全风险防控研究》	王　硕

序号	书　名	首席专家
91	《城市新移民问题及其对策研究》	周大鸣
92	《新农村建设与城镇化推进中农村教育布局调整研究》	史宁中
93	《农村公共产品供给与农村和谐社会建设》	王国华
94	《中国大城市户籍制度改革研究》	彭希哲
95	《国家惠农政策的成效评价与完善研究》	邓大才
96	《以民主促进和谐——和谐社会构建中的基层民主政治建设研究》	徐　勇
97	《城市文化与国家治理——当代中国城市建设理论内涵与发展模式建构》	皇甫晓涛
98	《中国边疆治理研究》	周　平
99	《边疆多民族地区构建社会主义和谐社会研究》	张先亮
100	《新疆民族文化、民族心理与社会长治久安》	高静文
101	《中国大众媒介的传播效果与公信力研究》	喻国明
102	《媒介素养：理念、认知、参与》	陆　晔
103	《创新型国家的知识信息服务体系研究》	胡昌平
104	《数字信息资源规划、管理与利用研究》	马费成
105	《新闻传媒发展与建构和谐社会关系研究》	罗以澄
106	《数字传播技术与媒体产业发展研究》	黄升民
107	《互联网等新媒体对社会舆论影响与利用研究》	谢新洲
108	《网络舆论监测与安全研究》	黄永林
109	《中国文化产业发展战略论》	胡惠林
110	《20世纪中国古代文化经典在域外的传播与影响研究》	张西平
111	《国际传播的理论、现状和发展趋势研究》	吴　飞
112	《教育投入、资源配置与人力资本收益》	闵维方
113	《创新人才与教育创新研究》	林崇德
114	《中国农村教育发展指标体系研究》	袁桂林
115	《高校思想政治理论课程建设研究》	顾海良
116	《网络思想政治教育研究》	张再兴
117	《高校招生考试制度改革研究》	刘海峰
118	《基础教育改革与中国教育学理论重建研究》	叶　澜
119	《我国研究生教育结构调整问题研究》	袁本涛 王传毅
120	《公共财政框架下公共教育财政制度研究》	王善迈

序号	书　名	首席专家
121	《农民工子女问题研究》	袁振国
122	《当代大学生诚信制度建设及加强大学生思想政治工作研究》	黄蓉生
123	《从失衡走向平衡：素质教育课程评价体系研究》	钟启泉 崔允漷
124	《构建城乡一体化的教育体制机制研究》	李　玲
125	《高校思想政治理论课教育教学质量监测体系研究》	张耀灿
126	《处境不利儿童的心理发展现状与教育对策研究》	申继亮
127	《学习过程与机制研究》	莫　雷
128	《青少年心理健康素质调查研究》	沈德立
129	《灾后中小学生心理疏导研究》	林崇德
130	《民族地区教育优先发展研究》	张诗亚
131	《WTO主要成员贸易政策体系与对策研究》	张汉林
132	《中国和平发展的国际环境分析》	叶自成
133	《冷战时期美国重大外交政策案例研究》	沈志华
134	《新时期中非合作关系研究》	刘鸿武
135	《我国的地缘政治及其战略研究》	倪世雄
136	《中国海洋发展战略研究》	徐祥民
137	《深化医药卫生体制改革研究》	孟庆跃
138	《华侨华人在中国软实力建设中的作用研究》	黄　平
139	《我国地方法制建设理论与实践研究》	葛洪义
140	《城市化理论重构与城市化战略研究》	张鸿雁
141	《境外宗教渗透论》	段德智
142	《中部崛起过程中的新型工业化研究》	陈晓红
143	《农村社会保障制度研究》	赵　曼
144	《中国艺术学学科体系建设研究》	黄会林
145	《人工耳蜗术后儿童康复教育的原理与方法》	黄昭鸣
146	《我国少数民族音乐资源的保护与开发研究》	樊祖荫
147	《中国道德文化的传统理念与现代践行研究》	李建华
148	《低碳经济转型下的中国排放权交易体系》	齐绍洲
149	《中国东北亚战略与政策研究》	刘清才
150	《促进经济发展方式转变的地方财税体制改革研究》	钟晓敏
151	《中国—东盟区域经济一体化》	范祚军

序号	书名	首席专家
152	《非传统安全合作与中俄关系》	冯绍雷
153	《外资并购与我国产业安全研究》	李善民
154	《近代汉字术语的生成演变与中西日文化互动研究》	冯天瑜
155	《新时期加强社会组织建设研究》	李友梅
156	《民办学校分类管理政策研究》	周海涛
157	《我国城市住房制度改革研究》	高　波
158	《新媒体环境下的危机传播及舆论引导研究》	喻国明
159	《法治国家建设中的司法判例制度研究》	何家弘
160	《中国女性高层次人才发展规律及发展对策研究》	佟　新
161	《国际金融中心法制环境研究》	周仲飞
162	《居民收入占国民收入比重统计指标体系研究》	刘　扬
163	《中国历代边疆治理研究》	程妮娜
164	《性别视角下的中国文学与文化》	乔以钢
165	《我国公共财政风险评估及其防范对策研究》	吴俊培
166	《中国历代民歌史论》	陈书录
167	《大学生村官成长成才机制研究》	马抗美
168	《完善学校突发事件应急管理机制研究》	马怀德
169	《秦简牍整理与研究》	陈　伟
170	《出土简帛与古史再建》	李学勤
171	《民间借贷与非法集资风险防范的法律机制研究》	岳彩申
172	《新时期社会治安防控体系建设研究》	宫志刚
173	《加快发展我国生产服务业研究》	李江帆
174	《基本公共服务均等化研究》	张贤明
175	《职业教育质量评价体系研究》	周志刚
176	《中国大学校长管理专业化研究》	宣　勇
177	《"两型社会"建设标准及指标体系研究》	陈晓红
178	《中国与中亚地区国家关系研究》	潘志平
179	《保障我国海上通道安全研究》	吕　靖
180	《世界主要国家安全体制机制研究》	刘胜湘
181	《中国流动人口的城市逐梦》	杨菊华
182	《建设人口均衡型社会研究》	刘渝琳
183	《农产品流通体系建设的机制创新与政策体系研究》	夏春玉

序号	书　名	首席专家
184	《区域经济一体化中府际合作的法律问题研究》	石佑启
185	《城乡劳动力平等就业研究》	姚先国
186	《20 世纪朱子学研究精华集成——从学术思想史的视角》	乐爱国
187	《拔尖创新人才成长规律与培养模式研究》	林崇德
188	《生态文明制度建设研究》	陈晓红
189	《我国城镇住房保障体系及运行机制研究》	虞晓芬
190	《中国战略性新兴产业国际化战略研究》	汪　涛
191	《证据科学论纲》	张保生
192	《要素成本上升背景下我国外贸中长期发展趋势研究》	黄建忠
193	《中国历代长城研究》	段清波
194	《当代技术哲学的发展趋势研究》	吴国林
195	《20 世纪中国社会思潮研究》	高瑞泉
196	《中国社会保障制度整合与体系完善重大问题研究》	丁建定
197	《民族地区特殊类型贫困与反贫困研究》	李俊杰
198	《扩大消费需求的长效机制研究》	臧旭恒
199	《我国土地出让制度改革及收益共享机制研究》	石晓平
200	《高等学校分类体系及其设置标准研究》	史秋衡
201	《全面加强学校德育体系建设研究》	杜时忠
202	《生态环境公益诉讼机制研究》	颜运秋
203	《科学研究与高等教育深度融合的知识创新体系建设研究》	杜德斌
204	《女性高层次人才成长规律与发展对策研究》	罗瑾琏
205	《岳麓秦简与秦代法律制度研究》	陈松长
206	《民办教育分类管理政策实施跟踪与评估研究》	周海涛
207	《建立城乡统一的建设用地市场研究》	张安录
208	《迈向高质量发展的经济结构转变研究》	郭熙保
209	《中国社会福利理论与制度构建——以适度普惠社会福利制度为例》	彭华民
210	《提高教育系统廉政文化建设实效性和针对性研究》	罗国振
211	《毒品成瘾及其复吸行为——心理学的研究视角》	沈模卫
212	《英语世界的中国文学译介与研究》	曹顺庆
213	《建立公开规范的住房公积金制度研究》	王先柱

序号	书　名	首席专家
214	《现代归纳逻辑理论及其应用研究》	何向东
215	《时代变迁、技术扩散与教育变革：信息化教育的理论与实践探索》	杨　浩
216	《城镇化进程中新生代农民工职业教育与社会融合问题研究》	褚宏启 薛二勇
217	《我国先进制造业发展战略研究》	唐晓华
218	《融合与修正：跨文化交流的逻辑与认知研究》	鞠实儿
219	《中国新生代农民工收入状况与消费行为研究》	金晓彤
220	《高校少数民族应用型人才培养模式综合改革研究》	张学敏
221	《中国的立法体制研究》	陈　俊
222	《教师社会经济地位问题：现实与选择》	劳凯声
223	《中国现代职业教育质量保障体系研究》	赵志群
224	《欧洲农村城镇化进程及其借鉴意义》	刘景华
225	《国际金融危机后全球需求结构变化及其对中国的影响》	陈万灵
226	《创新法治人才培养机制》	杜承铭
227	《法治中国建设背景下警察权研究》	余凌云
228	《高校财务管理创新与财务风险防范机制研究》	徐明稚
229	《义务教育学校布局问题研究》	雷万鹏
230	《高校党员领导干部清正、党政领导班子清廉的长效机制研究》	汪　曣
231	《二十国集团与全球经济治理研究》	黄茂兴
232	《高校内部权力运行制约与监督体系研究》	张德祥
233	《职业教育办学模式改革研究》	石伟平
234	《职业教育现代学徒制理论研究与实践探索》	徐国庆
235	《全球化背景下国际秩序重构与中国国家安全战略研究》	张汉林
236	《进一步扩大服务业开放的模式和路径研究》	申明浩
237	《自然资源管理体制研究》	宋马林
238	《高考改革试点方案跟踪与评估研究》	钟秉林
239	《全面提高党的建设科学化水平》	齐卫平
240	《“绿色化”的重大意义及实现途径研究》	张俊飚
241	《利率市场化背景下的金融风险研究》	田利辉
242	《经济全球化背景下中国反垄断战略研究》	王先林

序号	书　名	首席专家
243	《中华文化的跨文化阐释与对外传播研究》	李庆本
244	《世界一流大学和一流学科评价体系与推进战略》	王战军
245	《新常态下中国经济运行机制的变革与中国宏观调控模式重构研究》	袁晓玲
246	《推进21世纪海上丝绸之路建设研究》	梁　颖
247	《现代大学治理结构中的纪律建设、德治礼序和权力配置协调机制研究》	周作宇
248	《渐进式延迟退休政策的社会经济效应研究》	席　恒
249	《经济发展新常态下我国货币政策体系建设研究》	潘　敏
250	《推动智库建设健康发展研究》	李　刚
251	《农业转移人口市民化转型：理论与中国经验》	潘泽泉
252	《电子商务发展趋势及对国内外贸易发展的影响机制研究》	孙宝文
253	《创新专业学位研究生培养模式研究》	贺克斌
254	《医患信任关系建设的社会心理机制研究》	汪新建
255	《司法管理体制改革基础理论研究》	徐汉明
256	《建构立体形式反腐败体系研究》	徐玉生
257	《重大突发事件社会舆情演化规律及应对策略研究》	傅昌波
258	《中国社会需求变化与学位授予体系发展前瞻研究》	姚　云
259	《非营利性民办学校办学模式创新研究》	周海涛
260	《基于“零废弃”的城市生活垃圾管理政策研究》	褚祝杰
261	《城镇化背景下我国义务教育改革和发展机制研究》	邬志辉
262	《中国满族语言文字保护抢救口述史》	刘厚生
263	《构建公平合理的国际气候治理体系研究》	薄　燕
264	《新时代治国理政方略研究》	刘焕明
265	《新时代高校党的领导体制机制研究》	黄建军
266	《东亚国家语言中汉字词汇使用现状研究》	施建军
267	《中国传统道德文化的现代阐释和实践路径研究》	吴根友
268	《创新社会治理体制与社会和谐稳定长效机制研究》	金太军
269	《文艺评论价值体系的理论建设与实践研究》	刘俐俐
270	《新形势下弘扬爱国主义重大理论和现实问题研究》	王泽应

序号	书　名	首席专家
271	《我国高校“双一流”建设推进机制与成效评估研究》	刘念才
272	《中国特色社会主义监督体系的理论与实践》	过　勇
273	《中国软实力建设与发展战略》	骆郁廷
274	《坚持和加强党的全面领导研究》	张世飞
275	《面向2035我国高校哲学社会科学整体发展战略研究》	任少波
276	《中国古代曲乐乐谱今译》	刘崇德
277	《民营企业参与“一带一路”国际产能合作战略研究》	陈衍泰
278	《网络空间全球治理体系的建构》	崔保国
	……	